研究阐释党的十九大精神国家社会科学基金专项课题
"弘扬工匠精神研究"（18VSJ086）的最终成果

弘扬工匠精神研究

陈　鹏
祁占勇　——著
李延平

陕西师范大学出版总社

图书代号　SK23N1978

图书在版编目(CIP)数据

弘扬工匠精神研究/陈鹏,祁占勇,李延平著.—西安：陕西师范大学出版总社有限公司,2023.12
ISBN 978-7-5695-3969-1

Ⅰ.①弘… Ⅱ.①陈… ②祁… ③李… Ⅲ.①职业道德—研究—中国 Ⅳ.①B822.9

中国国家版本馆CIP数据核字（2023）第218090号

弘扬工匠精神研究
HONGYANG GONGJIANG JINGSHEN YANJIU

陈　鹏　祁占勇　李延平　著

出 版 人	刘东风
责任编辑	田　勇　庄婧卿
责任校对	张旭升
装帧设计	丁奕奕
出版发行	陕西师范大学出版总社
	（西安市长安南路199号　邮编 710062）
网　　址	http://www.snupg.com
印　　刷	陕西龙山海天艺术印务有限公司
开　　本	787 mm×1092 mm　1/16
印　　张	27.5
插　　页	2
字　　数	494千
版　　次	2023年12月第1版
印　　次	2023年12月第1次印刷
书　　号	ISBN 978-7-5695-3969-1
定　　价	98.00元

读者购书、书店添货或发现印装质量问题，请与本公司营销部联系、调换。
电话：（029）85307864　85303629　　　传真：（029）85303879

目 录

导 论
第一节　研究意义 / 002
第二节　研究现状 / 005
第三节　研究目标及问题 / 038
第四节　核心概念与理论基础 / 042
第五节　研究方法 / 056

第一章　工匠精神的理论探源
第一节　传统文化中工匠精神的理论探源 / 060
第二节　工匠精神的传统学徒文化和现代学徒制探源 / 061
第三节　工匠精神的马克思主义理论和毛泽东思想探源 / 064
第四节　政策文本视域下的工匠精神探析 / 073
第五节　工匠精神的内涵及本质特征 / 076

第二章　扎根理论视域下工匠核心素养的理论模型与实践逻辑
第一节　工匠核心素养研究方法的选择与研究过程 / 088
第二节　扎根理论视域下工匠核心素养的研究结果与讨论分析 / 106
第三节　基于工匠核心素养的技术技能人才培养的实践逻辑 / 119

第三章 工匠精神融入基础教育的价值意蕴与路径选择

第一节 工匠精神融入基础教育的理性阐述 / 133

第二节 中小学语文教材中工匠精神的解读 / 140

第三节 中小学生对工匠及工匠精神的认可度分析 / 152

第四节 中小学语文教师对工匠精神融入基础教育的态度分析 / 161

第五节 工匠精神融入中小学语文课的现状及原因 / 170

第六节 工匠精神融入中小学语文课的路径选择 / 186

第四章 职业院校弘扬工匠精神的现实意义和行动策略

第一节 职业院校弘扬工匠精神的时代价值 / 197

第二节 职业院校弘扬学生工匠精神的理论支撑 / 204

第三节 职业院校学生工匠精神培育现状分析 / 215

第四节 职业院校精品课程中学生工匠精神培育现状分析 / 224

第五节 职业院校学生工匠精神培育的路径 / 237

第五章 产业工人队伍工匠精神的培养研究

第一节 产业工人队伍工匠精神培养的问题审思 / 260

第二节 产业工人队伍工匠精神培养的支撑环境 / 267

第三节 产业工人队伍工匠精神培养的生发环境 / 278

第六章 我国制造业高质量发展背景下弘扬工匠精神的策略研究

第一节 我国制造业高质量发展背景下弘扬工匠精神的价值意蕴 / 296

第二节 我国制造业高质量发展背景下弘扬工匠精神的现实困境 / 303

第三节 我国制造业高质量发展背景下弘扬工匠精神的实施策略 / 312

第七章　工匠精神的文化认同和实践路径

第一节　工匠的文化认同及其价值意蕴 / 322

第二节　工匠的文化认同现状分析 / 337

第三节　工匠的文化认同问题及原因分析 / 356

第四节　工匠的文化认同实现路径 / 367

第八章　工匠精神弘扬的传播机制与体制创新

第一节　工匠精神传播机制构建的价值与意义 / 380

第二节　工匠精神传播机制构建面临的现实困境 / 382

第三节　工匠精神传播体制机制的创新 / 386

参考文献 / 402

导 论

"弘扬劳模精神和工匠精神,营造劳动光荣的社会风尚和精益求精的敬业风气"是党中央在新时代发出的重要号召。新时代工匠精神被赋予了新的内涵,不仅成了从事物质生产和服务工作的人应该具备的素质,也成了所有劳动者共同拥有的人格特点。2016年,李克强总理提出"个性化定制""柔性化生产"的概念,要求企业培育精益求精的工匠精神,增品种、提品质、创品牌,强调在工作中发挥工匠精神的作用,传承和弘扬工匠精神;2017年9月,中共中央办公厅、国务院办公厅印发的《关于深化教育体制机制改革的意见》指出"要完善提高职业教育质量的体制机制,着力培养学生的工匠精神",注重从机制机制上落实工匠精神的弘扬和培育工作;同年,《政府工作报告》中提出:"要大力弘扬工匠精神,厚植工匠文化,恪尽职业操守,崇尚精益求精,完善激励机制,培育众多'中国工匠',打造更多享誉世界的'中国品牌',推动中国经济发展进入质量时代。"2018年6月,中共中央、国务院印发《新时期产业工人队伍建设改革方案》也指出"用正确的世界观、人生观、价值观引领产业工人,大力弘扬劳模、劳动和工匠精神",再次强调工匠精神培养重要性。由于国家层面一系列政策文件的积极推动,使得"工匠精神"这一淡出人们视线的优秀传统文化俨然呈现繁荣之势,并日趋成为学界较为活跃的研究对象。

现阶段,我国产业经济发展受到了发达国家和新兴发展中国家的双向夹击,制造业大国地位面临着严峻挑战,要想在新一轮竞争中脱颖而出,必须进行变革与创新。2015年5月,国务院颁布了《中国制造2025》(行动纲领),为中国制造业的未来发展描绘出"三步走"的壮丽蓝图,开启了我国制造业强国战略的第一个十年规划。作为一项重大的国家战略工程,《中国制造2025》(行动纲领)的发布对制造业转型升级所需的新型技术技能人才及职业教育的人才培养提出了新的要求和挑战。众所周知,人才是制造业强国发展的根本要素之一，与制造业联系最为紧密的职业教育必将承担起培养高素质技术技能人才的重任，为壮大人才队伍、提高人口素质发挥不可替代的作用。"工匠精神"的提出与《中国制造2025》紧密相连，旨在培育精益求精、勇于创新的高素质工匠人才为制造业产业的转型发展提供宝贵的技术支持和人才支撑。

审视我国技术技能人才发展的现实，培育和弘扬工匠精神也显得尤为迫切。当下，我国工匠人才的发展状况令人担忧。一是我国工匠型人才有效供给严重不足，很难满足社会产业发展的需要。据相关预测到2020年，我国对技术技能型劳动力需求将比2015年增加近1390万（不含存量缺口930万人），对高级技术工人需求也将增加450万（不含存量缺口440万人）[①]，这一严峻的形势已经深深影响到我国在国际产业链分工中的地位，也制约了我国制造业强国建设的进程。二是我国工匠人才的劳动价值与社会贡献尚未得到应有的回报。在工资分配制度上，工匠人才的工资福利待遇不高，工作条件较差，劳动强度大。如央视《大国工匠》系列节目中介绍的中国大飞机制造首席钳工胡双钱在35年的工作时间里，加工过数十万个飞机零件从未有一个次品，但是在物质生活上，老胡一家人直到2014年贷款买了上海宝山区的70平方米的新家，这才从住了十几年的30平方米的老房子中搬出来。显然，大国工匠所付出的劳动贡献没有得到合理的回报，在物质生活和社会保障上缺少应有的关照。三是我国培养技术技能型工匠人才的职业教育发展质量有待提升，自身吸引力发展不足。如在招生方面，学生不愿报考职业院校；在就业方面，企业用人者对普通高校毕业生较为青睐等。加之，我国传统文化观念中"重文化轻技术""重理论轻实践"等造成职业教育长期以来发展地位低下，广大青年群体选择从事技术技能工作的意愿不强，职业教育整体吸引力较弱。由此可见，培育和弘扬工匠精神研究是我国当前值得关注的关键问题。

第一节 研究意义

党的十八大以来，习近平总书记多次强调要弘扬工匠精神；党的十九大报告提出"弘扬劳模精神和工匠精神"；党的十九届四中全会《决定》提出"弘

---

① 吴一鸣.我国高等职业教育政策演进、动力与调适（1996—2015年）[J].教育发展研究，2015（19）：7-13，20.

扬科学精神和工匠精神"。在新时代大力弘扬工匠精神，对于推动经济高质量发展、实现"两个一百年"奋斗目标具有重要意义。深入做好弘扬工匠精神研究，从理论层面来讲具有如下意义。

一是通过对工匠精神内涵的界定进一步丰富"工匠"与"工匠精神"相关领域研究的理论成果。目前学界对于"工匠精神"的理论研究层出不穷，多集中于"工匠精神"的内涵、特征、重要性、缺失状态以及如何培育职业院校学生的"工匠精神"等方面，但是对于真正具备"工匠精神"的主体——"工匠"的研究却关注甚少。因此，本研究基于扎根理论的研究方法提取出工匠的核心素养，构建出工匠核心素养的理论模型，积极探求和发现这些平凡却又伟大的工匠们在日常工作和生活中展露出的最本真的精神、品德和特质，向社会各界展现工匠群体的核心素养。这能够在一定程度上丰富"工匠"和"工匠精神"研究领域的理论成果，与此同时，明确工匠所具有的普遍特征和核心素养，对培育"工匠精神"具有重要的理论价值和借鉴意义。

二是能够完善职业教育技术技能人才培养的相关理论，对我国构建现代职业教育体系奠定了坚实的理论基础。从认识论角度，工匠精神的知识可以被学习和领会最终形成学生的认知态度；从实践的角度，学校可以通过课程、课外活动、环境创设等方式，开展工匠精神教育，可以把培育具备工匠精神的从业者作为自己的目标，并严把人才出口关。职业教育作为培养创新型人才、技术技能人才的摇篮，其历史使命不言而喻，尤其在当前制造业面临全面转型升级的背景下，职业教育人才培养的责任更加艰巨。因此，通过实证研究的方式构建职业教育人才培养的核心框架，从营造良好氛围、定位人才培养目标、展开学习领域课程开发、进行实践教学以及完善现代学徒制等方面提出变革的具体方案和建议，对新时代职业教育人才培养的创新与优化提供了必不可少的理论支撑与指导，同时也可以完善职业教育人才培养的相关理论，为我国现代职业教育体系的构建奠定了厚实的理论基础。

三是能够进一步丰富马克思主义全面发展观。马克思关于人的全面发展是劳动力资本价值实现的根本目标。人的全面发展首先体现在劳动能力的发展上，最终目标是实现个体在智力和体力两方面都获得充分和自由的发展。马克思认为教育是个体获得全面发展的有力手段，认为教育和物质生产具有密切关系，强调教育在社会发展中不可取代的地位和作用，提出了教育是劳动力再生产的实现手段的科学论断。在教育活动中通过训练不仅可以培养人的劳动能力，还可以促使人的精神和道德朝健康的方向发展。[①]可知，劳动教育是马克思教育思想中的核心观点，认为个体要形成正确的劳动观念和态度，养成正确的劳动习惯。马克思主义的延续——习近平新时代中国特色社会主义思想提出，树立"劳动最光荣、劳动最崇高、劳动最伟大、劳动最美丽"的理想，这些都是工匠精神的具象化。

幸福都是奋斗出来的，新时代是奋斗者的时代。实现我们共同的奋斗目标，离不开全体劳动者的辛勤劳动、诚实劳动和创造性劳动。弘扬工匠精神研究，从实践层面讲具有如下意义：

一是在职业院校人才培养的过程中，将工匠精神纳入衡量学生核心素养的重要指标，既能够切实改善我国职业院校工匠精神培育在校园文化、课程教学、校企合作、人才评价等方面的现状，从而有效的丰富职业院校工匠精神培育的办学实践，又能够职业院校人才的培养符合企业选人用人的标准与准则。职业院校学生以精益求精、追求完美标准严格要求自己，使自身在具备扎实的理论知识、技术技能的基础之上，提高职业能力、端正职业态度、树立职业理想，可以有效地提升自身在市场上的就业能力，增加就业机会。

二是弘扬和培育工匠精神有助于提升工匠的社会地位。社会各界对工匠群体和"工匠精神"的高度关注恰恰证明了当前社会"工匠精神"的普遍缺失和企业行业对工匠人才队伍的迫切需要。但是，目前工匠群体的社会地位偏低、待遇不高是不可否认的现实，传统思想观念使得大众对"工匠"职业抱有浓厚的歧视和偏见。通过扎根理论的研究方法提取出工匠的六大核心素养，是对工匠们工作过程中造物方式、服务心态和劳作原则的积聚浓缩，其中蕴含、承载且淋漓尽致地展现着工匠们特有的精神内涵和品德素养，对近年来急功近利之风盛行、墨守成规之风弥散、消极怠工之风蔓延的社会风貌具有极其重要的警示作用，对提升工匠的社会地位、弘扬和培育大众的"工匠精神"发挥着不可替代的启示作用。

三是能够从根本上提升职业教育吸引力。学生、家长对职业教育的认可程度和选择意愿是职业教育的吸引力的集中体现，是衡量职业教育吸引力的试金石。作为培养工匠的主要阵地，职业教育的吸引力自然与弘扬工匠精神有着紧密联系，职业教育吸引力的不足深刻影响着工匠精神的培育与弘扬。当全社会树立起劳动光荣的价值观念时，劳动才能得到尊重，才能消灭劳动歧视，尊

---

① 杨来科.马克思的人力资本理论［J］.商学论坛.广东商学院学报，1996（2）：15-20.

重工匠的劳动，认识工匠的劳动价值，赞扬工匠的社会贡献。可见，工匠的地位与文化认同关乎着职业教育吸引力。因此，只有实现全社会对工匠的文化认同，弘扬工匠精神，在全社会形成尊崇劳动、尊重工匠的文化氛围，才能从根本上促进职业教育吸引力的提升。

第二节 研究现状

工匠精神是制造业转型升级的重要手段，也是我国制造业能够跻身世界制造业强国的关键。目前，工匠精神被提到前所未有的高度，被视为现代工业制造的灵魂，也引起了国内外学者的广泛关注。由于国外没有"工匠精神"的专门概念，但是与之相同的所体现出的匠人精神与匠人文化也是受到关注的，因此，本研究从国外与国内两个层次就目前工匠精神的内涵、工匠精神的培育以及工匠文化社会支持系统和工匠社会传播系统等多个方面展开梳理，具体明显弘扬工匠精神研究的内在要义和困难所在。

一、国外相关研究成果

（一）关于工匠精神的内涵研究

在西方文化中，工匠（artism）一词源于拉丁语中被称为"ars"的体力劳动，而其具有工匠、手工艺人的含义是在16世纪通过法语"artisan"和意大利语"artigiano"的含义才确定下来。①帕梅拉·隆（Pamela Long）在翻译和注疏《论建筑》一书时，更倾向于用"作坊出身的"（workshop-trained）、"掌握技能的"（skilled）来旨意工匠。塞布丽娜（Sabrina）指出工匠是中世纪总结改革劳动观念转变的产物。②西方文化视域下的工匠精神表述不一，各个国家有各自不同的叫法。这一精神在西方文明中早有体现，如柏拉图认为，"没有一种技艺或统治术，是为它本身利益的……一切营运部署都是为了对象"③。他认为工

---

① 乔治·萨顿. 希腊黄金时代的古代科学［M］. 鲁旭东, 译. 郑州：大象出版社, 2010: 35.
② CORBELLINI S, HOOGVLIET M. Artisans and Religious Reading in Late Medieval Italy and Northern France（ca.1400–ca.1520）［J］. Journal of Medieval and Early Modern studies, 2013（3）: 531–544.
③ 柏拉图. 理想国［M］. 郭斌和, 张竹明, 译. 商务印书馆, 1986: 29.

匠们的产品制造是为了追求作品本身的完美，追求内心的向往，而非为了获取报酬或谋生。在亚里士多德看来，"一个吹笛手、一个木匠或任何一个匠师，总而言之，对一个有某种活动或实践的人来说，他们的善或出色就在于那种活动的完善"①，工匠精神体现在每个劳动者对自己工作的完美追求。马丁·路德以宗教伦理观念为视点，②倡导人们在尊重手工业劳动者的同时，对工匠的成果给予了极大的认同和激励，使其在未来工作中继续追求尽善尽美。当然，工匠精神源远流长，在西方文明中传承至今。Beijing Review期刊指出，来自日本的轻工业产品、德国的精密机械和瑞士的钟表，这些国家的"工匠精神"为其制造业的发展带来了巨大的经济效益和强大生命力。③日本学者青山日次郎（Reijiro Aoyama）认为全球化时代的资本主义提供了新的文化和经济机会，比如香港的日式服务，日本的调酒师、发型师等，他们所具有的"工匠精神"就是用自己的专注和敬业来建造以及销售他们所服务的文化产品④，获得顾客的称赞和信赖。随着社会的不断前进，机器制造逐步代替了手工劳作，以德国和日本为代表的制造业强国将精湛技术运用得淋漓尽致，把工匠精神传承至今。正是有了工匠精神的真正投入，技术才能发挥最大的生产力和创造力，带给人们前所未有的服务和感受。

在关于工匠精神的具体表述上，在美国被称为"职业精神"，安德鲁·阿伯特（Andrew Abbott）明确指出职业精神与个体的职业活动紧密相关，是从业者的职业价值取向及其行为表现。⑤亚力克·福奇（Alec Foege）认为："工匠精神"是名副其实的成就伟大神话的重要能量，它引领着美国成为创新型国家。同时，他认为不仅是工匠要追求工匠精神，任何在这个世界上工作的人都应该把它看作是一种行为的追求。一些使用现成的技术工具来DIY的爱好者也具有工匠精神，他们手工灵巧，还具有创新精神。⑥切斯特·伯恩斯（Chester R.

---

① 亚里士多德.尼各马可伦理学[M].廖申白，译注.商务印书馆，2003：19.
② 马克思·韦伯著.新教伦理与资本主义精神[M].彭强，译.西安：陕西师范大学出版社，2002：89.
③ HUANG Y. How can China Inspire a Craftsman's Spirit?[J]. Beijing Review, 2016（15）：46-47.
④ AOYAMA R. Global Journeymen：Reinventing Japanese Sraftsman Spirit in Hong Kong[J]. Asian Anthropology, 2015（3）：132-143.
⑤ ABBOTT A. Professional Ethics[J]. American Journal of Sociology, 1983, 88（5）：855.
⑥ FOEGE A.The Tinkerers：The Amateurs, DIYers, and Inventors, Who Make America Great[M]. NewYork：Basic Books, 2013：206-224.

Burns)则认为职业精神是一种道德准则,美国社会几乎所有职业都有与之相对应的道德规范。[1]麦客基(Mc Ghee)认为,职业精神是一种可以改善社会的精神,它在交流与合作中得以实现。[2]在日本被称为"职人精神",即职人气质,指自信地增强自己技能,不因为金钱、时间限制等原因妥协。[3]

由此可见,国外学者把"工匠精神"概括为制造工艺质量上乘、专注细致以及敬业专注等品质。其中,大多认为日本、德国和瑞士的制造业享誉全球要归功于这些国家的"工匠精神"。[4]青山日次郎认为香港的日式服务,日本的厨师、调酒师等,都拥有专注和敬业的职业品质。[5]我国庄子崇尚高水准的技艺水平,认为最高的技艺境界是由"技"到"道",最终形成"道技合一"。社会学家理查德·桑内特与庄子的观点如出一辙,桑内特指出,工匠精神只能在已经发展到很高水平的技能中找到。而在工作中,技术越熟练的人,越有可能发现问题。在更高的层次上,技术不再是机械活动,技艺熟练的人会对他们正在做的事情有更充分的感受和更深入的思考,正是在这种熟练的状态下,工艺的伦理问题才出现[6],也就是说,只有达到熟练的状态才可能出现工匠精神。总之,由上可知,国外学者将工匠精神定义为精益求精、敬业奉献、创新精神等。

(二)关于工匠精神的培育研究

目前国外几乎没有专门对工匠精神培育的研究,关于工匠培育国外的实践与研究散落在不同学龄阶段的教育过程之中。其中,西方主要发达国家都在不同程度上将工匠精神纳入各自基础教育体系当中,让学生从小就接触工匠精神相关内容。美国将培育学生工匠精神作为实施STEM教育的重要组成部分,罗杰·拜比(Rodger W. Bybee)指出通过STEM教育中的劳动课、技术课是培养学

---

[1] BURNS C R. The Ethical Basis of Economic Freedom [J]. Jama the Journal of the American Medical Association, 1977, 237 (4): 388.

[2] MICHAEL MCGHEEM. Philosophy, Religion and the Spiritual Life [M]. Cambridge: Cambridge University Press, 1992 (2): 237-257.

[3] 陈健. 从日本的"职人精神"看日本的家电制造业兴衰及对职业教育的启示 [J]. 才智. 2017 (5): 114-115.

[4] HUANG YUE. How Can China Inspire A Craftsman's Spirit? [J]. Beijing Review, 2016 (15): 46-47.

[5] REIJIRO AOYAMAR. Global Journeymen: Re-inventing Japanese Craftsman Spirit in Hong Kong [J]. Asian Anthropology, 2015 (3): 132-143.

[6] 查德·桑内特. 匠人 [M]. 李继宏, 译. 上海:上海译文出版社, 2015: 4-5.

生劳动意识的关键途径。[1]还有学者认为在21世纪技能的综合课程教学同样是促使学生理解、内化并发展与工匠精神相关的"STEM素养"及"职业与生活技能"的重要方式。德国工匠精神融入基础教育的体现不仅是学校的劳动技术课、手工课等,还表现在基础教育阶段的职业指导课程,以及相关课程的师资培养方面。[2]

为了将精益求精、敬业奉献的工匠精神更好地融入基础教育阶段,国外部分学者着眼于中小学生所使用的教材进行分析。其中,以荷兰流行的社会研究教科书的分析为例,教材中应用了许多人权教育标准。教科书分析揭示了关于人权的重大遗漏和误解,例如自由权利对其他权利的重要性以及缺乏关于人权约束性的任何信息。在分析教科书之后,采用了访谈法对该教材的作者进行访谈,评估他们对人权和人权教育的认识和态度。[3]还有学者采用质性研究,具体而言,他们进行内容分析的文本数据是多模式的。涉及教科书附带的教师指南中包含的文字、图形、评估问题以及这些问题的答案。[4]在教材分析方法上,有学者提出了一种新的教材分析方法,即基于任务层次上的具体内容的所谓的实践参考模型。该方法是指对教材的数学内容按照读者所接触或要求的任务和技术进行分析,然后可以通过讨论文本的散乱和理论水平来解释和补充。行为学参考模型(praxeological reference model)是由分析人员形成的,用于对文本的各种元素进行分类,特别是文本解释或要求读者提供的任务和技术。研究通过分析印度尼西亚三本教科书中的例子和练习,展示了这种方法的方法论特征。还说明了如何使用这种严格的分析来提供一个主题内教科书的定量"概要"。[5]有学者以布卢姆分类法和加德纳多元智能(MI)为基础,通过内容分析,探

---

[1] BYBEE R W. What is STEM Education?[J]. Science, 2010, 329(5995): 996.

[2] TURIMAN P, OMAR J, Daud A M, et al. Fostering the 21 ST, Century Skills Through Scientific Literacy and Science Process Skills[J]. Procedia - Social and Behavioral Sciences, 2012, 59(1): 110-116.

[3] KORT F D. Human Rights Rducation in Rocial Studies in the Netherlands: A Case Study Textbook Analysis[J]. Prospects, 2017, 47(1-2): 55-71.

[4] SCHIZAS D, Papatheodorou E, Stamou G. Transforming "Ecosystem" From a Scientific Concept into a Teachable Topic: Philosophy and History of Ecology Informs Science Textbook Analysis[J]. Research in Science Education, 2017, In Press(In press): 1-34.

[5] WIJAYANTI D, WINSLOW C. Mathematical Practice in Textbooks Analysis: Praxeological Reference Models, the Case of Proportion[J]. REDIMAT-Journal of Research in Mathematics Education, 2017, 6(3): 307-330.

讨高中教材与互换丛书在认知方面的广泛应用。采用两种视点构成一个网格，通过确定教材中涉及到智能的数量和类型，并对其进行比较，从而拓宽和深化分析。通过对布鲁姆的学习目标（Bloom's learning objectives）和加德纳的MI（Gardner's MI）进行编码，结果显示，教材中智能的数量与他们的学习目标之间存在着显著的差异。然而，互换系列在学习目标的八个层次上拥有大量的空间智能和人际智能，而在知识理解和应用层面上，它们在个人、音乐和身体动觉智能上的数量最少。[1]这种对于教材的研究方法对于在基础教育阶段进行工匠精神的弘扬提供了有益的参考。

不过，弘扬工匠精神的主阵地还是在职业教育之中。发达国家根据自身经济进步和职业教育发展的需求，各自创建了符合本国国情的职业教育人才培养方案。国外几种较为成熟的人才培养模式值得借鉴，如德国的"双元制"，该模式坚持由企业与学校共同举办职业教育，两个不同场所分工明确，共同保障学生所需的知识和技能，理论与实践的双重结合推动学生技能水平和综合素养的提升。[2]以美国和加拿大为代表的"CBE模式"把职业分析当成起点，根据模块化课程形式着重关注学生的各种能力提升，教学过程中强调以学生为主体，但相对而言，可操作性较差。[3]澳大利亚的"TAFE"模式为了促进学生顺利就业，职业教育课程严格按照行业、工业标准要求展开实际操作。[4]除了上述较为熟知的人才培养模式，发达国家善于利用法律法规和国家政策主导职业教育的人才培养，推动全方位的变革。如美国学者贝克尔（Becker）提出可以通过教育券计划、在职培训、家庭资助项目等政策手段来解决美国技术技能人才短缺的问题。[5]弗里曼（Freeman）明确了政府在校企合作中的重要作用，从而确保企业、职业院校和政府的深度合作与发展。[6]纵观国外已有的职业教育人才培养模

---

[1] TABARI MA, TABARI IA. Links between Bloom's Taxonomy and Gardener's Multiple Intelligences: The Issue of Textbook Analysis [J]. Advances in Language & Literary Studies, 2015, 6 (1): 94-101.

[2] 陈勇. 我国高等职业教育创业人才培养模式研究 [D]. 青岛中国海洋大学，2012: 9.

[3] 李琼. 职业教育课程开发模式综述 [J]. 职业技术教育，2009 (22): 51-53.

[4] WATSON L. Improving the Experience of TAFE Award-holders in Higher Education [J]. International Journal of Training Research, 2008 (6): 26-31.

[5] BECKER GS. Education, Labor Force Quality, and the Economy [J]. Business Economics, 1992, 27 (1): 7-12.

[6] FREEMAN C. Technology Policy, and Economic Performance: Lessons From Japan [M]. R&D Management, 1989 (3): 278-279.

式，发现优秀工匠人才在不同的人才培养模式下都可以得到有效的培育。

由于国外关于工匠精神的研究更多为我们介绍的是德国、美国、瑞士、日本等国家优秀工匠的先进事迹及其表现出的精神追求。众所周知，国外职业院校工匠精神培育与各个国家的职业教育制度是密切相连的，正是由于发达的职业教育制度与体系，使工匠精神培育在潜移默化中得以实现。这也为我国职业院校工匠精神培育提供了借鉴。结合不同国家职业教育发展的实践，本书重点介绍德国、日本及美国的职业教育制度与工匠精神培育。

1.有关德国职业教育制度与工匠精神培育的研究

德国是世界先进制造业的典范，"德国制造"也成为世界各国政府、企业界和学者们普遍关注和讨论的话题。据2012年的调查显示，在世界排名前4的超过两百年的企业中，德国位居第二，有近837家企业的寿命超过了200年[1]，而德国企业长寿背后的秘密武器正是工匠精神的有力支撑。在德国，工匠精神的养成除了受浓厚的宗教历史文化传统的影响之外，还受高质量的"双元制"职业教育制度的影响。邓涛、陈婧将德意志民族核心职业精神概括为忠诚敬业、严谨守序、创新精神等，并且认为这些职业精神和职业品质的形成是受宗教的熏陶、哲学教育的启迪和地理环境孕育的综合结果，为德国制造业的崛起提供了力量源泉。[2]俞跃则在此基础上，认为德国"工匠精神"的养成除了受深厚的历史文化传统影响之外，更离不开德国完善的职业教育体制。[3]德国的职业教育体制以"双元制"著称，"双元制"职业教育体制的典型特征便是强调以企业为核心的运作模式，以实践技能为核心的职业能力本位训练制度，以市场和社会需求为导向的服务方向。[4]在德国，企业引导着校内外的实践教学、企业负责着实践教学的经费筹措、企业担负着青年的实践培训责任、企业更是实践教学的评价主体。[5]也正是由于企业的积极参与，职业院校学生每周在职业学校学习1—1.5天，其余时间几乎都在企业接受实训。学生的课程设置中理论与实训之

---

[1] Rischl A. The Anglo-German Productivity Puzzle，1895-1935：A Restatement and a Possible Resolution [EB/OL]. Econ Papers,（2008-03-05）[2020-09-02]. http://eprints.lse.ac.uk/22309/1/1WP108Ritschl.pdf.

[2] 邓涛，陈婧."德国制造"职业精神之历史文化溯源［J］.西北工业大学学报（社会科学版），2017，37（2）：31-34，124.

[3] 俞跃.德国工匠精神培育及借鉴［J］.中国高校科技，2017（9）：47-48.

[4] PILZ M.Initial Vocational Training From a Company Perspective：A Comparison of British and German In-House Training Cultures［J］. Vocations and Learning，2009，2(1)，57-74.

[5] 陈霞.德国"双元制"课程模式［J］.职业技术教育，2000（19）：56-57.

比已经达到了1∶2。①而在德国的企业文化中，尤其注重产品质量，注重生产细节、注重生产信誉等，因此学生通过在企业中实地接受有计划的教学培训和实践实习，不仅可以切实提高自身操作技能，也可以在企业文化的熏陶中养成认真、负责的职业态度，形成按照操作规程办事、精益求精的职业精神。

2.有关美国职业教育制度与工匠精神培育的研究

美国是世界上较早开展职业人才培养的国家，曾设立"文实"学校，专门进行实用知识和技能传授。美国政府于1984年便颁布了职业教育的纲领性文件《帕金斯职业教育法案》，拉开全民职业教育序幕。②由此可见，美国政府对职业教育培育工匠人才的重视。现阶段，美国的职业教育主要是通过以社区学院为主的高中后教育和高等职业教育来实现的③，但无论是社区学院还是高等职业教育的发展都非常注重校企合作。并将校企合作作为工匠人才培养的重要抓手。美国职业院校的校企合作强调由学校与企业签订合同、共同对学生进行职业技能培养。具体而言，主要是将职业院校的课堂学习与企业车间劳动技能训练相结合，通过契约的制约性和规范性，来形成对企业、职业院校和学生的共同约束。而在校企合作的内容方面则主要包括人员的配备、人才培养方案的制订，教学实践内容的确定、技术技能鉴定标准的设立，以及项目评估标准的实施等。正是由于完善的校企合作项目的建立，有效地保障了职业院校学生培养的质量，确保了企业"工匠精神"在职业院校学生中的传播，同时也使得学生有更多机会了解到自己所学专业的未来职业需求和前景，增加其学习的预见性。此外，美国的职业教育相比其他国家而言，具有的另一典型特征便是注重职业教育培养的终身化。受终身教育理念的影响，美国的职业教育逐渐把人的发展放在第一位、注重个体的成长与就业需求。职业教育终身化使得个体在人生的不同发展阶段都可以根据职业的变化与调整有选择性地进行职业教育训练与培训。目前，在美国已经形成了包括职业意识、职业探索、职业准备、职业定向和职业训练等在内的完善的具有连贯性的职业教育终身化的培训体系，有效地保障了学生终身职业生涯发展中知识和技能的获得，同时通过职业教育的

---

① FEDERAL MINISTRY for ECONOMIC AFFAIRS and ENERGY（BMWi）.Germany's dual Vocational Training System[EB/OL].https：//www.make-it-in-germany.com/en/study-training/training/vocational/system/.

② 欧阳登科.借鉴：国外工匠精神的培育成功经验及启示[J].智库时代，2017（10）：40-41.

③ Dual Enrollment Programs and Courses for High School Students at Postsecondary Institutions：2010-11[R].Washington D.C.：U.S.Department of Education，2013.

终身化也可以培养学生对工作的热爱,从而形成敬业、合作、有社会责任感、乐于奉献的职业精神。[1]

3.有关日本职业教育制度与工匠精神培育的研究

据统计,寿命超过200年的企业日本有3100多家,居全球之首。这与日本企业向来对技术专一、精进、专注、革新的追求密不可分,但同时也与日本完善的职业教育制度对职人工匠精神的培育紧密联系。[2]李富指出日本的高职院校主要通过以下四个方面的完善来培养学生的工匠精神,塑造学生的职业意识和职业精神。一是产学结合、校企合作的人才培养模式;二是兼顾理论和实践的课程设置;三是以职业素养培养为目的就业指导;四是聘请具备教育理论知识和实际工作经验的教师。[3]但除了学校职业教育制度之外,日本发达的企业内职业教育也为"工匠精神"的培育提供了重要保障。企业内职业教育不仅是日本职业教育的最大特色,而且是保障日本工匠人才培养、匠人文化形成的重要途径。在日本,企业尤其重视对员工的培训。据调查,日本企业对教育培训市场资金投入的比例占全部的50.3%,比财政投入多40个百分点左右,比个人投入多10个百分点。[4]而且日本企业始终坚持人才是自己培养出来的,而不是外界给予的办厂理念。所以,日本企业所需的高技术工人,基本上都是企业自己招收高中毕业生,并通过企业内部设立的培训机构对其进行终身培养。同时企业在长期的发展中,为了保障企业培训的员工能够在企业内长期留得住,也会积极的制定相关制度。例如以大企业为中心的终身雇佣制、年功序列制(薪资制度)和企业内工会制度。[5]此外,在企业内部为提高员工的职业能力和综合能力还实行岗位轮换制度,激励员工不断学习、积极进取。这些都是日本式企业制度的基本特征。而国家层面为了切实地提高企业培训员工的积极性,保障了人才供给的长效性,也建立了相关的配套措施。例如政府通过直接建立资金补助制度和对注重企业内员工培训的企业给予一定的税收优惠来鼓励企业积极参与培

---

[1] 姬颖超.高职院校学生职业精神培养探析[D].石家庄:河北师范大学,2012:24.

[2] LIU Y, LYU D.A Comparison of Vocational Education in China and Japan[J]. International Journal of Science,2016,10(3):100-104.

[3] 李富.典型发达国家和发展中国家高职教育对经济发展贡献的比较——基于工匠精神视阈[J].湖北工业职业技术学院学报,2017,30(6):1-5.

[4] 文部省.文部统计要览(平成四年版)[EB/OL].[2013-02-23]http://www.mext.go.jp/b_menu/toukei/002/002b/04/jpg/hyo04070.jpg.

[5] 祁占勇,王佳昕.日本职业教育制度的发展演变及其基本特征[J].河北师范大学学报(教育科学版),2018,20(1):73-78.

训。总之，日本发达的企业内职业教育也是日本工匠精神形成的重要基础。

（三）关于工匠精神的社会支持研究

无论如何工匠还是一种职业，弘扬工匠精神，需要重视工匠人才对其自身职业的认同。国外关于职业认同方面的研究较为成熟与科学，集中于职业认同的概念与测量方面。对于定义的研究，霍兰德（Holland）认为职业认同是个体认识自我和职业环境后的一种结果。[1]迈耶斯（Meijers）认为个体可以通过用职业认同来将兴趣、能力和价值观与职业目标联系在一起，同时会随着不断的社会学习过程而改变。[2]福古特（Fugate）认为职业认同为不同的职业经历和愿望提供了一个较为清晰的解释。或者可以将其认为是个体选择用"现在正从事或未来想从事的职业"回答"我是谁"。[3]在对测量方法的研究上，由于不同研究者对职业认同的概念不一致，方法运用也有所不同。最典型的是职业认同分量表VIS，分量表由18道题目组成，采用0和1记分的方式，总分越高说明个体职业认同越稳定。[4]另外，还有Melgosa编制的OIS量表将28道题目按照获得、延缓、早闭、扩散分为4个维度，根据受试者在各个维度上的得分数将其职业认同状态归类[5]，应用较为广泛。

工匠精神是每一个劳动应该坚守的职业精神，然而，如要大众形成这种职业精神，则需要从社会文化中找到支撑，形成对工匠的文化认同。关于文化认同研究主要包括自我认同与社会认同两方面，国外相关的成果多为著作。查尔斯·泰勒对现代认同进行了追问，围绕自我感与道德视界、认同与善之间的复杂关联，揭示了相互冲突的道德观及其暗含的认同背后的内在紧张。[6]塞缪尔·亨廷顿通过分析美国国民特性面临的内外部挑战，据此呼吁国家和社会应

---

[1] HOLLAND J L, JOHNSTON J A, ASAMA N F. The Vocational Identity Scale: A Diagnostic and Treatment tool [J]. Journal of Career Assessment, 1993, 1 (1): 1–12.

[2] MEIJERS F. The Development of a Career Identity. International Journal for the Advancement of Counselling, 1998, 20 (3): 191–197.

[3] FUGATE M, KINICKI A J, & ASHFORTH B E. Employability: A Psycho-social Construct, its Dimensions, and Applications [J]. Journal of Vocational Behavior, 2004, 65 (1): 14–38.

[4] HOLLAND J L, GOTTFREDSON D C, & POWER P G. Some Diagnostic Scales for Research in Decision Making and Personality: Identity, Information, and Barriers [J]. Journal of Personality and Social Psychology, 1980, 39 (6), 1191–1200.

[5] MELGOSA J. Development and Validation of the Occupational Identity Scale [J]. Journal of Adolescence, 1987, 10 (4), 385–397.

[6] 查尔斯·泰勒. 自我的根源 [M]. 韩震, 王成兵, 乔春霞, 等, 译, 北京: 译林出版社, 2012: 70.

重视文化建设和国民特性的维持。①亚伯拉罕·马斯洛通过对人的需要的层次进行分析，阐释了人性的复杂和人类精神追求的心理机制。②豪格等人以群际关系和群体认同为中心，分析了意识形态、群体凝聚力、社会表现、集体行为、从众和语言、沟通等因素在社会认同过程中的影响和作用。哈维兰的文化人类学研究则又提供了一个视角，他系统论述了人类在持续性生存压力下语言、自我意识的认同、生存模式、经济体制、婚姻和亲属制度等文化要素的影响和功能。③曼纽尔·卡斯特对信息化社会和全球化两大趋势进行了新透视，据此深刻解释了网络社会与集体认同之间发生的斗争及表现形式。④

（四）关于工匠精神的传播机制研究

国外学者对于信息传播和政治传播的相关研究主要集中在时代发展以及信息传播方式变化带来的相应挑战。近年来，相关研究从数字通讯革命以及媒介变化带来的人类传播生态的"后真相"状况切入，探索新的时代背景下如何提高信息传播和政治传播的有效性。国外学者关注媒介变革对社会发展以及政治文化的影响，同时也对当下的技术决定论以及新技术应用的负向影响有所警惕和关注，并提出相应的对策和建议。很多研究者认为，"互联网似乎是动员的催化剂，由于它打开了广泛的信息传播范围，据称可以超越社会运动中活动分子所能达到的环境"⑤。有学者认为社交媒体技术改变着社会整体传媒生态的同时，也改变着社会的政治参与模式，指出社交媒体唤醒了公民的主体意识，开创了不同于传统媒体时代的公共"话语"场域，而且它具有政治赋权、动员、参与、监督及斗争功能，"可以支持大规模的社会变革"⑥。但学者们同样意识到尽管新兴媒介对社会整体传播环境和舆论生态产生了重大影响，但媒介本身只是一个中性的传播平台，它在各国政治中所扮演的角色取决于各个国家的社

---

① 塞缪尔·亨廷顿. 谁是美国人——美国国民特性面临的挑战 [M]. 程克雄，译. 北京：新华出版社，2010：102.

② A. H. 马斯洛. 动机与人格 [M]. 许金声，程朝翔，译. 北京：中国人民大学出版社，2013：3.

③ 威廉·A. 哈维兰. 文化人类学 [M]. 瞿铁鹏，张钰，译. 上海：上海社会科学院出版社，2006：29.

④ 曼纽尔·卡斯特. 认同的力量 [M]. 曹荣湘，译. 北京：社会科学文献出版社，2006：154.

⑤ MERCEA D. Digital Prefigurative Participation: The Entwinement of Online Communication and Offline Participation in Protest Events [J]. New Media & Society, 2017, 14 (1): 153−169.

⑥ GLEASON B. Occupy Wall Street: Exploring Informal Learning About a Social Movement on Twitter [J]. American Behavioral Entist, 2013, 57 (7): 966−982.

会文化背景以及如何利用它，正如有学者所言："技术塑造我们的社会世界，但不等于决定它。"[1]基于技术升级带来的信息传播和政治传播中的负面效应，国外学者们关注较多，并提出了相应的解决对策。美国学者尼古拉斯·尼葛洛庞蒂（Nicholas Negroponte）在《数字化生存》一书中提出，"每一种技术或科学的馈赠都有其黑暗面"[2]。2017年兰斯·班尼特（Lance Bennett）在国际传播学年会上指出，"后真相"冲击着世界范围内的整体传播生态，必将引起政治传播领域的深刻变革。网络空间的极化，公共领域的瓦解，以及另类空间的兴盛需要我们重新评估包括议程设置、网络化公共领域在内的经典理论对当代西方政治传播现象的解释力。[3]国外相关学者准确把握信息传播生态的相应变化，在此基础上研究人们接受信息的特点以及相应的心理特征和情感变化，并以此为切入点提出，当下的信息传播不应只考虑信息的客观理性，还应考虑受众的情感和心理需求，而这正是当下信息有效传播必须应对的最根本变化。2016年学界提出了"计算宣传"（Computational Propaganda）的概念，此概念由美国华盛顿大学学者塞缪尔·伍利（Samuel C. Woolley）和英国牛津大学学者菲利普·霍华德（Philip N. Howard）提出，"以在社交媒体网络上故意散布误导信息为目的，使用算法、自动化和大数据分析等方式操纵公众舆论"[4]。计算宣传既是一种影响政治的技术力量，也是一种操纵舆论的信息传播方式，被视为"以达到其创造者的特定目标而故意歪曲符号、诉诸情感和偏见、绕过理性思维的传播，一种运用算法技术手段进行创造或传播的宣传"[5]。如何适应时代发展带来的新的传播生态，如何克服信息技术快速发展给信息传播和政治传播带来的负向影响，这包括技术进步对人类社会的客观影响以及人类主动利用技术进步实施的人为改变两个方面。这是国外研究者们关注的焦点问题和未来相当一段时期内的研究趋向，同样地，也是国内马克思主义传播和主流意识形态建

---

[1] MURTHY D. Towards a Sociological Understanding of Social Media: Theorizing Twitter [J]. Sociology, 2012, 46 (6): 1059-1073.

[2] 尼古拉·尼葛洛庞帝. 数字化生存 [M]. 胡泳，范海燕，译，海口：海南出版社，1996：267.

[3] 史安斌，杨云康. 后真相时代政治传播的理论重建和路径重构 [J]. 国际新闻界，2017，39（9）：54-70.

[4] WOOLEY S C, HOWARD. Automation, Algorithms, and Politics, Political Communication, Computational Propaganda, and Autonnonous Agents-Introduction [J]. International Joyrnal of Communication, 2016 (10), 1882-1890.

[5] BOLSOVER G, HOWARD P. Computational Propaganda and Political Big Data: Moving Toward a More Critical Research Agenda [J]. Big Data, 2017: 273-276.

设必须要注意的问题。

二、国内相关研究成果

工匠是时下的一个热词，我国学者对其已有一些研究，并取得一定的研究成果，如在工匠的概念范畴、工匠精神、工匠有关政策相关内容、如何培育工匠等方面论述颇多，多为一些期刊论文成果，也有一定量的著作研究，这为进一步研究工匠精神的弘扬做了很好的铺垫。

（一）关于工匠精神的内涵研究

探讨工匠精神内涵的前提是要明确"工匠"的概念。关于对工匠内涵的界定目前学界并没有达成统一共识，学者们多是通过选择不同的视角为立足点来阐述他们对工匠内涵的理解。如刘红芳等人认为现代普通工人（worker），古时称"百工""工人"等；现代意义的技术工人（craftsman），即各个行业的技术工人，古代被称为"机匠""木匠""铁匠"等也可视为传统工匠的主体；而一些技术专家（engineer），如工程师、建筑师等高技能人才，则是高水平的工匠，传统上称"哲匠""匠师"等。[1]余同元进一步指出"工匠"实际上就是"传统工匠"的简称，指的是与从事现代机器生产的工业生产者相对应的传统手工业生产者。[2]李超凤基于现代工匠精神传承指出工匠是指以培养一批不仅有从事某种专门工作能力，并具有不断将自己的工作钻研，创造完美的毅力，能够在自己所从事的工作中体会到乐趣而不断提升技艺水平的手艺人。[3]李进从纵向的历史年代和代际传递着手，指出古代"工匠"俗称手艺人，指从事手工艺制造，能够熟练掌握一门技艺并赖以生存的人，如木匠、铁匠等；而现代"工匠"指在生产、服务一线具体实施操作或依靠自身技术、技能为他人提供劳动服务的人。[4]王国领、吴戈则将"工匠"的概念泛化，认为工匠指的是重视质量、勇于造物干事、大胆创新之人，是各行各业的能人、行家里手、大师。[5]反之，李小鲁认为一般的作坊工、简单熟练工并不是真正意义上的工匠，只有经

---

[1] 刘红芳，徐岩."工匠"源与流的理论阐析[J].北京市工会干部学院学报，2016，31（3）：4-12.
[2] 余同元.传统工匠及其现代转型界说[J].史林，2005（4）：57-66，124.
[3] 李超凤.职业学校工匠型人才有效供给研究[D].长沙：湖南师范大学，2017：12.
[4] 李进.工匠精神的当代价值及培育路径研究[J].中国职业技术教育，2016（27）：27-30.
[5] 王国领，吴戈.试论工匠精神在现代中国的构建[J].中州学刊，2016（10）：85-88.

过专门的培训和锻炼,在各自行业拥有高超技艺和良好声望的专业人才,才能被称为工匠。①从研究现状来看,虽然学者们对工匠的定义和内涵有不同的观点,也各自给出不同的解释,但在对工匠的本质特性或精神特质的研究方面正逐步达成统一的认识,多数学者普遍认为工匠具有不同于普通工作者和劳动者的创造精神、工作态度和人生境界。正是基于工匠特有的精神、态度和境界才使得工匠在中华文明前进的道路上扮演着越发重要的角色,成就了科学技术的逐步创新、生产力的不断发展以及中国文化的博大精深。②然而,当工匠群体在为繁荣地方经济,服务人民生活,解决劳动就业做出不可磨灭、不可替代的贡献的同时,却发现自身社会地位逐步降低。③面对这一现实状况,黄君录理性的指出,工匠的社会地位与社会贡献价值之间比例关系的倒挂,在社会价值分配体系上仍处于弱势,职业生涯晋升通道狭窄等诸多不利于工匠生存的现象表明,工匠群体的社会地位亟须得到提高和改善,并进一步呼吁社会尊重和爱护工匠群体,积极弘扬"工匠精神"。④

其次,尽管工匠精神被频繁提及,但现有研究中依然缺少相关含义的细致定义。工匠精神作为一种传统优秀美德,在我国历史渊源,最早可追溯到传统经典故事和经典文学作品中对工匠精神的记载。传说文明的始祖黄帝发明创造了房屋、衣裳、车船等;另一位始祖炎帝也发明了医药、制耒耜、作陶器等。除此之外,庖丁解牛、鲁班发明创造、奚仲造车、"虞姁作舟"、"夏鲧作城"、黄道婆改良纺织技术、欧冶子铸剑等都是工匠精神的典范。⑤就经典文学作品中记载的"工匠精神"而言,文学作品中有关"工匠精神"的记载主要见于《考工记》,此外《大学》中也有相关表述。《周礼·考工记》曰:"烁金以为刃,凝土以为器,作车以行陆,作舟以行水,此皆圣人之所作也。""天有时,地有气,材有美,工有巧,合此四者,然后可以为良。"战国编钟极其精致,可以做到"圜者中规,方者中矩,立者中悬,衡者中水,直者如生焉,继者如附焉"。《大学》中就"工匠精神"也谈道:"如切如磋者,道学也;

---

① 李小鲁.对工匠精神庸俗化和表浅化理解的批判及正读[J].当代职业教育,2016(5):4-5.
② 王国领,吴戈.试论工匠精神在现代中国的构建[J].中州学刊,2016(10):85-88.
③ 王寿斌.工匠精神的理性认知与培育传承[J].江苏建筑职业技术学院学报,2016(2):1-5.
④ 黄君录."工匠精神"的现代性转换[J].中国职业技术教育,2016(28):93-96.
⑤ 王莉.传承鲁班文化,弘扬"工匠精神"——高职土建类专业基于现代学徒制的"工匠精神"培养途径研究[J/OL].中国培训,2017(16):1-3(2017-06-21).http://kns.cnki.net/kcms/detail/11.2905.G4.20170621.1632.052.html.DOI:10.14149/j.cnki.ct.20170621.026.

如琢如磨者，自修也。"由此可见，我国的传统文化中蕴含着丰富的"工匠精神"，并形成了以勤劳、尚巧、尽善、尽美、精湛、注重奉献为主要特征的工匠（手艺人）精神。伴随着历史的发展，我们在继承和发扬古代工匠精神的同时也在不断地丰富其内涵。肖群忠、刘永春把工匠精神定义为"狭义是指凝结在工匠身上、广义是指凝结在所有人身上所具有的，制作或工作中追求精益求精的态度和品质"[①]。刘志彪则认为，工匠精神如从供给方面来看，指在工作任务中孜孜以求、追求极致的精神；从需求方面看，指满足消费者利益，不断改进产品的性能；从行为方式看，指做事负责的态度和不懈的长期化行为。[②]此外，党华采用分层次下定义的方式，认为工匠精神包含三个层次，分别阐释了其技艺之美、坚守之美、创造之美的审美境界。[③]新时代，"工匠精神"与"中国制造"紧密联系在一起，被赋予了丰富的社会价值。黄君录站在高职院校培育工匠精神的角度，深刻地指出锤炼工匠精神是"中国制造2025"的战略指向，培育工匠精神是学生未来发展的客观需求，传承工匠精神是高职院校欣欣向荣的攀登阶梯。[④]李进则以当今社会面临产业升级为视角，强烈呼吁人们对工匠精神的尊重，呼唤工匠精神的顺利回归。[⑤]由此可见，目前关于工匠精神的现代内涵的研究学者们众说纷纭，主要形成了以下观点：一是认为工匠精神属于一种精神理念。成海涛指出"工匠精神"是指工匠对自己的产品严谨专注，精雕细琢，精益求精的精神理念。[⑥]李进指出"工匠精神"属于精神范畴，是从业人员的价值取向和行为追求，是一定人生观影响下的职业思维、职业态度和职业操守。[⑦]二是认为工匠精神属于一种职业态度。王丽媛指出"工匠精神"是从业人员对待职业的一种精益求精、注重细节、严谨、一丝不苟、耐心的态度。[⑧]孟源北、陈小娟也指出"工匠精神"指的是从业人员对工作始终保持认真、负责、热爱的态度

---

① 肖群忠,刘永春.工匠精神及其当代价值[J].湖南社会科学,2015（6）：6-10.
② 刘志彪.构建支撑工匠精神的文化[J].中国国情国力,2016（6）：19-20.
③ 党华."工匠精神"的审美观照和境界生成[J].中华文化论坛,2016（9）：85-89.
④ 黄君录.高职院校加强"工匠精神"培育的思考[J].教育探索,2016（8）：50-54.
⑤ 李进.工匠精神的当代价值及培育路径研究[J].中国职业技术教育,2016（27）：27-30.
⑥ 成海涛.工匠精神的缺失与高职院校的使命[J].职教论坛,2016（22）：79-82.
⑦ 李进.工匠精神的当代价值及培育路径研究[J].中国职业技术教育,2016（27）：27-30.
⑧ 王丽媛.高职教育中培养学生工匠精神的必要性与可行性研究[J].职教论坛,2014（22）：66-69.

和精神理念。①此外,姚先国、郑一群、李梦卿、杨秋月等也认为"工匠精神"是一种认真严谨,严格严肃,对工作执着、一丝不苟的职业态度。三是认为工匠精神与良好的职业道德、专业的职业技能紧密相连。胡建雄把"工匠精神"的实质看作职业道德和职业技能的深度融合,主要指"全心全意为人民服务""德艺兼修、以德为先""敬业奉献、严谨求实""淡泊名利、专注执着""精益求精、止于至善"的职业精神。②工匠精神在继承古代释义的基础之上,伴随着现代文明的进步与职业发展的要求又逐渐的被赋予了精益求精、专业专注、求实创新、爱岗敬业、一丝不苟、止于至善等新的内涵。

另外,国内学者对于域外"工匠精神"也进行了系统的研究。在工匠精神的内涵方面,工匠精神在德国被称为"劳动精神"。邓涛、陈婧将德意志民族核心职业精神概括为忠诚敬业、严谨守序、创新精神等。③在日本称为"职人精神",日本职人对产品和服务追求完美,这不仅关乎技艺本身,而且成了他们内心的坚守和精神的修行。④还有学者研究西方早期的工匠精神,认为工匠追求精益求精和完美,用精湛的技艺产出的优秀的作品。⑤在工匠精神的意义方面,众多学者的研究表明,在西方国家的发展进程中,以及当今在制造业方面取得的成绩,工匠精神在其中起到了大有可观的作用。例如德国,他们如何能够成为制造业强国,探其究竟发现精益求精的工匠精神是至关重要的因素。这种精神促使德国人严谨、专注,他们一心倾入事业,还要求创新,他们则不断学习以求突破。可见,对于德国企业和民族的发展,工匠精神起到不可或缺的作用。⑥如奔驰等百年品牌的成功,是因为在制造汽车时,每个步骤都苛求完美,其折射的正是起到关键作用的工匠精神。⑦日本也

---

① 孟源北,陈小娟."工匠精神"的内涵与协同培育机制构建[J].职教论坛,2016(27):16-20.
② 胡建雄.试论当代中国"工匠精神"及其培育路径[J].辽宁省交通高等专科学校学报,2016,18(2):45-48.
③ 邓涛,陈婧."德国制造"职业精神之历史文化溯源[J].西北工业大学学报(社会科学版),2017,37(2):31-34,124.
④ 杜连森.转向背后:对德日两国"工匠精神"的文化审视及借鉴[J].中国职业技术教育,2016(21):13-17.
⑤ 肖群忠,刘永春.工匠精神及其当代价值[J].湖南社会科学,2015(6):6-10.
⑥ 姚先国.德国人的"工匠精神"是怎么样炼成的[J].人民论坛,2016(18):64-65.
⑦ 青木,李珍,丁雨晴,等.德国"工匠精神"怎么学"慢工细活"不浮躁[J].决策探索,2016(6):69-70.

是一个对技艺和产品追求完美的国家,他们苛求细节,不仅注重产品的实用性,还强调消费者的体验。他们认为,在产品的创新和升级中,优化消费者的体验是不容忽视的。这个国家所产生的丰田式的精益化管理模式,促进企业的不断发展,造就了许多百年老店,工匠精神在其中起到了不可否认的重要作用。[①]

(二)关于工匠精神的培育研究

工匠精神培育的当代价值是工匠精神研究的本真目的与动力。学者们对工匠精神培育当代价值的研究主要集中在两方面:一是将工匠精神的培育与制造业的发展紧密相连,指出了"工匠精神"在制造业发展的中流砥柱作用。彭楚钧认为实现"制造大国"向"制造强国"转变,"中国制造"向"中国智造"转变,需要将职业教育人才培养与工匠精神相融合,这是职业教育发展的时代使命。[②]学者叶美兰也认为,一流的制造需要一流的技术,而一流的技术则需要一流的精神。因此,应重视和倡导"工匠精神"。[③]二是将工匠精神的培育与职业院校的发展和职教学生的成长紧密相连,指出了"工匠精神"对于提高职业院校的吸引力,对于扩展学生的职业生涯空间的重要价值。学者刘勇求、成永涛认为"工匠精神"不仅是工业制造的灵魂,也是高品质生活的保障,更是技术技能人才实现自我价值的重要助力。[④]唐金权也指出加强高职院校学生"工匠精神"的培养,有利于高职院校学生综合素质的提升和职业生涯的发展,同时"工匠精神"作为高职教育的灵魂,对提升高职学校的内涵建设也意义重大。[⑤]

工匠精神体现在学校教育的各个阶段。其中在基础教育的课程方面,丁娜谈到德国各类学校均开设家政课,涉及编织、木工制作、家政等内容。[⑥]殷堰工指出在日本主要通过校内综合学习、校外体验活动的方式来深化儿童对于职业

---

① 赵洋.日本制造的文化基因[J].中国报道,2015(4):82-84.
② 彭楚钧."互联网+"时代高职工匠人才培养探析[J].人才资源开发,2017(18):92-93.
③ 叶美兰,陈桂香."工匠精神"的当代价值意蕴及其实现路径的选择[J].高教探索,2016(10):27-31.
④ 刘勇求,成永涛."工匠精神"的价值意蕴研究[J].湖北工业职业技术学院学报,2017,30(4):6-9.
⑤ 唐金权."中国制造"背景下的高职院校学生"工匠精神"培养[J].继续教育研究,2018(1):54-58.
⑥ 丁娜.联邦德国中小学的家政课、劳作课、研讨课[J].语文教学通讯,1989(Z1):106.

的认识，培养职人精神。①石瑜、李文英介绍了日本从小学就开始设立的家政课，除了校内学习外，学校还组织各种校外体验活动，促进学生职业意识与职业精神的形成。②郑玥指出日本的中小学注重以"综合学习时间"为主的学习，借助企业与地方的力量，以见学、情景模拟为主使学生进行职场体验活动，形成对于职业的初步认知。同时还推出针对不同层次劳动者的技能比赛，基础教育的青年可以参加日本青年制造竞技大赛。③

从现代工匠精神的传承出发，探讨现代职业院校如何培养现代工匠人才。仲晓密，钱涛指出职业院校应与企业合作培养工匠与工匠精神。④张善柱认为培养工匠精神的关键是各级工会在培养工匠方面要有所作为。⑤童卫军等人结合新时期产业发展对设计人才的需求，提出以"熟悉结构，懂工艺，会制作"的高职设计类专业的人才培养新目标展开培养。⑥邱建忠和金璐基于省级技能大师工作室的建设，倡导通过企业项目引领式教学来培养高技能人才队伍。⑦针对创新型工匠的培养，李玉民、颜志勇认为应通过政企协同，共建创客空间、创客社团，开发创客课程、培养创客教师、培育创客文化，培养具有"匠人精神、精湛技艺、创新本领"的机电类创客型工匠。⑧

然而，当前重提工匠精神，恰恰说明了当代社会工匠精神的普遍缺失。随着经济理性的非理性扩张，代表人本主义的工匠精神不断萎靡，使得缺失了工匠精神的当代社会急功近利之风盛行，墨守成规之风弥散，消极怠工之风蔓延。至于其萎靡不振的真正原因，学者们给予了不同的看法和解释。邓成认为，传统的传承和如今的体制是主要缘由，"传统儒家观念注重人文教育，轻

---

① 殷堰工．柏林劳技教学考察报告——中德合作苏州劳技师资培训中心赴德专业考察团[J]．苏州教育学院学报，1996（4）：4-5．
② 石瑜，李文英．日本中小学自立教育透视——基于家政课的分析[J]．日本问题研究，2011，25（2）：51-55．
③ 郑玥．日本中小学职业生涯教育及其启示[J]．河南科技学院学报，2010（10）：48-50．
④ 仲晓密，钱涛．高职教育与工匠及工匠精神之养成[J]．辽宁高职学报，2017，19（3）：15-17．
⑤ 张善柱．工会培养工匠精神的路径研究[J]．中国劳动关系学院学报，2017，31（4）：102-107．
⑥ 童卫军，王志梅，叶志远．高职院校设计类专业"设计工匠"人才培养的理念创新与实践[J]．职业技术教育，2016，37（17）：28-31．
⑦ 邱建忠，金璐．基于"技能大师工作室"的精英工匠培养模式研究[J]．职业，2016（27）：20-21．
⑧ 李玉民，颜志勇．机电类专业创客型工匠培养的研究与实践[J]．南方企业家，2018（3）：200-202．

视专业教育,认为匠人们营营役役都是奇技淫巧"。①李宏伟则提出工匠精神的没落是由于近代工业的逐渐崛起,近代工业兴起意味着大机器、大生产时代的到来,必然会对手工业和小作坊产生不利的影响,工匠的没落带来了工匠精神的逐步消失。②同时,值得注意的是,成海涛基于职业教育的视角探讨了职业院校在"传技"和"育人"关系把握上的偏差以及缺乏有效的培训体系和相关知识体系建设的原因。③更具体地说,学者们对职业院校工匠精神培育面临的现实困境的研究,既有立足于社会、企业和学校本身从宏观层面来论述职业院校在工匠精神培育中面临的挑战,也有立足于教师、学生等从微观层面来探析工匠精神培育面临的困境。杨建认为高职院校面临专业精神缺乏理性支持,职业态度缺乏情感认同,人文素养缺乏价值追求等诸多新的挑战。④戴仁卿认为工匠精神培育面临着内外因困境,如社会价值导向存在偏差、培育制度与模式的缺失等。⑤王慧慧、于莎认为由于"学校本位"的职业教育传统根深蒂固,导致广大企业角色形同虚设,企业参与技能型人才培育的积极性不高。⑥而吴婷则认为,高职院校教师呈现年轻化态势,在其工匠精神培育过程中面临着诸如:入职前,专业技术技能储备不足;入职后,缺乏职业技能培训、晋级空间有限等困境。⑦梅洪也指出,职业院校学生深受校园亚文化影响,在学习过程中缺乏精益求精工匠精神,只满足于实验数据过得去,实操技能略知皮毛。⑧

正如造成当代中国社会工匠精神缺失的原因是多样的,学者就如何培育工匠精神的方式、路径也各不相同。李进紧扣其哲学属性,以社会存在为切入点,认为应从制度、薪酬、市场培育、社会氛围、学校教育等层面为工匠精神

---

① 邓成.当代职业教育如何塑造"工匠精神"[J].当代职业教育,2014(10):91-93.
② 高路.文艺创作中"工匠精神"的历史传承与当代培育[J].中华文化论坛,2017,5(5):181-184.
③ 成海涛.工匠精神的缺失与高职院校的使命[J].职教论坛,2016(22):79-82.
④ 杨建.供给侧改革视野下高职院校工匠精神培育困境及对策分析[J].高等职业教育(天津职业大学学报),2017,26(1):39-43.
⑤ 戴仁卿.应用技术型高校大学生"工匠精神"培育的困境与突围[J].黑龙江生态工程职业学院学报,2017,30(5):78-80.
⑥ 王慧慧,于莎.工匠精神:我国技能型人才培育的行动纲要[J].河北大学成人教育学院学报,2016,18(3):53-57.
⑦ 吴婷.高职教师工匠精神的培育策略[J].职教通讯,2017(23):66-68.
⑧ 梅洪.论高职学生工匠精神的培育[J].职教论坛,2016(25):79-81.

的培养提供良好的氛围和条件。①针对工匠精神培育中出现的各种问题，多数学者的研究则集中于职业教育尤其是高职院校培育学生工匠精神的多样化路径方面。王丽媛在充分说明高职学生工匠精神培育必要性的同时，指出思政教育、就业创业教育、实践教育和校园文化的熏陶是工匠精神培育的重要手段。②梅洪认为高职院校学生工匠精神的培育是一个系统化工程，在把工匠精神融入学校办学理念、指导思想和教学制度的基础上，也应当加强双师型教师队伍建设及强化校企合作、工学结合的育人模式。③刘春认为工匠精神与高职教育的人才培养目标一致，提出高职院校应该在实施校企合作、工学结合的基础上，大力推进工匠精神培养模式改革。④孙宝树认为技工院校是培养工匠人才的专门学校，必须把工匠精神贯穿于技工教育全过程。专业设置方面，要优化专业结构，根据产业发展设置专业、按照岗位要求实施教学。在教学体系建设方面，要注重将理论与实践相结合，注重培养具有较高专业素养的工匠人才。在办学方向方面，将校企合作作为基本的办学制度。更有学者以政府、企业、学校这三个主体出发展开关于工匠精神培养的研究。政府应通过完善就业政策、建立职业资格认证体系、完善保护工匠权益的法律法规、对优秀工匠进行表彰等措施，引导社会对工匠形成良好的印象及社会氛围，重视工匠的价值，将工匠精神社会化、具体化以传承和发扬工匠精神。⑤在企业方面，有学者认为，应实行导师制，提高人才培育的针对性和有效性。完善专业技术人才的薪资结构，使具有工匠精神的技术工人能够获得更好的薪酬待遇和地位。在职业院校方面，有学者认为首先应该从思想政治教育出发，将工匠精神的培育渗透其中，从认识上培育学生的工匠精神。⑥其次，学者认为应该结合各专业特点，将工匠精神的培

---

① 李进.工匠精神的当代价值及培育路径研究[J].中国职业技术教育，2016（27）：27-30.
② 王丽媛.高职教育中培养学生工匠精神的必要性与可行性研究[J].职教论坛，2014（22）：66-69.
③ 梅洪.论高职学生工匠精神的培育[J].职教论坛，2016（25）：79-81.
④ 刘春."工匠精神"培育与高职院校的教育追求[J].职教通讯，2016（32）：19-20.
⑤ 潘墨涛.政府治理现代化背景下的"匠人精神"塑造[J].理论探索，2015（6）：82-85，99.
⑥ 刘文韬.论高职学生"工匠精神"的培养[J].成都航空职业技术学院学报，2016（3）：14-17.

育融入专业课程与教学，增强学生的代入感。[1]再次，将工匠精神的培育与实训实习结合，让学生在实践操作中体会工匠精神。[2]最后，将校园文化的熏陶作为一种特殊的教育方式来弘扬工匠精神。[3]此外，应该培养一批具有工匠精神的教师。[4]在基础教育方面，一是课程建设，陈鹏从校内衍生模式、校外拓展模式和综合学校模式三个方面论述工匠精神融入基础教育的路径。[5]刘婧提出应围绕主题巧融合，设计跨学科综合课。[6]具体而言，叶蕾认为不仅需要提高学科资源的利用率，还应从社会生活中开发相关活动资源。[7]在课堂教学方面，席卫权分析了中小学美术教学中渗透工匠精神的可行性[8]，曾燕丽则主张以劳动教育为载体，教师应在课堂教学中培育学生的工匠精神[9]。李倩指出学校领导、教师和家长之间应该加强交流沟通，发挥教育合力。[10]在评价方面，李树培提出要课程、教学与评价一体化，做好写实记录，建立档案袋，整合多种评价方式和数据，开展科学评价。[11]

（三）关于工匠精神的社会支持研究

1.关于工匠精神文化认同的研究

近年来，工匠精神作为建立现代化职业教育体系的重要内容是职业教育领域的研究热点。在中国期刊全文数据库中关于工匠精神弘扬的文化认同的相关文献，学术论文有545篇，硕士论文13篇，博士论文2篇，报纸80篇。通过对相

---

[1] 孔宝根.高职院校培育"工匠精神"的实践途径[J].宁波大学学报（教育科学版），2016（3）：53-56.

[2] 王新宇."中国制造"视域下培养高职学生"工匠精神"探析[J].职业教育研究，2016（2）：14-17.

[3] 王丽媛.高职教育中培养学生工匠精神的必要性与可行性研究[J].职教论坛，2014（22）：66-69.

[4] 徐伟.工匠精神引领下的高职教育教学研究[J].浙江交通职业技术学院学报，2016（2）：63-65，78.

[5] 陈鹏.工匠精神融入基础教育路径探寻[N].中国教育报，2018-09-18（9）.

[6] 刘婧.整合与贯通：区域推进综合实践活动课程初探[J].中小学管理，2017（8）：48-49.

[7] 叶蕾.小学综合实践活动课程资源开发的意义与途径[J].现代教育科学·普教研究，2011（4）：147-148.

[8] 席卫权.现代教学中"工匠精神"的挖掘与培养——以美术课程为例[J].中国教育学刊，2017（8）：82-85.

[9] 曾燕丽.以劳动教育为载体 培育"工匠精神"[J].福建基础教育研究，2016（12）：137-138.

[10] 李倩.美术手工课教学的问题及对策研究[J].价值工程，2013，32（7）：224-225.

[11] 李树培.综合实践活动课程评价从何处入手？[J].中小学管理，2017（12）：13-14.

关文献的总体梳理，关于工匠精神的文化认同研究主要集中在以下几个方面：

第一类是关于工匠精神文化认同的研究。这一类研究主要围绕中国传统文化、现代制度文化和技术文化三方面展开。有学者从传统制度的发展历程中分析工匠精神走向衰落的原因。[①]也有学者从传统文化角度出发论述了由于儒家"君子不器"的传统观念对当前学生选择学校和专业的影响。国内其他一些学者则另辟蹊径，探讨了技术文化和科学文化的辩证关系。[②]如从高职院校的生态基础文化角度，集中研究了人才培养竞争力培植中所存在的几对矛盾：校园物质文化与精神文化的矛盾、科学主义与人文主义的矛盾、技术文化的工具主义与理想主义的矛盾以及技术文化与科学文化的矛盾。[③]与此同时，学者从技术文化视角论述了技术文化应成为高等职业教育文化育人的重要组成部分，作为技术精神文化的核心标志，工匠精神需要并必然体现于技术教育的技术思维和技术行为训练之中。[④]也有学者从将技术文化与传统文化相结合的角度围绕建设现代职业教育技术文化建设展开论述。[⑤]总的来看，目前学者对工匠精神的挖掘大多停留在对传统文化观念的思考上，缺乏对近现代的工匠文化的挖掘与探索。尤其是，如何在现代中国特色社会主义文化土壤中寻求对工匠精神的支撑仍需要深入研究。

第二类是关于如何转变传统观念、重塑新时代工匠精神的研究。这一类研究主要从制度与文化的角度出发，研究如何促进工匠精神的弘扬。从学徒制的溯源出发阐释了优秀传统文化与工匠精神是一脉相承的。[⑥]从文化视角论述了我国缺失支撑工匠精神的组织文化、行为文化、管理文化、体制文化以及企业文化。[⑦]也有学者阐明了从工匠习惯到工匠精神的转变，用制度养成制造业的工匠

---

① 李宏伟，别应龙.工匠精神的历史传承与当代培育[J].自然辩证法研究，2015，31（8）：54-59.
② 邓成.当代职业教育如何塑造"工匠精神"[J].当代职业教育，2014（10）：91-93.
③ 侯长林.技术创新文化：高职院校核心竞争力培植的生态基础[J].中国高等教育，2012（12）：34-37.
④ 程宜康.技术文化——技术应用型人才培养的文化育人论[J].职教论坛，2016（24）：14-19.
⑤ 郑娟新.基于技术文化视角的现代职业教育体系构建[J].职教论坛，2014（15）：11-14.
⑥ 杨红荃，苏维.基于现代学徒制的当代"工匠精神"培育研究[J].职教论坛，2016（16）：27-32.
⑦ 刘志彪.要"工匠精神"，更要"工匠文化"[N].新华日报，2016-07-08（15）.

习惯,再把工匠习惯升华为工匠精神。①总体来看,这些研究聚焦在制度建设和文化创新过程中如何弘扬工匠精神,而忽视了工匠精神的主要载体是技术技能型人才,如何让大众转变思想观念,重视工匠,即从文化认同角度提升技术技能型人才的社会地位,让更多的人加入到工匠这支大队伍中是工匠精神得以弘扬的关键和突破口。

2.工匠的法律保障研究现状

学术界目前关于工匠的法律保障研究主要包括以下方面。第一,从普适性劳动者权益类型角度探讨法律制度建设。如从劳动者休息权利探讨其法律保障问题②,从劳动者社会保险权的角度探讨劳动者各类型保险的保障方式、侵权责任划分等从法律上如何保障③,也有学者研究劳动者工资权益方面的法律保障,具体从工资构成、法律责任划分、相关主体基本职责等方面解析劳动者工资权益在法律制度层面的保障④。第二,从现有的一般类型劳动权利保护相关法律及制度适用性角度探讨劳动法的完善问题。如有学者探讨《劳动合同法》的现状实用性⑤,从经济学的角度结合相关案例调查及现有文献中的经验证据,全面分析《劳动合同法》的经济后果,以严密的经济逻辑和实际的调研考察给出统一的分析。也有学者从解析劳动合同制度缺陷方面进行了研究⑥,结合多年从事该领域的研究经验,在对大量文献进行阅读与研究基础上,针对当前我国劳动合同制度的现状开展研究,并针对其中的缺陷提出具体的完善和改革建议。第三,从劳动类型及劳动尊严角度探析相关法律保障制度。如有学者从非全日制劳动视角探析最低报酬的法律问题,认为非全日制劳动者的劳动报酬权保障主要体现在最低小时工资标准和劳动者的劳动报酬支付保障两个方面,而各地最低小时工资标准中包含的内容差异很大,不能直接反映劳动者的劳动报酬水平,认为整合地方立法资源,把均等待遇原则作为非全日制用工劳动条件适用的指导原则,统一最低小时工资标准的构成要素,是规范和促进非全日制用工

---

① 阚雷.锻造工匠精神需要制度保障[N].上海证券报,2016-05-04(12).
② 黄蕾.论我国劳动者人权的法律保障[J].南昌大学学报(人文社会科学版),2008(2):76-81.
③ 覃甫政.被派遣劳动者社会保险权保障:必要性及法律规制[J].西南政法大学学报,2014,16(4):53-61.
④ 姜愉珅.劳动者工资权益的法律保障与监督[J].法制博览,2014(11):359.
⑤ 李井奎,朱林可,李钧.劳动保护与经济效率的权衡——基于实地调研与文献证据的《劳动合同法》研究[J].东岳论丛,2017,38(7):81-92.
⑥ 司春燕.试析我国劳动合同制度的现状、缺陷及完善[J].山东省青年管理干部学院学报,2004(6):94-95.

发展的首选之策。①也有学者研究劳动尊严在法律保障中的体现,认为体面劳动的内涵正随着社会的发展而不断丰富,它是对劳动质与量的要求,是社会进步的体现。以法律制度来保障劳动者的人格尊严,是实现体面劳动的重要条件。我国已初步形成对劳动者权益保护的法律体系,但与国际劳工组织的要求还有差距,应从多方面完善相应的法律体系,建立起保障劳动者权益的法律机制。

3.工匠的社会保障研究现状

我国现存的社会保障体系建设从满足社会成员多层次需求的角度出发,设计安排了社会保险、社会救济、社会福利、社会优抚安置四个层面的保障项目。同相对健全的整体社会保障体系研究形成鲜明对比的是针对技术技能型人才的社会保障体系的研究方兴未艾,研究总体呈现出同质化的倾向。技术技能型人才同一般社会劳动者相比,劳动环境、劳动条件往往更加严峻,因此对保障技术技能型人才的安全、生活需要进行更具有针对性的社会保障体系专项研究。我国现有的有关工匠精神的社会保障体系研究文献较少,未成体系,主要散见于部分学术专著之中。根据社会保障体系内在逻辑,大体可分为工匠精神弘扬的社会保险相关研究、工匠精神弘扬的社会救济相关研究、工匠精神弘扬的社会福利研究、工匠精神弘扬的社会优抚安置相关研究。

第一,工匠精神的社会保险相关研究。工匠精神弘扬的社会保险研究主要关注现行社会保险制度对于承载工匠精神的主体人群进行的保障。根据对文献的梳理,现阶段技术技能型人才社会保险研究涉及的主要受保障人群有教师、军人、农民工、职工和运动员等。教师具有工匠精神的承载者和传播者的双重身份,在《高校教师社会保障制度研究》中运用实证调查的方法,分析了目前高校教师社会保障制度存在的主要问题及其成因有校内管理制度如养老、医疗、住房、生育等具有随意性。事业在编人员与人事代理人员的社会保障待遇不同,采取了不同的保险计算方法,造成了事业在编人员和人事代理人员在职和退休金收入的"剪刀差"。②在《论军人保险与国民经济稳定增长》中提出军人保险制度是国家通过立法,立专项基金,在军人遇到死亡、伤残、年老、退役等情况时,给予一定经济补偿的特殊社会保障制度。③相似的观点在《关于构

---

① 李秀凤.论非全日制劳动者劳动报酬权的法律保障——以小时最低工资标准为中心[J].济南大学学报(社会科学版),2013,23(3):71-75,92.
② 薛梅青.高校教师社会保障制度研究——以J大学为例[D].上海:华东师范大学,2010:19.
③ 曹舒璇,吴嘉华.论军人保险与国民经济稳定增长[J].南京政治学院学报,2001,17(2):69-71.

建我国军人社会保险体系的战略性研究》[①]《有效适用〈中华人民共和国军人保险法〉的法律思考》[②]中均有体现。农民工养老保险是实现城镇社会保险常住人口全覆盖成为有序推进农业转移人口市民化重要保障。为推动农业转移人口平等享有城镇社会保险，要进行城乡社会保险一体化建设，遵从从制度扩覆到制度整合的发展路径，建立了一体多层的社会保险制度，满足全面保障农业转移人口的社会保险需求。针对职工及退休职工群体的研究表明，目前最突出的问题主要集中在养老保险项目上，养老保险的主要问题体现为费率过高、征缴松懈，收支缺口不断拉大，以致财政负担和财政风险增加等。李超、张驰、朴哲松在《对我国运动员社会保障的研究》中认为应完善我国运动员社会保障体系，建立针对运动员的社会保险模式，成立运动员社会保障基金管理中心以保障运动员权益。[③]综上所述，现阶段我国技术技能型人才的社会保险相关研究仅仅关注于特定人群的保险制度建设，研究涵盖的受保障群体层次较窄，缺乏从技术技能型人才保障，工匠精神弘扬整体出发的统筹协调保障全体工匠人才发展的保险体系研究，且目前有关工匠精神，技术技能型人才保障的研究多为理论思辨研究，只在职工社会保障系统方面存在少量实证研究和量化研究。

第二，工匠精神的社会救济相关研究。社会救助属于社会保障体系的最低层次，是实现社会保障的最低纲领和目标。作为技术技能型人才培育和工匠精神弘扬的社会保障体系中最基础的一个层级，社会救济涉及的主体人群较少，目前的研究主要集中在针对农民、农民工、职工群体和中职学生的研究。社会救济作为社会保障的子系统，是农村反贫困的有效手段，能够激发农村的生产活力，保障贫困农民的各项权益，也是推动经济体制改革，维护人权，实现社会公正和健全社会保障体系的基本需要。有学者则认为结合具体国情，我国农村养老保障近期仍只能以家庭为主，社区保障、国家救济相结合；随着经济发展和财力增强，可逐步加大国家救济的力度，通过农村最低生活保障、农村五保供养以及计划生育奖励扶助等多种救助方式对农村贫困老年人给予必要生活救助，也可探索通过专门的社会救助养老金解决贫困老年人的基本生活保障问题。[④]也有学者则在对于失地农民的社会救济研究中提出要立足于现有城乡保障

---

① 徐红军.关于构建我国军人社会保险体系的战略性研究[J].价格月刊，1999（7）：3-5.
② 贾林青.有效适用《中华人民共和国军人保险法》的法律思考[J].保险研究，2012（6）：103-109.
③ 李超，张驰，朴哲松.对我国运动员社会保障的研究[J].北京体育大学学报，2007（S1）：43-44.
④ 杨思斌.社会救助权的法律定位及其实现[J].社会科学辑刊，2008（1）：46-51.

制度框架，对失地农民按照城市居民最低生活保障制度和城市医疗救助制度；在城市规划区外的按当地有关规定享受农村最低生活保障制度和农村医疗救助制度。①对于进城务工农民，解决农民工在工作中遭受事故伤害或者患职业病时的医疗救治和经济补偿问题，是一项非常紧迫的任务。针对职工、特别是下岗职工，最低生活保障制度是维持贫困职工基本生活的基本救济制度，所以要保障贫困职工生存权利，最根本的是要切实保证最低生活保障制度的高效实施。同时，拓宽下岗职工再就业渠道，提升就业救助水平，确保社会救济取得应有的效果。中等职业教育作为职业教育体系的组成部分，也建立起以国家免学费、国家助学金为主，学校和社会资助及顶岗实习等为补充的学生资助政策体系。中职教育救助政策的执行面临救助对象就读意愿不明晰；对救助政策缺乏认知；学校管理缺位、越位以及管理不科学；政策执行程序不严格等困境。现有关于社会救济体系的研究基本上从经济角度思考社会救济，忽视了社会救济体系中针对技术技能人才的技能救济，未能发挥技能人才的后天技术优势，未来的研究应重视工匠精神培养的基础人力资本保障，优先保障工匠人才的基本生活，通过完善社会救济体系促进工匠人才个人潜能的发挥以达到弘扬工匠精神之目标。

第三，工匠精神的社会福利相关研究。社会福利是社会保障的最高层次，是实现社会保障的最高纲领和目标。它的目的是增进群众福利，改善国民的物质文化生活，它把社会保障推上最高阶段。工匠精神的弘扬离不开完善的技术技能型人才社会福利保障。对于教师层面的社会福利研究大体可分为两个层级。一为高校教师福利相关研究；一为中等和初等教育教师福利相关研究。目前我国高校教师福利制度存在整体福利水平较低、福利项目缺乏选择性、福利制度激励作用不够等问题。有学者认为在现行福利制度实施的过程中，应注意树立正确的弹性福利观，组建专业的弹性福利管理人员队伍以及在弹性福利的设计和实施中加强与教师的沟通，以更好地发挥这一制度的作用。②针对小学教师福利问题，有学者提到"我国农村教师队伍的整体素质偏低，优秀教师外流现象严重，农村教师岗位不具吸引力，优秀人才难以引进。造成以上问题的原因最为关键的就是农村教师的工资福利待遇偏低，与城市教师相比，更是处于一个十分艰难的境遇，农村教师的工资福利仍然较差并制约着农村义务教育的

---

① 李玲. 从社会保障视角解决失地农民问题[J]. 管理观察，2011（1）：196.
② 罗哲. 高校教师弹性福利制度思考[J]. 经济体制改革，2014（5）：182-185.

发展"①。军人层次的社会福利保障则体现出建立在计划经济体制下的军人社会福利制度出现了许多新的问题：如福利保障实物化、福利保障水平低、福利保障的非社会化等。对于失地农民的福利研究的关注点主要在失地农民的社会保障体系并不健全，是否能够纳入城镇社会保障，以及是否能够享有与城市居民同等的医疗、教育、娱乐等资源，都是影响农民福利水平的重要因素。同时，征地后非农收入成为农民家庭收入的主要来源，就业环境的改变也会影响被征地农民的社会福利。职工福利是一项非常重要的民生制度安排。职工福利制度改革必须坚持职工福利是工资制度和社会保险制度合理补充的理念，并根据单位性质的不同实行分类管理，实施弹性福利计划。现有的社会福利研究基本都从各专业发展的不同角度进行了解读和研究，然而，现有的社会福利保障研究只是从各个职业自有的不同特点进行论述，没有针对性的形成职业教育和技术技能型人才培养的总体研究体系。

第四，工匠精神与社会优抚安置相关研究。社会优抚安置是社会保障的特殊构成部分，属于特殊阶层的社会保障，是实现社会保障的特殊纲领，社会优抚安置的对象是军人及家属。政府在完善退役军人社会保障制度中发挥着"领头羊"的作用，是极其重要的部分。政府可以通过立法的形式保障退役军人的权益，建立更加完善的法律体系。通过反腐斗争等行为有效改善政府部门臃肿现象，增加官员的腐败成本，令官员更好为人民服务，政令传达更有效率。让退役军人的子女拥有教育上的优先权利，以安抚退役军人。2013年，党的十八届三中全会通过的《中共中央关于全面深化改革若干重大问题的决定》明确提出，要使市场在资源配置中起决定性作用和更好地发挥政府作用。市场资源配置下，退役军人找到工作的重要影响因素之一便是军人自身拥有市场竞争力。要想进一步完善退役军人的社会保障制度，对退役军人进行再教育，增加其知识储备、学习能力和专业技能是一种具有显著成效的途径。

当前关于社会优抚安置的相关研究主要集中于制度层面，对政策文本进行解读和分析，缺少如何将优抚安置方式同市场化发展、社会发展进行结合，切实保障退役军人适应社会能力，退役军人职业技能培训方式的革新研究。退役军人接受职业技能培训后，都是潜在的技术技能型人才，如何推动职业军人更好的接受技术技能培训，推动工匠精神在退役军人群体内的传播是进一步的研究重点。

---

① 赵娜.农村小学教师工资福利现状、问题与对策研究——以S地区为个案[D].吉林：东北师范大学，2014：39.

（四）关于工匠精神的传播方式

1.工匠精神的大众传播研究现状

工匠精神作为国家意志层面的上位思想，在大众传播过程中主要媒介包括报纸、杂志、书籍、广播、电视、电影等，就当前工匠精神的大众传播载体而言有以下几点特征：以中央官方媒体为主导，在《人民日报》《解放日报《中国青年报》等中以宏观性的观念性的将工匠精神在新时代经济体系中的价值和意义进行传播；地方官方媒体为引导，以《佛山日报》《南方日报》《学习时报》等地，将工匠精神与地区产业升级、发展的结合作为宣传和传播的主要范式，而腾讯、新浪等受众群体更为广泛的传播媒介，在工匠精神的传播过程中，都是转载官方媒体的宣传文本为主，基于该精神更深层次的挖掘和关联性报道都是较为少见的；在杂志、书籍和广播等媒体报道中，工匠精神更是以一种"英雄迟暮"和"失落的文明"出现在公众面前，工匠精神传播的人物载体的选择上是以传统"手艺人"和"匠人"为主要对象，讲述着传统艺人的落寞与悲凉，试图唤起公众对这类人的同情与怜悯，而对于现代社会中工程人才和技术人才身上体现出的工匠精神的选取较少，没能在传播的过程中将中国传统的工匠精神与现代化人才所彰显的精神状态相结合，对于工匠精神真正传达的内涵与本质没有能够彰显；同样在传统媒体中以电视和电影为手段，以"记录影像"为载体的传播中，以个体为对象，直白叙事为方式，将传统工艺人所固有的执着和理想的坚守表现得淋漓尽致，将精神传播融于无形的一动、一言、一行中，予受众内心以强大渲染和深度震撼，但同样由于对象选取的策略，以纪录片《大国工匠》为例，大部分的工匠或是艺人的选择在凝练精神的同时，将行业前景的渺茫和艰辛作为收官，给受众带来积极精神的同时传达着消极前途。在学术研究领域，对工匠精神如何有效的传播的问题研究相对较少，主要集中在工匠精神的培育，其中涉及针对各个阶段的学习者工匠精神培育体系的构建，其中广州城市职业学院基于现代学徒制下工匠精神的培育[1]；北京交通大学唐方成认为工匠精神之所以能够引起强大的社会共鸣，主要是工匠精神的培育和弘扬契合了我国改革发展的现实需要，培养工匠精神不仅有利于贯彻落实"创新、协调、绿色、开放、共享"的发展新理念，还能推动形成崇尚劳动的良好社会风尚，激励人们通过诚实劳动来实现人生理想、展示人生价值。[2]江南

---

[1] 郑玉清.现代学徒制下工匠精神的培育研究[J].职业教育研究，2017（5）：5-8.
[2] 唐方成.培育工匠精神对我国企业发展的重要性[J].中国电力企业管理（下），2017（2）：8-9.

大学袁琳认为新媒体时代的工匠精神具有经济效益和社会效益。①

在中国文化的传播模式上，有学者选取法国国立科学研究中心、德国马普学会、美国国家工程院、美国国立卫生研究院、澳大利亚联邦科学与工业研究组织等世界著名的科研机构作为分析对象，通过对这些国家级科研机构的科学文化传播资源的调查分析与探讨，提出了四种具有典型特征的传播模式：基于基金的运作模式、可与科研导向的运作模式、网络传播的模式、基于受众目标模式。②也有学者就美利坚民族精神的传播路径做出分析，认为美利坚民族精神传播之所以卓有成效，是因为美国不仅通过传媒向国民传播其主流价值观，推进本国国民对民族精神的认同和践行，同时还向世界输入自己的主流意识形态，以自由、平等、人权等民族精神渗透于网络等现代化大众传媒中，例如电视、电影、报刊、新闻和文学书籍中等。③其中有人认为新世界主义在国际传播的视维中，新世界主义所具有的包容性、层次性、策略性和发展性的特点，服务于新世界主义的国际传播必须遵循媒介尺度，"混合咖啡"和原义、格义、创义结合的三大原则，面向世界的发展策略主要是积极构建信息传播的命运共同体，积极构建兼容本土性和全球化的价值体系和话语逻辑，努力构建科学有效、层次分明的传播结构和机制，组建强大的具有跨文化背景的内容生产与传播队伍，为新世界主义的国际传播提供强有力的支撑。④也有学者以微时代为研究视角探究我国体育文化的传播模式，认为在文化传播过程中传统传播模式如报纸、广播、电视、杂志具有官方性、计划性和被感染性，但不能满足受众群体个性化、互动性和主动性需求，由此认为微时代传播文化的新型模式要具有以下特点：其一，受众思想行为方式的转变，即让受众从知识和信息的"聆听者"或是"接受者"转变成为"演说者"或是"意见领袖"，让受众获得精神愉悦感；其二，报道的滞后性得到控制，即就传统媒体的发布方式而言，根据日期、地区或是报道形式的不同，报道和刊发的周期会存在较长的特征，但微时代的传播工具能够随时随地、及时有效地上传内容，避免消息的滞后性；其三，报道的局限性被打破，即传统媒体报道限于成本和渠道的考量，虽然在

---

① 袁琳.新媒体时代工匠精神的经济社会效益[J].人民论坛，2016（26）：128-129.
② 陈江洪.图书馆科学文化传播引论[J].图书情报知识，2008（3）：52-56.
③ 关桐.美利坚民族精神传播路径及其对我国的启示[J].大连大学学报，2016，37（4）：38-41.
④ 邵培仁，沈珺.构建基于新世界主义的媒介尺度与传播张力[J].现代传播（中国传媒大学学报），2017，39（10）：70-74.

传播内容的深度上有较好的保障,但在传播的广度上就呈现出一定程度的局限性。[①]有学者以孔子学院的跨文化传播影响力作为研究对象,在AMO理论的基础上给出提升孔子学院跨文化传播影响力的三方面的基本策略,第一,形成良好的跨文化认知和跨文化适应能力,要求孔子学院的工作人员对自身文化身份有清晰地认识,在教学中因地制宜地采取不同的策略;第二,弱化政治传播功能,同时结合民间媒体以及孔子学院联动的各项事业的发展为报道内容,增加受众的兴趣;第三,推动院企合作,让孔子学院与地方人文产业相结合,在带动地区经济文化发展的同时,让孔子学院"站得住",让中国文化真正的"走出去",同时能够"落地生根"。[②]也有学者以互联网+作为"一带一路"文化传播的时代背景,探析其传播模式。认为在"互联网+"时代,"一带一路"沿线文化的传播需要注意三点:第一,针对性,因为沿线地区不同地区和不同国家有着不同的历史文化背景,不同的价值观和思维方式和思维习惯,开展不同内容、不同形式的传播,要避免传播内容上的重复单一性;第二,灵活性,将"一带一路"的和平、开放、创新、繁荣和文明等主题灵活的突显出来。第三,多样性,根据中国古代"丝绸之路"在古印度文化和中亚文化地区中难以平稳地保持持久的联系这一历史经验,当前在"一带一路"文化的传播需要基于不同地区不同文化的特点,展开形式多样的报道。[③]有学者以《浮生六记》的英译为例,在传播学视域下中国文化"走出去"的译介模式探索,文章在传播学视域下构建以译介主体、译介内容、译介途径、译介受众、译介效果的译介模式,探索中国文化如何更有效的"走出去",文章指出在中国文化传播的过程中要做到:将中国文化的异化和归化相结合,在保持原著精神的同时,结合译文的受众对象再做调整,做到异化与归化为一体,异化为主、规划为辅。加强译介主体的合作,即中国翻译家和西方翻译家的合作,同时加强出版方的合作,采取联合出版、版权转让等形式与国外出版社合作,走向更大的国外市

[①] 陆青,张驰,杜长亮.微时代我国体育文化传播的模式创新研究[J].南京体育学院学报(社会科学版),2016,30(6):51-55.

[②] 何国华,安然.孔子学院跨文化传播影响力研究——基于阴阳视角的解读[J].华南理工大学学报(社会科学版),2018,20(1):81-89.

[③] 王丽."互联网+"时代"一带一路"文化传播模式探析[J].理论月刊,2017(10):83-87.

场,争取更好的译介效果,使中国文化切实走出国门、深入译介受众心中。[①]有学者分析了纪实影像对工匠精神的传播和认同,总结为"行业技艺"到"群体记忆"的转变,认为在多种类型的纪录片中通过以下几种方式传达着工匠精神:第一,客观记录工艺,传播文化精髓。纪录片一方面完整地保留了传统工艺的原貌,另一方面也是一种完备的教学材料。第二,发展传统技艺,给予当下解读。认为这类纪录片是在"传"的基础上实现"承"的。第三,构建社会认同,唤起民族自省。通过传播能够让受众对传统技艺有充分的认识和认同,让受众对传统技艺有更多的关注和支持。[②]通过关于工匠精神传播的现状分析发现,当前我国对工匠精神的传播的基本模式是以官方媒体报道为主,非官方媒体转载报道为辅,在自媒体领域和"微报道"领域仍然有很大的发展空间;传统媒体的传播手段和精神载体的选择上缺乏现代技术人才的纳入;国内传播虽然整体体系不够完善,但在很大程度上达到了传播的效果,但国际间的传播依然欠缺。

在工匠精神传播的学术惩处分析发现,当前学术界对工匠精神的相关研究,只是局限于不同专业,不同类型的职业院校的人才培养上,对工匠精神本源的解析,工匠精神对个体、学校、社会、国家和国际如何科学、准确、有效的传播以及相关的传播模式都鲜有解读,工匠精神在传播过程中传统媒体和新媒体如何分工如何相互补充等方面都存在较大的研究空白。工匠精神作为我国未来技术性人才的培养目标,这一精神要领的贯彻实施首要任务便在于工匠精神的传播,这就需要通过科学有效的传播学理论,将这一精神深入人心,因此结合最新传播学研究成果对工匠精神进行传播,让工匠精神不仅能够"内化于心"同时能够"外显于形"在新时代都是极为重要的理论价值和现实意义。从组织者、实施者、旁观者、参与人对工匠精神有准确的把握和深刻的认识,以达到社会各群体对工匠精神"知之、信之、用之、弘之",通过对当前各种文化传播模式形式、策略、原则、内容、过程等领域的研究成果可以发现,在新的国际发展趋势和新型传播方式的不断转变下,传播的基本特征也发生了重大的转变:第一,传播内容上不再是单一的、官方的,借助自媒体零碎化、片段化的内容进行传播已经成为网络时代的新标签;第二,在传播形式上不再是

[①] 赵永湘,张冬梅.传播学视域下中国文化"走出去"译介模式探索——以《浮生六记》英译为例[J].湖南工业大学学报(社会科学版),2017,22(3):18-22.

[②] 张龙,张澜.从"行业技艺"到"群体记忆"——论纪实影像对工匠精神的传播与认同建构[J].中国电视,2017(10):17-22.

深度有余，广度不足的传统和官方宣传，而是微时代和网络时代的平民化"演说"；第三，在传播策略上不只局限于国内传播，在国际化成为当前国家各项事业发展的基本需求，工匠精神的国际化传播势在必行；第四，在传播过程上要保持"原义"即精神本土的文法解读、"格义"即国家化传播中的归化过程、"创义"即以世界为格局，提炼精神的普适性价值格调；第五，在传播原则上不仅"固执"地坚守，更多的是需要因地制宜地做出调整和变化，以适应不同地区的文化背景、宗教文化、价值取向等特征。

2.工匠精神的企业组织传播研究现状

当前在我国经济结构转型升级的背景下，强调对工匠精神的传播与弘扬，既体现了现代工业发展对技能人才需要的现实需求，也成为建设制造强国和传承中华民族文明的时代呼唤。工匠精神作为一种新的生产理念，是中国制造业转型方向的指引。企业弘扬和传播工匠精神能够促使企业"增品种、提品质、创品牌"，提升整体国际水平与社会形象。

第一，基于企业文化中渗透工匠精神。企业文化是企业竞争发展的软实力，代表着企业的精神面貌。所以，应在企业文化中纳入工匠精神的元素，对其进行传播和弘扬。一是以社会主义核心价值观为载体培育工匠精神，强调在企业文化中孕育工匠文化。二是必须要高度强调精益求精的品质和专注精神，要将工匠精神深深嵌入企业文化中，同时要注重依据社会的力量引导中小型企业树立工匠精神文化，建立适应工匠精神的社会文化作支撑。将工匠精神纳入企业文化体系建构之中，通过做好思想政治工作、领导以身作则创新企业文化等措施落实。三是借助技能培训讲台加强各级领导对于工匠型人才的培养，建设壮大工匠人才队伍，形成良性企业文化氛围。在小微企业的微创新研究中，学者指出要不断提升企业自身能力，立足市场，构建工匠文化，使工匠精神与创新理念相结合成为企业生存发展的核心力量源泉。

第二，基于产品品质中注入工匠精神。企业在推进产品升级、树立品牌形象的过程中，要将爱岗敬业、不断创新、坚守执着的工匠精神融入具体的生产和销售的实践中，形成企业竞争力。就现代经济体制建设下，中国制造业发展面临的转型问题出发，传播工匠精神需要加强品牌战略管理、注重完善知识产权保护体系。一是企业应以品牌建设为生命线，加强对产品质量管理和评估，维护品牌声誉，即在企业内部培育工匠精神首先应做好对产品的品质。二是应注重产品质量问题，打造更多消费者满意的知名品牌、生产更多有创意、品质优良的产品，引领企业树立质量为先、信誉至上的理念来传播和弘扬工匠精神。三是从培养职工意识出发，工匠精神的精髓是质量意识，企业必须从塑造职工的质量意识抓起培育企业的工匠精神。

第三，基于企业管理层面中倡导工匠精神。在企业日常管理中，将一丝不苟、严格要求的工匠精神常规化，养成工匠品质，传播工匠精神。一是完善管理体系的建设。李宏昌指出，在企业管理中倡导工匠精神应当注重健全和完善人才成长体系，创新人才培养模式，深化人力资源招聘，管理与服务等制度改革，注重体制机制创新，技术创新与管理创新，精心培养与打造工匠队伍，促进企业人力资源结构优化。彭花指出企业应积极推行现代学徒制，注重在技术技能的培训中融入工匠精神的元素，并依托网络信息平台将工匠精神渗透到企业文化中。二是增强管理者及员工的意识。谭福龙提出，中国企业家具备工匠精神是推动企业转型和创新驱动发展的重要力量，并注重在严格把关产品质量，明确法律职责，建立工匠制度方面建立措施。刘华从员工个体出发，提出弘扬工匠精神，需要培养大量具有工匠精神的科技人才。企业作为平台，应通过健全体制机制来营造崇尚工匠精神的企业文化，鼓励和引导员工重视个人成长，积极培训，增强创新能力，促进企业的长远稳定发展。

第四，基于企业体制机制建设中传播工匠精神。在企业中践行工匠精神应当加强组织机制、工匠制度、奖惩机制以及培养机制的建设，只有建立了配套保障机制才能更好地弘扬工匠精神。企业可通过健全多层级的培训体系，开展各类工种的技能大赛，树立行业标兵和典型，为技能人才锻造工匠素质提供保障。还有学者立足于本行业的发展指出，要建立完善的行业内的工匠制度，用制度养成行业的工匠习惯，再把工匠习惯升华为工匠精神。目前针对企业中如何弘扬和传播工匠精神的研究，已慢慢引起专家学者的关注和热议。但是关于这一问题的探讨还存在一定的不足：一是对于工匠精神的传播，现有研究的基本着眼点在于学校教育，较少地从企业视角出发进行探讨；二是关于企业中传播和弘扬工匠精神的文献主要见于一些新闻报告、企业会议、名人讲话中，而相关的研究文献比较少；三是就企业如何传播和弘扬工匠精神的具体可行的途径，仅有的研究缺乏一定的深入性和全面性。

3.工匠精神的教育传播研究现状

除了通过大众传播，依托国民教育系统旗帜鲜明地倡导传播工匠精神，推动工匠精神进教材、进课堂、进学生头脑也是有效的传播方略，能够深层次地影响青少年的思想认知与行为方式，为他们体认、涵养及内化工匠精神打下坚实基础。

目前，工匠精神融入国民基础教育体系尚属于新兴议题。国内现有相关研究无论是成果数量还是质量都亟待提高完善。总的来看，现有研究多聚焦于阐述工匠精神融入国民基础教育体系的价值或意义，如国务院发展研究中心副主任隆国强剖析了基础教育、工匠精神到制造强国的内在逻辑，明确指出培养高素质技术工人，弘扬精益求精的工匠精神需要从基础教育抓起。[①]此外，还有研究者撰文指出：工匠精神的生根和发扬，有待教育自觉，需要从基础教育入手[②]；中国制造与基础教育紧密相关，需从小培养工匠精神[③]。关于如何通过基础教育体系来弘扬工匠精神议题方面，现有研究总体偏少，且研究视角偏重宏观，如北京理工大学黄金教授在2016年12月7日《人民日报》上发文指出要加强中小学人文教育，以人文教育铸匠魂、育匠心、造匠韵[④]；有学者弘扬工匠精神，需要改革基础教育，从培养学生劳动习惯做起[⑤]；闫广芬教授则指出：教育系统应从知识和技艺的传承、精神品质的塑造、社会资本的积累及社会责任的树立等方面积极进行工匠精神的弘扬与推广[⑥]。在具体途径方面，现有研究大致从基础教育课程建设、课堂教学及教师教育三个方面来展开。在课程建设方面，崔发周等人提出在基础教育不同阶段采取相应课程：小学阶段主要通过课程树立劳动光荣的观念；初中阶段可通过劳动技术课程指导学生养成劳动技能、劳动品质、劳动习惯；高中可通过通用技术课程重点培养学生的技术创新能力，强化学生对于技术的理解，做好迎接"中国制造2025"的心理准备。在课堂教学方面，分析了中小学美术教育中的设计、应用领域教学中渗透工匠精神的可行性[⑦]，也有学者主张以劳动教育为载体，教师应在课堂教学中培育学生的工匠精神[⑧]。在教师教育方面，不少研究者都主张将工匠精神融入中小学教师教育中，树立以工匠精神为导向的教师教育理念，促使教师自觉内化并向学生示范工匠精神。[⑨][⑩]

---

① 隆国强.新开放时代的中国制造［J］.新商务周刊，2015（12）：8-10.
② 苏军."工匠精神"与教育自觉［J］.上海教育，2016（10）：64.
③ 崔发周.职校招生难，也要找找自身原因［J］.甘肃教育，2017（15）：7.
④ 黄金.以人文教育涵养工匠精神［N］.人民日报，2016-12-07（5）.
⑤ 关育兵.工匠精神要从培养劳动习惯做起［N］.焦作日报，2016-03-10（11）.
⑥ 闫广芬，张磊.工匠精神的教育向度及其培育路径［J］.高校教育管理，2017，11（6）：67-73.
⑦ 席卫权.现代教学中"工匠精神"的挖掘与培养——以美术课程为例［J］.中国教育学刊，2017（8）：82-85.
⑧ 曾燕丽.以劳动教育为载体 培育"工匠精神"［J］.福建基础教育研究，2016（12）：137-138.
⑨ 张恺聆，鲁小丽.工匠精神对当代教师教育的启示［J］.苏州市职业大学学报，2016，27（4）：61-64.
⑩ 李成，邓建辉，黎永建，等.基于现代教育技术的"校企双主体"实践教学管理模式构建［J］.山西青年，2016（8）：209.

第三节 研究目标及问题

一、研究目标

探寻工匠精神的马克思主义理论基础，结合中国的现实诉求和政策指向解读中国特色社会主义进入新时代工匠精神的内涵、价值及意义。一方面，马克思主义理论中虽未直接提及工匠精神的概念，但其中包含了大量工匠精神的思想和观点，通过深入解读马克思对"劳动力"概念的分析和使用，探究马克思的人力资本理论和人的全面发展思想，找寻工匠精神的马克思主义理论根基。以马克思的经典原著《1844年经济学哲学手稿》《马克思恩格斯全集》为研究文本，充分挖掘、理解和把握马克思劳动力资本和人的全面发展思想，并且结合当今研究马克思主义的学者取得的研究成果，全面剖析马克思劳动力资本理论的当代价值，挖掘马克思主义的劳动与工匠精神的内在联系，为新时期的工匠精神找到历史根基。另一方面，通过对毛泽东思想以及邓小平理论的深入研究和解读，提取出包括劳动者的主体地位、教育与劳动生产相结合、培养德智体全面发展、有社会主义觉悟的有文化的劳动者的方针、尊重知识尊重人才、科学技术是第一生产力等经典论断，梳理出它们与马克思主义一脉相承的延续性联系，为探寻工匠精神的理论源头提供了至关重要的理论架构。此外，探究习近平工匠精神与马克思主义中国化发展过程中工匠精神的关系，掌握习近平工匠精神的发展脉络，总结习近平工匠精神的发展规律，并且利用规律不断丰富和发展习近平工匠精神的内涵，不断用发展着的习近平工匠精神内涵指导社会经济的发展，为我国职业教育体系培养的技术技能型人才应该具有的基本素质提供基本指导。

将工匠精神的培育与现代职业教育体系建设联系起来，探寻如何将工匠精神融入现代职业教育的人才培育当中。随着中国经济发展进入新常态时期，以精益求精为特征的工匠精神再次回归大众视野。为更好地挖掘工匠精神的重要价值，有必要对工匠精神的内涵进行一个新视角下的剖析与解读。从新视域来看，工匠精神的内涵解读更多地要从现代职业教育体系的建设出发，理清现代职业教育体系建设与工匠精神存在的现实关系；从层次上看，道德层面的工匠精神固然需要，但制度层面的工匠精神更有现实价值；从育人上看，工匠精神的培育离不开学校与企业两大主体的协作配合。以此为理论指导，深入进行实地研究、比较研究，对现代职业教育体系中的工匠精神培育目标、模式、专业设置、师资队伍进行科学论述分析，并提出有针对性的建议和对策，探索出适合现代职业教育工匠精神培育路径，以期为现代职业教育体系视域下的工匠精神培育提供一条确实可行的线路。

将围绕社会的技术文化认同、工匠的法律保障和社会保障形成系列政策建议和法律完善建议，相关决策将提交法律制定部门、人力资源管理部门、宣传部门。一方面研究旨在探析工匠精神文化认同的现状、成因，提升社会大众对技术人才的文化认同，从思想观念上进行扭转和提升，促进工匠精神的弘扬；另一方面致力于解读现有技术技能型人才法律保障体系，深度剖析法律制度问题，探明技术技能型人才供给、权益保障等方面的法律制度缺失，为建立更加完善的技术技能型人才法律保障体系提出相应地对策建议。上述研究的开展都最终服务于从制度建设、组织机构建设等方面搭建更为合理全面的技术技能型人才社会保障体系，确保为工匠人才的成长与发展提供充分的社会福利、保险、优抚、赡养等保障。

围绕培育与弘扬工匠精神的长效传播机制研究结果为宣传部门、教育管理部门和相关学校提供决策依据。工匠精神既是一种从业态度，又是一种人生态度和人格特征。它是在一个人完成某个任务的过程中体现和展示出来的，是一种后天培养和习得，在真实的学习、生活和工作的场景中养成和产生价值的，是一个人在一生中需要不断发展和完善的素质。对于个体来说，在职业院校接受专业教育阶段是培育他的工匠精神的关键期，职业院校也自然成为培育个体工匠精神最重要的场所。除了职业院校这一依托机构外，还可以通过工匠博物馆、工匠工作室以及主题科技馆等机构进行工匠精神的弘扬。另外，在信息媒体高度发达的时代，利用新媒体技术在微信、微博等多平台上传播工匠精神也是一种重要的途径。因此，研究致力于探寻全方位、多维度、持久性的工匠精神长效传播机制，进而为宣传部门、教育管理部门和相关学校进行工匠精神的培育与弘扬提供决策依据。

二、研究问题

首先，基于工匠精神的理论探源与现实诉求这一部分，重点需要解决以下问题。一是马克思主义、毛泽东思想、邓小平理论中对工匠精神的论述问题。马克思主义及毛泽东思想、邓小平理论存在着内在的、天然的、实质性的联系，明显具有一脉相承的沿袭关系。从中梳理出有关工匠精神的论述能为工匠精神的理论探源找到历史依据，为习近平新时期有关工匠精神的思想赋予深厚的理论价值，提供坚实的理论支撑。二是习近平新时代中国特色社会主义思想中对工匠精神做出了哪些理论创新的问题。习近平新时代中国特色社会主义思想与马克思主义、毛泽东思想、包括邓小平理论在内的中国特色社会主义理论在内的一系列指导思想是一脉相承又与时俱进的，其中深刻蕴含工匠精神的理论缘起和时代内涵。深入分析新时代工匠精神对于新型劳动者培养的内在继承关系，从纵向的时间向度上把握工匠精神在中国特色社会主义事业的历史根基，立足于认识论、实践论、方法论三个角度，从横向的经济转型、产业升级等现实面貌进一步阐释工匠精神的时代特性。三是习近平新时代中国特色社会主义思想中工匠精神的现实诉求问题。在习近平新时代中国特色社会主义理论中，工匠精神的培养和弘扬更应该从新型劳动者的培育方式和生产方式中体现，因此本研究将以教育与生产劳动相结合、科学与劳动相结合观点出发，以期形成新时代工匠精神培育理论，指导具有技能型、知识型、创新型的新型劳动者参与社会主义现代化建设。

其次，基于新时代"工匠精神"的培育与现代职业教育体系的建立的部分。一是回答工匠精神的内涵及其特征的问题。新时代，当"工匠精神"与"中国制造"紧密地联系在一起，便被赋予了更加丰富的社会价值。锤炼"工匠精神"是"中国制造2025"计划的战略需要，传承"工匠精神"是产教融合、校企合作的客观要求，培育"工匠精神"是职业院校学生可持续发展、实现自身价值的现实需求。然而，关于"工匠精神"的内涵究竟是什么，国内学者众说纷纭，但是搞清楚其内涵是开展研究的基础与前提。二是回答工匠精神培育的现实困境的问题。找出问题所在才是解决问题的关键，因此，只有充分解读、系统总结前人研究中提出的工匠精神培育的困境和结合实地调研分析出的工匠精神培育的困境，才能为当前解决"工匠精神"培育困境提供有效指导。三是回答工匠精神的培育问题。学界普遍认为，工匠精神包括精益求精的态度、精湛的技术、精细的工艺。职业教育作为技术技能型人才培养的主阵地，是工匠人才的"培养皿"，在这个意义上来讲，职业教育在对受教育者的"工匠精神"培育上有着不可推卸的责任，这也是时代赋予职业教育的重要使命。但是，问题的关键在于在现代职业教育体系视域下如何找到工匠精神培育的方式方法。

再次，基于弘扬工匠精神的社会支持系统研究部分。一是回答如何提升工匠精神的文化认同。目前，对于工匠精神文化认同呈现出基础薄弱的态势，宏观上技术技能型人才的社会地位目前还处于较低的层次，此类劳动者在我国从业人员总量中占比较低；微观上职业院校校园文化生态的失衡、物质文化生态类型特征缺失、制度文化生态残缺以及技术创新文化薄弱；企业则缺乏自上而下、由里及外的对产品和服务精益求精的追求，坚持利益至上，重视效率忽视质量。另外，从科学文化与技术文化的辩证关系来看，技术意识形态位于技术文化的最深层，凝聚着社会心理层的价值观念，但是目前技术文化普遍缺失，现代学徒制的发展过程中忽视了对高技术技能理念的推崇，仍然停留在器物和制度的层面上，这对弘扬工匠精神造成了很大的阻力。二是回答工匠发展的法律保障问题。纵观现有的法律保障体系，"高精尖"人才如科学家、教师、高科技人才等群体有专门的法律法规来保障权益，特殊群体如妇女、儿童、城镇职工、企业职工、农民工、进城务工人员也有相对专项的法律规定，而工匠这一特殊群体却缺乏专有保障，其权益确认与救济散见于各类普适性法律中，难以体现针对性和操作性。三是回答建立专项化的工匠社会保障体系的问题。我国现有技术技能型人才的社会保障体系主要涵盖于公共社会保障体系之中，没有专门针对工匠型、技能型人才的专门社会保障制度。而工匠型、技能型人才由于工作、劳动所处环境和条件同一般被保障群体存在巨大差异性，因此适用于一般被保障群体的同质化的社会保障体系无法对工匠、技能人才提供必要、专项化的社会保障。

最后，基于工匠精神的教育长效传播机制研究的部分。一是考虑到信息时代新媒介背景下"工匠精神"传播的受众复杂，传播内容如何选择的问题。工匠精神作为想象构建的上层建筑，是需要一定的手段和方式对受众进行有意义的内化，因此系统的传播体系应运而生，在传播体系中最为重要的环节就是受众的分析。在多样化的受众群体中目标受众的选择、目标受众的确定、目标受众的细化对传播效果有重大影响和实践意义。基于"工匠精神"传播的需要，目标受众的选择不仅包括国内全部受众，还要兼顾国外受众，从而就可设计更有针对性的信息内容、制定宣传战略和鼓励措施，并由此获得更好的宣传效果。二是考虑工匠精神传播渠道问题。工匠精神印刷类的传播方式主要是通过报纸的途径来影响受众群体，电子类的传播途径则是由电视、网络等媒介构成。除此之外，在国民教育体系中，工匠精神传播的着力点主要在于依靠现代职业技术教育体系的制度设计，通过校企合作、产学结合、课程设置、校园文化建设等方式，来培育和传播工匠精神。而在基础教育、普通高等教育以及职后继续教育等其他阶段，对于工匠精神的传播还没有得到相应地重视，较少在教育过程中提及和渗透工匠精神。同时，企业的主体作用也没有得到完全彰显，还有待在工匠精神的传播方面，通过制度创新发挥更大的功能和提高社会责任。此外，从传播的技术手段而言，当前工匠精神的传播途径较多地依靠电视、报纸等手段进行，对新媒体的运用也较少。三是考虑工匠精神传播实效的问题。弘扬工匠精神能培养更多高质量的技术技能型人才为社会发展服务，引导国民树立尊重劳动、尊重技术、尊重创新的良好社会氛围。但就目前现状来看而言，受传统文化中重人文轻科技的影响，社会大环境上并没有形成尊重技术技能人才的风气；家庭微观环境上依然有轻视劳动、轻视技术的现象；舆论环境正处于转型期，没有彻底摆脱传统观念的影响。工匠精神传播的实质内容受理论教育的束缚仍停留在了理论的解读方面，没有在实践中形成可以检验和评价的指标。另外，随着信息化时代的发展和各种网络衍生品的出现，传播和弘扬工匠精神享受着便利的同时，所面对的带有虚拟性、较难控制性的复杂网络环境为工匠精神传播和弘扬带来难度，这都将导致工匠精神传播的实效难以得到保证。

第四节 核心概念与理论基础

厘清概念是科学研究的前提之一，是问题解决的逻辑起点，是构建理论的坚实基础，厘清核心概念更是为理论和研究服务。而理论基础作为最普遍的理论原理，在理论和体系建构过程中发挥着最为基础的作用。为了更好地解释新的现象，构建新的理论模型，需要对原有理论或文献中的核心概念进行全面检视，对相关理论基础进行系统学习，从而对它们进行借鉴、修正或重新构建。本研究将对工匠、工匠精神、核心素养及人才培养这四个核心概念进行分析与界定，对职业能力发展的阶段理论、经验学习理论及默会知识理论进行探讨与梳理，以便更好地推动工匠核心素养理论模型的构建与应用。

一、核心概念

（一）工匠

"工匠"一词深深植根于世界文明的土壤之中，在东西方文明发展过程中均有所体现，工匠们见证了世界历史发展的每一次高峰与低谷，成为全民族文化的重要组成部分。

在中国文化中，言及"工"，东汉许慎《说文解字》曰："'工'，巧饰也。"《公羊传》何休注云："巧心劳手以成器物曰工。"从字面意思而言，可以理解为"工"凸显了追求技艺之"巧"。言及"匠"，《说文解字·匚部》曰："匠，木工也。从匚，从斤。斤，所以作器也。"清段玉裁对此注解云："匠，以木工之称，引申为凡工之称也。"从汉字结构来看，可以解读为

"在限制的空间内斤斤计较"①。随着封建社会的逐步发展,户籍管理制度随之出现,则"工在籍谓之匠",于是"工"与"匠"便合在一起被称为"工匠"。从历史演变过程来看,上述三个词汇常常在古汉语中混用,意思表达一致,都是指有一项手艺、靠手艺生存的劳动者;但作为研究范畴上的"工匠",通常既含有专门的技术制作能力,还含有一定的艺术设计能力,是"执艺事成器物以利用"的"兴事造业"之人。②

在西方文化中,诸多词汇的本义来自拉丁语,工匠一词也不例外,是由"ars"经过长年累月的演变逐渐变为"artisan","artisan"即指工匠,但最初属于一种依靠出卖自身体力换取食物或报酬的劳动属性,后来随着时间的慢慢流逝,这种劳动形式的地位相对提升,而后演变为一种有关技术、技能层面的内涵,并逐渐得以丰富,加以完善;而到了16世纪,"artisan"也渐渐演绎为工匠或手工艺人的意思,成为一门特有的职业和一种特殊的社会阶层。

根据辞源以及东西方文化发展过程中的不同解释,"工匠"一词既包含专业的、专门的意义,也包括技艺的、艺术的内涵。但是随着社会的逐步发展和工匠内涵的现代流变,"工匠"的含义被赋予了新的时代意义,现代的工匠绝不仅仅指手工业劳动者或技术能人,而拥有着更为广泛的人群定位。因此,本研究将工匠定义为拥有"匠心""匠技"和"匠魂"的致力于专门的工艺制造或操作过程的劳动者、职业人,上述这些能够利用精湛技艺、创新精神、责任意识全身心投入工作之中的德艺兼修之人称之为工匠。

(二)工匠精神

"工匠精神"第一次被提及虽然是在2016年,但"工匠精神"一词历史意蕴深厚,有着较为悠久的发展历史。工匠精神对于当今社会经济发展和人类文明进步具有重要的推动作用,在当今智能化时代,工匠精神仍是社会发展的重要思想资源和强大精神支撑。为了使工匠精神能够薪火相传、历久弥新,亟须赋予工匠精神丰富的时代内涵和本真的社会价值。"工匠"指在生产、服务一线进行实际操作或依靠自身技术技能为社会、为国家提供服务的人,"精神"则是文化、思想的核心,是一个事物区别于其他事物的根本所在和关键所在。假设我们把"求知"(acquire)算作科学精神的内在追求的话,那么"造物"(create)一定被认为是工匠精神的历史使命。"造物"他的精神追求表现在工

---

① 任寰.职业教育技能型人才"工匠精神"培养研究[D].武汉:湖北工业大学,2017:11.
② 余同元.中国传统工匠现代转型问题研究[D].上海:复旦大学,2005:25-28.

匠精神的方方面面，其历史形成过程同样经历了关系的转变、模式的变换等复杂过程。"工匠精神"属于精神范畴，是从业人员的价值取向和行为追求，是一定世界观、人生观影响下的职业思维、职业态度、职业素养和职业操守。[①]与此同时，"工匠精神"也是一个历史范畴，东西方文化的不同造就了工匠精神不同的价值意蕴，古今的时代变迁促成了工匠精神不同的时代内涵。具体而言，西方古代的工匠精神主要表现为大胆创新、精益求精、孜孜不倦等价值观念，来自理论大家、名人志士的论争与观点。中国古代的工匠精神则表现为尊师重道、言传身教、体知躬行、德艺双修等精神特质，即师道精神、实践精神、求实精神和奉献精神的和谐统一。

随着社会和年代的不断变迁，全球智能化时代的到来改变的不仅仅是生产方式和劳作方式，还一点一滴地改变着流传不息的工匠精神。现代社会所理解的工匠精神与古代社会所追求的工匠精神已然发生巨大转变，其内核中不仅包括手工业者所应具备的基本能力和素质，也包含了大千世界中千千万万职业人的内在追求。综上所述，本研究将从专业精神、职业态度和人文素养三个层次来全方位、多角度的理解工匠精神的当代内涵，即专业精神是指精益求精、细致严谨，职业态度是指专注执着、爱岗敬业，人文素养是指乐于奉献、勇于创新，上述三个层面的结合与统一造就了真正的工匠精神。

（三）工匠精神培育

系统论认为一切有机体都是一个整体，都是严格按照等级组织起来的。就其本质来讲系统具有整体性、动态性、开放性、环境适应性和综合性等特征。[②]从系统论角度看"工匠精神"培育作为一个大的系统，是由政府、企业、职业院校、社会等诸多因素构成的，诸要素间只有相互协调、彼此促进，才能使系统整体功能得到最大发挥，并且使整体功能超过各部分功能之和。因此宏观工匠精神培育：首先，需要政府做好顶层的制度设计，颁布相关政策法规，强化工匠精神培育的制度保障。其次，需要校企双方积极转变理念和认识上的差异，注重校企合作、产教融合，在生产实习实践中，企业文化的熏陶中培育工匠精神。最后，需要全社会共同营造尊重劳动、尊重工匠的良好风尚，发挥文化育人的功效。而微观工匠精神培育主要指职业院校作为工匠精神培育的重要主体，要充分发挥传统优势作用，将工匠精神的核心内涵纳入职业教育人才

---

① 李进.工匠精神的当代价值及培育路径研究［J］.中国职业技术教育，2016（27）：27-30.
② 齐再前.基于博弈论高等职业教育校企合作长效机制研究［M］.北京：科学出版社，2016：9.

培养体系中，强化工匠精神培育的校园文化建设、课程教学建设、校企合作建设、师资队伍建设等，从而培养具有工匠精神的工匠人才。本研究中所涉及的工匠精神培育是指微观层面的即职业院校内部工匠精神的培育。

（四）工匠的文化认同

随着"工匠精神"一词被写入政府报告，工匠这一群体得到前所未有的关注。工匠作为"工匠精神"的核心载体，对于实现制造强国目标具有重要推动作用。因而，厘清这一概念对于形成全社会尊重工匠的文化氛围，提高工匠社会地位具有前提性的意义。

基于文献综述，大多学者更倾向将文化认同分为认知、情感与行为倾向三个维度，并强调文化认同要反映到个体行为中去才能成为实现真正意义上的文化认同。对于工匠而言，这个职业既普通而又有特殊性，其特殊性就在于，社会大众对于工匠群体存在一定程度的偏见，从而使工匠的文化认同凸显出了时代意义。基于"工匠"与"文化认同"的含义及文化认同理论，本研究将工匠的文化认同界定为：社会各行各业从业者以及职业院校学生对工匠群体的认知情况、对工匠及他们所处的职业环境所持有的情感态度和从事工匠职业的行为意愿等三方面内容。首先，对工匠群体的认知情况主要包括社会各行各业从业者对工匠职业的基本认识与了解，如工匠职业的工作性质、工作形象、对社会发展的重要程度等；其次，社会各行各业从业者和职业院校学生对工匠及他们所处的职业环境所持有的情感态度主要涉及社会大众对工匠的薪酬待遇、社会地位、社会保障以及工作环境的看法与态度；最后，社会各行各业从业者和职业院校学生对从事工匠职业的行为意愿是指社会大众是否乐意从事工匠职业或支持身边的亲朋好友从事工匠职业等。

二、理论基础

（一）职业能力发展阶段理论

职业能力是劳动者关于职业的才能、方法、知识、技能、态度和价值观的力量系统，是推动工作完成的多种心理要素的集合，包涵了面向职业世界的分析能力、判断能力、操作能力及问题解决能力等一系列能力。为了科学的设计职业教育课程，找到适宜的教学方法，通过细致比较和归纳，德国劳耐尔提出职业能力发展阶段理论，认为职业能力发展具体表现为五个阶段，并阐述了每个阶段的职业能力特征和能力发展所需的工作行为、知识形态、学习区域。①为了更清晰明了地展示上述五个阶段的具体特征和发展状况②，本研究通过列表方式进行详细对比和展示，结果如表导-1所示。

表导-1 从新手到专家的职业能力特征、工作行为、知识形态和学习区域概况

		职业能力特征	工作行为	知识形态	学习区域
专家	5	形成职业能力中的职业生成能力，能够知道应当做什么、怎么做，对问题相似性的直觉认识	能够极其负责地、毫无保留地处理问题，自发地、直觉地活动，行为方式灵活、娴熟，稳定性高，持续性好	知识与社会、自然的关系高度融合，基于思考、实践性经验的积累，达到对职业的认同、觉解，逐步将知识转变为价值观形态	
熟练专业人员	4	形成职业能力中的内涵式生长能力，能够直觉地反思复杂的事实与模式，具备轻松理解和整体认知相似事物的能力	能够成熟、理性地将各种直觉的、要承担的行动联系起来，通过快速、合理的反思获得相应经验并做出明智选择	概念性和程序性知识快速发展，通过两种知识的推动和建构，实现策略性知识与反思性知识的有效发挥	在处理专业工作任务的意识明确之后，应一步强化受教育者在特殊的情境和难题中获得经验与知识，进而得到提炼和内化，对专业系统知识深入理解的同时建构个人经验
内行的行动者	3	形成职业能力中的外延式生长能力，能够认识到事情的本质，具备一定的思考能力，可以从计划和目标层面得出结论，做出决定	能够按照计划依据任务重要性程度有序行动，合理管控工作情境中的事物，并且注重工作细节，具有丰富的专业知识和较为稳定的事实经验	具备程序性知识、陈述性知识和情感性知识，细节知识与策略性知识逐步发展起来	随着定向知识、概况知识、陈述性知识以及关联性知识的逐步稳定，还需掌握某个组成部分的细节知识和专门知识，要学会先分析问题、制订计划，再按计划实施
进步的初学者	2	形成职业能力中的行业通用能力，能够理解工作情境中的事实，尝试运用自身原有知识和经验解释这一事实，并修订和完善原有认知结构	能够联系实际经验采取行动，有可能突破自身工作的规则适应小幅度的岗位调整，具备一定程度的工作迁移能力	具备建议性陈述性知识与职业关联性知识，能够有意识的主动建构工作情境与知识间的意义，获得新经验	重点学习与系统工作任务相关联的职业知识，在现代职业技术领域，所操控的设备、对象由系统的技术决定，要求受教育者仔细观察并认真考虑技术和工作组织的系统结构，从而解决难题，采取适当行动
新手	1	形成职业能力中的岗位定向能力，能够初步确定客观的事实，认识与应用事实和行动之间明确的秩序规则，但是缺乏对工作任务的整体性认知	操作不够娴熟，受规则和纪律约束，常按与事实情境无关的规则采取行动，信息处理能力弱	具备程序性知识，即具备相应岗位的定向与概况知识，有特定的职业技能	基于职业的预先经验和知识储备，纵览职业相应的生产与服务过程，了解工作过程应遵循的规则、纪律和所要达到的资格标准。同时要根据工作的性质、综合性情境和技术发展态势，为下一阶段打下基础

---

① 姜大源. 当代德国职业教育主流教学思想研究——理论、实践与创新[M]. 北京：清华大学出版社，2007：99-102.
② 张弛. 技术技能人才职业能力形成机理分析——兼论职业能力对职业发展的作用域[J]. 职业技术教育，2015（13）：8-14.

根据职业能力发展阶段理论的五个阶段的发展特征与具体表现，发现从新手到专家的这一过程中职业能力的发展始于个人经验，又回归个人经验，其发展过程中与实际任务关联的，与工作紧密相连的专业知识只是推动新手向上发展的一种手段，只有得到充分凝练、内化为自身经验的、主动建构的系统化的专业知识，才有可能使得受教育者真正成长为职业实践领域的专家。职业能力的培养是职业教育区别于普通教育的主要标志之一，职业能力的养成规律作为一种客观的内在逻辑在本质上推动着职业教育的广泛实践。[①]根据职业能力发展的阶段理论努力探究新手与专家职业能力之间的现有差距，厘清从新手逐步成长为专家必不可少的过程和条件[②]，对工匠核心素养的提取与职业教育人才培养的创新与变革具有重要的意义。

首先，职业能力发展阶段理论能够推动新时代"工匠精神"的传递与弘扬，有助于工匠核心素养的凝练和提取。职业能力发展阶段理论具体分析了从新手到专家的五个重要发展阶段，对每一个阶段劳动者应有的心智能力特征、动作能力特征以及知性能力特征都展开了细致描述和讨论，这为提取工匠的核心素养以及构建工匠核心素养的理论模型提供了明确的分类方向和丰富的理论资料。本研究中的工匠在此便可以理解为处于最高阶段的"专家"，工匠们面对实际操作中的各项规则、要求和标准，已然形成了无意识的思考和行为模式，他们所展现出的精湛技艺、创新精神以及高度负责、勇于担当的品质源于对职业的体悟、认同和觉解，这种专家品质、工匠精神值得社会的传递与弘扬。

其次，职业能力发展阶段理论能够促进职业教育对学生进行科学合理的职业成长指导，有助于职业教育人才培养的创新与变革。职业能力发展阶段理论研究发现个体经验和系统化的专业知识是职业能力发展的根本和基础，相比新手而言，专家具备基于身体和元认知的丰富经验和知识，因此专家表现出更强的操作能力和认知加工能力，能够快速地融入全新的工作情境和陌生氛围，从容解决所面临的各种疑难问题。职业院校应当从职业能力发展规律和职业成长规律中源源不断地汲取经验，从各环节入手推动职业教育的人才培养，从而进一步明确职业院校在人才培养中的角色定位，认真反思职业教育的人才培养目标、体系及模式等问题，为职业教育的质量提升和未来发展提供新的思路和方向。

（二）经验学习理论

"经验"作为一个社会概念，其定义与内涵众说纷纭，没有统一的解释。

[①] 宋磊.专家技能的养成研究［D］.上海：华东师范大学，2009：2.
[②] 周衍安.职业能力发展和职业成长研究［J］.职教论坛，2016（10）：61-64.

杜威提出人们只有把活动和结果联系在一起之后才会发现经验的存在，经验也才会富有价值。皮亚杰则认为经验是内化发生的前提，经验在产生主客融合、物我同一效应的基础上，逐步形成新的领悟和意义。实践是认识的来源，而经验只是认识的初级阶段，经验只有通过不断地深化和升华才能形成阅历、发挥效用。20世纪30年代，"经验学习"最早在杜威等人"进步教育"思潮影响下逐步形成，"经验学习"十分推崇和鼓励学习者通过实践展开学习。20世纪80年代，哈佛大学大卫·库伯教授在归纳和评价前人经验学习模式的同时，经过比较和筛选，最终提出一种新的学习理论——经验学习理论。该理论主张：无论何时何地的学习都源于经验，经验的不断汇合与凝聚最终形成了知识，因此，作为无限循环的学习过程，既由经验为起始，又以经验而截止，循环往复，生生不息。①库伯将经验学习形象地描述为四个适应性学习阶段：具体经验、反思观察、抽象概括和主动实践，由此构成一个完整的闭环结构。（具体流程见图导-1）

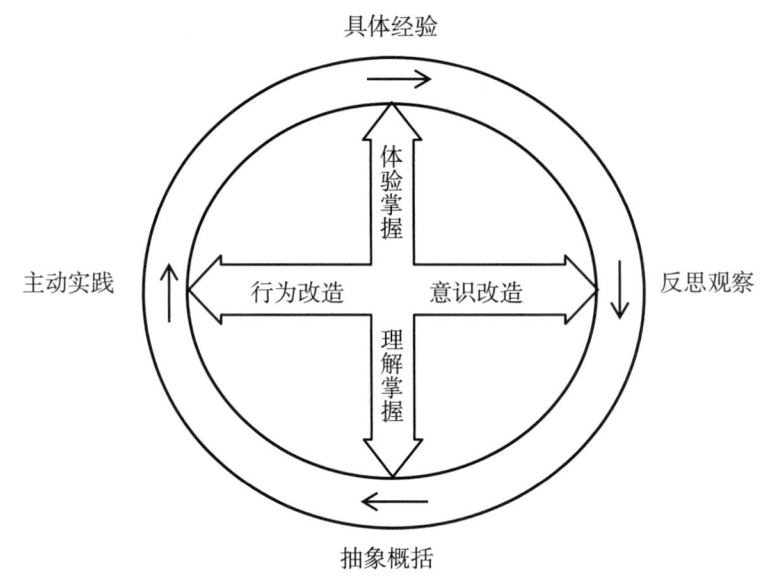

图导-1 库伯经验学习理论流程图

具体经验是让学习者全身心投入一种新的体验，从具体的活动或实际情境中获得属于自己的直接经验；反思观察是学习者在停下休息的时候对已然经历的体验加以思考，依据个体原有的知识和经验形成对新经验的整体认知与深刻

---

① 许宪国."职业带"与经验学习理论对高职教育的影响[J].学理论，2015（8）：132-133，152.

反思；抽象概念是指学习者在反思的基础上通过理解、解读对新经验进行完整归纳和概括，不断吸收和重组使其能够成为符合逻辑和规律的概念；而主动实践即指学习者能够合理运用上述概念，从而更好地解决问题、寻求策略，最终建构属于自己的系统知识和经验。①

上述四个适应性学习阶段中经验获得过程的发展动因是为了更好地克服已然呈现的问题情境以及行动过程中的不确定性或不可估量性，而最为关键的一步则是对经验获得的认真反思。在行动过程中反复凝练经验，当面对各个层面的经验时应当及时反思，知识的获得正是基于上述程序，并且表现在这一程序的不断延续和循环中。经验反思是形成新经验至关重要的步骤，如果缺少了反思这一过程，就无法获得实际情境或问题中隐含的知识与内容，无法积累新的经验，便无法及时解决未来可能遭遇的类似问题。在日常工作和生活中，经验学习常常通过深刻反思来发现和解决问题，至于经验知识的获取途径：一方面，通过内隐的经验体验能够获得经验知识；另一方面，正式的学习渠道也是一种获得经验知识的方式。当然，这两种途径下的经验学习是有本质差别的，有目的、有计划的学习过程框架下的经验学习通过创造真实的情境和学习氛围，强有力地克服了经验的片段化、偶发性以及局限性，更好地推动了学习者自我反思能力的发展和自我知识的建构。

由于经验学习以实践经验为起点又最终归于实践的循环特点，使得库伯的经验学习理论常常被运用于成人教育领域，当然这一理论也常应用于职业教育领域，根据职业教育相关理论所产生的新的学习策略和教学方式，已然为当前职业教育的发展指出了一条行之有效的学习路径，同时也引发了职业教育人才培养变革的深刻反思。

首先，当前我国职业教育的人才培养目标定位于培养高素质技术技能人才，为智能化时代制造强国战略的实施做好人才储备。按照经验学习理论，职业教育在具体教学过程中应把学生的工作实践经验作为基础，经过细致地体悟、感受和反思，逐步转变为抽象的理论概括和经验总结，之后个体的经验将作为理论指导展开新一轮的职业实践，从而形成循环往复、不断提升的学习过程。但是目前看来，职业教育的相关教学方式不容乐观，存在很多实际问题。一是很多职业院校没有担当起培养高素质复合型技术技能人才的责任，总是不加创新、一味地模仿普通教育的教学模式，重理论、轻技能，重知识、轻实

---

① 王艳双.库伯的经验学习理论述评[J].经营管理者，2010（6）：8，53.

践，未能形成真正适合职业教育发展的独特的人才培养模式。[1]二是教学设备和学生实践基地的匮乏，缺少了模拟仿真的工作情境，又没有到真实企业、公司的实习机会，学生无法获得具体实践经验，便无法展开经验学习的后三个阶段。三是教学过程中学生即使获得了具体实践经验，但在接下来的阶段由于指导教师经验的匮乏，并没能引导和推动学生进行深刻地观察、回顾和反思，最终也不会形成经验的升华。

其次，经验学习理论对职业教育的办学模式具有重要的启示意义。德国学者从经验学习中获得诸多启发，认为职业教育应当推动正式的与非正式的经验学习过程来达到平衡状态，真正促进学生反思能力的提升。实践证明，工作过程也可以是学习的过程，一个工作了较长时间的熟练员工，他所具备的有关生产与服务的个体经验和系统知识极具价值，企业尝试利用经验带动或指导项目的方式，发挥有经验者的引导和模范作用，更好地为初学者服务。由此看来，经验学习过程无论是在虚拟的实训基地、练习工厂，还是通过真实的企业实习，只有学生能够在此过程中获得具体经验并加以反思并形成个体经验才是最重要的。近年来，国家政策所倡导的校企合作、产教融合、现代学徒制等人才培养模式的真正目的也正是如此，职业教育的人才培养应当汲取经验学习理论之精华，深刻反思未来人才培养模式的创新与变革。

（三）默会知识理论

英籍物理化学家和哲学家迈克尔·波兰尼（Michael Polanyi）于20世纪50年代末在《个人知识：朝向后批判哲学》（*The Study of Man*）一书中首次提出人类的知识分为两种类型：一种称为显性知识（Explicit Knowledge），即能够用文字或地图、公式来表述的知识；另一种称为默会知识（Tacit Knowledge），即难以用语言、文字系统表述却深藏于内心的知识也被称为缄默知识、隐性知识。波兰尼曾将知识比成一座冰山，浮出水面的部分为显性知识，大量默会知识藏于水下，应当说，默会知识是整个知识体系的重要根基（见图导-2）。默会知识和显性知识一样普遍存在于人类的日常生活和科学活动之中，然而从数量上来说，默会知识要明显多于显性知识，因为涉及方法、能力、交往、情感等方面的知识都是默会知识。[2]与显性知识相比，默会知识的主要特性表现为：第一是非逻辑性，即不能通过语言、文字或符号进行逻辑表述，这部分知

---

[1] 任雪园，祁占勇.技术哲学视野下"工匠精神"的本质特性及其培育策略[J].职业技术教育，2017，38（4）：18-23.

[2] Polanyi M. The Tacit Dimension [M]. London: Routledge & Kegan Paul, 1966: 4.

识往往是只可意会不可言说的；第二是非公共性，即无法通过正规的方式、方法来传递这部分知识，即使已经拥有且经常使用默会知识的人也无法明确表达确切内涵，不具备公共性特征；第三是非批判性，即人们通过个体感官、潜意识或直觉所默会地掌握着此类知识，不能在理性思维指导下加以批判性反思。[①]在波兰尼看来，默会知识虽然具备上述三个特性，难以表达也难于反思，但是它依然是人类社会一种至关重要的知识类型，从一定意义上来说，默会知识支配着人的认识过程，是人们进行科学研究和理论探索的重要方法和手段。此外，波兰尼十分注重"学徒制"的运用，认为默会知识是职业能力的重要组成部分，只有通过实践中的不断摸索和感悟才能逐步获得此类知识，恰如他在《个人知识：朝向后批判哲学》中表明的："一种无法言传的技艺不能通过规定流传下去，因为这样的规定并不存在。它只能通过师傅教徒弟这样的示范方式流传下去……技艺从一个国家流向另一个国家，常常可以追溯至工匠群体的迁徙。"[②]

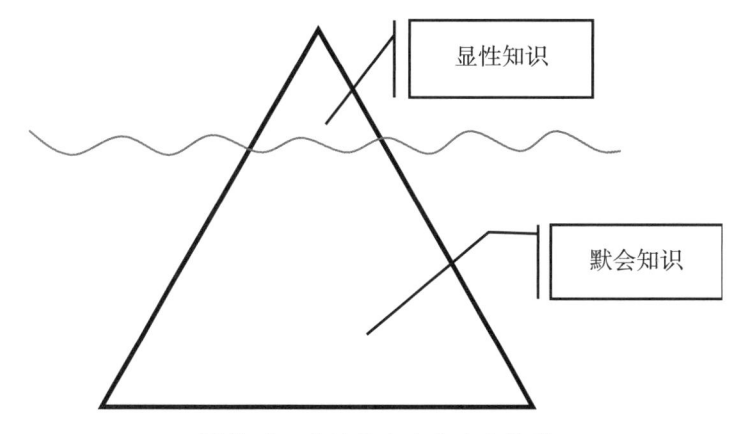

图导-2 波兰尼比喻的冰山模型

到了20世纪80年代，随着默会知识理论影响力的逐步扩大，许多心理学家也开始关注默会知识的概念、特征及其结构的发展，经过反复论证和努力将有关默会知识的研究从哲学论述阶段推到了实证研究阶段，在充分证实默会知识大量存在的同时也对波兰尼的相关理论进行了更正和完善，使得默会知识理论产生了质的飞跃。首先，默会知识除了具有非逻辑性、非公共性及非批判性特

---

① 杨学锋，王吉华，刘安平. 缄默知识理论视野下的实践教学与课堂教学[J]. 现代教育科学，2010（1）：148-150.
② 迈克尔·波兰尼. 个人知识：朝向后批判哲学[M]. 徐陶译. 上海：人民出版社，2017：62.

征外，还具有以下三个特征：第一是情境性，即默会知识是在特殊问题或任务情境中悄然获得的，此后类似的情境出现才会唤醒默会知识产生效用；第二是文化性，即具有不同文化传统和背景的人所享有的默会知识体系也是不同的，人与人之间的交往除了要建立在显性的社会规则之上，更要建立在由默会知识所赋予的文化体系之中；第三是层次性，即默会知识表现为三个层次，"无意识的""能够意识到但不能通过言语表达"和"能够意识到且能够通过言语表达"[①]，这三个层次的知识足以证明默会知识和显性知识是可以相互转变的。其次，斯腾伯格（Robert J. Sternberg）等人的实验证明，默会知识既可以辅助也可能会阻碍与之相冲突的显性知识的获取。如此一来，人们应尽力使缄默知识显性化，以便默会知识更好地发挥有利作用。最后，研究者们越发认识到生活中除了浩如烟海的默会知识的存在之外，还有更多不易改变的默会的"认识模式"的存在，并且人们总是利用这种认识模式加工身边遇到的各种信息，深刻地影响着日常工作和生活。

  随着默会知识的研究从理论走向实践以及默会知识理论的不断修正与完善，的确为我们更好地理解人类的认识和实践行为提供了良好帮助。默会知识往往隐藏于社会生产和生活实践之中，学习者只能通过实践活动或亲身体验在默默感受中慢慢习得。从默会知识理论的视角出发，有助于反思当前我国职业教育发展过程中存在的问题，有助于职业教育人才培养的创新与变革。职业院校要想真正地培育新时代高素质工匠，除了让学生学习专业理论等显性知识之外，还应从教学改革和模式转变等方面创造条件、厚植土壤，不断激发学生自觉感知和收获默会知识。

  首先，默会知识理论引发职业教育对课程开发的重视和反思。实践活动中隐含着大量的默会知识，学生能够通过各种类型的实践活动亲身参与到实践过程之中，在不断积累经验的同时领悟知识的价值内涵，在获取大量默会知识的同时掌握探究事物的方式方法，实现个体知识的不断建构和重塑。目前来看，多数职业院校都已经意识到职业教育课程中实践性和应用性的重要意义，采用能力本位课程、任务分析课程或项目学习课程等多种形式来提高学生的实践经验，但是这些课程模式在具体任务实施以及项目产品的产出过程中，并未真正关注学生合作能力、创新能力以及敬业精神、奉献精神的提升，并未着力培养

---

① 石中英. 缄默知识与教学改革[J]. 北京师范大学学报（人文社会科学版），2001（3）：101-108.

学生的综合职业能力和可持续发展能力。因此，职业院校应深刻反思目前职业教育课程开发的优点和不足，了解学生当前拥有的默会知识和认识模式，从而因材施教，不断提升其综合素质和职业能力。

其次，默会知识理论引导着职业院校大力推行现代学徒制。根据人们获取默会知识的过程可以看出，学习者都是从新手逐步转变为熟练老手，默会知识也正是在这一曲折过程中渐渐习得、慢慢获取。[①]相同的，学生只有身处真实的任务情境和实践环境之下才能切实感受到默会知识的强大力量，而后顺利凭借自己的亲身体验和企业师傅的言传身教，在潜移默化的环境和氛围中成就精湛技艺，养成敬业精神。因此，默会知识理论引导着职业院校大力推行现代学徒制，推动学校与企业进行深度合作，鼓励企业参与到人才培养过程之中，建立学校教师与企业师傅分工合作的机制，从而在双方的协同努力下为制造业强国培育大批亟须的高素质技术技能人才队伍。

（四）文化认同理论

文化认同理论主要讨论包括文化认同的内涵、原理、实质以及功能等主要内容，对于本研究而言具有根本性意义。

1. 文化认同的内涵[②]

文化认同是人类对于文化的倾向性共识与认可。人们在实践中通过认知的积淀，形成对事物的一致的认识，并以此支配人们的行为及文化的创造，这是文化认同产生的基点。文化认同产生于劳动实践、族体归属、原始宗教等方面。也正对应着人类文化起源的构成的三方面：物质文化，如衣食住行；精神文化，包括宗教、文学、节庆等介于物质文化与精神文化之间的文化体系。文化认同维系着人类文化的存在，尤其是在以一种文化体系作为民族特征的阶段起着纽带作用。

2. 文化认同的功能

首先，文化认同是文化群体中基本价值取向。人们只是按照自己的认同作为行为处事的价值尺度，具有主观性。其次，文化认同是民族形成、存在与发展的凝聚力。文化认同作为最核心、最稳定的因素能够长期存在，如中华民族历经几千年的沧桑，以汉民族为主体的文化认同稳定存在，而且不断地在分化融合中得以加强和发展。最后，文化认同是文化群体的黏合剂。这种文化群体

---

① 王伟，黄玉赞. 缄默知识理论对高职加强工匠精神培育的思考 [J]. 南宁职业技术学院学报，2017（5）：54-56.
② 郑晓云. 文化认同论 [M]. 北京：中国社会科学出版社，1992：4-6.

虽无共同的族源，但在文化意义上却有共同的意识、利益感及文化归属感，譬如宗教。人们的思维、情感、行为方式都不同程度地受信仰的约束。另外，一些贤哲伟人的思想所导致的思潮，如儒家学说、马克思主义学说等也被众多文化背景不同的民族所广泛认同。

3.文化认同的实质[①]

从根本上讲，文化总是体现为各种各样的符号，不论是器具用品、行为方式，还是各种各样的思想观念，都代表一种符号。而人类作为符号的创造者和运用者，正是以符号自身与意图和表征物建立协调的关系，以求理解、接纳。因此，文化认同的核心和实质就是意义的创造、交往、理解和解释。

4.文化认同的建构

人类对文化的认同可以通过自然认同、文化接触与交融认同、民族分化融合认同、主体文化的辐射认同以及强制认同等途径得以实现。具体来讲，文化认同的构建的基点是既有的文化认同、新的因素的注入、异文化的传播。在影响文化认同新的构建大的种种要素中，尤其要强调科学技术的重要性，因为其能直接触动社会变革，进而引起人们文化认同的变化。[②]

综上所述，文化认同理论对本研究有着基础性的阐释意义。首先，对工匠的文化认同的概念界定提供了一个基本的范式。文化认同的内涵主要包括认知、态度与行为意愿，因而在分析工匠的文化认同的时候，也从这三方面入手界定工匠的文化认同以及调查问卷的制定维度。其次，对厘清工匠的文化认同的重要性有了理论奠基。根据文化认同的功能可以衍生出工匠的文化认同是厚植工匠精神的支撑点、促进工匠价值提升的有力抓手进而促进在全社会形成尊崇劳动、尊重工匠的文化氛围。最后，对如何建构工匠的文化认同提供了理论视角。工匠的文化认同构建也需要基于已有的文化认同、新的文化因素的注入（如德国的工匠文化）以及技术对于社会发展的重要性，尤其要提升职业教育的吸引力，技术进步与职业教育的发展息息相关，也是提升工匠社会地位的重要抓手。

（五）以基本价值观念为内容的文化认同机制假说

文化认同机制假说是我国学者邓治文基于美国学者乔纳森·弗里德曼（Jonathan Friedman）、社会心理学家塔弗尔（H. Tajfel）、法国社会学家罗歇·巴斯蒂德（Roger Bastide）的思想经提炼总结提出，主要包含以下三个内容。

---

① 赵菁，张胜利，廖健太.论文化认同的实质与核心［J］.兰州学刊，2013（6）：184-189.
② 郑晓云.文化认同论［M］.北京：中国社会科学出版社，1992：232-235.

第一，文化认同建构的方式依赖于个人的自我观建构的方式。文化认同的建构必须以自我观的建构为前提，且主要通过两种方式：一是匹配比较，与他人、过去、现在和未来等进行比较；二是强化，包括通过他人强化和自我强化。

第二，文化认同包含个体认同与社会认同两种主要形式。弗里德曼认为文化认同与个体认同、社会认同之间是相互作用的。[①]个体认同与社会认同与个体的人格发展密切相关。在某种意义上，社会认同包含有集体认同或群体认同的意蕴。

第三，文化认同的遵从秩序。我国学者邓治文通过在总结中西方学者对文化认同的研究基础上，建构了以基本文化价值观念为内容的文化认同机制假说，如图导-3所示。在这一机制中，文化因子，比如某种价值观念，要达到文化认同，必须经过个体认同与社会认同两个阶段，有时还需经过国民认同这个第三阶段。其中，个体认同与社会认同是关键，二者相互影响；同时，社会文化背景都对其产生潜在的或显在的影响，并且都采取外显认同与内隐认同对外来文化因子进行加工处理，这取决于个体当时所属的社会文化背景和个体自己的内在意愿；出发文化因子在目标文化背景的影响下，经过个体认同与社会认同最终达至文化认同。[②]

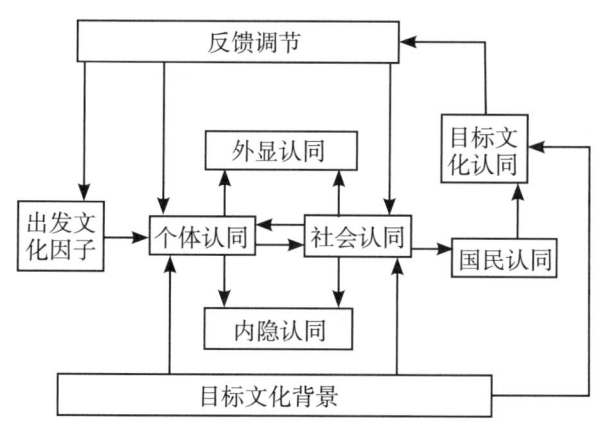

图导-3 文化认同机制假说

综上所述，文化认同机制假说为工匠的文化认同从哪些方面构建提供了理论基础。首先，工匠的文化认同构建基于实现的工匠的个体认同与社会认同两方面。个体认同指的是工匠群体对自身的认同，社会认同在这里包括两个内

---

① 乔纳森·弗里德曼. 文化认同与全球性过程[M] 郭建如，译. 北京：商务印书馆，2003：48.
② 邓治文. 论文化认同的机制与取向[J]. 长沙理工大学学报（社会科学版），2005（2）：30-34.

容，社会大众对工匠的组织认同与社会认同。其次，社会文化背景对工匠的文化认同的构建起着至关重要的作用。其中，家庭文化水平被视为社会文化背景的核心成分，例如家庭种族或民族背景、家长教育程度、家庭结构与规模、家庭人文环境与教育资源等，这对于解释工匠的文化认同程度背后的原因以及从哪些方面入手构建工匠的文化认同提供了社会学视角。最后，文化认同的涵化过程为本研究明晰真正的文化认同实现过程提供了可参考的路径，明确了工匠的文化认同的达成需要形式涵化的完全内化。

第五节　研究方法

教育研究方法是人们在进行教育研究时所采取的步骤、手段和方式的总称，它是决定教育研究质量的关键要素，足以证明研究方法选择得当具有重要的作用。一般来说，不同的研究方法具有不同的针对性，发挥作用的领域也各不相同。从总体上来看，本研究是在质性研究中扎根理论研究法的指导下逐步展开，但总体而言，具体实施过程之中（资料收集和资料分析等）还采用了文献研究法、文本分析法和计算机辅助分析法等研究方法。

一、文献研究法

所谓文献研究法，是指对各个不同渠道收集到的大量文献、文本资料进行全面而系统的阅读、鉴别和整理，从而探索和发现问题的一种相对间接的研究方法。文献研究法不仅省时而且高效，在节省资金的同时还能够超越空间的限制，不愧为一种经典且实用的教育研究方法。为了科学合理地运用这一方法，研究中运用中国知网、学校图书馆、资料室和网络等信息资源，收集包括著作、硕博论文、期刊、报告等在内的与工匠精神、中小学语文教材、职业院校工匠精神培育、文化认同等相关的书刊资料，在认真整理国内外大量关于工匠、工匠精神及核心素养的文献、著作的基础上，通过阅读和梳理回顾近年来有关工匠与工匠精神的已有理论与成熟观点，探索当前职业教育人才培养各个环节的优势与不足之处，为新时代职业教育人才培养的创新与变革提供相应的理论借鉴。在工匠精神融入基础教育部分，阅读国内外有关教材分析的期刊论文、学位论文和政策文件。其次，分辨和整理与本研究相关的资料，对资料中所包含的信息进行研究筛选和归纳提升。同时了解当今国内外与中小学语文教材分析相关的研究成果、研究方法等，扩宽本研究的思路，更完整了解了国内外研究现状，并做出研究综述供本研究参考，为下一阶段的深入研究打好基础，同时也为课题的研究提供理论依据。在搜集职业院校工匠精神培育的资料时，有选择性地对其中的代表性文献资料进行精读和泛读，掌握并归纳出国内外关于职业院校工匠精神培育的研究动态、研究理论及最新的研究成果。最后，根据以上的资料梳理再次回归到研究的问题，对研究问题进行凝练，从而为研究思路的确定、框架设计、内容开展奠定基础，并通过大批量查阅与工匠、工匠精神、工匠的文化认同对资料中所包含的信息进行研究筛选和归纳提升，以期了解当今国内外与中工匠精神文化认同的研究成果、研究方法，扩宽本研究的思路，更完整地了解国内外研究现状，为本研究奠定基础。

二、文本分析法

所谓文本分析法，是对已有文本资料展开分析和提取，而文本可以是文字、符号，也可以是图形、视频等，上述记录都属于文本资料，都能够被当成研究中即将要分析的相关内容或对象，而这样一种按照某一课题研究的需要对一系列相关文本进行比较、分析并凝练观点的方法即为文本分析法。

该方法在工匠核心素养探究中的应用是以央视新闻频道《大国工匠》系列视频节目的文字转录资料为文本，从而展开具体分析，而后结合扎根理论研究法中质性编码的相关步骤对文本数据进行处理和分析，最终提炼出了基本概念和类属。在工匠精神融入基础教育中的应用是以小学一年级至高中三年级的语文教材为分析对象，通过阅读、理解课文，根据设定的类目对课文进行统计处理。采用Excel统计分析软件，对数据进行描述性统计，呈现出中小学语文教材中含有工匠精神的课文数量及占比等。同时，还对课文中工匠人物的描写方式等方面进行文本分析。具体而言，采用的是解读式内容分析法，需要精读课文，理解课文中心思想，最后阐释文本内容，以此更深入地分析和理解文本内涵。[①]在职业院校工匠精神弘扬的一章中，主要是针对职业院校的精品课程视频内容进行了分析。总之，文本分析法在研究中被广泛使用，且通过此方法研究发现了许多细微且有意义的东西。

---

① 王曰芬.文献计量法与内容分析法的综合研究［D］.南京：南京理工大学，2007：42.

三、扎根理论研究法

所谓扎根理论研究法，是质性研究中最具有探索性意味的研究方式之一，往往是研究者带着感兴趣的研究问题去搜集各类资料，而后深深扎根于其中，通过资料的整理和分析，呈现反映社会现象的相关概念，以这些概念与概念间的微妙关系为切入点，建构实质理论。[①]采用扎根理论研究法进行实证研究是本研究的特色和重点，也是工匠核心素养理论模型构建的基础和关键。扎根理论研究法的概念定义、基本程序、研究过程及具体运用在工匠核心素养的探究过程中。在运用扎根理论进行研究的过程中，也采用了相应的信息处理工具，也就是所谓计算机辅助分析法。利用这种操作方法主要是针对某一研究对象，利用相匹配的计算机辅助软件对数据展开计算、模拟、统计和推理，最终更准确、更快速地得出统计结果的一种研究方法。扎根理论的研究步骤需要对大量文本数据进行具体编码和分析，如果仅采用人工编码形式，工作效率极低。因此，本研究利用Nvivo11.0中文版质性资料计算机分析软件存储人工编码所提取出的相应概念及类属，便于日后资料的快速搜索、提取和分类，大大提高了研究者的工作效率。

四、问卷调查法

问卷调查法是本研究所采用的核心方法。研究中有多处采用问卷研究法进行调查分析，其中，研究采用问卷调查法对中小学生及语文教师进行调查。通过调查问卷了解学生对工匠及工匠精神的态度、对语文教材中工匠人物的认识和关于工匠精神活动开展的情况，分析得出中小学生对工匠的认可度、语文教材对中小学生的影响等。通过对中小学语文教师进行问卷调查，了解其对课文中工匠人物的认识、课文中工匠人物对中小学生的影响及开展关于工匠精神的活动情况，以期获得中小学语文教师对工匠精神融入语文教材的态度及行为，探索中小学语文教师对工匠精神、工匠人物的认知及教学如何影响中小学生对工匠的认可度。

综合有关文献提供的调查方法以及工匠精神所属文化类型以及结合文化认

---

① 叶旭春.患者参与患者安全的感知及理论框架的扎根理论研究［D］.上海：第二军医大学，2011：30.

同的内容，并适合社会各行各业人士可以直接回答的内容采用自编的工匠文化认同的现状调查问卷展开调研。第一步，根据工匠文化认同的构成内容，分别从对工匠群体从事职业所追求的职业知识、基本了解等方面的认知情况、乐于从事工匠相关职业的行为意愿以及对工匠群体及他们所处的职业环境持有的的情感态度等三个维度设计调查问卷。第二步，为检验调查问卷设计的有效性，调查计划先接触一些企业员工或周边社会人员为调查对象，在获取相关数据及信息的基础上，对调查问卷进行了效度和信度检验，对部分调查问项进行了修改和更正，使问卷更加完善。第三步，通过问卷星开展全面调查。对获取的数据通过SPSS23.0软件进行差异检验和回归分析等。最后，通过数据得出研究结论。

为了切实对职业院校学生工匠精神的培育提出建设性的措施，必须了解现阶段我国职业院校学生工匠精神培育的现状。因此研究采用问卷调查法，利用自编的《职业院校工匠精神培育的现状调查》对职业院校中学生对工匠精神的认知情况、学生对工匠精神的需求情况、学校内工匠精神培育活动的开展情况等进行全面的了解，收集第一手资料，从而为学生"工匠精神"培育提供可靠依据。

五、案例研究法

案例研究作为一种实证研究，意在对典型的个案进行追踪与剖析，从而得出带有普遍性结论的经验式的研究方法。例如，为如实反映我国职业院校学生工匠精神培育的现状，在职业院校弘扬工匠精神的章节中，主要以职业院校精品课程为分析对象，以2016年6月教育部办公厅公布的《第一批"国家级精品资源共享课"名单》为抽样总体，采用目的性抽样方式，并考虑到网络资源的可获取性及研究时间的限制，最终选取了以"思想道德修养与法律基础"为代表的一门通识类课程和以"汽车制造工艺"为代表的一门专业教育类课程作为案例分析的对象。其中"汽车制造工艺"这门课程是理论与实操一体化课程，主要采用项目模块化教学，共包含20个项目，51个视频，每个视频20分钟左右的时长，理论授课48个视频，实操授课3个视频。

第一章 工匠精神的理论探源

党的十八大以来，习近平总书记高度关注工匠精神，一再强调劳动者素质对于国家和民族的发展至关重要，要在全社会弘扬工匠精神。2016年4月，习近平总书记在安徽合肥考察时明确提出要弘扬工匠精神；2016年12月，习近平总书记在《在中央经济工作会议上的讲话》上强调要引导企业发扬工匠精神；2017年10月，习近平总书记在党的十九大报告中指出要"建设知识型、技能型、创新型劳动者大军，弘扬劳模精神和工匠精神，营造劳动光荣的社会风尚和精益求精的敬业风气"；2018年9月，习近平总书记在全国教育大会上重申要在学生中弘扬工匠精神。那么，工匠精神理论渊源是什么？其本质特征和价值意蕴如何？本章将对这一系列问题做以理论研究。

第一节 传统文化中工匠精神的理论探源

我国自古就有工匠的优良传统。新时代工匠精神所倡导的崇尚劳动、精益求精、勇于创新等就是对我国优秀传统工匠文化的继承和发展。

一、传统工匠文化的积淀与传承

崇尚劳动是中华民族的优良传统美德。正如晋代陶潜曰："民生在勤，勤则不匮。"早在远古时代，我国就已开始形成崇尚劳动、精益求精的优良传统。我国传统文化对与工匠精神的诠释最早也追溯到春秋战国时期，这一点《周礼·考工记》就有记载："知者创物，巧者述之，守之世，谓之工。百工之事，皆圣人之作也。烁金以为刃，凝土以为器，作车以行陆，作舟以行水，此皆圣人之所以作也。"由此可见，在古代，"巧者"和"百工"，也就是现在的工匠，被称为"知者"或"圣人"。

在中国文化视域下，工匠必须具备的素养就是"尚巧"，即"精益求精"。《说文解字》曰："'工'巧饰也。"《汉书·食货志》云："作巧成器曰工。"《荀子·荣辱》云："百工以巧尽械器。"北宋时期的《梦溪笔谈》是一部涉及我国古代自然科学、工艺技术的著作，其中多个条目记载了我国古代"匠人"如何创造"工艺"的历史事迹，反映了我国古代劳动者的敢于创新、精益求精的工匠精神。成书于宋代的《开工天物》，被称为中国第一部工艺百科全书，记载的是我国古代的各项技术，集中体现了我国古代劳动人民的智慧。同时，几千年的传统文化也孕育了中华民族"苟日新，日日新，又日新""变则通，通则久""敢为天下先"的创新精神。正如习近平总书记所言"中华文明源远流长，孕育了中华民族的宝贵精神品格，培育了中国人民的崇高价值追求"[①]。

就经典文学作品中记载的工匠精神而言，文学作品中有关工匠精神的记载主要见于《考工记》，此外《大学》中也有相关表述。朱熹进一步提炼出它的核心特质，"言治骨角者，既切之而复磨之；治玉石者，既琢之而复磨之，治之已精，而益求其精也"。在此过程中，形成了"尚巧"的创造精神，"求精"的工作态度，"娴熟"的技能技巧，这些都现代工匠精神的本质追求。

二、工匠精神的人格化塑造

故事是记忆和传播社会文化传统和价值观念的文学载体。在古代，有很多歌咏工匠的经典故事。此外，还有很多广为流传的"能工巧匠"的故事。这些故事歌咏的都是古代工匠勇于创新、精益求精、道技合一的精业精神和工作态度。人们往往会用"鬼斧神工""登峰造极""巧同造化"等词语来表达对工匠的赞美之情。

第二节　工匠精神的传统学徒文化和现代学徒制探源

工匠精神在我国历史渊源，最早可追溯到传统学徒文化中。伴随着历史的

---

① 习近平.习近平谈治国理政［M］.北京：外文出版社，2014：158.

发展，我们在传承工匠精神的同时，如何将优良的工匠精神纳入现代学徒制的建设中，不仅是构建现代职业教育体系的新任务也是职业教育发展的新使命。

一、传统学徒文化与现代学徒制的关系探讨

传统学徒文化主要是指，在生产实践活动中师徒共同从事劳动，徒弟在师傅的指导或工作环境的影响下，学习到相应的知识和技术。学徒文化最初主要是通过师傅的言传身教，徒弟的机械重复性的操作，得到知识和技术；新中国成立后，我国采取将学徒文化与学校教育相结合的半工半读的人才培养形式；改革后，学徒文化逐渐走向人才培养的边缘，以正规学校为主的职业教育培养形式蓬勃发展；现阶段，在产教融合、校企合作的指导下，我国正在积极构建现代学徒制。

有学者认为现代学徒制是一种职业教育制度；徐国庆指出作为现代学徒制的经典模式，德国"双元制"与英、澳、美等国家的现代学徒制有本质区别，前者是职业教育的一种人才培养模式，而后者是相对于学校职业教育的、面向社会青年的另一种形式的职业教育。[①]杜启平和熊霞认为现代学徒制是传统学徒培训与现代职业教育相结合，学校与企业联合招生招工，教师与师傅联合传授知识技能，工学交替、实岗育人，校企联合培养行业企业需要的高素质劳动者和技术技能型人才的一种职业教育制度。[②]也有学者认为现代学徒制是一种人才培养模式，吴建设认为现代学徒制是学校与企业合作以师带徒强化实践教学的一种人才培养模式。[③]此外，李玉珠也就现代学徒制的现代性做出了分析，认为现代学徒制区别于传统学徒制的现代特征在于它具有国家化、民主化、法制化、理性化等"现代性"特征。[④]宾恩林和徐国庆则从市场化维度切入，运用历时性与跨国比较方法，基于历史唯物观总结出更为的学徒制"现代性"内涵：师徒结构从封闭性到开放性；行动者从固定性到流动性；技能形成从稳定性到

---

① 徐国庆.为什么要发展现代学徒制[J].职教论坛，2015（33）：1.
② 杜启平，熊霞.高等职业教育实施现代学徒制的瓶颈与对策[J].高教探索，2015（3）：74-77.
③ 吴建设.高职教育推行现代学徒制亟待解决的五大难题[J].高等教育研究，2014，35（7）：41-45.
④ 李玉珠.教育现代化视野下的现代学徒制研究[J].职教论坛，2014（16）：14-18，30.

灵活性;学徒制度建构从分散化到制度化;师徒体系从物态化到生态化。①

由此可见,国内学者就现代学徒制在双元育人、学生双重身份、产教深度融合等方面基本形成了一致的认识。而这种现代学徒制一定是基于稳固的师徒关系,在继承传统学徒文化的基础之上,将新型师徒学习方式与学校职业教育相结合培养服务于工业及服务业的技术技能人才。

二、传统学徒文化中工匠精神的探源

就传统经典故事中蕴含的工匠精神而言,作为文明的始祖黄帝就是一位伟大的工匠,传说他发明创造了房屋、衣裳、车船、阵法、音乐等;另一位始祖炎帝也据说发明了医药,制耒耜,种五谷,作陶器等。除此之外,庖丁解牛、鲁班发明创造、奚仲造车、虞姁作舟、仪狄作酒、夏鲧作城以及衣被天下的黄道婆、铸剑鼻祖欧冶子、微雕大师王叔远等的故事都充分体现了精益求精的工匠精神;鲁班就是以其发明创造了曲尺、墨斗、刨子等器物而被后人尊奉为土木建筑的祖师爷。从中也体现出三大精髓:一是精湛,二是勤奋,三是创新。

我国自古就有尊崇和弘扬工匠精神的优良传统,一些工艺水平在世界上长期处于领先地位。瓷器、丝绸、家具等精美制品和许多庞大壮观的工程建造,都离不开劳动者精益求精的工匠精神。《诗经》中的"如切如磋,如琢如磨",反映的就是古代工匠在切割、打磨、雕刻玉器等时精益求精、反复琢磨的工作态度。《庄子》中讲庖丁解牛游刃有余,"道也,进乎技矣"。可以说,我国古代非常注重工匠精神,形成了"尚巧工"的社会氛围。

工匠精神蕴含着"巧"的文化基因。"巧"是工匠区别于其他职业群体的主要特征。"巧"要求工匠首先要技艺精湛,只有技艺精湛的工匠,才能制造出堪称"艺术品"的制品。传统工匠的基因里还蕴含了对创新创造的要求,从新石器时代的制陶技术就开始展现。如制坯工艺的轮制法、坯料加工的淘洗工艺以及坯胎表面加工工艺和烧制时的半地下式的竖窑等,有的至今还在使用,只是工艺和设备更加完善而已;工匠精神蕴含着"专"的文化基因。"专"的文化基因包括专一的职业选择、专业的技术追求、专注的职业态度和专业操守上的德艺兼求。①专一的职业选择:源于政治上对工匠身份严格管理,在先秦

---

① 宾恩林,徐国庆.市场化视野下现代学徒制的"现代性"内涵分析[J].现代教育管理,2016(6):80-84.

时期，为了保持社会阶层的稳定，工匠被限制向其他阶层流动，该时期对工匠身份的诸多规定奠定了中国封建社会对工匠身份严格管理的基础。②专业的技术追求：源于经济上对工匠跨行的限制，手工业者以一技而守其家业、传其家业，拥有独到的生产技术诀窍是家庭手工业在市场竞争中得以生存的决定性因素。不论是官匠还是民匠，以血缘关系为基础的"家专其业"，不仅保证了传承技艺的倾囊而授，也有利于经验的积累从而促进技术水平的提高。③专注的职业态度：源于法律与规范的严格约束，工匠们在生产经验基础上编写的制作技术规范和标准，以规范工匠行为。④专业操守上的德艺兼求：源于对德与技的双重考核。对于工匠而言，德和技方面更注重对前者的考核。尤其涉及收徒授艺上，在社会资源有限的前提下，招收的徒弟就是将来的竞争对手，极有可能威胁到自己的生计，因此，在拜师学艺前师父都会对徒弟的意志力、人品、能力等各方面严格考核，要求弟子要有感恩之心，不敢做出欺师灭祖之事；工匠精神蕴含着"敬"的文化基因，拜师学艺都要经过"行老"和"行首"的同意。对徒弟而言，掌握一种专业技能就找到了一条谋生之道，是安身立命的根本。所以，徒弟对师父往往十分恭敬温顺，并心怀感激之情，师徒相授也使得尊师重道成为古代工匠敬业精神的一项重要内涵。此外，各行会内部为了加强团结而确立了行业祖师，除了起到共同的精神寄托作用，同时能时刻提醒从业者要恪守本分、忠于职责，也由此衍生出各行业内部一整套拜师学艺的风俗和习惯。

第三节　工匠精神的马克思主义理论和毛泽东思想探源

一、工匠精神的马克思主义理论探源

（一）马克思主义理论中关于工匠精神的理论阐述及其相关研究

第一，关于科学与劳动。"劳动是生产的真正灵魂。"曾广波通过深入地分析原本，发现马克思明确地表达了科学研究与技术开发是科学家与技术专家运用智力的创造性劳动，这种劳动"具有科学性"。[1]马克思还认为，随着工业化的发展，科学技术发挥着越来越大的作用，受此影响，人的创造性能力——

---

[1] 曾广波. 马克思的人力资本思想及其当代价值研究[D]. 长沙：湖南大学，2016：59.

人力资本——被人为提高，人们所从事的价值创造活动的领域大为拓展，不再满足于停留在物质层面的创造，而是更多地由物质层面的创造进入精神的层次的创造。顾婷婷、杨德才在对马克思对人力资本与技术进步之间关系的分析中，认为马克思人力资本思想的一个重要方面是对人力资本与技术进步相互关系的研究，这种研究贯穿于《资本论》的通篇之中。①

目前相关研究都详细探讨了科学与劳动紧密关系。雇佣劳动即科学与劳动绝对分离条件下的生产方式，不仅日益成为资本逻辑所创造的新生产力进一步发展的限制，而且它也不断创造着消灭自己存在依据的新的经济条件，它已经越来越不能适应资本逻辑的充分展开，必然要让位于更高级的生产方式和相应变化了的生产关系，即科学知识与劳动相结合和以科学知识为主要内容的精神生产资料与劳动力的一体化发展，科学与劳动相结合是当今社会发展的内在要求。

第二，劳动力与劳动者。马克思认为劳动力是劳动者创造价值的源泉。黄春梅、张明轩将劳动力和人力资本进行比较研究，认为二者都是体现在劳动者身上的一种能力，都是一种投入产出活动。②马克思的劳动力是自然积累形成的，教育、培训等是劳动者一种自发行为。首先，关于脑力劳动和体力劳动。赵忠璇、詹晶晶通过阐述简单劳动与复杂劳动的区别，科学分析了人力资本的差异性。由于人的体力和智力存在差别，从事的工作种类和性质不一样，在使用中形成的价值量也不一样。因此，一般来说，较强体力和较高智力的人力资本，能够拥有高超精湛的"匠技"，不仅能创造出更多的使用价值，而且可以创造出更多的价值。③任洲鸿、刘冠军认为以竞争为主要运行机制的现代市场经济制度，客观上要求每个普通劳动者都要通过投入大量的时间、精力等学习形式的活劳动来掌握各种科学知识，而这些科学知识一旦由劳动者所掌握，就实现了精神生产资料与劳动力的一体化。④这体现了匠技中"善于学习"的核心素养，有待今后的研究中进一步探索和挖掘。其次，关于教育与培训。在生产力不断发展过程中，高的劳动价值就要有高的生产效率，高的生产效率是通过提

---

① 顾婷婷，杨德才．马克思人力资本理论刍议［J］．当代经济研究，2014（8）：29-34.
② 黄春梅，张明轩．马克思的劳动力与人力资本关系［J］．现代经济信息，2016（21）：18.
③ 赵忠璇，詹晶晶．从马克思人力资本理论谈教育对经济发展的作用［J］．贵阳学院学报（社会科学版），2013，8（3）：78-82.
④ 任洲鸿，刘冠军．从"雇佣劳动"到"劳动力资本"——西方人力资本理论的一种马克思主义经济学解读［J］．马克思主义研究，2008（8）：120-125.

高劳动者的技能实现的。劳动者的技能提高必须投入更多的教育或培训费用。同时，劳动者通过劳动力不断积累能获得更大的价值。①杨来科通过对马克思在人力资本这个问题上的理论的探讨，总结了教育是生产力再生产的必要条件，是科学技术变为直接生产力的桥梁。②马克思把教育与物质生产紧密地联系起来。强调教育在社会发展中的重要地位和作用，提出了教育是劳动力再生产的实现手段的科学论断。马克思指出："教育会生产劳动能力。"因此，科学技术要成为现实的生产力，只有通过它渗透到生产力诸要素中，首先必须渗透到劳动者这一生产力首要的要素中去，使劳动者掌握科学技术知识，并转化为生产知识和劳动技能，应用于生产过程，才能变成现实的生产力。再次，关于实践。曾广波在自己的博士论文中论述了关于人利用自己的智慧创造工具，并从事抽象的精神劳动，认为《1857—1858经济学手稿》中的人力资本思想首先体现在马克思对人的本质的理解上。马克思明确提出实践性是人与动物区别开来的本质特性。而工匠精神的核心素养之一包含大胆实践。马克思所讲的"生活在现实的实物世界中并受这世界制约的人的自我意识"是人能满足实践需要的能力的意识。实际上也等于论证了人是一种以实践为本性的存在。

因此，基于马克思对脑力劳动和体力劳动的认识，把教育与培训作为重要手段，通过进一步挖掘人的实践性，一定的教育和培训是培养专门的和发达的劳动力的主要手段。通过教育以及相关职业培训才能实现科学知识的再生产，这也正是把科学技术从潜在生产力转化为直接生产力的必要前提。当代市场经济的科学技术已在现代经济增长中起着日益重要的作用，因而培养和造就具有创新型劳动能力的大批科技人才便成为现代经济增长的关键问题。人才的培养实质是劳动力产品的生产，教育投资则是劳动力产品生产的投资。要把劳动力资本理论不仅从理论上把教育同科学、经济连接成为一个完整的社会经济运行系统，使理论更加贴近现实同步发展。

第三，马克思关于人的全面发展理论。马克思关于人的全面发展是劳动力资本价值实现的根本目标。就现有的文献来看，主要是针对马克思对于人全面发展的实质解读以及人与社会的共同发展的关系探究。栾亚丽认为，人的全面发展是人的体力和智力得到统一的充分的发展，成为一个全新的人；多方面才

---

① 王轶喆.马克思主义人力资本思想的理论基础及现实意蕴[J].唐山师范学院学报，2007，29（1）：87-89.
② 杨来科.马克思的人力资本理论[J].广东财经大学学报，1996（2）：15-20.

能和广泛志趣的充分发展;道德意识和审美情趣的充分发展。①赵忠璇、詹晶晶指出人的全面发展的观点科学地揭示了人力资本培养的途径是人的全面发展的观点,是马克思主义科学的教育理论。在此基础上进一步揭示了马克思所认为的人的全面发展和人类整体的全面发展是相互促进相互影响的。一方面,没有个人的全面发展,就不会有人类整体的全面发展;另一方面,个人的全面发展也只有在人类整体的全面发展中才能实现。而人的全面发展依赖教育的全面发展,这与人力资本理论关于教育和训练是增加人力资本的途径不谋而合。②王轶喆提出,马克思主义劳动力资本理论实质上是人本思想在实践意义上的延伸和发展,马克思的人本思想的实质就是以人为本,是人的全面发展及人的本质的完全回归,是人对自身本质的真正占有。③

杨来科分析了马克思从社会发展规律以及大工业生产内在要求出发,创造性地论述了人的全面发展以及它同社会物质生产、社会关系的关系,认为教育是培养全面发展的人的手段,强调了技术技能型工人要不断善于学习、与时俱进方能不被不断升级转型的工业生产所淘汰,因为开发劳动力的智力资源直接决定着劳动生产率的提高。④马克思还指出,在现代化大生产条件下,资本具有很大的流动性,社会内部的分工变革很快,这就要求"承认劳动的变换,从而承认工人尽可能多方面的发展是社会生产的普遍规律"。为此必须"用那种把不同社会职能当作互相交替的活动方式的全面发展的个人,来代替只是承担一种社会局部职能的局部个人",劳动者如果不接受综合训练,不开发智力资源,是根本无法适应"劳动的变换"和"全面流动性"的。因此,劳动者要具备学习、与时俱进加强自身各方面的关键能力。人的全面发展首先是人的劳动能力的发展,每个人的智力和体力都得到充分和自由的发展,教育是造就全面发展的人的有力手段。教育可以培养训练人的劳动能力,可以使人的精神和道德方面得到健康的发展。并且,马克思还充分肯定了教育同生产劳动相结合的意义和作用,认为"它不仅是提高社会生产的一种方法,而且是造就全面发展

---

① 栾亚丽.马克思主义人的全面发展理论与人的现代化素质培养[D].大连:辽宁师范大学,2004:2.
② 赵忠璇,詹晶晶.从马克思人力资本理论谈教育对经济发展的作用[J].贵阳学院学报(社会科学版),2013,8(3):78-82.
③ 王轶喆.马克思主义人力资本思想的理论基础及现实意蕴[J].唐山师范学院学报,2007,29(1):87-89.
④ 杨来科.马克思的人力资本理论[J].广东财经大学学报,1996(2):15-20.

的人的唯一方法,是改造现代社会最强有力的手段之一"。因此只有将生产劳动与智育、体育相结合,才能使人口的身体素质、科学文化素质和思想道德素质得到全面优化,也才能使人口的数量和质量与高度发展的物质资料生产按比例相结合,促使物质资料生产与人口再生产的高度协调发展。这些观点都高度体现了匠技中的知行统一,强调了教育与生产劳动相结合。

综上所述,学者从马克思原理的劳动力资本理论和劳动价值理论当中对于劳动价值实现的途径以及劳动与科学结合的发展趋势的论述已经探讨到了工匠精神的内核,尤其是劳动者素质与劳动效率对于技能的要求以及科学与劳动结合对于创新的要求实际上就是当下对于塑造新型劳动者的工匠精神的要求。学者多从政治经济学视角对原有理论进行深耕,更多是从商品的价值而非使用价值讨论商品生产的过程,从该时代的生产力水平和生产关系现状论述劳动生产的价值创造过程,无法预测当前生产力发展与社会主义阶段的新时代特征,尤其是人工智能之于人的劳动的颠覆性概念,科学与劳动的结合尤其是以科学技术为主的劳动生产方式的凸显越来越成为现时代新型劳动者的主要生产方式,将越来越成为新时代的生产面貌,工匠精神所维系的生产方式也将越发成为主要的价值创造途径。生产力水平的提高越发依赖于以脑力劳动为核心的技能型、知识型、创新型劳动者,劳动者价值的实现是个人自我价值与社会价值的统一,劳动者的自我超越在本质上愈发表现为对于劳动产品原有品质的突破和创新,在未来的研究中注重在马克思主义原理强烈的批判反思意识基础上对于劳动者通过科学和劳动的结合、劳动者个人价值实现与社会价值实现以及自我超越的本质内涵的时代意义进行重新建构,强调工匠精神之于社会主义核心价值观和劳动观的意义构建。

(二)马克思主义劳动观是工匠精神的理论基石

第一,马克思主义劳动观科学地揭示了劳动的本质、特征及其对人类社会发展的作用。其一,马克思认为劳动是人区别于动物的最本质的活动,是人类特有的意识活动,是以人自身的活动引起、调整和控制人与自然之间的物质变换的过程。[1]其二,劳动是人类社会存在和发展的基础。社会是人交互作用的产物,人通过劳动既创造了人本身,也获得自我认知、自我提升和自我实现,从而推动了社会发展。马克思主义将整个人类历史看成是随着生产发展、人不断

---

[1] 马克思.资本论:第1卷[M].中共中央马克思、恩格斯、列宁、斯大林著作编译局,译.北京:人民出版社,1972:201-202.

解放的过程，并把人的自由而全面的发展看成是未来社会的根本标志。随着社会生产力的不断提高，人类社会的需求也在不断变化，这些变化为人类自由而全面的发展和社会进步增添了新的动力。[①]

第二，马克思主义劳动价值观认为活劳动是创造价值的唯一源泉。马克思在其经济学著作中多次提出过"物化劳动和活劳动"这两个概念，其中，物化劳动是存在于空间中的劳动，是过去的劳动，主要体现在商品的使用价值之中，是价值的凝结，是凝结在劳动产品中的人的抽象劳动；而活劳动是存在于时间中的劳动，是现在的劳动，是指人体力与脑力的支出与耗费，因而还只处于它物化的过程中，是创造价值的唯一源泉。尽管现代化生产已进入自动化机械生产阶段，在生产产品的过程中物化劳动的比重在增加，活劳动的比重在下降，但是，归根结底，科技和生产所需的机器是人发明的，现代化生产只能改变劳动形式，却不能改变活劳动创造价值的本质。马克思认为人是社会、经济和历史发展的主体，是一切人类社会活动的承担者。[②]可见，人是活劳动的主体，是价值创造唯一的源泉。

马克思主义劳动自由观是马克思主义劳动观的精髓。马克思认为自由劳动是劳动发展的最高阶段，其中，自由是指人的自由，而人只有通过劳动实践才能获得自由。当作为劳动主体的人实现了自由劳动，就表明其不仅超越了自然必然性的外在桎梏，而且扭转了以往在特定历史阶段被支配的地位，此时劳动已经不仅仅是谋生的手段，而且本身成了生活的第一需要。[③]也就是说，当劳动者实现自由劳动时，劳动不仅是单纯的生产劳动产品的过程，还是劳动者实现自我价值、探寻生命意义、找寻生命本质的过程。工匠精神中蕴含着崇尚劳动、求真求美、勇于创新、追求卓越的劳动精神，集中体现了劳动者的崇高理想和精神追求。从马克思劳自由观来看，工匠精神是个体劳动和社会劳动、劳动内容和劳动形式相结合的一种劳动精神，也是促进人的全面发展和社会健康发展的一剂良方。劳动是工匠精神的基本依托，劳动者只有在实现了自由劳动的情况下才能形成工匠精神。

由是可知，马克思主义劳动观不仅科学地解释了劳动的本质及其重要性，

[①] 任鹏，李毅. 劳模精神的生成逻辑：基于实践、理论和文化的视角[J]. 党政干部学刊，2018（7）：71−75.

[②] 关娜. 马克思劳动力价值理论在当代中国的新境遇[M]. 济南：山东大学出版社，2015：40.

[③] 中共中央马克思、恩格斯、列宁、斯大林著作编译局. 马克思、恩格斯文集：第3卷[M]. 北京：人民出版社，2009：433−436.

也深刻揭示了广大劳动者在社会发展和价值创造中的主体地位和积极作用，还客观地诠释了自由劳动的本质及其现实意义，是工匠精神的提出的理论基石。

二、马克思主义劳动观中国化的工匠精神理论探源

（一）毛泽东思想、邓小平理论中关于工匠精神的理论阐释及其相关研究

毛泽东思想中的劳动观和教育观观点中已经提到如何培养新型劳动者的问题，他强调劳动者作为主人翁参与社会主义建设的主体地位，重视提高劳动者的生产效率并提出具体途径和措施，重点论述了教育作为培养新型劳动者的职能以及如何培养的问题，这实际上已经涉及社会主义国家如何通过弘扬工匠精神培育新型劳动者以推动社会主义建设的实质性问题。

毛泽东对于劳动者主体地位的认识：劳动者直接参与国家管理工作，是对于人们对社会的管理源自劳动者对于自身的管理的进一步思考，1958年毛泽东提出"鞍钢宪法"，即"两参一改三结合"：干部参加劳动，工人参加管理，改革不合理的规章制度，实行工程技术人员、管理者和工人相结合。劳动者主体地位的承认是社会主义国家的应有之义，这是中国共产党领导下的新中国弘扬工匠精神所必需的政治保证。承认劳动者主体地位实际上就是承认劳动者享有自身劳动价值，其劳动力资本能够转化为劳动者个人实现个人价值的途径。

毛泽东在《关于正确处理人民内部矛盾的问题》中指出："我们的教育方针，应该使受教育者在德育、智育、体育几方面都得到发展，成为有社会主义觉悟的有文化的劳动者。"这句话概括了"新型劳动者"的内涵和要求：一是德智体全面发展；二是具备高尚的社会主义觉悟；三是掌握现代科学文化知识。在这里，新型劳动者即在社会主义制度下"全面发展"的劳动者。培养新型劳动者的根本目的在于培养合格的社会主义事业建设者和可靠接班人，社会主义事业建设者和接班人必须是服务大多数人而不是少为数人谋利益，是为团结大多数人的，这是社会主义新型劳动者的服务意识和劳动价值的体现，尤其是以敬业奉献为核心的工匠精神弘扬的集中表达。在社会主义社会，剥削阶级作为一个阶级被消灭了，包括工人、农民、知识分子在内的广大劳动者成为生产资料和社会的主人。劳动也为了每一个社会主义劳动者的光荣使命和职责。

那么对于如何培养新型劳动者这一问题，在毛泽东看来必须坚持教育与生产劳动相结合的观点，在社会主义社会里，教育必须为无产阶级政治服务，必须同生产劳动相结合，劳动人民要知识化，知识分子要劳动化；教育的目的和落脚点应当是培养有社会主义觉悟的有文化的劳动者。

邓小平理论中蕴含着丰富的工匠精神的思想元素。邓小平十分重视科学技术的作用，邓小平理论有着丰富的关于科技的论述。科学技术与工匠精神有着密切的关系，具有工匠精神的人拥有着高超的技术技能，科学技术的发展要依靠具备工匠精神的人。

邓小平提出了"科学技术是第一生产力"的论断，在当时国家与国家之间的竞争愈加激烈，并且各国的竞争都转移到以科技实力为基础的综合国力的比较上。在众多科技当中，高科技无疑是最具有决定性意义的，哪个国家拥有了高科技或者哪个国家拥有的高科技最多，哪个国家在世界上就更有竞争力。邓小平对于高科技的认识：在高科技方面，我们要开步走，不然就赶不上，越到后来越赶不上，而且要花更多的钱，所以从现在起就要开始搞。关于科学技术、人才和实现社会主义现代化的关系，他提出要实现现代化，关键是科学技术要能上去。发展科学技术，不抓教育不行，靠空讲不能实现现代化，必须有知识，有人才的观点。这一观点不仅仅强调了科学技术的作用，更强调了作为掌握科学技术的主体人的重要性。

（二）马克思主义劳动观的中国化是当代工匠精神的理论指南

新中国成立以来，历代党和国家领导人将马克思主义的劳动理论与中国实践相结合，不断继承、丰富和发展马克思主义的劳动观，形成了中国特色社会主义劳动理论，是新时代工匠精神的指南。

毛泽东同志十分尊重劳动者，他崇尚劳动，重视劳动，主张"脑体合一"，强调劳动者在经济社会发展中的主体地位。他认为，教育与生产劳动相结合是培养社会主义劳动者的根本路径和提高社会生产力"最强有力的手段之一"。[①]此外，他还强调要充分调动广大劳动者（包括体力劳动者和脑力劳动者）的积极性和主动性，使其在劳动实践中要做到"知行合一"，惟其如此，才能更好地促进我国经济社会的发展。

邓小平同志提出"科学技术是第一生产力"。他认为劳动者是生产力的主体，也是生产力中最活跃的因素，要"尊重知识、尊重人才"。他认为，要解放和发展生产力，就必须要调动劳动者的积极性，充分利用劳动力资源，发挥劳动者在生产力中的主导作用。认为"劳动者是有一定的科学知识、生产经验和劳动技能来使用生产工具、实现物质资料生产的人"[②]；强调劳动者只有具

---

① 中共中央马克思、恩格斯、列宁、斯大林著作编译局.马克思恩格斯文集：第3卷［M］.北京：人民出版社，2009：449.
② 邓小平.邓小平文选：第2卷［M］.北京：人民出版社，1994：88.

备较高的科学文化素养、先进的技术水平和丰富的生产经验才能适应现代化生产。邓小平继承创新了毛泽东关于生产劳动与教育相结合的思想，即重视科学技术、教育在生产力发展中的作用，重提尊重劳动、尊重知识、尊重人才；肯定劳动者的主观能动性是影响生产力水平发展的主要因素，强调"国家、国力的强弱，经济发展后劲的大小，越来越取决于劳动者素质和知识分子的数量和质量"。①他号召全社会学习劳模精神，充分发挥全体劳动者的主人翁作用，调动其生产的积极性和创造性，进而推动全社会的进步和发展。

江泽民同志提出"人是生产力最活跃的因素，人力资源是第一资源"。②1997年9月，党的十五大报告中指出"人才是科技进步和经济发展的重要资源"。2002年11月，党的十六大报告提出"四个尊重"，即尊重劳动、尊重知识、尊重人才、尊重创新。其中，尊重劳动居于首要位置；尊重知识和人才是为了保护劳动者；尊重创新是为了进一步推动社会发展，如若没有创新，劳动就会变得没有生命。基于此，他主张采取积极措施，提高劳动者的素质。

胡锦涛同志提出"劳动是人类文明进步的源泉，劳动创造世界"，呼吁全社会"以辛勤劳动为荣，以好逸恶劳为耻"，并指出劳动者素质对一个国家和民族的发展至关重要。当今世界综合国力的竞争，归根到底是劳动者素质的竞争。实现中华民族的伟大复兴必须要依靠一切劳动者的辛勤劳动。因此，要在全社会进一步弘扬劳模精神，充分调动全体劳动者的创造活力。要在全社会大力培育和弘扬劳动光荣的时代新风，让全体人民都懂得并践行劳动最光荣、劳动者最伟大的真理。③此外，还提倡要在积极营造劳动光荣、创造伟大的社会氛围。

工匠精神在不同的时期具有不同的表达形式，但其精神是一贯的，那就是强调劳动者在国家发展中主体地位，强调劳动者的勤劳、专注、敬业、创新精神是国家进步与个体全面发展的动力。

---

① 邓小平.邓小平文选：第3卷[M].北京：人民出版社，1993：120.
② 中共中央文献研究室.江泽民论有中国特色社会主义（专题摘编）[M].北京：中央文献出版社，2002：260.
③ 央视网.胡锦涛：在2010年全国劳动模范和先进工作者表彰大会上的讲话[EB/OL].（2010-04-27）[2019-08-16］. http://news.cntv.cn/china/20100427/106094_3.shtml.

第四节　政策文本视域下的工匠精神探析

一、具有工匠精神的技能型人才培养

从具有基础生产技能人才的培养到掌握先进技术和设备操作的人才培养、高素质专业人才的培养，再到目前技能型人才的培养，工匠精神的内在意蕴逐步得到彰显，新时代工匠人才就是具有技能型工匠精神的新型劳动者。

改革开放初期，我国工业、农业等领域生产技术和经营管理落后，大批劳动者缺乏必要的科学文化知识和操作技能，熟练工人和科学技术人员严重不足。在此背景下，邓小平在1978年的全国科学大会开幕式上谈道："人是生产力中最活跃的因素。这里讲的人，是指有一定的科学知识、生产经验和劳动技能来使用生产工具、实现物质资料生产的人。"邓小平强调的技能型人才需要具备基础的技能，此时对技能型人才的技能要求并不高，主要服务于当时低水平的经济发展。

随着改革开放的深入开展，以及科教兴国战略要求把加速科技进步置于经济社会发展的关键地位，更加重视运用最新科技成果，实现技术发展的跨越式发展，使经济建设真正转移到依靠科技进步和提高劳动者素质的轨道上来。1989年12月19日，江泽民在国家科学技术奖励大会上明确指出"科技要发展，人才是关键"。1991年4月，江泽民在全国党建理论讨论会上指出"有人提出，现在发达资本主义国家由于科技进步，生产发展较快，似乎人的作用不大了。其实，这种发展还是靠掌握了先进科学技术、操纵先进设备的人来实现的"。此时江泽民对技能型人才的认识进一步深化，指出技能型人才要掌握先进的科学技术，操纵先进的设备。

随着新技术革命的发展和知识经济的来临，我国面临着发展的不平衡、不协调、不可持续的问题，同时也面临着经济增长的资源环境约束强化、科技创新能力不强、产业结构不合理等一系列问题。针对这些问题，胡锦涛对创新型科技人才的素质要求作了具体阐述："一是具有高尚的人生理想，热爱祖国热爱人民，热爱科技事业，努力做到德才兼备，坚持在为祖国、勇攀科技高峰中实现自己的人生价值。二是具有追求真理的志向和勇气，坚持解放思想、实事求是、与时俱进，保持强烈的创新欲望和探索未知领域的坚定意志，对新事物新知识特别敏锐，敢于挑战权威和传统观念，为追求真理、实现创新而勇往直前。三是具有严谨的科学思维能力，掌握辩证唯物主义的思维方法，善于运

用科学方法和科学手段,坚持终身学习,不断更新知识、夯实理论功底,构建广博而精深的知识结构,养成比较全面的科学文化素质。四是具有扎实的专业基础、广阔的国际视野、敏锐的专业洞察力,能够准确把握科技发展和创新的方向,善于对解决重大科技问题提出关键性对策。五是具有强烈的团结协作精神,善于组织多学科的专家、调动多方面的知识,领导创新团队在重大科技攻关和科技前沿领域取得重大成就。六是具有踏实认真的工作作风,淡泊名利,志存高远,坚忍不拔,不怕艰难困苦,不畏挫折失败,勇于在科技创新的实践中经历磨炼,不断攀登科学技术高峰。"创新型科技人才也包括技能型人才,这是胡锦涛对技能型人才的深化阐述,他提出技能型人才不仅仅要有高尚的品德,也要勇于进行科技创新实践,要掌握先进的技术技能同时也要有国际视野。

十八大后,中国特色社会主义进入了新时代,社会主义市场经济进入了新常态,为我国经济社会不平衡、不充分发展的问题必须转变经济发展方式,进行产业机构的优化升级,这对新时期的技能型人才提出了新的要求。习近平提出要实施职工素质建设工程,推动建设宏大的知识型、技术性、创新型劳动者大军,广大青年科技人才要树立科学精神,培养创新思维,挖掘创新潜能,提高创新能力。要更大规模、更有成效地培养我国改革开放和社会主义现代化建设急需的各级各类人才,要以培养造就高层次创新型人才为重点。这指明了新时代技能型人才要有创新型思维和科学精神。新时代技能型人才是知识型、技术型和创新型人才的综合型技能人才,能够适应更高层次的经济发展方式的技能人才。

二、营造崇尚工匠精神的社会风气

人才强国战略提出:"在全社会弘扬尊重劳动、尊重知识、尊重人才、尊重创造的良好风气。一个重要的方面,就是要在全党全社会形成尊重人才的社会风气。这就不仅需要对科学人才的尊重,尤其重要的是要尊重生产劳动第一线的技能型人才,真正形成科学的人才观,尊重一切有一技之长人才的劳动、知识、创造。只有这样,才能够在全社会形成学习光荣、劳动光荣、创造光荣的观念,引导社会各界人士共同形成有利于人才发挥聪明才智的社会氛围。"但我国仍存在轻视技能型人才的观念。

从传统文化上看,由于受到"学而优则仕""劳心者治人,劳力者治于人"等传统观念的熏陶和现实生活中技术技能人员薪酬体系不合理、社会地位不高的影响，社会转型时期，工匠们难以安贫乐道、潜心钻研。从学校教育课程设置上看，我国的基础教育课程注重人文科学内容，活动课程的缺失使工匠精神的培育缺少沃土，在社会变革的过程中，受传统思想和应试教育的冲击，劳动教育不断弱化，好逸恶劳、轻视劳动的思想泛滥，致使工匠精神的培育缺少了全社会尊重劳动、热爱劳动的社会土壤。从阶级层面看，工匠虽然处于劳动者的主体地位，但实际上处于社会分工的底层位置，发展到现代社会"工匠"这个词还带有轻微的贬义，指那些漫无目的，缺乏侧重点和动力去创造新东西的人们。随着"职业有分工，但无贵贱"的思想日益深入人心、国家的大力提倡以及在非物质文化遗产中"工匠"作用的体现，"工匠"所包含的地位得以大大提升。2016年4月，习近平在知识分子、劳动模范、青年代表座谈会上的讲话指出，无论从事什么劳动，都要干一行，爱一行，钻一行。在工厂车间，就要弘扬工匠精神，精心打磨每一个零部件，生产优质的产品。党的十九大报告中明确提出要"建设知识型、技能型、创新型劳动者大军，弘扬劳模精神和工匠精神，营造劳动光荣的社会风尚和精益求精的敬业风气"。可见，在培养大国工匠的同时，首先应在全社会弘扬尊重劳动、尊重知识、尊重人才、尊重创造的风气，尤其是尊重生产劳动第一线的技能型人才，为大国工匠的培养创造一个优良的社会环境，更好地弘扬工匠精神。

三、工匠精神是推动产品质量提升的内在动力

在国际竞争中，中国的经济总量和产品的质量形成了非常突出的不相称，作为堂堂的世界第二贸易大国，中国的产品质量总体却处在低端水平。而各国制造业的兴起，让我们面临着较为尴尬的局面，其他发展中国家也与我国竞争中低端市场。"一带一路"倡议一方面对我们是有利的，另一方面也促进了市场的分化，导致竞争愈加激烈。十八大以来我国进入了中国特色社会主义新时代，经济进入新常态，产业结构进行优化升级，我国经济发展方式开始由发展劳动密集型、资本密集型经济转向知识密集型和技术密集型经济。在2016年底中央经济工作会议上，提出以深化供给侧结构性改革为经济工作的主线，突出强调以提高发展质量和效益为中心，把提高供给质量作为供给侧结构性改革的主攻方向。弘扬工匠精神，加强品牌建设，培育更多"百年老店"，增强产品竞争力。为实现增加产品竞争力的目标，就必须具有高质量的产品和服务。而工匠精神是我国进入质量时代的重要推动力量。

2017年3月5日，李克强在第十二届全国人民代表大会第五次会议上做政府

工作报告，提出质量之魂，存于匠心。要大力弘扬工匠精神，厚植工匠文化，恪尽职业操守，崇尚精益求精，完善激励机制，培育众多"中国工匠"，打造更多享誉世界的"中国品牌"，推动中国经济发展进入质量时代。2017年9月，李克强在天津考察职业教育时强调，实施创新驱动发展战略，既要鼓励创造，又要能把好的创意变成高质量的产品。现在在一些方面技术上可以做到精细，但在大批量生产产品时往往就有明显差距，影响了消费者对中国制造的感受和信心。希望通过发展现代职业教育和高水平的技能大师带动，培养出更多高素质的专业人才，让精益求精的工匠精神遍布中国各类型、各领域的企业，深入每一个制造环节和每一道工序，使大中小企业都能生产出精细化产品，成为带动中国制造跃升的重要支撑力量。可见，进入质量时代，需要通过完善激励机制，培育恪尽职业操守，具有精益求精工匠精神的大国工匠。由此，才能更好地从"中国产品"转向"中国品牌"。

第五节 工匠精神的内涵及本质特征

一、工匠精神的内涵

（一）关于工匠精神内涵解读的研究

2016年，李克强总理在政府工作报告中提出要"培育精益求精的工匠精神"，这迅速引起了社会各界的广泛关注与热烈讨论，工匠精神被提升到了国家战略的高度。随之，"工匠人才培养"成为近年职业教育普遍关注的热词。在全球经济一体化和"互联网+"时代背景下，工匠精神被注入了新的时代内涵。中国制造业在呼唤工匠精神的回归，学术界也开始重视对工匠精神的深入研究和再发现，重新审视和挖掘工匠精神所蕴含的价值与意蕴成为众多学者的兴趣所在。

1.关于工匠精神的定义方面的研究

国内关于工匠精神的定义众说纷纭，肖群忠、刘永春把工匠精神定义为"狭义是指凝结在工匠身上、广义是指凝结在所有人身上所具有的，制作或工作中追求精益求精的态度和品质"[1]。刘志彪则认为，如从供给方面来看，主要

---

[1] 肖群忠，刘永春.工匠精神及其当代价值[J].湖南社会科学，2015（6）：6-10.

是指在生产过程中的精益求精、追求完美和细节的精神;从需求方面看,则主要是指满足消费者挑剔的需求,从消费者角度不断改进产品的质量和性能;从行为方式角度看,则是指做事情认真负责的态度和孜孜以求的长期行为。① 此外,党华采用分层次下定义的方式,认为工匠精神包含专业精神、职业态度和人文素养三个层次,阐释了其技艺之美、坚守之美、创造之美的审美境界。成海涛认为工匠精神是指工匠对自己的产品精雕细琢,精益求精的精神理念,是指严谨专注、精雕细琢、精益求精,用精气神创品牌,升品质,求发展。② 也有学者另辟蹊径,从忠于内心、将内心想法加以实践的角度提出,工匠精神是一种努力去发现问题并且通过实践来解决问题的文化。李宏昌将工匠精神定义为一种对职业充满敬畏、对工作专注执着、对产品追求精益求精、对服务崇尚极致完美、对人生止于至善的价值取向。③ 因此,工匠精神是一种职业态度和精神理念,与人生观和价值观紧密相连,也是一种价值取向和行为表现。

2.关于工匠精神的当代内涵研究

这一方面的研究大多集中在对工匠精神的特征方面。黄君录以新时代为背景,提出专业专注的敬业精神、千锤百炼的品质追求、一丝不苟的职业态度、挑战自我的创新精神以及精诚合作的团队精神为当代工匠精神的内涵。李进认为工匠精神属于精神范畴,是从业人员的价值取向和行为追求,是一定人生观影响下的职业思维、职业态度和职业操守。具体而言,工匠精神至少应该包括尊师重道、爱岗敬业、精益求精、求实创新等方面。④ 中国从"制造大国"走向"制造强国",从资源禀赋优势走向创新制造优势,需要工匠精神的支撑。叶美兰、陈桂香认为工匠精神的内涵具体包括:尚美的情怀、求新的理念、求精的精神和求卓的格目,即审美之维、创新之维、求精之维和卓越之维。⑤ 有学者认为工匠精神是从业人员对待职业的一种态度和精神理念,其内涵包括精益求精、注重细节、严谨、一丝不苟、耐心、专注、坚持和专业。胡建雄把工匠精

---

① 刘志彪.构建支撑工匠精神的文化[J].中国国情国力,2016(6):19-20.
② 党华."工匠精神"的审美观照和境界生成[J].中华文化论坛,2016(9):85-89.
③ 李宏昌.供给侧改革背景下培育与弘扬"工匠精神"问题研究[J].职教论坛,2016(16):33-37,96.
④ 李进.职业教育"工匠精神"的培育论坛综述[J].中国职业技术教育,2016(34):37-40.
⑤ 叶美兰,陈桂香.工匠精神的当代价值意蕴及其实现路径的选择[J].高教探索,2016(10):27-31.

神的实质看作职业道德和职业技能的深度融合,他理解的当代中国工匠精神是指"全心全意为人民服务","德艺兼修、以德为先","敬业奉献、严谨求实","淡泊名利、专注执着"和"精益求精、止于至善"的职业精神。①孟源北、陈小娟将工匠精神的基本内涵分为三个层面来理解:第一个为思想层面,工匠精神指的是爱岗敬业、无私奉献、甘为孺子牛的精神,是从业人员对工作始终保持认真、负责、热爱的态度和精神理念;第二个为行为层面,工匠精神表现为勇于创新、持续专注、注重细节;第三个为目标层面,工匠精神指的是精益求精、追求极致的精神,是努力想要把品质从99%提升到99.99%的精神。②从上述观点中,不难总结出工匠精神具有以下特点:精益求精、认真专注、追求极致、勇于创新、爱岗敬业、无私奉献。新时代,当工匠精神与"中国制造"紧密地联系在一起,便被赋予了更加丰富的社会价值。黄君录站在高职院校培育工匠精神的角度,深刻地指出锤炼工匠精神是"中国制造2025"的战略需要,传承工匠精神是产教融合、校企合作的客观要求以及培养工匠精神是学生可持续发展、实现自身价值的现实需要。③李进则以现代社会面临产业升级的视角呼吁工匠精神的强势回归,认为工匠精神是制造业的灵魂,是高品质生活的保障,是职业人的核心素养。④肖群忠、刘永春认为工匠精神是工业制造的灵魂,是工作者自我价值实现的助推器,是"中国创造"梦想实现的根本所在。⑤刘文韬从培养高职学生工匠精神重要性的角度提出,工匠精神是企业发展、民族工业振兴的重要保障,是顺应国家政策和制造业发展的必然要求,是高职教育改革发展的必然趋势,是学生未来成长、发展的必备素质。⑥

从现有的检索资料来看,国外学者针对工匠精神的研究有着悠久的历史,随着"第四次工业革命"的到来,工匠以及工匠精神的研究成为世界各国共同关注的课题之一。

但是,西方文化视域下的工匠精神表述不一,如工匠精神在德国被称为

---

① 胡建雄.试论当代中国"工匠精神"及其培育路径[J].辽宁省交通高等专科学校学报,2016,18(2):45-48.
② 孟源北,陈小娟.工匠精神的内涵与协同培育机制构建[J].职教论坛,2016(27):16-20.
③ 黄君录.高职院校加强"工匠精神"培育的思考[J].教育探索,2016(8):50-54.
④ 李进.工匠精神的当代价值及培育路径研究[J].中国职业技术教育,2016(27):27-30.
⑤ 肖群忠,刘永春.工匠精神及其当代价值[J].湖南社会科学,2015(6):6-10.
⑥ 刘文韬.论高职学生"工匠精神"的培养[J].成都航空职业技术学院学报,2016,32(3):14-17.

"劳动精神",在美国被称为"职业精神",在日本被称为"职人精神",在韩国被称为"达人精神"。这一精神在西方文明中早有体现,如柏拉图认为"没有一种技艺或统治术,是为它本身的利益的……一切营运部署都是为了对象"。他认为工匠们的产品制造是为了追求作品本身的完美,而非为了报酬或谋生。在亚里士多德看来,"一个吹笛手、一个木匠或任何一个匠师,总而言之,对任何一个有某种活动或实践的人来说,他们的善或出色就在于那种活动的完善",工匠精神体现在对工作的完美追求。[1]马丁·路德则提出"任何世俗的工作都是为上帝服务的,一个人可以在任何行业中得到拯救",这种观念在尊重手工业劳动者的同时,对工匠的成果给予了极大的认同和激励,使其在未来工作中继续追求尽善尽美。当然,工匠精神源远流长,在西方文明中传承至今。

（二）新时代工匠精神的时代内涵

从概念上讲,工匠精神是指从事某种技术与职业的劳动者（以下简称劳动者）在工作时所表现出来勤劳、专注、敬业、创新的职业素养、职业精神、价值理想和行为表现。落实到个体层面,就是一种专注、创新、精益求精的精神。新时代工匠精神不仅包含工匠精神的基本特征,还具有与新时代社会主义核心价值观相契合的价值意蕴,是对劳动精神和劳模精神的深化与提升。[2]

第一,以人为本。以人为本,是指劳动者个体在劳动实践过程中始终坚持以"人"的需求为本,始终坚持更好地为"人"服务。新时代的工匠精神要求广大劳动者要在满足自身生存的物质生活资料的基础上,发挥主观能动性,为人类的进步贡献自己的力量,始终坚持"以人为本"。2013年,习近平在同全国劳动模范代表座谈时强调社会主义生产劳动应以人为本,人民是历史的创造者,中华民族的伟大复兴必须紧紧依靠人民、始终为了人民。[3]习近平始终坚持"人民是历史的创造者,是推动我国经济社会发展的基本力量和基本依靠,是决定党和国家前途命运的根本力量"[4]。新时代工匠精神是新时代劳动价值观的

---

[1] 亚里士多德.尼各马可伦理学[M].廖申白,译注.北京:商务印书馆,2003:19.
[2] 张晓燕.新时代工匠精神的内涵及培育路径[J].经营与管理,2019(12):75-77.
[3] 人民网.习近平同全国劳动模范代表座谈时强调充分发挥工人阶级主力军作用依靠诚实劳动开创美好未来[EB/OL].(2013-04-29)[2019-09-06].http://politics.people.com.cn/n/2013/0429/c1024-21323275.html.
[4] 中国共产党新闻网.习近平:在庆祝"五一"国际劳动节暨表彰全国劳动模范和先进工作者大会上的讲话[EB/OL].(2015-04-28)[2019-08-18].http://cpc.people.com.cn/n/2015/0429/c64094-26921006.html.

集中体现,是社会主义核心价值观的重要组成部分。工匠精神的提出,旨在培养新时代劳动者,培养合格的社会主义建设者和接班人,社会主义的本质要求新时代的劳动者必须有高尚的社会主义觉悟,必须"始终坚持以人为本"。

第二,崇尚劳动。崇尚劳动是指劳动者对劳动的认可、尊重和推崇,表现在个体层面是指劳动者个体认可劳动、辛勤劳动,通过劳动创造美好未来的具体实践。习近平指出"理想指引人生方向,信念决定事业成败。没有理想信念,就会导致精神上'缺钙'"。[①]理想信念决定着人的精神高度,树立"劳动光荣、崇尚劳动"的理想信念是新时代工匠精神的基础。崇尚劳动是习近平的一贯思想主张。2013年,他在同全国劳动模范代表座谈时的讲话中强调"必须牢固树立劳动最光荣、劳动最崇高、劳动最伟大、劳动最美丽的观念"。同时他还强调,唯有依靠劳动才能实现中华民族的"两个一百年"奋斗目标。2014年,在向全国广大劳动者致以"五一"节问候时习近平再次强调:"劳动是一切成功的必经之路。"与此同时,他再次强调,辛勤劳动、诚实劳动和科学劳动是实现"两个一百年"奋斗目标的唯一途径。2015年,习近平重申,"民生在勤,勤则不匮。"并提出"两个始终",即我们始终都要崇尚劳动、尊重劳动者,始终重视发挥广大劳动者在建设社会主义事业中的主力军作用。2016年,习近平在知识分子、劳动模范、青年代表座谈会上重申"人类是劳动创造的,社会是劳动创造的",并倡导广大劳动者要立足本职岗位诚实劳动、踏实劳动、勤勉劳动,弘扬"工匠精神"。2017年10月,十九大报告指出,中华民族伟大复兴的中国梦要靠辛勤劳动来实现。2018年,习近平给中国劳动关系学院劳模本科班学员的回信中指出"劳动最光荣、劳动最崇高、劳动最伟大、劳动最美丽",并呼吁广大劳动者要诚实劳动、勤勉工作。

第三,精益求精。精益求精是劳动者在从事生产劳动时一丝不苟、力求极致、追求完美的严谨态度,是工匠精神的核心要义。习近平多次提出要在全社会弘扬精益求精的工匠精神。2014年5月8日,习近平在同中办各单位班子成员和干部职工代表座谈会上强调"天下大事必作于细""慎易以避难,敬细以远大",并要求其在工作中做到"一丝不苟、严谨细致、精益求精"。2017年的政府工作报告提出,要大力弘扬工匠精神,崇尚精益求精。2019年9月,习近平对我国技能选手在第45届世界技能大赛上取得佳绩作出重要指示时强调"要在全社会弘扬精

---

① 新华网.习近平:在同各界优秀青年代表座谈时的讲话[EB/OL].(2013-05-04)[2019-12-08].http://www.xinhuanet.com//politics/2013-05/04/c_115639203.htm.

益求精的工匠精神，激励广大青年走技能成才、技能报国之路"。2019年11月，习近平在勉励咸阳纺织集团赵梦桃小组时再次强调广大劳动者在工作上要"勇于创新、甘于奉献、精益求精，争做新时代的最美奋斗者"。

第四，勇于创新。勇于创新就是劳动者个体敢于破旧立新、推陈出新，勇做"拓荒牛"，在原有生产劳动的基础上持之以恒，不断钻研，敢于革新，不断优化自身的劳动能力，利用所学的知识和现有的资源改进或者创造新事物，做到与时俱进。习近平认为创新是引领发展的第一动力，是牵动经济社会发展全局的"牛鼻子"。他十分重视劳动者的创新精神，尤为重视创新型人才的创新精神对于建设创新型国家的重要性，多次重申创新驱动是我国在日益激烈的国际竞争中取胜的不二法宝。早在2013年，习近平在同全国劳动模范代表座谈时就指出，"当代工人不仅要有力量，还要有智慧、有技术，能发明、会创新"。可见，创新是我国广大劳动者必备的素质。同时，习近平还强调，"勇立潮头、引领创新，是广大知识分子应有的品格。面对日益激烈的国际竞争，我们必须把创新摆在国家发展全局的核心位置"[1]。此外，习近平还指出，创新是企业核心竞争力的源泉，抓好自主创新是我国从中国制造转向中国创造、中国速度转向中国质量、中国产品转向中国品牌的关键。[2]可见，新时代的"工匠"不仅要有高尚的道德情操、精湛的技术，更要有创新精神。

二、工匠精神的本质特征

科学过程重在认识世界、探索未知事实，敢于批判和证伪，因此科学精神的实质是求真，追求真理是科学家一生的任务。而技术过程重在从事生产，满足人们需求，勇于改进和创新，因此工匠精神的实质是求效，追求效用使产品和服务尽可能达到最好的效果、最佳的效能甚至最高的效率。目前中国社会也越来越重视这种遗失已久的"工匠精神"，因此正确认识"工匠精神"，厘清"工匠精神"的内涵和本质特性至关重要。

---

[1] 新华网.习近平：在知识分子、劳动模范、青年代表座谈会上的讲话[EB/OL].（2016-04-30）[2019-12-10].http：//www.xinhuanet.com/politics/2016-04/30/c_1118776008.htm.

[2] 人民网.习近平在江苏徐州市考察时强调"深入学习贯彻党的十九大精神，紧扣新时代要求推动改革发展"[EB/OL].（2017-12-14）[2019-11-28].http：//cpc.people.com.cn/n1/2017/1214/c64094-29705356.html.

（一）别具"匠技"

所谓"匠技"，是指工匠的技术、手艺、本领，这是一个匠人赖以生存的基本能力。经济学家罗森布鲁姆认为，技术是企业发展、生产、传达其产品和服务的知识、诀窍、技艺的理论与实务的总和。① 显然，技术无论在生产实践还是在日常生活中都发挥着不可替代的作用。德国技术哲学家卡普在《技术哲学纲要》一书的结尾处，对人类通过技术获取自我解救的伟大活动中发出了热情洋溢的赞叹："人，这个在紧要关头突然出现扭转局面的人，从他所创造的工具和机器，从他所想出的铅字中显现出来，面对他自己，这是何等的伟大啊！"② 马克思同样认为，人无论制造工具还是使用工具，其本性都是关于技术与技巧的创造性活动，人运用他的技术和技巧创造了劳动资料，从而也创造了人类文明，甚至也创造了人类。③ 两位哲学家的观点不仅是对工匠们技术、技巧的高度肯定，更是对他们行为及精神的高度赞扬。几千年来，有许多能工巧匠，磨制石器、冶炼青铜器、铸造铁器、打制各类武器、制作精美家具、精雕细刻各种工艺品等，他们可能不识字，没学过太多文化知识，但靠父母教养，靠师傅传授，经过千百次的尝试、磨炼，最终掌握了熟练的技能技巧。④ 这些匠人高超技艺和精湛技能打造下的精美器物，正是依靠着他们默默坚守、孜孜以求的不舍精神。"工匠精神"发展到当今社会，更需要发扬这种专注执着的品质，不断提升产品质量，不断提高服务水平，绝不停止追求完美的脚步。

（二）独具"匠心"

所谓"匠心"，是一种独到灵巧的心思，指工匠们在技巧和艺术方面的创造性。工匠们对工具的打磨、数值的计算、产品的成形⑤以及精度的检测都制定了一套严格的程序，他们尽力打造精品，竭力追求完美。至善尽美的产品正是源于工匠们对工作的一丝不苟、精雕细琢。当然，除了精益求精的品质，作品还充满了巧妙的设计。实用主义技术哲学家杜威就曾夸赞工匠们所仿效的模型和式样已经达到了高度的美术发展的水平。⑥ 或许在旁人眼里，工匠们的工作

---

① 那日苏.科学技术哲学概论[M].北京：北京理工大学出版社，2006：115.
② 李文潮，刘则渊.德国技术哲学研究[M].沈阳：辽宁人民出版社，2005：81.
③ 乔瑞金.马克思技术哲学纲要[M].北京：人民出版社，2002：134.
④ 刘道兴.技术精神、求效思维与人类价值体系的四维结构[J].中州学刊，2009（6）：167-175.
⑤ 栗洪武，赵艳.论大国工匠精神[J].陕西师范大学学报（哲学社会科学版），2017（1）：158-162.
⑥ 盛国荣.杜威实用主义技术哲学思想之要义[J].哈尔滨工业大学学报（社会科学版），2009（2）：26-32.

只是机械化的打磨、乏味无趣的修改，但是在他们自己眼中，这是在创作一幅画、一首诗，不知不觉便倾注了内心深处最丰富的情感。正是有了这种精益求精、不断创新的"工匠精神"，才成就了古今中外工匠们对设计的独具匠心、对质量的追求完美、对技艺的优化升级、对品质的始终不渝，不断实现着"自由创造、价值创造、协同创造"的完美统一。[①]

（三）颇具"匠魂"

所谓"匠魂"，是指工匠们对工作的敬畏、入魂，达到人与物的高度契合。魏源指出，"技可进乎道，艺可通乎神"，即当某项技艺达到巅峰后，再前进一步就能接触到"道"，即天地规律。[②]匠人们将自己的"魂魄"和全部心血都投入到工作之中，向世人诠释万物有灵，把打造精美绝伦、令人称道的产品作为自己毕生的追求。马克思认为："蜘蛛的活动与织工的活动相似，蜜蜂建筑蜂房的本领使人间的许多建筑师感到惭愧。但是，最蹩脚的建筑师从一开始就比最灵巧的蜜蜂高明的地方，是他在用蜂蜡建筑蜂房以前，已经在自己的头脑中把它建成了。他不仅使自然物发生形式变化，同时他还在自然物中实现自己的目的，他必须使他的意志服从这个目的。"[③]工匠们总是根据社会的需求、大众的需要对产品进行创新，用心为消费者营造最舒适的环境，送上最体贴的关心。《论语》曰：知之者不如好之者，好之者不如乐之者。乐业是最高境界，是最好的职业导师，也是最能够激发人类工作热情、奉献激情、创新灵感的境界。[④]因此，只有真正热爱自己的职业并为之付出真心，才能在岗位中体现出良好的职业素养，才能不断激发出无限的创造力、活力，将产品和服务推向极致。匠人们这种爱岗敬业、乐于奉献的"工匠精神"时刻提醒着人们要具有崇高的职业责任感和使命感。事实上，正是由于"工匠精神"体现着"大禹治水"的职责与信念、"精卫填海"的气魄与豪情、"铁杵磨成针"的坚定与执着，折射着"卖油翁"的自信与淡定，蕴含着"凤凰涅槃"的勇敢与坚韧，才使其日益成为一种当之无愧的塑造经典、成就伟大、缔造传奇、传承文明的

[①] 李宏昌.供给侧改革背景下培育与弘扬"工匠精神"问题研究［J］.职教论坛，2016（16）：33-37，96.

[②] 刘晓.技皮·术骨·匠心——漫谈"工匠精神"与职业教育［J］.江苏教育，2015（44）：20-22.

[③] 乔瑞金.马克思技术哲学纲要［M］.北京：人民出版社，2002：134.

[④] 李进.工匠精神的当代价值及培育路径研究［J］.中国职业技术教育，2016（27）：27-30.

重要精神力量。①

"匠技"是载体,"匠心"是桥梁,"匠魂"是升华,三者是相辅相成、有机统一的关系。单有"匠技"不代表具备了"匠心"和"匠魂","匠心"则在拥有"匠技"之后方得以体现,"匠魂"也只有和"匠技""匠心"融为一体才富有生机和活力。"匠技""匠心""匠魂"构成一个稳定的三角形底座,共同支撑起"工匠精神"的智慧与奉献。

三、工匠精神缺失的表现

技术过程的求效思维与科学过程的求真思维既密切相关又独具特色。求效思维更注重对目的的把握,着眼于从现实到目标的综合分析,明确技术实施的前提,包括有利条件、制约因素、主观因素、客观因素、最佳结果、最佳途径、最坏可能、机会成本、人力因素、投入产出、阶段目标的分析等。②经过这一系列条件的分析加之工匠们忘我的努力,所提供的产品和服务必然是完美无瑕、无可挑剔的。但现实社会的结果却非如此,产品质量令人担忧。卢卡奇认为,人类文明始终存在两种张力;一种是以弘扬人的主体性为特征的人本主义;一种是可计算化可定量的科学精神,科学精神与经济的结合在现代社会里,演变成了建立在被精细计算基础上的经济理性。③质量低劣产品产生的根源正是这种经济理性的非理性扩张,使得代表人本主义的"工匠精神"不断萎靡,逐渐缺失。缺少了"匠技""匠心""匠魂"的当代社会,急功近利之风盛行,墨守成规之风弥散,消极怠工之风蔓延。

(一)急功近利的社会风气

改革开放30多年来,我国在保持经济快速增长的同时,产品和服务发展的品质却没有达到相应的水平。人们在这个以经济理性为主流的社会里,从某种程度来说,似乎已经形成了一种较为严重的急功近利的社会风气。首先表现在企业的平均运营寿命上。据美国《财富》杂志报道,美国中小企业平均寿命不到7年,大企业平均寿命不到40年;中国中小企业的平均寿命仅2.5年,集团企

---

① 李宏昌.供给侧改革背景下培育与弘扬"工匠精神"问题研究[J].职教论坛,2016(16):33-37,96.
② 陈凡,陈红兵,田鹏颖.技术与哲学研究:2010-2011卷[M].沈阳:东北大学出版社,2014:57.
③ 肖群忠,刘永春.工匠精神及其当代价值[J].湖南社会科学,2015(6):6-10.

业的平均寿命仅7—8年；美国每年倒闭的企业约10万家，而中国有100万家，是美国的10倍，不仅企业的生命周期短，能做大做强的企业更是寥寥无几。[①]企业被这种急功近利的社会风气所影响，盲目追求周期短、投资少、见效快的运营模式，却忽视了产品的质量和企业的长期发展。其次表现在企业和商家提供的产品和服务上。由于企业和商家不规范的运营模式，导致所提供的产品和服务不能满足人们的需求。市场上充斥着各种假冒伪劣商品，毒奶粉、瘦肉精的事件层出不穷；还浮现出各种莫名其妙的现象，诸如新楼裂缝、疯抢日货的新闻频繁曝出。这些现象表明部分企业把追求经济利益的最大化作为发展的主要目标，却忽视了自身的信誉和消费者的利益，值得反思。最后表现在工匠的社会地位上。作为培养工匠主阵地的职业教育常常被冠以"次等教育"的名号，"劳心者治人、劳力者治于人"的传统观念使得工匠们的待遇偏低、地位不高。大众对"工匠"职业抱有浓厚的歧视和偏见，加之社会等级观念作祟，崇尚宗法伦理道德，习惯性地将工匠视作"苦役"，将工匠实践视作"奇技淫巧"[②]，致使人们普遍不愿从事有关技术劳动的工作。但是中国制造需要大量的技术人才、工匠人才，需要默默坚守、精益求精的"工匠精神"。粗制滥造的商品或许能蒙混一时，却不能蒙骗一世，急功近利、心浮气躁的社会风气势必会影响中国经济未来的发展，阻碍经济结构的转型升级。

（二）墨守成规的发展态势

古语有云："玉不琢，不成器。"精雕细琢的产品应当是完美无缺的，能够满足人民的需求，但是如果这些耗费匠人巨大心血的产品和服务只是模仿前人、没有创新，那么结果不会令人满意。"工匠精神"不仅体现了对产品精心打造、精工制作的理念和追求，更是要不断吸收最前沿的技术，创造出新成果。[③]但从目前发展的态势来看，社会各行各业墨守成规、不善创新的案例比比皆是。首先表现在核心技术的匮乏上。例如中国正在使用的高端医疗器械中，80%的CT、中高档监视仪、85%的检验仪器、90%的超声波仪器、磁共振设备、心电图机都是外国品牌。更令人惊讶的是，我们生活中最常用的圆珠笔笔尖上的球座体也依靠进口。号称"制造大国"、工业生产增加值早在2010年就排名全球第一的中国仍处于许多重大技术产品不具备自主生产能力及技术附加值高

---

① 王文明.从《道德经》中寻找企业基业长青之路［J］.企业文明，2012（10）：44-47.
② 黄君录."工匠精神"的现代性转换［J］.中国职业技术教育，2016（28）：93-96.
③ 刘文韬.论高职学生"工匠精神"的培养［J］.成都航空职业技术学院学报，2016（3）：14-17.

的设备不得不依赖进口的尴尬境地。①究其原因，并不是中国不具备这些技术，而是因为缺乏创新思维，不懂得技术的迁移和变通。其次表现在经济结构转型升级上。当前中国经济受到了内外夹击，从外部来看，西方国家相继提出制造业回归，例如美国提出的再工业化战略使中国经济面临着被边缘化的风险；从内部来看，由于廉价劳动力和原材料的优势转移，越南等发展中国家把控住低端制造业对中国形成一定的竞争压力。正是因为缺乏一种不断创新的"工匠精神"，致使中国经济结构迟迟难以转型升级。最后表现在高技术技能型人才的培养模式上。职业院校没有担当起培养技术人才的责任，总是不加创新、一味地模仿普通教育的模式，重理论、轻技能，重知识、轻实践，根本没有形成适合职业教育的独特的人才培养模式，导致高技术人才和工匠人才的极度缺乏。上述这些残酷的现实足以警示人们尽早打破当前墨守成规的发展态势，寻求创新之路。

（三）敷衍塞责的职业态度

2015年"五一"期间央视特别节目《大国工匠》向人们讲述了8位工匠"8双劳动的手"所缔造的神话。这些工匠们克服了常人无法想象的困难，在平凡的岗位上造就了不平凡的业绩。他们之所以能每天淡定从容地在自己的工作岗位上埋头苦干并乐此不疲，应当是对工作怀有一颗尊重、热爱的心。正是这种对工作的敬畏和钟情才给他们带来了源源不断的动力。用心做一件事情，这种行为来自内心的热爱，源于灵魂的本真，不图名不为利，只是单纯地想把一件事情做到极致。但是在这个"重学历、轻技能"，经济理性占据主导地位的社会里，这样的工匠越来越少，人们被一种敷衍塞责的职业态度所笼罩。首先表现在职业院校关于学生职业道德的培育上。根据学者对国内600多家企业的调查，大部分企业对青年就业人员的最大希望和要求是，除了上岗必须的职业技能之外，还必须懂得做人的道理，具备工作责任心。②但是各级职业院校为在这浮躁功利的社会风气中求得继续发展，始终保持着"重技能、轻素养"的办学态度，忽视了学生的职业情感和职业道德的培育，使得走上工作岗位的学生普遍缺少爱岗敬业的工作热情和乐于奉献的职业精神。其次表现在人们的职业选择上。家长和孩子都不愿从事与技术劳动有关的工作，认为这是低人一等。

---

① 汪应洛，刘子晗.中国从制造大国迈向制造强国的战略思考[J].西安交通大学学报（社会科学版），2013（6）：1-6.
② 王丽媛.高职教育中培养学生工匠精神的必要性与可行性研究[J].职教论坛，2014（22）：66-69.

多数人只看重岗位的社会地位和物质利益,将自己的能力和兴趣抛之脑后,又怎能奢望他们对待工作充满责任心和使命感。最后表现在人们对待工作的态度上。勤勤恳恳、兢兢业业的工作态度似乎与己无关,人们更多地把"做一天和尚撞一天钟"当作自己的人生哲学,对工作提不起精神,对人生丧失信心。而那8位匠人用实际行动向我们展示的爱岗敬业、乐于奉献的"工匠精神"与当今社会渐行渐远,从发展的眼光来看,这势必会影响个体的职业发展,阻挡社会前进的脚步。

第二章 扎根理论视域下工匠核心素养的理论模型与实践逻辑

当前，在我国加快转变经济发展模式与世界新一轮科技革命形成历史性交汇的关键时刻，推动中国经济发展步入"新常态"，促进产业结构优化升级，实施制造强国的战略措施已然成为国家重要的战略布局和行动策略。而这一系列政策措施的强效落实有赖于新型技术技能人才的不断供给和质量保证，培育精益求精、勇于创新的高素质工匠成为即将到来的智能化时代宝贵的价值引领和人才支撑。2016年全国两会中，"工匠精神"的首次出现便被提升到国家战略高度，引发各界人士的关注与讨论。2017年9月印发的《关于深化教育体制机制改革的意见》则第一次指出"要完善提高职业教育质量的体制机制，着力培养学生的工匠精神"，厘清工匠的核心素养以及培养数以万计的高素质工匠逐步成为制造业强国和职业教育进一步发展的重要目标。由此，基于质性研究中扎根理论的研究方法深入挖掘工匠核心素养的基本内涵与本质特征，构建工匠核心素养的理论模型，在不断斟酌、反复探析的过程中向人们诠释"工匠"的人文意蕴，传递真正的"工匠精神"。

第一节 工匠核心素养研究方法的选择与研究过程

众所周知，研究方法的选择应当时刻为研究对象及所要解决的研究问题服务，如果采用的研究方法与所研究问题的特点和性质相符合，并能够有针对性地解决问题，此时该方法的运用才可能是恰当而有价值的。在对工匠核心素养这一研究问题的特点、性质充分分析以及对现有相关文献进行系统了解的基础上，最终选择了质性研究中扎根理论的研究方法为主要方法展开研究，试图通过三级编码方式挖掘和发现新的理论，构建工匠核心素养的理论模型。

一、扎根理论研究方法的选择

扎根理论研究法一般在界定对象和文献综述之后收集数据，采用自上而下的方式进行逐级编码、层层深化，进而从经验事实中抽象出新的概念和思想，挖掘类属和属性，逐步建构实质理论。为了探寻工匠的核心素养，保证研究结果的可靠性，基于扎根理论的研究方法，从被研究者的角度对工匠的工作常态和生活环境进行细致、深入探讨，使理论的分析与构建牢牢扎根于原始视频数据，不仅能为现有的有关"工匠精神"的理论提供实证支持，更有助于发现一些工匠特有的、内隐的特征，进而根据外在表现和内在特征提炼新的理论观点，使其更富有行动指导的价值。

实证主义于20世纪中叶得到前所未有的繁荣发展，而作为实证主义最重要支撑力量的量化研究，其局限性却逐渐显现、展露无遗。一方面，越来越多的学者认为量化研究仅仅是对现有理论假设进行了逻辑验证，虽使得已有理论更为细致透明，但难以建构出新的理论。另一方面，学者们认为随着社会的发展，一些动态变化的人文社会现象很难通过量化手段进行测量、统计来分析事物发展变化的规律所在，也无法深层解读研究对象细腻的表情变化和生活情景。而与此同时，与量化研究相对、遵循解释主义的质性研究日益受到学界关注，历经多年积累和沉淀，质性研究也经历了从传统到现代，从追求科学到重视人文，从单纯叙述到深入解读。[1]这些变化试图克服质性研究中程序缺乏规范性、信效度较低的劣势，弥补其客观性和科学性相对不足的缺点。尤其是质性研究中扎根理论的研究方法，注重深入实践领域发现问题，进而规范化地提取概念或范畴，在资料分析的过程中吸收量化研究的方式，最终建构实质理论。在一定程度上，扎根理论的研究方法弥补了质性研究和量化研究的缺陷，跨越了两者之间对立的鸿沟，成为一种更为科学的质性研究方法。

扎根理论（Grounded Theory）是由美国的巴尼·格拉泽（Barney G. Glaser）和安塞尔姆·施特劳斯（Anselm L. Strauss）创建，经过两位社会学家的共同努力，终于在1967年提出一种从资料中建立理论的特殊方法论。扎根理论反对在研究起始前便提出理论假设，而提倡悬置先入之见，对已有资料进行不断地抽取、归纳、选择和概念化，从而利用研究者敏锐的理论洞察力发展出扎根于

---

[1] 吴刚. 工作场所中基于项目行动学习的理论模型研究——扎根理论方法的应用 [D]. 上海：华东师范大学，2013：66.

社会实际和情境脉络的实质性理论。[1]该研究方法一般在界定对象和文献综述之后开始收集数据,采用自上而下的方式进行逐级编码,层层深化,进而从经验事实中抽象出新的概念和思想,不断挖掘类属和属性,逐步建构实质理论。为了探寻默默无闻、坚守岗位的工匠的核心素养,保证研究结果的科学性和可靠性,应当从被研究者的角度细致观察和认真分析工匠的日常工作、生活经历,发展出扎根于现实生活情境的理论,由此采用质性研究中具有探索性意味的扎根理论的研究方法更富有行动指导意义。

二、扎根理论视域下工匠核心素养的研究过程

根据上述对扎根理论研究方法的细致讨论与分析,工匠核心素养的研究将综合运用扎根理论三个流派的优点展开研究,在实践目的上融合建构扎根理论的建构思想,在操作方法上参考经典扎根理论的连续比较法,在操作程序上借鉴扎根理论程序化版本,根据实践需求和实际情境灵活应变。本研究主要分为五个操作步骤,首先是确定研究问题,其次是展开资料收集,再次是进行资料分析,然后是尝试理论构建,最后是推动理论运用。其中确定研究问题、资料收集和资料分析是主要的研究过程,也是本章的讨论重点。

(一)确立工匠核心素养为研究主题

21世纪以来,世界各国在全球制造业面临压力与挑战、世界经济形势发生深刻变革的重要时刻,纷纷开始根据本国发展状况和实际需求采取行动。西方各个发达国家相继实施了"再工业化战略",如美国提出的"先进制造业国家"战略、日本的"再兴战略"、德国的"工业4.0"计划以及英国的"工业2050"等都将目光聚焦于新兴产业和科技领域,不断加紧战略部署,发展高端制造业,期望在新一轮科技革命中抓住制造业加快发展和转型升级的历史机遇,重塑国际产业格局和全球竞争中的优势地位。与此同时,许多新兴发展中国家也根据发展实际制定了一系列制造业国家战略和发展规划,如巴西公布了"工业强国计划",印度出台了《制造业国家战略白皮书》,希望利用人口数量优势吸纳劳动密集型制造产业。[2]

---

[1] Jeon Yun-Hee. The Application of Grounded Theory and Symbolic Interactionism [J]. Scandinavian Journal of Caring Science, 2004 (18): 249-256.

[2] 罗桂城."中国制造2025"视域下职业教育的问题反思与变革路径 [J]. 教育与职业, 2017(9): 25-31.

当前，中国经济受到了发达国家和新兴发展中国家的双向夹击，制造业大国地位面临着严峻挑战，我国制造业要想在新一轮竞争中脱颖而出，必须进行变革与创新。2015年5月，国务院颁布了《中国制造2025》行动纲领，为中国制造业的未来发展描绘出"三步走"的壮丽蓝图，开启了我国制造业强国战略的第一个十年规划。作为一项重大的国家战略工程，《中国制造2025》行动纲领的发布对制造业转型升级所需的新型技术技能人才及职业教育的人才培养提出了新的要求和挑战。众所周知，人才是制造业强国发展的根本要素之一，与制造业联系最为紧密的职业教育必将承担起培养高素质技术技能人才的重任，为壮大人才队伍、提高人口素质发挥不可替代的作用。因此，服务于社会经济发展需求的职业教育，应当紧跟时代潮流，大胆从各个环节展开合情合理的人才培养变革。

2015年，中央电视台新闻频道于"五一"期间播放的《大国工匠》系列节目，向世人展现了工匠这一群体鲜为人知的工作故事，引发了大众对工匠的无限敬仰，"工匠精神"和工匠们瞬时成了社会大众讨论的焦点。2016年，"工匠精神"的首次提出便与《中国制造2025》紧密联系在一起，被赋予了新的社会价值。"工匠精神"被提升到国家战略高度，高素质工匠成为智能化时代重要的人力资源保障和人才支撑。

近年来，"工匠精神"的大力弘扬引发了研究者对拥有这一精神的主体——工匠的兴趣和关注。这一兴趣的产生使得研究者对工匠这一社会存在充满好奇，工匠们留给人们的印象总是勤勤恳恳、默默奉献，那么工匠的技艺如何修炼？工匠的气质有何不同？工匠的社会贡献如何？一系列问题油然而生。然而纵观当前已有研究，发现学界对工匠及工匠精神的讨论多数聚焦在有关工作素质、专注创新、敬业奉献、责任意识等态度和情感关怀的范畴，充满了浓浓的浪漫主义气息。[①]但是教育更需要理性来驱使和驾驭，需要兼顾技术技能的工具理性和人类发展的价值理性的帮助。感性认识终究要上升为理性认知才能把握工匠精神演化的规律性和工匠个人技能、精神发展的动态性，才能真正厘清工匠精神的本质特性和工匠群体的核心素养。由此，本研究将提取工匠的核心素养作为研究问题，在深入探讨和分析的过程中逐步构建工匠核心素养的理论模型。

---

① 闫广芬，张磊. 工匠精神的教育向度及其培育路径［J］. 高校教育管理，2017（6）：67-73.

（二）工匠核心素养研究的相关概念界定

对概念内涵研究及特征分析，是从本质上认识事物的重要方式，对了解事物本质特性及活动规律具有规范性的指导意义。

1.工匠精神

李克强总理在2016年3月作政府工作报告时，将"工匠精神"与制造业的发展紧密联系起来，抓住"工匠精神"的核心将其界定为"精益求精"。徐耀强在《红旗文稿》上将"工匠精神"的基本内涵概括为敬业、精益、专注、创新等方面的内容。[①]但从"工匠精神"一词的结构组成来看，至少包含"工匠"和"精神"两个层面。古代"工匠"俗称手艺人，指熟练掌握一门技艺并以此谋生的人，强调的是匠人在生产专业方面的技能、技艺和技术。在第一次工业革命后，随着生产力的发展和社会化大生产形式的出现，工匠的内涵也发生了变化，指在生产线或服务线上执行特定操作或根据自身技能提供服务的人员。"精神"主要指人的思想、意识、思维等，强调的是匠人在工作中表现出的专注、忠诚、执着、精益求精的职业追求。当前"工匠精神"虽未有严格的定义，却深扎于我国几千年辉煌的历史文化之中。在中国文化中体现为"尚巧、求精、道技合一"。[②]"工匠精神"作为一种精雕细琢、追求极致、敬业奉献的精神理念，是中华民族的传统美德，更是新时代应该大力弘扬的时代精神。其所包含的精益求精的执着精神、严谨细致的工作态度、爱岗敬业的奉献精神、不断精进的专业技术水平以及赶超时代的创新精神正是当代我国由"制造大国"转变为"制造强国"的必备精神，是智能化时代产业升级所需高素质工匠队伍的必备素养。然而，从现有专家学者已有的有关"工匠精神"内涵方面的相关研究发现，学者们各持己见，意见不一，"工匠精神"的当代内涵和本质特性并未形成统一的解释，没有形成明确的概念。针对这一研究现状，厘清"工匠精神"可以从"工匠精神"的古代深刻含义着手，结合"工匠精神"的现代语境，根据新时代全球产业发展趋势和当前中国由"制造大国"转型为"制造强国"的发展背景，寻求"工匠精神"新的释义和内涵。在此基础上，归纳总结"工匠精神"的价值意蕴和当代内涵，从而对新时代"工匠精神"的内涵进行深入解读。通过对大量有关"工匠精神"的文献著作进行梳理，从前人思想精髓中总结和提取出"工匠精神"的相关定义内涵及价值意蕴。

---

① 中国共产党新闻.论"工匠精神".[EB/OL].（2017-05-25）[2019-06-20] http://theory.people.com.cn/n1/2017/0525/c143843-29299459.html.

② 肖群忠,刘永春.工匠精神及其当代价值[J].湖南社会科学,2015（6）:6-10.

从一般意义上来说，"工匠精神"受到个体人生观的影响，它是指从业人员的价值取向和行为追求，是个体职业思维、职业态度和职业操守的体现。[①]综上所述，本研究将从专业精神、职业态度和人文素养三个层次来全方位、多角度的理解工匠精神的当代内涵，专业精神主要是指匠技能力，要求从业者应具备扎实的专业理论知识和专业技能；职业态度主要是指匠心态度，要求从业者不仅要对技术专注而且要对职业忠诚，能够将专业技能活动作为自己生命存在的方式，以精益求精作为工作目标，对产品的创造认真负责，不断追求创新；人文素养主要是指匠魂素养，以将工匠的专业精神和职业态度转化为可持续发展能力、创新能力以及社会终极关怀，是工匠精神的最高层次，上述三个层面的结合与统一造就了真正的工匠精神。

2.核心素养

全球智能化时代的悄然到来，给人们带来涉及工作世界、社会生活以及自我实现的全新挑战，"核心素养"在这一时代背景下应运而生。作为21世纪初世界教育改革的关键词，核心素养的及时出现必将带来一场有关教育哲学的革命，即将目前教育学界以知识为中心、以能力为本位的本体论拉回到以人为中心、以学生为本位的哲学观，真正实现以人为本，关怀人的需要。[②]

"核心素养"的概念是由西方国家辗转而来，英语中将其表达为"Key Competencies"，最早出现在世界经济合作发展组织（OECD）的报告中。1997年，由世界经合组织率先启动"素养的界定与遴选：理论和概念基础"（DeSeCo）研究项目。DeSeCo项目并未直接使用"核心素养"一词，而是随后出现在2003年的有关核心素养的最终研究报告《核心素养促进成功的生活和健全的社会》中，并构建了一个涉及"人与工具""人与自己"和"人与社会"等三方面的核心素养框架。[③]显然，从以上研究项目和相关文件可以证明，DeSeCo项目组不仅关注人的专业能力，也重视必不可少的方法能力和社会能力，这远比只关注人的基础知识和基本技能更具高级形态，且更具有实用价值。

欧洲议会和欧盟理事会在2006年底一致通过有关核心素养的建议案，并给予"核心素养"特定解释。欧盟还列出了八大核心素养：①母语交际；②外语交际；③数学素养和基础科技素养；④数字素养；⑤学会学习；⑥社会与公民

---

① 李进.工匠精神的当代价值及培育路径研究［J］.中国职业技术教育，2016（27）：27-30.
② 杨志成.核心素养的本质追问与实践探析［J］.教育研究，2017，38（7）：14-20.
③ 张娜.DeSeCo项目关于核心素养的研究及启示［J］.教育科学研究，2013（10）：39-45.

素养；⑦首创精神和创业意识；⑧文化意识和表达。且认为这八大素养同等重要。因此，欧盟所集体定义的八大核心素养充分证实欧盟核心素养理念更具整合性和可迁移性，它并未排斥母语和科学等这些人们所耳熟能详的基础技能，同时又相当重视其他平时未被关注到的素质和能力，再次说明其根本理念是强调综合能力的培养。

除了世界经合组织和欧盟以外，世界许多国家和组织都结合传统文明和现代发展实际，商讨和制定出了新时代核心素养的确切含义和相关内容，我国也顺势于2016年发布了中国学生发展的核心素养框架。但是究竟何为素养与核心素养，核心素养的内涵是什么，各素养之间的内在联系是什么？想要解答上述各个问题，我们可以从辞源学入手展开探讨。"素养"的英文为competence或competency，其拉丁文词根为competere，是指各种能力或力量的聚合，以使人灵活应对现有情境[1]，也就是指人恰当地处理问题所需要的综合能力。核心素养真正关心的或许是人应当发展成为具有什么样的卓越品质和非凡能力的人[2]，一个具备核心素养的人，必然是一个全面发展的人，一个拥有令人敬仰的高素质、高水平的人。因此，本研究将核心素养界定为能够适应时代发展和社会需求，能够灵活应对各种情境、解决复杂问题、适应不可预测状况且对行为勇于担当、高度负责、乐于奉献的综合能力和品质。此综合能力除了知识、技能、创新与行动能力等一般能力之外，更重要的是在道德、情感和价值观方面的能力，是一种人性层面的能力。

3.人才培养

《中国制造2025》行动纲领的发布开启了我国制造业强国战略的第一个十年规划。制造业强国战略作为一项涉及范围广泛的庞大工程，其实施需要大量高素质人才的支持，尤其是能够推进制造业创新发展的高素质技术技能人才的支持，这样的情势无形中推动了我国职业教育人才培养的实践变革，为其更好地发展提供了良好机遇，也提出了新的挑战。

"人才"是指在某领域具有一定的专业知识或专门技能，能够利用自身技艺和劳动对社会发展贡献才华和力量的人，是人力资源中知识较为丰富，能力和素质水平相对较高的劳动者。"人才培养"即培养人才，希望通过系统科学的教育和培训系统培养出符合社会需要和时代发展的各种专业人才。人才培养

---

[1] Doll W E. Developing Competence [M]. New York: Routledge, 2012: 67.
[2] 高伟. 论"核心素养"的证成方式 [J]. 教育研究, 2017, 38（7）: 4-13.

涵盖内容极为广泛，本研究主要探讨人才培养目标和人才培养模式两个方面的内容。

人才培养目标代表着社会对受教育者的发展期望和具体要求，除了要囊括知识层面，也需要包含能力和素质等层面的相关内容。当然，人才培养目标也要受社会经济发展水平、学生身心发展规律等不同条件的制约。人才培养模式则指在一定的教育理论和思想引领下，根据相互约定的培养目标和人才规格，以相对成熟的课程和教学体系、管理和评价模式来实施人才教育过程的总和，这一过程充满生机、不断成熟，逐步形成较为稳定的结构体系来引领实践变革与发展。

职业教育人才培养即通过专门的职业学校教育或职业培训培养社会发展所需的不同类型和不同层次的技术技能人才。职业教育人才培养目标即职业教育活动首要思考的问题，需要全面考虑国家现有政策、经济与产业结构、职业技能标准及个体发展等方面因素进行目标定位。职业教育人才培养模式即指在一定的职业教育理念指导下，职业教育机构和相关工作者所赞成的关于人才培养方面的实践范式与操作标准，在坚持现代职业教育理念的前提下，不断超越、大胆创新，将提升学生的综合职业能力作为奋斗目标，将工作过程知识和实践知识作为学习内容，以造就新的、更有效的模式。

（三）扎根理论视域下工匠核心素养资料收集

确定研究问题之后，研究者要开始收集合适的资料，选择适当的研究样本。扎根理论资料收集的最初阶段，研究者往往采用目的性抽样方式，首先寻找极具典型性的样本展开初步研究，这一过程中应及时反馈抽样对象的适应性，以便依据切实需要寻求更为合适的抽样对象。此后，研究者在分析相关资料时，才能够更为快速地将前一步骤总结而成的理论当作模板或标本，依据实际情况部署新的工作，这个过程即理论性抽样的过程。

在资料收集的具体过程中，扎根理论的研究方法主张"一切皆是数据"，研究者可以通过访谈、观察、录像、图画、日记、传记、回忆录、新闻报纸、历史档案等渠道收集资料，无论是一手资料、二手资料或者媒体报道等都可作为数据的主要来源。[1]本研究资料来源于央视新闻频道自2015年始推出的《大国工匠》系列视频节目，研究者选取了2015—2016年共四季节目的视频资料。

---

[1] 朱丽叶·M.科宾，安塞尔姆·L.施特劳斯.质性研究的基础：形成扎根理论的程序与方法［M］.朱光明，译.重庆：重庆大学出版社，2015：30.

视频呈现了涉及军工、制造、建筑、交通、艺术、医疗、考古和服务等多种行业的39位大国工匠的工作常态和生活环境，视频转录文字共计8.9万字。转录文字中除了工匠们及其同事、亲友的访谈内容，还仔细标注了被访谈人的表情神态、动作起伏、话语停顿、肢体表现和叹息等信息，[①]

（四）扎根理论视域下工匠核心素养资料分析

对原始资料进行细致深入地剖析和编码是扎根理论研究方法的基础与核心。本研究综合运用Nvivo11.0中文版质性资料分析软件和人工编码两种方式提取概念，在确保研究者亲身思考及体验过程的同时提高了资料搜索、存储和分类的工作效率。资料分析的首要环节即为质性编码，也就是要把随机打乱顺序的资料贴上标签并进行分类、概括与说明。研究者在编码阶段应该深入其中，定义数据资料中发生的情况，真正感受和体悟资料数据的内在意义，开始全身心地站在当事人的视角，感悟语言与动作、环境与氛围、故事与沉默，努力去了解研究对象的立场和处境以及相应环境中的行动。[②]扎根理论编码主要分为三个级别，分别是开放性编码、主轴性编码和选择性编码，三者交叉进行，互为补充，连续比较法贯穿全过程。

1.开放性编码

开放性编码是将原始资料打散、检视、对比、概念化和类属化的操作过程，在此阶段，研究者将所整理的资料分解、揉碎，尽量使用被访谈者原话进行逐行逐句编码，提炼概念的同时总结和归纳相应类属，随之拓展类属的属性和维度。当然，概念和类属的提取与总结并非一步到位，而是应在原始资料、参考文献、已有概念和类属之间不断比较、循环往复，以便更加客观、准确地反映研究现象的本质和规律。研究者对随机编号的39份视频资料展开逐行编码后，总共识别了1046个概念标签，通过连续比较的方法对原始概念进行剔除、合并，最终归入更高一级的类属和范畴中，共形成18个次类属，分别为高超技术、苦练技艺、攻坚克难、善于学习、科学精神、大胆实践、专注执着、严于律己、自我超越、批判质疑、勇于创新、团队合作、言传身教、责任意识、爱国为民、敬业奉献、抵制诱惑和坚守底线。在此本研究选择了工匠G2的部分资料进行概念化和类属情况示例，结果如表2-1所示。

---

① 张姮.老年慢性病人健康赋权理论框架的构建［D］.上海：第二军医大学，2012：33.
② 凯西·卡麦兹.建构扎根理论：质性研究实践指南［M］.边国英，译.重庆：重庆大学出版社，2009：59.

表2-1 工匠G2视频资料编码示例

原始资料（节选）	贴标签（概念）	一级：开放性编码		维度
		属性	类属	
G2：我们是直接接触火药进行操作的，所以我们的工作无时无刻不是在危险之中的。（点头）它瞬间的摩擦、切削过程中碰到了金属外壳、如果在整形中起燃烧爆炸，（皱眉）你根本没法儿去反应，是你青跑都跑不及。……火药它身上有一种的韧性都不一样。所以说，可以看这个表面很粗糙，而且每一种的韧性都不一样。所以说，我们的这种固体的感觉是比较粗，（做切的手势）因为它比较厚的一点。我用这把刀大概就是用了30多把。……因为说摩擦感，它是在比较高一些，比如说发生火燃烧，会发生就很大，所以你就要匀着铲，匀着铲，要保持用力均匀。它的摩擦控力就就很大，所以你就要匀着铲，匀着铲，要保持用力均匀。这真是费我的心里话。他一呼一吸，都和手和刀的节奏高度一致，以保持持力均匀。根据设计要求，G2需要削除环口接近5毫米厚的火药。但他每要一刀切一刀却要控制在3毫米以内，一点一点攻坚克微。……1989年，我国重点武器型号研制进入攻坚阶段，一台组将试车试音机研就要钻研制填充火药，整个身心都投入了后续进度，为了不影响整个身心都投入了这家组决这音机的友探小的药柱里，味着整备填充火药，专家组在里面一丁点儿的友探小的药柱里，挖出整块填充火药，寻找问题部位。工作小组G2凭精湛技艺和胆量一起加入了挖药工作。……G2—旦钻进去以后，完全把我们的生命就交给了我们的手里的这把削药刀。一旦挖个刀，一旦挖个，皮生事故，（加重语气）当他说，（皱眉）可以说，皮肤浮是大汗，可以说，汗边干的时候，除了铲药沙沙的声音，都能听见自己的心跳声，就是这么紧张（认真）。	工作无时无刻不在危险中 固体燃料及其危险 生命随时面临威胁 工作难度依靠高 工作依靠精准手感 工作内容繁复 需要极大耐心 要掌控力度、手法 要讲究摩擦感、安全 要掌握刀与刀合二为一 要保持用力均匀 工作要求误差极小 面临新的挑战 工作难度极大 具有精湛技艺 有胆量 面临生命危险 不允许失误 工作极其紧张	工作质量差 工作误差 工作手法 工作危险系数 同事评价 技术稳定性 面临挑战 面对现状 对于现状 工作难度 工作环境 精神状态 胆量 自我要求 工作追求 工作态度 安全底线 操作细则 对待细节 所用工具 工作方法 发明设计能力 动脑思考能力 反思能力 技术革新	高超技术 攻坚克难 严于律己 勇于创新	高—低 极小—极大 熟练—陌生 高—低 技术好—技术差 精准—粗略 高—低 冷静应对—流乱逃避 全心投入—借口推脱 满足—不满 大—小 恶劣—舒适 高度集中—精神散漫 大—小 高—低 平心静气—心浮气躁 不可跨越—可以跨越 严格遵守—形同虚设 时刻关注—放松警惕 自制—普通 独辟蹊径—墨守成规 强—弱 强—弱 勤于反思—不善思考 不断进行—止步不前

续表

原始资料（节选）	贴标签（概念）	一级：开放性编码		维度
		类属	属性	
劳台：带有事性的火药刺鼻的气味，再加上精神高度集中，每个人在里面只能干十分钟，徐立平为了让大家多歇一会儿，每次挖药总是多干上五六分钟才出来。历经了两年多月的艰难挖药，发动机故障成功排除，为国家重点发动机研制争取了宝贵时间。没想到度度的物理训练，G2的密闭空间接触熔火药，G2次药的毒性发作了。经过大强度的物理训练，G2的双腿逐渐恢复了知觉，能否有更便捷的刀具来提高挖药效率？2005年厂里的一次意外事故让G2的这个想法更加迫切。从那时开始，他针对一位同年进厂的工友发生的事故，好友的工作经验不仅未自己经验，还有一位同年进了细则的必要。G2将所有挖药操作经验融入到操作细则当中，并且要求每个人都严格执行。	工作环境恶劣 精神高度集中 为同事着想 任务顺利完成 毒性发作 对危险加深认识 思考更新的状况 不满足现状 研制新工具 经验积累 明确规范操作细则的必要性 经验传承	言传身教 责任意识	继承父辈手艺 职业熏陶 老辈警示启后辈 教授示启人技术 前辈精神影响 师徒关系 传统技术精华 对待工作 对待工友 对待风险	主动—被动 短—长 很少—经常 主动—被动 深—肤浅 亲密—生疏 传承—丢弃 认真负责—敷衍塞责 关心—冷漠 主动上前—被动接受 有—无
G2：当时没想那么严重。（严肃，语气低沉）发动机是点燃了。一下子两千多度，就留下两个人。（坚定）所以说这种安全事故不是说有其他的一些风险源能，不触碰上我们就能安全的。那里面是要不停去查找出一些风险隐患，危险也好，再危险我也要把它当成第一次这样做，要刻刻提醒自己，对这种操作，第一次不能出问题，千万千万不能跨越你的安全底线。	为同事着想 内心触动极大 决心杜绝安全事故 制定安全细则 吸取教训 时刻提醒自己 保持第一次做事的心情 不可跨越安全底线	敬业奉献	工作时间 对待工作岗位 对待工作成果 工作风采 吃苦耐劳 为他人着想 面临危险 面对寂寞	长—短 热爱—厌烦 无比自豪—不以为然 踏实肯干—敷衍了事 坚持—放弃 主动—被动 勇往直前—望而却步 心甘情愿—迫不得已
劳台：长年一个姿势雕刻火药，再加上以前火药中毒的后遗症，G2的身体向一侧倾斜，双腿也一粗一细，头发更是掉了大半。这一干，G2坚持了28年。 G2：再危险的岗位，总要有人去干，每当看到我们的武器飞船上天，嫦娥上天，每当看到我的一些撒手锏在天安门前走过的时候，心里充满了无比的自豪感，甘于寂寞的边缘，甘于奉献，甘于事业，而引领他一路前行走的那里从母亲传承下来的报效祖国的决心。	工作时间久 有后遗症 坚持工作28年 具有家国担当意识 家国意识充满自豪感 对工作充满自豪，奉献 甘于寂寞 母亲引领前行 决心报效祖国……	爱国为民	家国意识 文化传统 环境影响 报效祖国决心 爱众惠民 国家荣誉感	强烈—微弱 爱国—不爱国 强—弱 强—弱 有—无 强—弱
……				

2.主轴性编码

主轴性编码的实质是以挖掘和建立概念和类属之间的关系为己任,从而能够充分展现资料中各部分间的有机关联。[①]其编码范式模型为:①因果条件—②现象—③情境脉络—④中介条件—⑤行动/互动策略—⑥结果。通过上述深刻剖析将类属和次类属重新整合。[②]依据类属间潜在的逻辑次序和因果关系,此时将开放性编码获得的18个次类属再次分析,运用主轴性编码范式模型对次类属进一步归类,最终形成6个类属,即生成"精湛技艺""知行统一""精益求精""独具匠心""责任担当""德艺双馨"六种核心素养。在开放性编码的基础上,研究者针对39位工匠原始资料中的某一工作现象进行主轴性编码,深入地剖析了该现象的因果条件、情境脉络、中介条件、行动/互动策略和结果。本研究依次选择了G20、G8、G11、G15、G3和G22这六位工匠的部分资料对主轴性编码的具体分析过程进行展示。

(1)类属:精湛技艺

①因果条件。工匠G20身高太高,与钳工标准操作台的高度严重不匹配;许多老师傅不相信他能变成优秀的钳工。

②现象。工匠G20坚持每天苦练技艺,相信自己一定能够成为一名优秀的钳工。

③情境脉络。即"苦练技艺"这一作为现象的次类属中能够影响工匠G20行动条件的属性,如身高条件的限制(身体重心太高)、得不到前辈支持(许多老师傅不相信G20)、毕生的梦想(从小就有的飞机梦)、坚信的真理(手有功夫腰杆儿硬)等。

④中介条件。即能够对工匠G20的行动起到阻碍或推进作用的条件,工匠G20由于身体条件不适合钳工的工作,不适合高精度飞机零件的挫磨工作,然而G20从小所处环境的熏陶(航空制造从业者世家)和自己的飞机梦,推动着G20坚持自己的梦想,加之G20一直坚信"手有功夫腰杆儿硬"的真理,推动他苦练技艺、坚持不懈。

⑤行动/互动策略。工匠G20要用实际行动打破偏见,证明自己的能力,实现自己的梦想。工匠G20采取的行动策略,如克服困难(他把家里的阳台改造

---

① GLASER B, STRAUSS A. The Discovery of Grounded Theory: Strategies for Qualitative Research[M]. Chicago: Aldine Press, 1967: 18-48.

② CORBIN J M, STRAUSS A L. Basics of Qualitative Research: Grounded Theory Procedures and Techniques [M]. Newbury Park: Sage, 1990: 96.

成练功房）、刻苦练习（一下班就钻进练功房）、持续训练（每天要连续训练四五个小时）、极强忍耐力（刺耳噪音造成生理性呕吐，依然坚持练习）、坚持不懈（正常情况下钳工一年换十多把锉刀，G20一年换了二百多把）等。

⑥结果。工匠G20凭借刻苦的训练、超强的忍耐力、克服困难的勇气以及坚定的信念和梦想打破别人的偏见，造就一身高超技术和精湛技艺，成为一名出色的钳工。因此，研究者认为工匠精湛技艺的获得需要坚持不懈的练习，需要克服困难的勇气，需要梦想和信念的坚持。依据上述分析，在开放性编码基础上获得的"高超技术""苦练技艺""攻坚克难"三个次类属归纳到"精湛技艺"这一类属之下。

（2）类属：知行统一

①因果条件。普通木船因为密封材料欠佳和技术有限，一般使用两年之后就开始漏水，需要不停地用腻子填缝修补；如何能够提高腻子的质量，成了工匠G8苦心钻研的方向。

②现象。工匠G8寻访多年，跑遍贵州大山寻找防止木船漏水的特殊材料。

③情境脉络。"寻找防水特殊材料"这一现象的次类属中那些能够作为工匠G8行动条件的属性，如体验木船质量（工匠G8作为木船制作团队中的技术领袖，为了造出更好的船，经常跟渔民一同出海，体验木船航海中可能存在的质量风险）、发现问题（发现水密隔仓板的防水腻子需要添加特殊材料）、各地寻找特殊材料（寻找很多年，在深山觅得）等。

④中介条件。即能够促进或阻碍工匠G8行动的条件，造木船工作很艰辛，一艘普通木船需要30多个工人耗时60多天才能完成，不仅需要体力劳动，更需要心智劳动（作为团队领袖，造船每一细节都要劳心劳力），所需特殊材料很难寻找，只能苦心钻研，不断试验；但是，工匠G8善于观察（经常出海实地观察）、善于反思（反思如何提高防水腻子的质量）、具有科学精神（学习造船知识，让船舶专业的女儿传授造船经验）等，这些条件成为促进工匠G8行动的条件。

⑤行动/互动策略。工匠G8在面对新挑战的时候毫不退缩，在处理木船水密隔仓板漏水这一问题上采取的行动策略，如随时随地观察、记录观察心得和实践体会（手边的烟盒、船上的纸盒是G8随手抓到的笔记本）、善于学习（经常反思，懂得利用身边资源寻求帮助）、大胆实践（将不同材料混合，寻找最佳材料）等。

⑥结果。工匠G8凭借自我的科学精神、学习能力和实践精神，通过随时随地的观察、反思、学习、实验和寻访，最终找到能够提高腻子质量的特殊材

料。因此，研究者认为工匠知行统一的精神和能力能够推动问题的解决和技艺的娴熟，"知"和"行"任何一方面都不能忽视和放弃。依据上述分析，在开放性编码基础上获得的"善于学习""科学精神""大胆实践"三个次类属归纳到"知行统一"这一类属之下。

（3）类属：精益求精

①因果条件。工匠G11用银丝手工编织中国结，双手磨得满是水泡；国礼底座上的四个中国结，没有人要求G11必须用手工打造。

②现象。工匠G11在无人要求的情况下双手磨破水泡也坚持用银丝纯手工打造国礼底座的中国结。

③情境脉络。即"坚持纯手工打造国礼底座中国结"这一现象的次类属中那些能作为工匠G11行动条件的属性，如面临难题冷静应对（用银丝手工编织中国结极难做到）、工作自我要求高（机器铸造银丝上的沙眼不能容忍）、面对承诺专注坚守（坚持纯手工打造）、理想信念坚定（每件作品都力求完美）等。

④中介条件。即那些能够推进或阻碍工匠G11行动的条件：一方面，他拥有高超的錾刻技术、平心静气的工作态度、极强的忍耐力（双手磨破水泡）。另一方面，国礼制作难度之大成为阻碍工匠G11行动的中介条件，而G11却仍表现出执着的工作追求和自我超越的勇气。

⑤行动/互动策略。在面临国礼底座的中国结极难纯手工打造这一问题上，G11丝毫没有犹豫和动摇，坚持对艺术的追求，不断超越自我。工匠G11采取的行动策略，如敢想敢做（有较高的工作目标）、凭良心做事（再难也坚持纯手工制作）。

⑥结果。工匠G11凭借工匠的技术、勇气、良心和追求为自己的国礼之作画上了圆满句号，赢得了世界好评。因此，研究者认为工匠除了拥有高超的技术、精湛的手艺之外，还要有专注执着的信念和自我超越的追求，依据类属间潜在的逻辑关系，将开放性编码获得的"严于律己""专注执着""自我超越"三个次类属归纳到"精益求精"这一类属之下。

（4）类属：独具匠心

①因果条件。中国自古传下来的文物拓印只有平面拓印法；工匠G15坚持认为无论是平面碑碣还是立体雕像都可以拓印。

②现象。工匠G15在精心学习平面拓印技术的同时，背着师傅仔细琢磨如何拓印非平面的东西，开始拓印浮雕。

③情境脉络。即"背着师傅琢磨拓印浮雕"这一现象的次类属中那些能够

作为工匠G15行动条件的属性,如为自己的想法着迷(相信无论是平面碑碣还是立体雕像,都可以拓印)、对老拓工的说法产生质疑(工匠G15私下琢磨立体拓印)、背着师傅拓印浮雕(G15在精心学习平面拓印技术的同时,开始拓印浮雕)等。

④中介条件。即那些能够推动或阻碍工匠G15行动的条件,如工匠G15敢于质疑祖宗之法(始终认为立体浮雕也可以拓印)、坚定自己的想法(私下琢磨立体浮雕拓印法)、对工作的热爱(认真学习平面拓印法的同时对立体浮雕拓印不断尝试,总结经验),然而,也存在很多阻力因素,如老拓工否定G15想法(教导G15立体的东西会顶破拓印的纸张,完全不可行)、缺少经验(前人没有立体拓印的先例)、工作难度大(立体拓印步骤繁复,且需要结合考古测绘、绘画、雕刻等多方面的知识)等。

⑤行动/互动策略。工匠G15敢于批判质疑祖宗之法,想通过团队努力发现新的方法,为古文物的复原与传承贡献自己的绵薄之力,采取的行动策略,如勇于创新(开始尝试拓印立体浮雕)、多年摸索(经过20多年的摸索和尝试,时刻关注自己的动态成果)、团队合作(带领自己的小团队各处尝试,探索立体拓印方法)。

⑥结果。工匠G15凭借批判质疑的精神、敢于创新的勇气、不畏艰难的动力、团队合作的协作能力和坚持不懈的毅力,最终经过20多年的不断探索和尝试,将最初不被认同的想法变为成熟的操作技艺,对高浮雕和圆雕造像文物进行抢救性的拓印留下宝贵的档案,成为中国申遗的重要依据。因此,研究者认为工匠绝不是没有思想、不懂创新的团体,恰恰相反,工匠们的独具匠心需要批判创新和团队的共同努力。依据上述分析,在开放性编码基础上获得的"批判质疑""勇于创新""团队合作"三个次类属归纳到"独具匠心"这一类属之下。

(5)类属:责任担当

①因果条件。工匠G3作为电力集团带电作业组组长,与组员一同发明了秋千法作为带电检修的方法;G3面临第一次进入1000千伏特高压电场带电作业的挑战。

②现象。工匠G3在高铁塔之间的导线进行带电验收,把组员留在地面上,独自攀高作业。

③情境脉络。即"独自攀高作业"这一现象的次类属中能够影响到工匠G3行动条件的属性,如铁塔之间电路验收工作收尾、盛夏天气极其恶劣(手抓在铁塔上都会烫手)、高空带电作业危险重重、空中高难度动作无人能比(能够

双手脱离导线工作,能够根据电晕声音判断导线损伤部位和程度)、为他人着想、极限化的胆量和毅力等。

④中介条件。即那些能够阻碍或促进工匠G22行动的条件,工匠G3面临许多阻碍条件,如面临巨大挑战(地面到塔顶接近60层楼的高度,要徒手攀爬)、面临生命危险(一旦踩空就是高空坠落)、面临恶劣天气、面临心理障碍、验收同时要制作带电作业预案等,但是,工匠G3所拥有的精湛技艺、极限化的胆量、耐性、体能和爱国为民的责任心足以推动他勇敢前行。

⑤行动/互动策略。工匠G3面对巨大的身心挑战,采取的行动策略,如不断摸索(一次次实验,发明了秋千法)、艰苦训练、为他人着想(把危险留给自己)、爱国为民(检修时如果在正常通电过程中发生断路,由此造成的大量事故和巨量损失是难以想象)、责任意识(不断改进操作方法)、言传身教(为组员和同事演示新方法)等。

⑥结果。工匠G3凭借强大的爱国为民的精神和毅力工作在第一线,为着肩负的重大责任不断努力,为着后来者工作的安全和顺利不断创新方法,承担着身家性命和社会民生的重大责任,饱含着常人不能承受的坚忍辛劳。因此,研究者认为工匠群体绝非技艺精湛的机器,他们所拥有的创新意识、实践意识、爱国意识、为民意识、传承意识、奉献意识和担当意识值得肯定和尊重。依据上述分析,在开放性编码基础上获得的"言传身教""责任意识""爱国为民"三个次类属归纳到"责任担当"这一类属之下。

(6)类属:德艺双馨

①因果条件。工匠G22技艺高超,很多私营企业想要聘请他;私营企业开出几倍工资加两套北京住房的优厚待遇。

②现象。工匠G22虽曾为优厚待遇心动,但坚决抵制诱惑。

③情境脉络。即"抵制诱惑"这一作为现象的次类属中能够影响到工匠G22采取行动的属性,如诱惑力巨大(几倍工资加两套北京住房)、亲人影响力大(妻子动心前来劝告)、有坚定人生信仰(金钱买不到的工作自豪感)。

④中介条件。即能够促进或阻碍工匠G22行动的条件,如工匠G22的工作难度大(一次次的技术攻关),需要时常加班加点工作(最难的一次泡在车间整整一个月),陪伴家人的时间很少;私营企业开出的优厚待遇诱惑力很大,工匠G22的妻子也曾劝他跳槽;而中国航天工程需要工匠G22为之付出努力(G22是火箭关键部位焊接的中国第一人),G22也无法舍弃工作成功之后的自豪感和中国航天事业发展的幸福感。此时,工匠G22的行动陷入了物质条件和精神信仰之间的两难困境之中。他的行动取决于如何把握和处理两者之间的关系,关涉

"敬业奉献"和"坚守底线"这两个次类属。敬业奉献涉及对待岗位态度（热爱—厌烦）、对待成果态度（无比自豪—不以为然）、工作动力（强—弱）等；坚守底线涉及到底线类型（信仰—金钱）、坚守程度（强—弱）、坚守时间（持久—短暂）等。

⑤行动/互动策略。工匠G22向妻子说明不跳槽的原因，坚决抵制诱惑；G22坚守岗位，专注自己的信仰，不断前行。

⑥结果。工匠G22凭借坚定的人生信仰，面对诱惑坚守内心，最终为中国航天事业做出贡献，也赢得了自己和他人的尊重。因此，研究者认为一位工匠除了要苦练技艺、敬业奉献外，更应当具有在关键时刻坚守底线、抵制诱惑的信仰和能力。依据上述分析，研究者将开放性编码获得的"敬业奉献""抵制诱惑""坚守底线"这三个次类属归纳到"德艺双馨"这一类属之下。

3.选择性编码

选择性编码的主要目的是从类属中提取和挖掘核心类属，通过建立核心类属与其他支援类属的关联关系来构建理论模型和初步理论。在对开放性编码、主轴性编码进行系统分析、凝练的前提下，循环往复地将已有类属进行重组和提取，最终使得"精湛技艺""知行统一""精益求精""独具匠心""责任担当"及"德艺双馨"这6个类属凝练成3个核心类属，即工匠的核心素养包括"匠技""匠心"和"匠魂"三大维度。该研究的三级编码最终结果展示如表2-2所示。

表2-2 工匠核心素养的三级编码展示

选择性编码	主轴性编码	开放性编码		
匠技	精湛技艺 知行统一	高超技术 善于学习	苦练技艺 科学精神	攻坚克难 大胆实践
匠心	精益求精 独具匠心	专注执着 批判质疑	严于律己 勇于创新	自我超越 团队合作
匠魂	责任担当 德艺双馨	言传身教 敬业奉献	责任意识 抵制诱惑	爱国为民 坚守底线

（五）扎根理论视域下工匠核心素养研究的理论饱和度验证

运用扎根理论的研究方法展开研究，需要不断寻找新数据、新资料，进行理论性抽样，反复修正和比较已有类属，这一过程一直持续，直到不能发现新的概念或类属为止。[①]在本研究中，研究者将39位工匠的视频转录资料打乱顺序，随机编号，具体编号为工匠G1、G2、G3……G39，共计39份材料有待

---

① 陈向明.扎根理论的思路和方法[J].教育研究与实验，1999（4）：58-63，73.

编码。编码过程中发现自第33份材料开始至第39份材料，编码的类属都能归纳到先前编码的类属中，并未再提取出新的概念和类属。同时，为了提高研究的科学性和严密性，研究者又随机选择了2017年"五一"央视新闻频道《大国工匠》视频中3位工匠的具体资料进行三级编码，亦未出现新的概念和类属，仍然符合"匠技""匠心"和"匠魂"的核心类属。因此，本研究理论饱和度较高，结论成立。对未来工匠精神领域的研究以及工匠人才的培养具有较大的理论意义和现实意义。

首先，为工匠精神内涵的理解提供思路。在全球经济一体化和"互联网+"时代背景下，工匠精神被注入了新的时代内涵。中国制造业在呼唤工匠精神的回归，学术界也开始重视对工匠精神的深入研究和再发现，重新审视和挖掘工匠精神所蕴含的价值与意蕴成为众多学者的兴趣所在。当前研究对于工匠精神的解读众说纷纭，表现出一定的随意性。本项目将通过扎根理论、基于大数据的实证研究，结合工匠精神的理论基础、现实诉求和政策指向来归纳工匠精神的内涵、核心、维度和指标等，形成可操作性的概念体系，为弘扬工匠精神提供基本的依据。

其次，有助于提升工匠的社会地位，弘扬和培育真正的"工匠精神"。社会各界对工匠群体和"工匠精神"的高度关注恰恰证明了当前社会"工匠精神"的普遍缺失和企业行业对工匠人才队伍的迫切需要。但是，目前工匠群体的社会地位偏低、待遇不高是不可否认的现实，传统思想观念使得大众对"工匠"职业抱有浓厚的歧视和偏见。通过扎根理论的研究方法提取出工匠的六大核心素养，是对工匠们工作过程中造物方式、服务心态和劳作原则的积聚浓缩，其中蕴含、承载且淋漓尽致地展现着工匠们特有的精神内涵和品德素养，对近年来急功近利之风盛行、墨守成规之风弥散、消极怠工之风蔓延的社会风貌具有极其重要的警示作用，对提升工匠的社会地位、弘扬和培育大众的"工匠精神"发挥着不可替代的启示作用。

最后，有助于推动新时代职业教育人才培养的变革，满足产业发展对高素质工匠的殷切需求。当前，全球制造业与信息技术的深度融合正在促进产业结构的转型升级和生产方式的优化变革，智能化生产、个性化定制所需的新型技术技能人才的培养必将成为职业教育的历史使命和重要责任。为推动我国由"中国制造"向"中国创造"的历史跨越，需要培育一大批高素质工匠为之做好人才准备。职业教育要牢牢把握住我国制造业转型升级的发展现状和现实需求，树立起新型技术技能人才培养的质量观。因此，在运用新的理论视角研究实践问题的基础上构建出的职业教育人才培养的核心框架，有助于推动新时代职业教育人才培养的创新与变革，有助于为产业发展培养一大批具有"工匠精神"的高素质工匠人才队伍，从而更好地服务于中国经济的转型升级。

第二节　扎根理论视域下工匠核心素养的研究结果与讨论分析

一、工匠核心素养的理论模型

通过对39位工匠日常工作和生活情况的三级编码分析，研究者最终提炼出3个核心类属、6个类属和18个次类属，即工匠的核心素养分为匠技、匠心、匠魂三大维度，综合表现为精湛技艺、知行统一、精益求精、独具匠心、责任担当、德艺双馨六种核心素养，可具体细化为高超技术、严于律己、抵制诱惑等十八个基本要点。依据上述编码及分析，本研究初步构建了工匠核心素养的理论模型，其理论模型如图2-1所示。

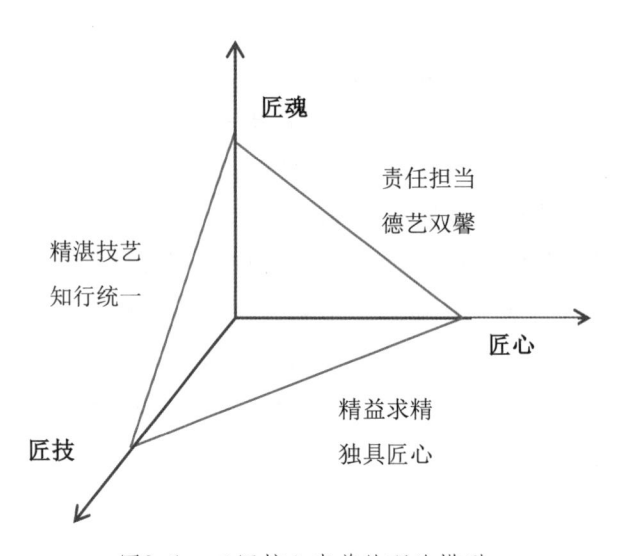

图2-1　工匠核心素养的理论模型

但是上述理论模型中各类属的概念如何界定？工匠六大核心素养的基本内涵和具体表现是什么？工匠的成长历程是什么样子，他们又是如何形成这些核心素养的？"匠技""匠心"和"匠魂"之间到底存在怎样的关系？这一系列问题的回答需要通过对《大国工匠》原始视频资料的再次回顾以及对已经构建的理论模型的进一步解读来澄清。因此，研究者在查阅相关文献资料的基础上，带着上述疑问再次观看视频、阅读原始转录资料，并结合已形成的初步理论对工匠的六大核心素养和十八个基本要点进行细致阐述,对工匠核心素养形成的生命历程展开具体分析,试图厘清"匠技""匠心""匠魂"之间的内在联系。

二、工匠核心素养的基本内涵

(一)匠技——精湛技艺、知行统一

"匠技"是指工匠们在长期工作实践过程中逐步积累起来的知识经验、方法原理、操作技能和手艺本领,是一位匠人赖以生存的基本能力。①匠技重点强调工匠们在科学原理、操作技术等方面所拥有的知识素养和行为技能,综合表现为精湛技艺和知行统一两种核心素养。

其一,精湛技艺代表了工匠的专业水准,反映出工匠的技术声誉。精深娴熟、精致玄奥的技术水平是工匠们巧手打磨下"器物"质量的保障,是对"工艺"极致的追求,更是工匠"品德"的直接体现。②工匠们精湛的技艺让人折服,如宣纸制作工匠G10在晒纸工序中担负着重要责任,若稍有闪失,则前功尽弃。只见他奋臂挥舞毛刷,手法干脆利落,稳准快实,连贯流畅,直如行云流水,绝无拖泥带水,正如G10所说:"每一刷的走向你要控制在可控的范围之内,如果走偏了,就像那个车子一样的,它就撞了,我们那个刷路稳到什么程度,比如像一张纸22刷,每一张纸晒起来都是22刷,它不可能多一刷,也不可能少一刷,(认真地解释)而且纸面非常平整。"恰是在如此精湛和细腻的手艺之下,一张张湿润柔软的大纸张才能在焙面上平平整整,没有一个气泡,不出一条褶皱,不留一条刷痕,更没有一点撕裂。工匠G10臻达极致的技术水平把自己手中的刷子练到了化境,将"精湛技艺"一词诠释得淋漓尽致。但是精湛技艺的练就过程却充满了苦涩艰辛,工匠G10回忆自身经历时提道:"扎花这种宣纸你没有办法把它搓开,必须要点它才能分开。你点两张跟点一张,基本上你分不出来。我师傅教我的时候点拐,就那个简单的动作,叫我点了一个礼拜,我这个手指头都点肿了。它每张纸都要用力气把它点起来,每一张纸,(强调,重音)每一块纸帖有500张,要点500下子。那个纸非常非常薄,刷子从纸上面过就像那个踏雪无痕一样,你过去了几乎没有痕迹。"正是工匠G10苦

---

① 任雪园,祁占勇.技术哲学视野下"工匠精神"的本质特性及其培育策略[J].职业技术教育,2017(4):18-23.
② 黄君录."工匠精神"的现代性转换[J].中国职业技术教育,2016(28):93-96.

练技艺的坚持和攻坚克难的决心才用自己的手艺告慰了历代前辈，用成果守卫了传代荣耀。

其二，知行统一代表了工匠的学习意识，反映出工匠的实践能力。乐学勤思、手脑并佳的行为素养需要工匠们"做"与"思"、"手"与"脑"、"行"与"知"的交互为用，恰如王守仁"知是行之始，行是知之成"的价值意蕴和哲学境界。例如十几年前内镜下微创切除手术在中国是一片空白，G7也只是一名普通的外科医生，然而，善于学习的他愿意跋山涉水远赴日本去研习内镜切除消化道早期癌症新技术，学成回国后潜心研究、独辟蹊径，创立了在食道管壁里打隧道的全新内镜手术方法。在传统的认知中，像工匠G7这样的高端研究型外科医生，应该说都属于坐而论道型的脑力工作者，有著作等身的专著论文就已然能够证明自己的水平和水准，不必或者说也不习惯动手做手术。而工匠G7则认为内镜手术实施完全依赖医生对器械的精准操控，是精巧至极的手艺，于是G7开始努力钻研手艺。内镜手术要求左右手必须一起开工，协调配合，身为左撇子的工匠G7为此潜心苦练，终于经过不懈努力修习到了双手互搏的境界。正如工匠G7接受采访时所说："人家做手术，六点钟、七点钟下班，我可以到九点钟、十点钟不下班。（微笑着）现在镜子在我手上，就像一个吃饭拿的筷子一样，（双手比画）可以随心所欲。"实际上达到相当层次的匠人都是手脑并佳的高端型人才，只有这样具有科学精神且善于学习，在反复思考的基础上勤于练习、大胆实践的工匠才能够真正做到知行统一，才称得上真正的工匠。

（二）匠心——精益求精、独具匠心

"匠心"是指工匠们所表现出的别具特色的灵巧心思和在技能、艺术方面独特的创造性，是一位匠人求效唯美的价值取向。匠心重点强调工匠在产品细节、服务过程等方面所具备的极致追求和创新精神，综合表现为精益求精和独具匠心两种核心素养。

其一，精益求精代表了工匠的工作态度，反映出工匠的审美志趣。精益求精淋漓尽致地展现了工匠们对高端制造的内心向往，展现了工匠们对品质服务的责任担当，展现了工匠们对完美技艺的不懈坚持。正如在长征七号火箭惯组加工工匠G16的心里，零点零已经成为自己内心的公差，精益求精已然成为一种坚持的信仰，工匠G16认为："加也是误差，减也是误差，只有零是最好的地方。我达不到零点零，但我一定要尽量靠近一点。如果说你一开始就马马虎虎奔着边缘去，老是在悬崖边缘徘徊，有可能任何一个小小的误差或什么，零件就废了。（严肃的神态）"正是工匠G16所表现出的对零点零的执着追求和对自我的严格要求，才成就了他成品率最高、返工率最低的冠军称号。在工匠G16的工作模式里速度并非来自表面的急促紧迫，而源于每一个工作行为的准确有效。他对自己的产品总是精益求精，甚至吹毛求疵，纵然加工产品误差在设计允许范围之内，已经属于合格产品了，但是G16要将产品从检验员手里拿回去返工，他要坚持自己心里的公差。工匠G16说："工匠这些人都已经跟缺了一根筋似的，（笑）或者说是钻了牛角尖的，就喜欢这个才能干好，什么时候你不用心，你就干不好。"工匠们将铸就精品的执念付诸实际，不畏艰难险阻，经过千百次的磨砺和修正，努力超越自我、追求卓越。

其二，独具匠心代表了工匠的职业智慧，反映出工匠的创造之美。别出心裁、革故鼎新的思维方式指引着工匠们注重自己的内心体验，通过对世界万物的洞察与思索，不断实现对设计的独具匠心和对产品质量的卓越追求。独具匠心主要源于工匠自身长期的实践积累和对技艺的理性思索，通过对以前精品的不断改良和创新，期望达到超越精品和无愧于心的境界。当然，独具匠心也源于工匠们对旧事物的批判质疑和对新事物的勇敢接纳，正如中国人民币人像雕刻师工匠G21在手工雕刻技艺到达巅峰期的时候，计算机技术迅捷切入印钞行业，而传统手工原版雕刻忽然间成了制约行业发展的瓶颈。工匠G21面对此情此景，心里的震撼是巨大的，但是经过深思熟虑，G21和同事最终下定决心要学习数字雕刻，一切从零开始。G21提道："如果我们要是抵触计算机，完全说我们一定要用手工雕刻，我们就坚守着手工，那谁来去做转型的计算机的工作呢？如果我们自己不随着时代的变革，去变革自己的话，你就会被时代所抛弃，（肯定）虽然你觉得传统雕刻的价值很高，就是传统雕刻有优势，那么新的数字雕刻难道就没有优势吗？"不能在时代的发展面前逃避，更不能让中国人民币雕刻水平的国际声誉受损。工匠G21正是凭借着敢于质疑、勇于创新的信念才发现技艺的精华并非依附在工具之上的道理，才找寻到手工雕版时从未有过的自由和创作空间，才为自己的创作带来了一次革命性的解放和激发。

（三）匠魂——责任担当、德艺双馨

《左传·襄公二十四年》载："太上有立德，其次有立功，其次有立言，虽久不废，此之谓不朽。""立德"位于"三立"之首，所谓"做人做事第一位是崇德修身"，"若无德，虽体魄智力发达，适足助其为恶"。[①]自党的十八

---

① 梁捍东，牟文谦.高校立德树人根本任务的实现机制[J].河北大学学报（哲学社会科学版），2019（1）：70-75.

大以来,"立德树人"逐步成为教育的根本任务和人才培养的基本遵循,2019年《国家职业教育改革实施方案》指出要"落实好立德树人根本任务",2020年政府工作报告再次强调要"坚持立德树人"。随着第四次工业革命的悄然兴起,我国经济发展由数量时代向质量时代转变,中国社会越来越需要工匠精神的大力弘扬与工匠文化的努力构建,需要工匠队伍的大量培育与工匠人才的无私奉献。

"匠魂"是指工匠们对本职工作的敬畏、入魂,达到了"技可进乎道,艺可通乎神"的人生境界,是工匠内在品质的灵魂所在。"匠魂"着重强调工匠在工作过程中所体现出的敬业奉献的道德品质和人文素养,重点突出工匠在人生态度上所展现出的爱国为民的理想信念和精神境界。恰如《左传·文公七年》所载,"六府三事,谓之九功。水、火、金、木、土、谷,谓之六府。正德、利用、厚生,谓之三事"[①]。据明清《廖志编》的解释,"正德、利用、厚生"三事阐述了古代工匠精神的内涵并成为古代工匠的行为准则和宗旨。"正德"居于统帅地位,规约着工匠的技艺行为;"利用"指工匠应从事利于创造物质财富的生产活动;"厚生"则指工匠的劳动要服务于治国和惠民。[②]由此看来,古代工匠"正德、利用、厚生"的行为准则随着时间的更迭代际传承,逐步演化为新时代工匠所应具备的核心素养,形成了以责任担当的家国意识和德艺双馨的职业素养为本质内涵的"匠魂"。

其一,责任担当的家国意识。"责任"是一种职责或义务,是务必承担的使命,是社会个体成员所应遵守的规范和要求。"担当"是指接受并负起责任,是一种态度和勇气,是社会个体成员内在意志的外在体现。责任担当代表了工匠的职业操守,反映出工匠的社会良知。勇敢担当、爱众惠民的价值标准时刻提醒着工匠们要具有崇高的职业责任感和使命感[③],他们用经年累月而淬成的珍重技艺和常人所不能承受的坚忍辛劳,追求着代代传承和千古不朽的人生理想,承担着身家性命和社会民生的重大责任。中国第一个工匠团体墨家便以是否利人作为衡量技巧的标准和自己理应承担的责任。鲁国名匠"公输子削竹木以为鹊,成而飞之,三日不下",他自以为精巧至极,但墨子认为"不如为

[①] 庄西真.多维视角下的工匠精神:内涵剖析与解读[J].中国高教研究,2017(5):92-97.
[②] 薛栋.论中国古代工匠精神的价值意蕴[J].职教论坛,2013(34):94-96.
[③] 任雪园,祁占勇.技术哲学视野下"工匠精神"的本质特性及其培育策略[J].职业技术教育,2017(4):18-23.

车辕者巧也。用咫尺之木，不费一朝之事，而引三十石之任，致远力多，久于岁数"，"故所为功，利于人谓之巧，不利于人谓之拙"。墨子这种立足于社会利益和百姓利益的价值标准和自然流露的责任担当的家国意识，得到后世工匠的广泛认同。当代工匠G32这位钢管镗工师傅，他30多年的人生就是在特种合金上镗出像镜面一样光滑的深孔，用精湛的技艺实现自己最简单的追求。工匠G32用自己的实际行动诠释责任和爱国的本质内涵，将自己的毕生所学和丰富经验无私传递给下一代，正如工匠G32自己所言："我想今后我就能够把我这些手艺、干活的小窍门儿整理整理，传承下去。车间里大部分都是我的徒弟，（自豪）现在就是进工厂的年轻人确实是越来越少，我觉得还是缺失荣誉感，国家的荣誉感，必须得有的，这种精神不能丢，得有这个使命感，毫不犹豫的你必须得去干。在民企我可能能拿到上万元或者更高一些的收入，但是那不是我所追求的，给私人老板工作，我觉得我自己就没有什么使命感，我就是为钱而奋斗了，（笑）有可能我的技艺就没有了。深孔加工最讲究的就是一个要正，一个要直。干了这么多年，这两个字一直是我所追求的。（认真）我就是要求它跟人生的直线度一样，不能走偏。"走正路，行直线，是说起来简单，做起来却很难的事。工作需要的不仅仅是纯熟的技巧，同时还要肩负超越自身利害的责任感和爱国为民的使命感，只有拥有这样的责任感和使命感，才能在枯燥乏味的工作中慢慢提炼出"工匠精神"。作为工匠核心素养的六大素养之一，责任担当指工作过程中工匠们所展现出的价值标准、情感观念和行为风格，责任担当的家国意识具有以下三个特点。

首先，工匠们责任担当的家国意识具有社会性。人作为社会中的个体，在复杂的社会关系中因身份角色的不同而承担着不同的社会责任。"匠魂"中责任担当的主体是能够推动新时代产业转型升级、制造业创新发展的工匠群体，该群体在社会生活和工作环境中无时无刻不心系国家，心系百姓，工匠身体里所蕴含的极强的社会责任感和使命感进一步促使他们饱含家国意识，履行社会义务，为我国由"制造大国"转型为"制造强国"付出不懈努力。

其次，工匠们责任担当的家国意识具有自觉性。自觉性是指个体以自己规定或设置的目标为出发点，依据个人的动机、需求、理想和价值观等自觉展开具体行动。[1]正是因为这种早已忘却自身利害的自觉性，使得工匠们勇于担当，

---

[1] 郅广武.学生发展核心素养中的责任担当意识探析[J].中国教育学刊，2017（S1）：225-228.

具备了明辨事物是非对错、理清事物轻重缓急的意识和能力，从而在正确价值观的引领下能够一切以社会和人民的利益为重，主动承担社会责任，积极维护民众权益。

最后，工匠们责任担当的家国意识具有传承性。从古至今，无论是历史悠久的传统师徒制还是正在大力推行的现代学徒制，其内在的精神熏陶和默会的心理传递方式使得工匠们责任担当的家国意识能够在师傅的一言一行中代代传承，源远流长。社会在不断发展的过程中也赋予了责任担当更为丰富的内涵，工匠们一旦心领神会，便可不肃而成，将自己的毕生所学无私传递给下一代，用自身行动诠释责任与担当的本质内涵。

工匠所展现出的责任担当的家国意识是一种思想的成熟，是不断追求灵魂丰盛的进取过程。勇敢担当、爱众惠民的价值标准时刻提醒着工匠们要具有崇高的职业使命感，他们用经年累月而淬成的珍重技艺和常人所不能承受的坚忍辛劳，追求着代代传承和千古不朽的人生理想，承担着身家性命和社会民生的重大责任。[1]因此，对于工匠来说，"匠魂"中责任担当的家国意识是其必备的职业操守，工匠只有以国家和人民的利益为重，珍视自己的工作，才能更加勤勉尽责，为国家的繁荣发展贡献自己的力量。

其二，德艺双馨的职业素养。德艺双馨形容一个人的德行和技艺都具有良好的声誉。德艺双馨代表了工匠的道德精神，反映出工匠的心灵境界。融道于技、持心公正的人文情怀激励着工匠们以彰显自身尊严为自我期许，以进入高尚境界为人生准则，工匠只有遵循"先为人，再为工匠，修养德性"之原则，逐步提升"立志、勤学、改过和责善"之素质[2]，才能最终到达"不忘初心，方得始终"的澄明境界。"才者，德之资也；德者，才之帅也。"北宋司马光《资治通鉴》中强调，"是故才德全尽谓之'圣人'，才德兼亡谓之'愚人'，德胜才谓之'君子'，才胜德谓之'小人'。"[3]在司马光看来，德是成人成才的根基和灵魂，才胜德的人对社会的危害远远超过无才无德之人。因此，千百年来，人们在此基础上逐渐形成了"德才兼备，以德为先"的人才思想和教育理念。现如今依然被传承和遵循，身为古钟表修复师的工匠G12时时刻刻恪守着老辈宫廷修复师留下来的规矩，宁可伤手，不伤文物。正如G12所说：

---

[1] 祁占勇，任雪园.扎根理论视域下工匠核心素养的理论模型与实践逻辑[J].教育研究，2018（3）：70-76.
[2] 杜维明.一个匠人的天命[J].读书.2016（2）：70-71.
[3] 司马光.资治通鉴：第1卷[M].胡三省，音注.北京：中华书局，1956：14.

"烧手都习惯了，这么多年下来手已经烧得差不多了，（苦笑）煤油味，反正这回家肯定身上都有味，包括一上公交车，自己都能闻见。（苦笑）其他清洗液现在没有什么更好的，或者有一些东西对文物反而有影响。"工匠G12在对双马驮钟进行整理、拆卸、清洗、除锈、锉削、补齿、焊接、装配和调试的过程中，时刻遵循着对文物干预最小的原则和铁律，几个月的屏息凝神，眼见得机芯的修复即告完成。但是当他小心地启动了机关，那颗修补加固的轮齿竟然再次被撞断，必须拆了重新检查。工匠G12说："你得找到它问题到底出在哪儿啊，它肯定是有毛病的，糊弄验收那很容易，我们想让它开三十遍、二十遍都不出问题，把毛病都找出来都给它修补好了。你要从这代人就开始糊弄那后代人怎么办，怎么干呢。（笑了一下）"扎扎实实地干活儿，问心无愧地做人，以此才敢承接前代的珍传，才有底气说出对后世的交代，这就是工匠的境界。工匠们正是凭借着无私地奉献和默默地坚持，才能抵制外界喧嚣浮躁的诱惑，坚守内心高尚澄明的境界。如今面对"第四次工业革命"的到来，高素质技术技能人才的培育成为关键任务，厘清"匠魂"中德艺双馨的内涵成为重中之重。具体来看，德艺双馨的职业素养具有以下三大境界。

首先，工匠们德艺双馨的职业素养具有"求真"境界。从词源角度解释，"真"最基本的含义即本原、本性、本来面目、未经人为的东西，"求真"境界即是一种知天乐命的生存境界，是一种安常处顺的心理状态。[①]工匠们将发自内心最为本真的热爱投入到工作之中，用自己的全部心血打造精美绝伦的产物，从这份对工作尊敬和热爱的愉悦氛围中尽情感知工作的乐趣和生命的意义，努力追寻敬业和奉献的"求真"境界。

其次，工匠们德艺双馨的职业素养具有"求善"境界。"善"即由真诚引发良知而做出对别人有益而适当的行为，是一种博大而深邃的情怀。中国传统文化中"仁、义、礼、智、信"等至善的德行修养往往体现在工匠日常生活和工作之中，体现在工匠总是以民众利益为出发点的所作所为之中。工匠从事与人们每日生活息息相关的生产劳动或服务，更需要这种"善"的修养和情怀来提醒自己遵守行业规则，抵制不良诱惑，为他人提供精益求精的产品和舒适贴心的服务。

最后，工匠们德艺双馨的职业素养具有"求美"境界。"美"是事物的本质力量，它充盈着对自然生命的尊重，对内心理想的坚守以及对道德信念的追

---

① 张正江.做事求真 做人求善 人生求美——真善美教育论纲[J].教育理论与实践，2005，25（19）：47-51.

求。试想，世间万物突破重重险阻，尽力展现对生命的敬畏，对生活的憧憬，表现出一种朝气蓬勃的、积极向上的力量，其实这就是"美"，正如工匠们扎扎实实干活儿，问心无愧做人所体现出的正义坚守，他们这种突破困境抵制外界喧嚣，努力坚守内心底线的奉献与坚持完美诠释了工匠的"求美"境界。

工匠所展现出的德艺双馨的职业素养是一种非凡的境界，是对内心世界和道德理想的接纳和忠诚。融道于技、持心公正的人文情怀激励着工匠们以彰显自我尊严为人生准则，工匠只有遵循"先为人，再为工匠，修养德性"之原则，逐步提升"立志、勤学、改过和责善"之素质，才能到达"不忘初心，方得始终"的境界。[①]因此，对于工匠而言，德艺双馨的职业素养是"匠魂"的重要体现，忠诚于自己的事业，献身于自己的事业，才能坚决抵制诱惑，坚守澄明之境界。

三、工匠核心素养的形成与发展

工匠是职业，是态度，是一种素养。如果一项工作或任务能够达到完善、完美的程度，工作也不仅仅是任务，工匠也不仅仅是身份，而能够展现出不同的人生态度。态度，在经年累月的浸润和打磨之下，逐步演化为一种素养。"素养"一词，早在我国《汉书·李寻传》中就有记载："马不伏历，不可以趋道；士不素养，不可以重国。"《现代汉语词典》则将"素养"指向"平日的修养"，强调其是后天习得的。[②]如此看来，工匠的核心素养正是在工匠们技艺磨砺、心智淬炼和人生阅历的积淀中渐渐形成与发展而来。常言道，"冰冻三尺，非一日之寒"，工匠核心素养的形成与发展也绝非是轻而易举、一蹴而就，工匠们身体里所蕴含的匠技、匠心、匠魂，行为中所展现的精湛技艺、知行统一、精益求精、独具匠心、责任担当和德艺双馨的核心素养，正是他们智慧与汗水的结晶，是脚踏实地与不忘初心的收获。

根据劳耐尔的职业能力发展阶段理论，从职业人每一阶段的发展特征与具体表现，发现每一个阶段职业人的心智能力特征、动作能力特征以及知性能力特征都在逐步提升，但是向上发展的过程漫长且艰辛。本研究中的"工匠"就可以理解为劳耐尔职业能力发展阶段理论中处于最高级别的"专家"，从视频

---

① 祁占勇，任雪园.扎根理论视域下工匠核心素养的理论模型与实践逻辑[J].教育研究，2018（3）：70-76.
② 林崇德.构建中国化的学生发展核心素养[J].北京师范大学学报（社会科学版），2017（1）：66-73.

文字转录资料可以判断，这39位大国工匠的成长历程步步艰辛。如工匠G17在做学徒时没少挨师傅的骂，他回忆时说："有一个活儿没干好，师傅就说，你这个人干活儿不动脑子，人家不会放心让你干的。你这个活儿报废率太高了，我是带不了你，你还是另请高明吧，（模仿师傅的语气）感觉到心里蛮难过的，就是说师傅不带我，师傅把我扫地出门了。"也正因为师傅严厉的调教才让G17慢慢收心，好好学徒，从此开始用最笨的办法练习基本功，一边动脑，一边练习，手里的活慢慢有了灵性，经手工件都成为免检产品。如中国兵器工业集团首席焊工G4在左手被剪板机切掉以后也曾经历过沮丧、颓废甚至想要放弃工作。接受采访时工匠G4谈道："那个时候是我最困惑的时候，曾经犹豫过很久，到底这项工作还做不做了，去不去坚持下去了，单位的领导、同事、工友们也都劝我不要干这个工作（手势挥动），改一项工作吧。"但他在消沉过后摒弃绝望、重燃斗志，坚持每天比别人多焊50根焊条再回家，发明牙咬焊帽等办法用单手代替双手，最终恢复焊接技术。同样，海底隧道操作工匠G28刚进入深海安装设备时因为马虎也遭遇了一次不小的打击，上百名工友几天的活儿白干了，一切必须从头再来。工匠G28回忆此事时曾说："大家对我有一种看法，说你看看你过来之后，糊糊弄弄得把这个东西做出来，装上之后你看看出这个问题。（苦笑）"这次失败让G28意识到细致耐心、精益求精的重要性，从此G28勤加练习，严格要求自己，追求技艺的极致。由上述这些案例得知，工匠核心素养的形成与发展需要新手们在长期的言传身教和环境熏陶中逐步积淀，在此过程中，他们必然会经历失败、面临挑战、忍受折磨，但此后只有勤学苦练、不断进步、创新实践、乐于奉献、坚守内心，最终才能超越自我、涅槃重生。没有哪一位专家生来就是专家，没有哪一位工匠天生就是工匠，都是由新手通过学习、训练、奉献和坚持才一步一步地成长为行业专家，成长为具有精湛技艺、知行统一、精益求精、独具匠心、责任担当和德艺双馨核心素养的真正的工匠。

综上所述，工匠的核心素养是一个多维度、整体性的概念，不能对其进行单独地、孤立地培养或发展。工匠核心素养形成与发展的过程主要具备以下四个特点：第一，工匠核心素养的形成与发展具有连续性。核心素养的获得需要终身学习和不懈努力，其形成并非一蹴而就，而是需要一个长路漫漫的过程。起初在学校中接受培养，接受学校教育的专业技能训练和理论知识培育，之后在一生漫长的过程中不断完善。除了接受学校教育以外，还可以通过短期或长期培训、职前或在职培训以及继续教育等多种形式展开学习和训练，家庭、同事、工作、政治生活和文化生活等都可以发展工匠的核心素养。当然，工匠核心素养的发展除了通过个人不懈地努力，同样也需要一个适宜的工作环境和社会环境。第二，工匠核心素养的形成与发展具有阶段性。在不同的人生阶段，个体需要掌握的知识、能力等方面的着重点各不相同，正如劳耐尔在职业能力发展阶段理论中强调，职业人的每一阶段都有独特的学习区域和工作行为，所以工匠核心素养的发展也应明确阶段性目标。第三，工匠核心素养的形成与发展具有规律性。正因为工匠核心素养的形成与发展具有阶段性，因此每一阶段对某些核心素养的培养也存在敏感性和规律性，不能违背个体的身心发展规律而设定不符合个体现阶段身心发展水平的目标，如果提供过多现阶段无法消化和吸收的理论及实践内容，反而会对学习者产生反作用，从而阻碍核心素养的生成。因此，这一过程应严格遵照个体身心发展的自然规律，循序渐进地推动个体的发展与进步。第四，工匠核心素养的形成与发展具有可教可学性。核心素养并非是与生俱来的，需要学校的不断发现和用心培育，更需要学生的积极学习和努力争取。即使某些素养存在先天遗传的影响，但是在后天也应当可教、可学，可通过接受教育、不断训练获得应有的知识、技能、态度、情感和价值观等。

工匠核心素养形成与发展的过程中所具备的连续性、阶段性、规律性以及可教可学性，也足以证明工匠培育的历程之艰辛。新时代我国产业转型升级和社会经济发展所需的大量高素质工匠的人才培育，是一项长期系统的工程。在此过程中，需要各级各类教育尤其是与经济发展紧密相连的职业教育的努力和贡献，需要职业院校从人才培养的各个环节展开创新与变革。但是仅仅依靠职业教育的单方力量也不足以培育真正的工匠，还需要政府从法律法规、体制机制等方面为人才培养提供根本保障，需要社会利用主流媒体的宣传引导作用不断提高工匠的社会地位，需要企业通过产教融合、校企合作、现代学徒制等多种形式充分发挥协同育人作用，积极承担社会责任，实现校企双方的互利共赢。

四、工匠核心素养的基本要点与具体表现

工匠的六大核心素养可具体细化为18个基本要点，精湛技艺具体由高超技术、苦练技艺、攻坚克难等基本要点组成，知行统一具体由善于学习、科学精神、大胆实践等基本要点组成，精益求精具体由专注执着、严于律己、自我超越等基本要点组成，独具匠心具体由批判质疑、勇于创新、团队合作等基本要点组成，责任担当具体由言传身教、责任意识、爱国为民等基本要点组成，德艺双馨具体由敬业奉献、抵制诱惑、坚守底线等基本要点组成。与此同时，为

更清晰地展示工匠核心素养的本质特征与内涵，可通过列表方式呈现工匠核心素养的基本要点与具体表现，结果如表2-3所示。

表2-3 工匠核心素养基本要点与具体表现

维度	核心素养	基本要点	具体表现
匠技	精湛技艺	高超技术	具有娴熟的技术或手艺，掌握了熟练的技能技巧；能够将非凡的技术手段成熟地运用到生产实践和社会生活中，操作误差极小
		苦练技艺	能够正确认识和理解技术、技艺的价值，具有勤奋苦练的意志和决心；能够掌握切实可行的练习技巧，具有适合自身能力特点的练习方法；能够发自内心的主动要求多加练习
		攻坚克难	面对难题、挑战时能够冷静应对，善于发现问题根源所在；能够根据所处环境或现有条件，果断、勇敢地选择合适的解决策略和处理方案
	知行统一	善于学习	能够理解学习的意义和作用，具有积极的学习心态和良好的学习习惯；具有强烈的学习愿望、适合的学习方法、灵活的学习时间和具有针对性的学习目的
		科学精神	能够熟练掌握本职工作中基本的科学原理与专业知识；能够尊重客观规律，运用清晰的逻辑思维能力辩证地看待和分析事物的变化与发展，有效解决问题
		大胆实践	能够正确了解实践的意义和作用，不畏惧困难，迎难而上；能够将理论与实践相结合，敢于尝试，敢于接受失败，积极用行动证明实践是检验真理的唯一标准
匠心	精益求精	专注执着	具有专注一事的笃定和不受外界纷扰的踏实，能够尊重、珍惜自己做出的选择，全心投入到工作之中；能够坚持不懈地做好一件事，具有面临困难不退缩的持之以恒的认真和耐心
		严于律己	能够认识到严格要求自己的重要性，具有时刻不放松的良好心态；能够严格约束自己，不放任自流，坚持思想和工作上的自律自觉
		自我超越	拥有自我人生目标，为了达到目标集中精神，努力前进；具有不满足于现状的动力与活力，总是能够通过不断学习与创造充实自己，追求卓越，力求完美
匠心	独具匠心	批判质疑	具有质疑精神，敢于提出问题；能够根据实际情况做出判断并且相信自己的判断；能够一分为二地看待问题，分析问题，不盲目崇拜，不唯理唯书
		勇于创新	思维敏捷，具有丰富的想象力；面对问题敢于尝试不同的方式方法，积极寻求最合理的解决途径；具有卓越的创造力，能从事物的不同角度入手，认识问题，解决问题
		团队合作	具有团队意识，能够与同事、工友密切合作，配合默契；决策之前能够听取别人的意见，与他人协商；能够在变化的环境中变换不同的角色；能够虚心接受别人的批评与建议，正确评估自己的长处和短处
匠魂	责任担当	言传身教	不吝惜自己多年经验、技巧，通过语言引导和亲自示范，将技艺传授给他人；对自己的要求严格、严苛，能够为他人起到模范带头作用
		责任意识	能够清楚地知晓责任的内涵，明白自己的责任所在；具有自觉意识，能够认真地履行职责，把责任转化到行动中去；能默默承担责任，不仅对自己更对他人负责
		爱国为民	具有国家意识和爱国主义情怀，能够主动捍卫国家利益；具有惠民意识，能够主动维护人民群众的利益，树立为人民服务的思想；尊重中国优秀传统文化成果，主动弘扬和传播社会主义核心价值观

续表

维度	核心素养	基本要点	具体表现
匠魂	德艺双馨	敬业奉献	能够正确理解和认识自己的职业、职责以及职业的价值，用严肃恭敬的态度对待工作，努力做到最好；能够坚守在自己的岗位上，将爱岗敬业落到实处；具有奉献精神，能够不图回报的为了人民、国家、社会的利益默默在自己的岗位上奉献终生
		抵制诱惑	具有超强的自制力，面对诱惑时不为所动；具有坚定的信念和人生理想，能快速排解内心的犹豫；当诱惑来临时，能够镇定自若地了解、分析和思考，果断抵制诱惑
		坚守底线	具有做人与做事的人生信条，任何时刻都坚守着自己的道德情操；认为底线就是生命线，做任何事都不能跨越人生底线，不能违背自己的良心

五、"匠技""匠心"和"匠魂"之间的内在联系

一位工匠的成长与发展，"匠技""匠心""匠魂"三者缺一不可。匠技、匠心和匠魂作为工匠核心素养的三大维度，三者互为补充、相互促进、相互支撑，共同形成一个利于发展的有机整体。

首先，匠技是匠人形成能力、提升品质的基石和根本，能够点燃工匠的学习热情和训练激情，匠心和匠魂都是工匠们在掌握匠技的过程中逐步形成和发展的。但与此同时，匠技也属于最不稳定的因素，需要得到匠心与匠魂的共同督促与维持。如果匠人远离了学习和训练，故步自封、停滞不前，很快便会失去自己赖以生存的基础能力，任何形式的推陈出新、不断超越都会变成无源之水、无本之木。

其次，匠心是工匠们通过自己的知识、智慧和技能等活跃于大千世界所展现出来的各种力量，是知识积累和技能运用的外在表现，是素质品德的骨架支撑。匠心的发展有助于匠技的获得，匠心是知识和技能发展的内在条件和制约条件，匠心能够与匠技有机融合，形成更为稳定的动力因素。但是由于缺乏坚定的信念支撑和正确的方向指引，还需要匠魂作为匠技与匠心共同立足的载体。

再次，匠魂是匠技和匠心的方向引领，是工匠的内在品质和灵魂所在。匠魂唤醒和照耀着匠技和匠心，使匠人们散发夺目光彩。匠魂作为匠人们工作行为的根本出发点和立足点，是最强有力的激励因素和动力因素，是保证工匠行为得以持续的真正保障机制。但匠魂如果失去了匠技与匠心的技术支持与智慧支撑，匠人也很难发展成为真正的工匠。

质言之，匠技、匠心和匠魂是相辅相成、有机统一的关系。匠技是牢固

的基石，匠技成为匠心和匠魂发展的前提与条件；匠心是攀登的阶梯，匠心的执着坚持为匠技和匠魂提供动力和保障；匠魂是方向的指引，匠魂所展现出的高尚与澄明孕育着匠技和匠心的价值与追求。以上三者唯有协同耦合、相互扶持、融为一体才能富有生机和活力，匠技、匠心与匠魂构成一个稳定的三角形底座，共同支撑起工匠的智慧与奉献①，共同推动着工匠的未来与发展。

第三节 基于工匠核心素养的技术技能人才培养的实践逻辑

当前，随着全球智能化时代的到来，国务院于2015年发布了中国版的工业4.0计划，"大众创业、万众创新"的局面已逐步展开，与制造业联系最为紧密的职业教育也必将承担起创新型人才、技术技能人才培养的重任，为"中国制造"转型为"中国创造"贡献自己的力量。

通过扎根理论的研究方法对央视新闻频道《大国工匠》系列视频节目资料进行三级编码及分析，最终挖掘、提取出工匠的六大核心素养，是对工匠们工作过程中的造物方式、服务心态和劳作原则的积聚浓缩，蕴含、承载且淋漓尽致地展现着工匠们特有的精神内涵和品德素养。尽管我们用表格、文字对工匠核心素养的基本要点和具体表现做出了界定与概括，但却很难描述出学生具体如何做，做到何种程度才算具备了工匠精神，才能称得上真正的工匠。如此看来，美国教育家库伯的经验学习理论和英国思想家波兰尼的默会知识理论可以为我们深入理解、感知并借鉴工匠的核心素养开拓新的视野。

因此，为了培育一大批制造业转型和智能化生产所需的创新型人才、技术技能人才，在技术技能人才培养的实践过程中应当积极推动正式的与非正式的经验学习过程，不断激发学生自觉感知和收获默会知识，当学生步入职业院校学习，便成为工匠人才队伍的后备成员，然而真正成长为一位具备"匠技""匠心"和"匠魂"的高素质工匠人才，所谓高素质工匠，除了应具备精深娴熟的技术技能和勇于创新的职业智慧，还应当具备高尚的道德品质，工匠的形成与培育是一个复杂的系统工程，因此，高素质工匠的培养应借鉴工匠核心素养的理论模型，从匠技、匠心和匠魂三大维度入手，以精湛技艺、知行统

---

① 任雪园，祁占勇. 技术哲学视野下"工匠精神"的本质特性及其培育策略［J］. 职业技术教育，2017（4）：18-23.

一、精益求精、独具匠心、责任担当和德艺双馨六大核心素养为参照，推动新时代技术技能人才培养的变革，构建职业教育人才培养的核心框架。

一、营造尊重和崇尚工匠精神的良好氛围

当"工匠精神"与"中国制造"紧密联系在一起，便被赋予了丰富的时代内容和社会价值。依据扎根理论质性编码所提取出的工匠核心素养以及所构建的工匠核心素养的理论模型，发现新时代工匠精神被包含在工匠的核心素养之中，工匠精神所体现的孜孜以求的执着精神、一丝不苟的工作态度以及赶超时代的创新理念正是当前我国由"制造大国"转变为"制造强国"的必备精神，是智能化时代产业不断升级所需高素质工匠人才队伍的必备素养。新时代背景下，智能化生产系统需要工匠精神的引领与支撑，技术技能人才的培养需要工匠精神的弘扬与传承。

然而，人们在当今这个经济理性占据主流地位的社会里，那些不忘初心、默默坚守、锲而不舍的大国工匠越来越少，那种推陈出新、精益求精、乐于奉献的工匠精神也艰难形塑。[1] 目前来看，肩负着创新型人才、技术技能人才培养重要责任和历史使命的职业教育并未深刻意识到工匠精神培育的紧迫性，并未切实感悟到为学生营造一种尊重技术、尊重劳动氛围的重要性。具体而言，职业院校未能为学生营造一种尊重和崇尚工匠精神的良好氛围，问题主要表现在以下三个方面。首先，由于深受轻视技能和劳动的中国传统文化观念的束缚，使得职业院校的领导层和管理者将工匠精神拒之门外，根本没有真正领会工匠精神对于技术技能教育人才培养的重要意义。其次，多数职业院校在办学目标定位上出现偏差，呈现重技轻人的行为导向，在教育教学制度上忽视学生的综合素质提升和可持续发展，未能将工匠精神合理渗透于教育教学全过程中。最后，校园文化是实现教育目的的一条重要途径，是学校传统教育的精华所在，其所包含的显性物质资源和隐性精神资源的有效融合有助于学生工匠精神的培育。但现实情况表明，校园文化建设没有得到大众应有的关注，职业院校未能通过这一途径来弘扬工匠精神。因此，职业教育在未来人才培养过程中，应积极关注社会氛围的变化，努力探索工匠精神培育的新途径，从而及时为学生营

---

[1] 任雪园，祁占勇.技术哲学视野下"工匠精神"的本质特性及其培育策略[J].职业技术教育，2017（4）：18-23.

造良好氛围。

第一，更新教育观念。职业教育作为一种与社会经济发展联系最为紧密且关乎产业转型升级和国家繁荣发展的重要的教育类型，理应得到大众的期待和重视，自觉承担起技术技能人才培养和工匠精神培育的重要责任。职业院校作为人才培养的主阵地，应当重新审视工匠精神的价值意蕴，充分厘清工匠精神的当代内涵，深入学习中央颁布的有关工匠精神的政策文件，从时代发展的前沿看清社会前进的方向，将遗弃在教育视野之外的工匠精神重新拉回职业教育人才培养的行列，明确与工匠精神相统一的教育观和质量观。只有职业院校自身努力更新教育观念，从根本上认识到工匠精神对于技术技能人才培养的重要性，才有可能促使整个学校、学生以及家长的教育观念逐步发生转变。

第二，强化制度设计。以职业院校制度理念的向心力坚定工匠精神培育的理想信念，将工匠精神与职业院校的办学思想、教育理念和治校方针巧妙结合，把工匠精神的培育合理纳入目标制定、教学安排和学风建设的全过程。在必要的人文课程、职业规划课程和思想政治教育课程中适当融入工匠精神的教育内容，潜移默化地影响学生的思想和意识。学校全体教职员工也应当严格要求自己，在不同的工作岗位上用自身行为践行和弘扬工匠精神，努力成为学生敬佩和学习的楷模。加强顶层设计，找准办学目标，在职业院校教育教学理论和实践的双重环节逐步渗透工匠精神，从而促使教育环节更具有人文意蕴。此外，学校应推行产教深度融合的现代学徒制，进而达到以情育情的效果。现代学徒制与以往职业教育人才培养模式的最大不同之处在于，它把学校和企业摆在了同等重要的地位，一方是教师和学生，一方是师傅和徒弟，双方都以"立德树人"和"匠魂"的培育为目的。因此，学生从学校教师的日常教学中获得理论知识和创新能力的同时，也能从企业师傅的言传身教中习得敬业奉献的责任感和坚守底线的道德感，从而以师生之情推动"立德树人"，以师徒之情孕育"匠魂"正气。

第三，培植理性自觉。工匠精神作为一种观念形态的存在，无形之中发挥着举足轻重作用，潜移默化地推动着职业院校学生职业精神的发展和工匠精神的积淀。职业院校应当充分发挥校园文化的陶冶作用，在校园精神文化建设方面，从工匠精神的外在表现中启发灵感，通过特色建筑、设施宣传、景观标识等方式自然展现工匠的爱国为民的情怀和坚守底线的操守；在校园精神文化建设方面，从工匠精神的本质内涵中汲取营养，通过讲述工匠故事、树立工匠楷模、开设相关网站、邀请工匠演讲等多种形式进行工匠精神的弘扬，也可以举办工匠精神活动周、活动月或技术技能大赛等切实为学生营造"劳动光荣、技能宝贵、创造伟大"的文化氛围。在立德树人教育理念的导向下，学校应坚定"匠魂"培育的价值理念，把"匠魂"中蕴含的责任担当的家国意识和德艺双馨的职业素养融入人文课程、职业规划和思想政治课程中，潜移默化地影响学生的思想和意识。①学生在逐步掌握"匠魂"规范和要求的同时努力提高自身判断力，更加坚定爱国为民和敬业奉献的理想信念，从而也更好地落实立德树人的根本任务。总之，职业院校要培植一种理性自觉，形成一种文化追求，努力使学生对工匠精神形成情感上的认同，才能深层次地影响学生的思想认知与行为方式，最终使得学生们将工匠精神内化于心，外显于形。

二、构建基于六大核心素养的职业教育人才培养目标

职业教育人才培养目标在整个现代职业教育体系当中发挥着不可替代的作用，是检验职业教育质量高低的重要价值标准。职业教育人才培养目标作为教育活动的根本出发点和最终落脚点，教育教学的全过程始终围绕"培养目标"这一中心进行，职业院校只有准确定位人才培养目标，才能制定科学的培养方案，构建完善的课程体系，找寻适宜的教学方法，以保证职业教育人才培养的质量和规格能够适应社会经济的不断发展和用人单位的各种需求。②职业教育人才培养目标的定位需要以经济发展方式转变、经济结构调整优化、产业国际竞争力提高为着眼点，根据社会经济发展需求进行不断调整，具有明显的复杂性和发展性。改革开放以来，我国职业教育人才培养目标的定位不断进行调整和优化，曾有过多种不同的人才培养目标定位表述，这一过程经历了从探索到定型再到成熟三个阶段的历史演变，逐步适应产业转型升级和技术逐步创新的动态变化，切实展现职业教育理论与实践水平的不断提升和成果发展。

但不可否认，职业教育人才培养目标总体上缺乏从教育体系整体性、稳定性、战略性和发展性的角度进行定位，具体来看，我国职业教育人才培养目标的定位存在以下两方面问题。首先，职业教育既受制于社会经济的发展水平，又能够推动社会的进步，教育的社会关系规律要求教育必然要与社会发展、经济水平相适应。然而，我国职业教育人才培养目标的定位不明确且不具有针对

---

① 廖芳，王敏.立德树人视域下高职院校人才培养模式探索［J］.教育与职业，2020（6）：99-102.
② 欧阳恩剑.现代职业教育体系下我国高职人才培养目标定位的理性思考与现实选择［J］.职业技术教育，2015（19）：24-27.

性，也没能依据社会发展的整体需求对人才培养目标进行适时调整。其次，当前职业教育人才培养目标的定位充斥着"工具主义"特征，普遍缺失对于人本主义的关注与关怀。职业教育不仅要服务于区域经济，也要为学生的个性发展服务，满足经济发展的需求以及为学生终身学习和未来发展打好基础，两者同样重要。然而目前来看，多数职业院校过于强调学生专业技术和操作技能的培训，却忽视了学生未来职业生涯发展中至关重要的创新精神、专注品质和责任意识的树立，这一现象值得深刻反思。

在全球制造业转型升级的背景下，注重产品质量和服务品质是我国产业转型升级的必然要求，面对新的知识结构、技能结构和经济结构，职业教育人才培养目标的设定应合理借鉴工匠核心素养的理论模型，其定位应从功能与价值两方面着手，尽量突破线性思维，构建基于核心素养的职业教育人才培养目标。

第一，职业教育人才培养目标的定位要考虑到社会经济发展需求，在工匠精神培育理念的导向下，适时调整职业教育人才培养目标，逐步适应产业结构转型升级所需高素质工匠人才特征的动态变化。在智能化时代到来的关键时刻，我国正处于产业转型升级的重要时期，"刘易斯拐点"的到来逐渐抹灭了我国人口红利优势，服务于经济发展的职业教育亟须紧扣时代发展脉搏，及时且科学地调整职业教育人才培养目标。当今智能化生产系统需要的是高度复合型技术技能人才，其知识结构与能力结构面临着前所未有的改变，其生产组织形式也必将产生重大变化。因此，新时代职业教育人才培养目标定位应基于工匠的六大核心素养，注重学生精湛技艺的不断培训、实践与锻炼，培育学生具备知行统一的品质、精益求精的态度和敬业奉献的精神，从而使得学生能够在全新的生产系统中立稳脚跟，并且不断创新、追求卓越。

第二，职业教育人才培养目标的定位也要关注到学生综合素质水平的提升。近年来不断有调查数据和访谈结果显示，企业用人单位在员工技术技能水平合格的前提下越来越重视其综合素质能力，工作中员工们的敬业精神、合作能力和创新素质等优秀品质逐步成为企业和用人单位考虑员工去留问题的重要指标。孔子曰"君子不器"，人不应该被工具化、器物化[①]，当前职业教育人才培养目标"工具理性"特征明显，漠视人文情感和价值关怀，因此，能够为国家和企业培养大批技术技能人才的职业院校除了要致力于学生技艺的培养和训练，也应当侧重于学生工匠精神的培育，重视其对精益求精、独具匠心、责

---

① 姜纪垒.立德树人：中国传统文化自觉的视角[J].当代教育与文化，2019（1）：12-17.

任担当和德艺双馨品质与精神的追求，充分借鉴工匠核心素养的理论模型，提升职业院校学生综合素质水平的同时不断强化其再就业能力，满足其可持续发展要求，逐步为学生搭建起能够促进终身发展的人文素质职业教育体系。首先，高职教育人才培养目标的设定应合理借鉴工匠所展现出的"匠技""匠心""匠魂"的特点，提升学生技术技能水平的同时着重培养其具备责任担当的家国意识和德艺双馨的职业素养。因为意志的自觉性源于目标和信仰的坚定，只有目标确定，方向准确，才能向着崇高理想勇敢迈进。其次，学校应优化教师道德素质结构，强化师资队伍能力建设。高职院校学生处在身心尚未成熟的阶段，其职业道德观念存在许多不稳定因素，道德意志尚需磨砺，这就要求教师及时加以纠正和引导，不断深化学生对"匠魂"的认识，锻炼学生坚定的职业道德意志。可见，教师在学生"匠魂"形成与培育过程中发挥着承上启下、穿针引线的作用，其一言一行、一举一动都关系重大。因此，高职院校应定期举办教师在职培训、名校访问、名师演讲等活动，不断提升教师队伍的"匠魂"意识和职业素养。

三、贯彻以学习领域为中心的职业教育课程开发理念

智能化时代的到来要求人类劳动能力具备跨岗位的职业潜能，技术的不断进步亟须员工表现出跨专业的发展意识，承担提高劳动者专业能力、方法能力和社会能力的职业教育肩负着技术技能人才培养不可推卸的责任。职业教育内涵建设的核心是课程建设，课程在教育教学过程中发挥着关键作用。全面回顾我国职业教育课程改革的发展史，发现我国职业教育课程的发展历程逐步走上内涵式发展道路。

然而就当前职业院校人才培养的发展情势而言，其课程改革还任重而道远，有许多问题和困境亟待发现和解决。首先，当前我国职业教育课程问题复杂，学生的学术导向要重于实践导向，使得学生动手操作能力较弱，处理突发问题的灵活性较差，学生所掌握的理论知识与实践知识严重脱节，重理论、轻技能的现象已经成为职业教育课程开发不容忽视的问题。即使某些职业院校的课程模式冠以工作过程的名号，但最终也是以学科逻辑为主线展开课程开发，职业教育亟需通过真实的工作情境逐步完善课程体系的建设。[1]其次，能力本位

---

① 刘晓玲，庄西真. 软硬兼施：匠心助推高技能人才培育[J]. 中国职业技术教育，2016（21）：5-8.

导向及任务驱动导向的职业教育课程开发虽然能够指导学生迅速地获得一项操作技能或了解一个岗位的工作任务，但这些社会本位取向的职业教育课程理念更多关注社会经济发展的需求，缺少对学生主体地位、身心健康、终身发展的关心与关怀，根本无法培养学生的整体工作能力和可持续发展能力，可能会导致学生综合职业能力无法形成，得不到应有的保证。

高技术技能人才作为一种实践操作能力极强、理论知识水平极高的多元化人才，单单通过学科知识体系的力量无法培养此类人才，那么什么样的课程体系才能培养出理论与实践兼具的一体化人才，这个问题的解决有赖于职业教育课程体系的合理安排。依据波兰尼的默会知识理论可知，显性知识的积累和运用根本无法离开默会知识的支持和配合，默会知识的地位和力量不可撼动。同时，默会知识是职业能力的重要组成部分，学生只有在实践中不断学习和探索，才能逐步获得。由此看来，要实现职业教育的人才培养目标，满足制造业所需的具有工匠精神的创新型人才、技术技能人才，职业教育课程体系必须要强调实践性和应用性，需要依托基于学习领域基本理念的职业教育课程开发与建设。

第一，应贯彻理论与实践一体化的学习领域课程，强调专业理论学习与实践能力发展的统一性，让学生能够整体感知真实工作情境下的工作过程和任务环境。学习领域是由一个个目标任务组成的学习单元，某个专业的所有细致目标和任务都被集合在一起，贯彻以学习领域为中心的课程开发理念即是不厌其烦地将专业知识与工作知识整合在一起，从而不断激发学生的学习兴趣并提高其综合职业能力。学习领域课程开发包括八个基本步骤，从简单分析到具体了解，从确定领域到进行描述，从细致评价到不断扩展，在上述过程中，职业院校应时刻遵循学生的职业能力发展规律，努力实现"以实践为主线，以能力为本位"的学习领域课程开发，做到"知行合一"。"行"指的是行为行动，是指在一定的职业观念、情感、意志支配下采取的符合道德规范和要求的行动，职业认识、情感和意志只有通过最终的行为才得以体现，行为是衡量一位匠人是否具备工匠精神的客观标志。工匠精神形成的最佳方式是将自我判断、自主选择的意念付诸行动，经由内在自觉与情感自愿，引发善的行为动机并走向实践。①在实践过程中，人的具体行动能够进一步巩固认知，加深情感，锤炼意志，从而推动良好职业道德行为习惯的养成。因此，"行"是工匠精神形成与培育的关键，关注学生的行为与实践对于高职院校而言尤为重要。学校应实施

---

① 黄君录. 高职院校加强"工匠精神"培育的思考［J］. 教育探索，2016（8）：50-54.

以行动导向学习为原则的实践教学，不断推进基于项目导向、工作过程及案例推演等教育教学活动。在此过程中，学生要在具体的工作方案中展开主动的学习和探索，在真实的身心体验中感受工作的魅力和乐趣，从而潜移默化地促进学生责任担当的精神品质和乐于奉献的职业情怀的养成。

第二，一个学习领域通常要转换为具体的学习情境来更好地推动学生的学习和训练。在此过程中，以学习领域为中心的课程开发的重要任务是使学生的职业能力和综合素质逐步提升，该课程模式更多关注工作过程的自然逻辑，打破学生作为"观众"的刻板印象，充分体现学生的主体地位，希望学生在真实的职业情境和工作任务中拥有独具个人特色的、能够自动化操作和解决难题以及足以担当重要角色的素质和能力。学校可通过班会讨论、视频共享、图书发放等校内宣传活动有目的、有计划地组织学生自发学习和了解有关工匠的知识或理论，也应通过邀请专家来校交流、定期参观著名企业等校内外互动活动让学生切身感受和体悟工匠精神的价值和意义，并将这些认知上升为自身的职业观念。基于学习领域为中心的课程开发理念所培养出来的技术技能人才除了应当具备精湛的技艺和大胆创新的能力，还应具有乐于奉献的精神和敢于担当的气度，随着职业能力的渐渐提升和发展，逐步具备工匠的核心素养，最终发展成为能够为国效力的大国工匠，实现自我人生理想。

四、实施以项目教学为组织形式的职业教育实践教学

职业教育实践教学是以行动导向学习作为教学设计的原则，并主动将职业院校教学过程和工作过程有机结合的教学组织形式的总称，实践教学有助于创新型人才、技术技能人才的成长与发展。其中，项目教学是指面对一个实践性的、真实的或与工作情境类似的任务，职业院校学生能够在教师的指导下通过个人努力或团队合作确定目标、制订计划、实施并对活动进行评价的过程。若要完成上述学习任务，需要学生全身心地投入到教学过程之中，从真情实感上理解和支持实践教学的新形式。这对职业教育构建基于工匠核心素养的人才培养目标有重要作用，且有利于以学习领域为中心的课程开发理念的贯彻与实行。当前，现代制造业生产所需的技术技能人才是一种高度复合型人才，这不仅体现在需要掌握精湛的技术技能、横跨专业与非专业领域的学科知识，体现在需要具备技术创新能力[①]，同时还体现在需要拥有坚守底线的职业信念和敬业

---

① 徐国庆.智能化时代职业教育人才培养模式的根本转型[J].教育研究，2016（3）：72-78.

奉献的责任意识。因此，实施以项目教学为组织形式的职业教育实践教学，充分调动企业参与职业教育的内生动力[①]，有助于促进职业院校学生身心的健康发展，有助于学生专注执着的精神品质和乐于奉献的职业情怀的养成，从而有效发挥职业教育实践教学的独特优势，培养一大批现代制造业和新时代所需的高素质工匠人才队伍。

纵观职业教育现有的教学模式，虽然多数职业院校已经将实践教学纳入学校教育教学过程中，但具体实践环节存在以下三方面问题，制约着我国职业教育教学的进一步发展。首先，现阶段我国职业教育教学的内容结构主要遵照学科逻辑体系，较为关注学科结构的完整性和基础知识的夯实性，虽然实践教学的内容也包含在这一体系之中，但这一实践部分的内容大多是对专业知识学习的检查或验证，并非理论学习与工作实践的充分结合。其次，职业教育实践教学的过程过于形式化和程序化，例如在学生实训过程中，实训指导书或引导文材料中的操作步骤、工作过程呈现得太过明确、具体，学生只要按部就班的实施操作就能快速获得正确结果。得出结果的过程看似简单迅速，但是对于学生而言，这样的实践教学方式难以真正培养学生的实践能力和创新意识，难以提升学生的综合素养和可持续发展能力。最后，实践教学过程中以教师为中心的现象依然存在，许多职业院校学生无法通过亲身实践和体验获得真实感受和经验，不利于个体经验的积累和技能水平的提升。加之当前职业院校实训设备数量不足的现实，导致部分学生没有实践操作的机会，严重阻碍学生操作技能的提高，进而影响学生批判意识和创新能力的形成与发展。

美国的库伯向"教学即传递"的传统观念发起了挑战。[②]在职业教育教学过程中，实践和体验更是不可缺少的重要环节，有效的实践教学能够促进学生自觉而主动地投入学习过程中，能够推动学生获得丰富的、真切的认识并产生积极的、多元的情感意识。其实，在当前职业教育多种多样的实践教学方式中，事先设计都会假设学生已然具有相关经验。库伯的经验学习理论主张，经验、行动和思维作为学习的必备条件，无论缺少哪一个都不利于学习的进行。在具体实践过程中，经历经过百转千回的过程形成经验，经验成为学习的前提知识

[①] 祁占勇，王君妍.职业教育校企合作的制度性困境及其法律建构[J].陕西师范大学学报（哲学社会科学版），2016（6）：136–143.

[②] D. A. 库伯.体验学习——让体验成为学习和发展的源泉[M].王灿明，朱水萍，等，译.上海：华东师范大学出版社，2008：7.

和个体社会化的实现条件。①库伯所描述的四个适应性学习阶段中，具体经验是基础，在获得经验的基础上，经过经验的领悟和反思，不断内化为抽象的个体经验，之后再利用这些个体经验在新情境中进行实践，开始循环往复、逐步提升的学习过程②，由此得知实践教学过程中经验和反思的重要性。为了更好地推动职业院校实践教学过程的有效实行，改变实践教学形式化、程序化的现状，我国职业教育应当实施以项目教学为组织形式的实践教学，充分发挥经验和反思的重要作用，推动学生自我经验的升华和个体知识的建构。

第一，实施项目教学法需要现实社会中的具体工作任务来辅助教学，学生应尽力自行完成从目标设定、展开设计到具体实施、评价反思等各个流程的工作任务。在实践参与式学习过程中，学生要全身心地投入到规模较大、程序完整的工作方案中并严格按照完整的工作过程来展开积极主动的学习和探索，在仔细观察和认真体验中感受理论学习与真实情境的不同与联系，在教师精心设计的学习情境中不断提升自己的职业能力，从而增强自身的职业认同感和职业使命感。

第二，实施项目教学法需要数量巨大的相关指导性教学资料，例如教师关于教学过程的关键性问题和简短性回答，或者复杂结构的样本展示，工作材料或进程中所需工具的详细列表，也可能是具有辅助性质的视频、音频材料等等，这些指导性资料的充分具备将有利于教学过程的顺利实施。③但是这些引导文材料不能随意展示过于具体细致地操作步骤，能够在方法上指导学生行动导向的学习过程即可，否则会产生过犹不及的反面效果，反而不利于学生独立判断、选择、设计、发现问题、解决问题等方法能力的培养以及团队协作、敬业奉献、责任担当等社会能力的培育，阻碍职业院校学生综合素养的逐步提高。

第三，实施项目教学法要时刻牢记以学生为中心，除了尽可能地以学生们的兴趣为组织教学的起始点，也应当让学生在独立、开放的教学情境中展开工作任务的设计、实施及评价。此时，教师最重要的任务即为学生创设利于经验学习与知识积累、类似于真实工作过程的良好学习情境，尽力保证学生动脑和动手活动之间的平衡，并以咨询者和指导者的角色不断督促学生进行经验的总结和深刻的

---

① 姜大源. 当代德国职业教育主流教学思想研究——理论、实践与创新 [M]. 北京：清华大学出版社，2007：243-244.
② 许宪国. "职业带"与经验学习理论对高职教育的影响 [J]. 学理论，2015（8）：132-133，152.
③ 姜大源. 当代德国职业教育主流教学思想研究——理论、实践与创新 [M]. 北京：清华大学出版社，2007：253.

反思，为学生以后职业能力的提升和核心素养的形成奠定良好基础。

五、完善职业教育与制造业深度融合的现代学徒制

目前，我国产业转型升级所面临的智能化生产、个性化定制亟须大批具有精湛技艺、知行统一、精益求精、独具匠心、责任担当和德艺双馨六大核心素养的高素质工匠人才队伍。上述情境迫使我们要对职业院校人才培养模式展开认真思考，现有职业院校人才培养的各个环节有值得肯定的地方，当然也存在不足。培育"工匠精神"仅仅依靠职业院校调动自身力量难以达到，需要调动多方的支持与协作。从现有校企合作与产教融合的模式现状分析来看我国校企合作，产教融合存在合作时间不够科学合理，校企双方合作深度不够，合作企业热情度不高等问题。以及对现有专家学者关于校企合作，产教融合培育"工匠精神"的研究发现研究的视角都是将校企合作作为实施的路径和方式加以笼统的描述，就如何通过产教融合渗透工匠精神进行详细说明的研究还比较缺乏。也就是说，已有的文献只是说明了通过产教融合可以弘扬工匠精神，但是没有进一步说明如何指出校企合作、产学交融渗透工匠精神的具体实施路径。此外，智能化生产系统对技术技能型人才工作模式有五个根本性影响，即工作过程去分工化、人才结构去分层化、技能操作高端化、工作方式研究化及服务与生产一体化。智能化生产系统所需要的高度复合型人才是支撑未来工业的基础力量，而新时代"工匠精神"是这些技术技能型人才的精神引领和素养支撑。对创造古代技术文明的"工匠精神"的思考与传承，是造就当代高素质工匠的强大思想武器和精神动力。古代传统文化中有关工匠的学徒文化是在师傅言传身教的过程中逐步发展起来的，徒弟在师傅的指导或工作环境影响下，习得相应的知识和技术，这样的学徒形式随着时代发展逐步改革、进步，在现代职业教育体系背景之下转换为现代学徒制。因此，当前职业教育人才培养模式的变革应保留现有优势，同时推行现代学徒制，向行业和企业宣传师徒文化，建立师徒关系，为满足未来具有工匠精神的人才需求做出努力。现代学徒制是由顶岗实习、订单培养等校企合作形式不断变革发展而形成的一种新的人才培养制度，其发展势头良好，正逐步成为当今职业教育改革发展的重要趋势。现代学徒制与以往职业院校人才培养模式的最大不同之处在于，它把学校和企业放在了同样重要的位置，一方是教师和学生，一方是师傅和徒弟，虽然称谓不同，但企业和学校双方都以学生精湛技艺、创新能力及职业素养的培育为目的，是智能化时代技术技能人才培养的有效模式。近年来，随着国务院和教育部等部门诸多相关政策的

颁布与实施，现代学徒制已然成为研究热点和实践热潮。

然而，从当前全国现代学徒制试点城市的发展情况来看，其进程缓慢，现实与理想有一定的差距。具体而言，主要存在着以下两方面不容忽视的问题。首先，与现代学徒制实施有关的各方利益群体没有做好充分的思想认识和准备。其一，由于某些地方政府缺乏对现代学徒制的深刻了解，从未真正把地区经济发展与职业教育发展联系起来，从而忽视现代学徒制。其二，学生和家长深受传统儒家思想中等级和身份观念的影响，认为学徒身份低人一等，在选择进入学徒班时犹豫不前，积极性不高。其三，企业参与现代学徒制热情低沉，缺乏教育情感和社会责任感。其四，学校担心现代学徒制带来管理上的变革，不愿多花费物力、财力，缺乏改革的动力。其五，学校教师和企业师傅由于相关经验、认识和训练的缺乏，对于所要承担的工作和任务没有清晰的认识，无法采取适切的行动。其次，虽然国家对现代学徒制试点工作给予高度重视，但随着实践探索的不断展开，也暴露出一些政策与法律法规不完善方面的问题。其一，现代学徒制的相关政策文件总体上较为宏观，总是依附于校企合作和产教融合的文件之中，缺少国家或政府部门的专门法律法规。其二，有关现代学徒制实施的具体推进措施和手段有所缺失，对于企业的支持政策和激励机制存在盲区，企业在缺乏社会责任感和教育情感的同时又得不到企业形象的提升和经济利益的驱动，参与现代学徒制的热情必然减少。其三，实施过程中缺乏有效的管理、监督和评价机制，计划制订、组织检查、协调沟通、学分认定、实习考核等过程流于形式，学生的实习质量难以得到根本保证。

波兰尼认为，默会知识是职业能力中最重要也恰恰是最容易被忽视、最难获得的知识，它物化在产品的生产过程中，体现于实际服务中，想要通过死板的课堂灌输形式来传递默会知识实属不易，因此，同行、同事之间的技艺沟通和操作过程中的实践感悟显得尤为重要。从波兰尼的默会知识理论来看，现代学徒制是帮助学生完成建构个体知识体系，即建构"默会知识+显性知识"体系的最佳模式。现代学徒制的推行加强了教师和师傅之间的切磋和沟通，使得显性知识与默会知识也能够有机结合、相互弥补。[①]除此之外，推行现代学徒制的重要意义还在于使学生从企业师傅的言传身教中获得精湛技艺和创新能力的同时，也能够在耳濡目染中渐渐习得敬业奉献的责任感和坚守底线的道德感。因

---

① 韩天学.缄默知识理论视域下现代学徒制企业师傅的角色定位[J].高教探索，2016（04）：91-94，99.

此，随着职业教育人才培养模式的不断变革，许多职业院校对现代学徒制展开不同形式和规模的实施与探索，实践过程中获得了可贵的经验和教训。在此基础上，相关部门应针对现存问题，从思想认识和政策法规两方面着手，提出突破实行现代学徒制瓶颈的有效对策。

第一，应革新社会观念，加强对职业教育的宣传和引导，大力弘扬工匠精神，传播师徒文化。国家和社会要为大众树立正确的人才观和就业观，营造尊重劳动和技术的良好氛围，让企业充分认识和感知现代学徒制的实施对企业行业和经济发展的重要意义，逐步提升企业的教育情感和社会责任感。一是要尽力提升现代学徒制对大众的影响力，可以从电视、网络、新闻等媒体入手，以校企合作试点成功的案例为切入点，广泛宣传现代学徒制对于职业教育人才培养的重要性。另外，高职院校应积极探索产教深度融合的"德技并修"办学模式，把"立德树人"融入"做中学，学中做"，培养学生的"工匠精神"。[①]通过校企合作的支撑平台为学生提供实践场所，促使学生在真实生产和工作环境中经受住考验，最终形成良好的职业道德行为习惯。"以身体之、以心验之"，通过学生的主动参与和切身实践，使其知、情、意、行全身心投入，在以"教"为主转向以"育"为主的过程中让工匠精神内化为学生的精神内核和文化基因。[②]二是通过政府拨款、社会融资、企业捐赠等多种形式筹集基金，建立国家专项基金拨付机制，并从精神和物质两个方面对现代学徒制试点取得成果的企业和学校进行奖励，对主动承担职业教育社会责任的企业授予荣誉称号，提升企业形象，或将试点实践成果算入企业和学校绩效考核中。

第二，出台并完善有助于现代学徒制实施的政策与法规。一是要完善诸如校企合作促进法、学徒制培训条例等相关法律法规，与推行、参与现代学徒制各相关方利益挂钩的诸事都要考虑周全，既不能损害任何一方的利益，也要明确各方的义务。二是地方政府应根据区域经济发展情况和区域特色制定具体方案，针对积极参与现代学徒制并取得良好效果的企业给予特色税收、资金或金融政策方面的奖励。例如可以实行国税反馈、地税全免政策，给予各种具体奖励，或者利用银行贷款政策鼓励企业融入，可以采用赋分方式提升优惠力度。[③]

---

① 李慧萍，甄真.中国传统哲学思想对"工匠精神"培育的影响探析[J].职业技术教育，2019（32）：78-80.
② 黄君录.高职院校加强"工匠精神"培育的思考[J].教育探索，2016（8）：50-54.
③ 沈剑光，叶盛楠，张建君.多元治理下校企合作激励机制构建研究[J].教育研究，2017（10）：69-75.

三是应根据现代学徒制"双元育人,双元管理"等特点,制定刚柔并济的弹性教学管理制度和动态评价体系。[①]在管理方面,可以实施过程性考核,校企双方定期进行交流和反馈意见,不定时对学生进行相关能力考核。与此同时,在评价方面,可以实行发展性评价,注重学生人文素养、综合素质、道德品质和职业能力方面的评价,大力弘扬精益求精、独具匠心、责任担当和德艺双馨的品质和精神。

[①] 赵志群,陈俊兰.我国职业教育学徒制——历史、现状与展望[J].中国职业技术教育,2013(18):9-13.

第三章　工匠精神融入基础教育的价值意蕴与路径选择

进入21世纪以来，工匠精神越来越成为党和政府以及社会关注的重要议题。"工匠精神"作为一个淡出人们视线的优秀传统文化俨然呈现繁荣之势，并日趋成为学界较为活跃的研究对象。工匠精神不仅是从事物质生产和服务工作的人应该具备的素质，它也应该是所有劳动者共同拥有的人格特点。个体工匠精神的培育，不仅是职业教育的使命和内容，更是人在一生中需要不断发展和完善的修养。基础教育作为个体形成个人基本认知和价值观念的起点，也是人形成和培养工匠精神的关键阶段。在科技快速进步和我国发展进入历史新时期的今天，工匠精神被认为是民族精神的重要组成部分，也是我国传统文化中具有时代意义的内容所在。从更加全面、更广阔的视角认识和培育传统上属于职业教育范畴的工匠精神显得非常必要，而且具有很强的实践意义和理论价值。

第一节　工匠精神融入基础教育的理性阐述

一、工匠精神融入基础教育是时代的呼唤

人口红利的流失需要加快提升人才质量，工匠精神是新时代建设者的精神支撑和动力引擎。新时代是承前启后、继往开来的时代，全国各族人民在这个时代中要创造美好生活，就要再接再厉、团结奋斗。[①]为实现制造业强国和全面

---

① 习近平.决胜全面建成小康社会　夺取新时代中国特色社会主义伟大胜利——在中国共产党第十九次全国代表大会上的报告[J].中国人力资源社会保障，2017（11）：4-17.

建成小康社会的伟大的目标，必须加快人口红利向人才红利的转变。而改善劳动者人力资本质量将成为实现我国经济转型发展的关键，即如何培养一大批高素质劳动者、专门人才和拔尖创新人才成为关键。因此，重点需要激发广大劳动者的劳动热情和奋发图强的意识，弘扬劳模精神和工匠精神，在全社会营造精益求精的敬业风气和劳动光荣的社会风尚，这也是党的十九大报告提出的重大命题。而劳动精神、敬业精神等都是工匠精神丰富的内涵，将成为新时代建设的精神支撑。

基础教育是工匠精神培育最基础、最关键的阶段。习近平同志强调"要在学生中弘扬劳动精神"。根据国务院办公厅《关于深化产教融合的若干意见》（国办发〔2017〕95号）指示"将工匠精神培育融入基础教育"，则基础教育作为弘扬工匠精神的基础性、先导性地位得以进一步明确。一个人工匠精神的培育，不仅是职业教育的使命和内容，更是人在一生中需要不断发展和完善的修养。工匠精神的培养需要从小开始，基础教育阶段必然地成为养成一个人的工匠人格和培养工匠精神的最基础、最关键的阶段。让学生形成初步的关于工匠精神的认知和意识以及自我完善的意识和能力，具化为与学生发展的年龄阶段相适应的各种行为。

（一）工匠精神是制造业转型升级重要法宝

进入21世纪以来，工匠精神越来越成为党和政府以及社会关注的重要议题。工匠精神是制造业转型升级重要法宝。就全球产业链来看，尽管"中国制造"销量强劲，但却始终处于国际产业价值链的低端。《中国制造2025》行动纲领提出了建设制造业强国的"三步走"战略，关注创新驱动、提高质量、健康持续发展、结构优化、人才为本，致力于产业链中高端升级。这是实现制造业强国的伟大尝试和努力。

国际竞争归根到底还是人才的竞争。为实现制造业强国和全面建成小康社会的伟大的目标，必须加快人口红利向人才红利的转变。而改善劳动者人力资本质量将成为实现我国经济转型发展的关键，即如何培养一大批高素质劳动者、专门人才和拔尖创新人才成为关键。因此，重点需要激发广大劳动者的劳动热情和奋发图强的意识，弘扬劳模精神和工匠精神，在全社会营造精益求精的敬业风气和劳动光荣的社会风尚，这也是党的十九大报告提出的重大命题。

（二）工匠精神是劳动教育的核心文化

劳动教育是全面贯彻党的教育方针的基本要求。2015年教育部、共青团中央、全国少工委《关于加强中小学劳动教育的意见》（教基一〔2015〕4号）要求"落实相关课程。在德育、语文、历史等学科教学中加大劳动观念和态度的培养。"2017年12月,国务院办公厅印发《关于深化产教融合的若干意见》指出:将工匠精神培育融入基础教育。2018年,习近平同志在全国教育大会上强调"培养德智体美劳全面发展的社会主义建设者和接班人",提出了劳动教育的要求,一方面是强调劳动在教育中的重要性,另一方面也是加强学生实践能力、生存能力的培养。"要在学生中弘扬劳动精神,教育引导学生崇尚劳动、尊重劳动,懂得劳动最光荣、劳动最崇高、劳动最伟大、劳动最美丽的道理。"这从国家层面显示出将工匠精神融入基础教育的重要性和时代性意义。

总之,工匠精神作为打造制造业强国的精神源泉,为企业提供竞争发展的品牌资本,引领个人的道德成长。工匠精神不仅是从事物质生产和服务工作的人应该具备的素质,它也应该是所有劳动者共同拥有的人格特点。在新时代,当"工匠精神"与"中国制造"紧密地联系在一起,便被赋予了更加丰富的社会价值,是中小学生必须具备的人生态度和人格特征,是智能化时代产业升级所需高素质人才的必备素养。值得注意的是,工匠精神的养成并非一日之事,应进行长久的、系统的、耳濡目染的培育,而非在职业教育阶段,学生的思维和品行已较为稳定,此时生硬地进行工匠精神教育效果大打折扣。因而,将工匠精神的培育贯穿基础教育才是最佳选择。国家对弘扬工匠精神的重视,对工匠精神融入基础教育的关注,具体表现为相关政策文件及重要讲话的发布,为本研究阐释了选题基础及研究意义,在探讨工匠精神融入基础教育的实现路径时可参考文件中的相关指示,为本研究提出现实的、可行的路径提供了依据。

二、工匠精神融入基础教育是马克思主义全面发展观的体现

(一)马克思主义理论中关于工匠精神的理论阐述

马克思认为劳动力是劳动者创造价值的源泉。现代市场经济制度的显著特点为竞争,客观上要求劳动者要付出时间资本、金钱资本等来获取知识,以提高自身在市场中的竞争力。通过将科学知识内化为自身劳动力资本,则能够在生产中实现精神生产资料与劳动力的一体化。这体现了工匠身上善于学习、精益求精的核心素养。教育是劳动者的技能提高的必要途径,马克思认为教育和物质生产具有密切关系,强调教育在社会发展中不可取代的地位和作用,提出了教育是劳动力再生产的实现手段的科学论断。劳动者作为生产力第一要素,让科学知识和技术通过教育传达到劳动者一端,实现生产知识和劳动技能的转化,应用于生产过程,变成现实的生产力。因此,基于马克思关于劳动和工匠

精神的认识，可知人才的培养实质是劳动力产品的生产，教育投资则是劳动力产品生产的投资。培育具有工匠精神的人才需要通过教育来实现。

（二）马克思主义理论中关于全面发展观的理论阐述

马克思关于人的全面发展是劳动力资本价值实现的根本目标。人的全面发展的观点科学地揭示了人力资本培养的途径，是马克思主义科学的教育理论。马克思所认为的人的全面发展和人类整体的全面发展是相互促进相互影响的。一方面，人类整体由个人组成，个人的全面发展融合成人类整体的全面发展；另一方面，个人的全面发展也只有在人类整体的全面发展中才能实现。而人的全面发展依赖教育的全面发展。马克思认为教育是培养全面发展的人的手段。在现代化大生产条件下，资本具有很大的流动性，社会内部的分工变革很快，这就要求劳动者要提高自身的关键能力。人的全面发展首先体现在劳动能力的发展上，最终目标是实现个体在智力和体力两方面都获得充分和自由的发展。马克思认为教育是个体获得全面发展的有力手段，在教育活动中通过训练不仅可以培养人的劳动能力，还可以促使人的精神和道德朝健康的方向发展。并且，马克思充分肯定了教育同生产劳动相结合的意义和作用，认为"它不仅是提高社会生产的一种方法，而且是造就全面发展的人的唯一方法"。只有将教育与生产劳动相结合，才能全面优化人口质量，包括身体素质、科学文化素质和思想道德素质。保证人口素质与高度发达的物质资料生产成比例，促进人才结构和劳动力市场结构的匹配程度。

总之，马克思关于个体的全面发展观为本研究奠定了理论基础。工匠精神的培育除了要在认知上提高，还需在行为中培养。大国工匠身上必然具有工匠精神，而个体只有具备工匠精神才能够成为大国工匠。具备耐心专注、精益求精、勇于创新等品质的个体，才更加接近一个全面发展的人。而工匠精神融入基础教育，不仅关注学生的科学精神、人文精神也要关注学生的工匠精神，培育学生多元的人才观和全面发展观。工匠与科学家一样，也是国家建设不可缺少的人才，他们是在不同工作岗位、不同工作层面上的专家，两者缺一不可。

三、工匠精神融入基础教育是对普职融合观念的落实

（一）关于"普职融合"的相关观点

2014年6月，为促进职业教育体系建设，国务院印发《关于加快发展现代职业教育的决定》提出"产教深度融合""中职高职衔接""职业教育与普通教育相互沟通"等要求。《国家中长期教育改革和发展规划纲要（2012—

2020）》中指出要"树立人人成才观念，树立多样化人才观念""促进各级各类教育纵向链接，横向沟通，提供多次选择机会，满足个人多样化的学习和发展需要"。科学文化知识的学习不是个人成长的唯一目标，在普通教育中渗透职业、技术的基本知识，能够让学生获得作为人应具备的生活技能、职业意识等，两者的结合是促进学生综合发展的有效手段。"普职融合"也是个人获得的全面发展的可实现途径。普通教育与职业技术教育的融合不是机械性质的拼凑。① 在基础教育中，应该是将职业知识、技能、态度融入普通教育的课程中，普通教育和职业教育两者相辅相成，让学生在普通教育之下，也能够受到职业教育相关内容的熏陶和培养。使学生更好地认识自我，发现自我，最终找到属于自己的发展道路，实现多方向、多能力发展。

（二）"普职融合"观念在工匠精神培育中的价值

职业教育的核心是培养人的工匠精神和人格，而职业技能的掌握和运用以及以此创造的价值大小，主要取决于一个人工匠精神的状况。个体具备工匠精神，则他们在学习技能及实践活动中便能够更加得心应手，从而所创造的成果也会更有价值。通过教育的方式培育个体的工匠精神最符合"教育成人"的要义，也具有很强的现实意义和可行性，而这里的教育，不仅指职业教育，也包括基础教育。基础教育作为个体学习的起点，是正式认识世界的第一站，在12年的教育中能够将良好的精神和品质一以贯之。通过基础教育培育人的工匠精神，能使这种精神更具基础性和根本性，对人一生的影响意义远远大于在基础教育后的实施。

总之，课程融通是普职融通的基本载体。如何实现普职课程融通？如何在语文课中融入工匠精神的培育？首先，要将职业教育融入各级普通教育体系，中小学阶段应在文化课和实践活动课中加强职业基础知识、能力和观念的启蒙，培养初步的职业意识，为选择适合自己的职业打下基础。② 因此，在语文教材的文本分析中，关注教材中蕴含工匠精神或工匠的认知、情感、态度的呈现。其次，普职课程融通的基本形式是开设职业启蒙类课程，也有一些职业院校派遣教师到初中或小学开设一些简单的职业课程，或初中、小学带领学生到

---

① 肖加平. 科学导向与定向培养：论普职融通课程体系的设计［J］. 当代教育科学，2014（24）：16-19.
② 人民日报海外网. 以工匠精神引领高技能人才培养［EB/OL］.（2017-08-21）［2019-3-16］. http://m.haiwainet.cn/middle/3542392/2017/0821/content_31079189_1.html.

职业院校开展短期的职业体验性学习活动。[①]因此,在问卷的设计中,可根据现有的普职课程融通的形式对教师、学生进行调查,例如是否正常开展综合实践活动课、手工课等,了解当前关于工匠精神的活动在中小学的开展情况。

四、工匠精神融入基础教育具有可行性

（一）工匠精神的知识可以习得

从认识论角度,工匠精神的知识可以被学习和领会。知识的学习一般包括：理解、巩固、应用。知识的理解一般是通过对教材的直观理解和概括化完成的。知识的巩固是指个体通过识记、保持、再认或重现等方式对已经理解了的知识进行长久的保存,是在头脑中积累和保持个体经验的心理过程。知识的应用就是将所学的知识灵活、有效地运用到日常生活实践中,其实质是运用已有的认知经验去解决相关问题。工匠精神的学习也是如此,首先可通过语文课文认识和理解工匠精神的内涵,反应在课文主人公身上的具体表现。其次是通过图片、纪录片等进行巩固。最后是将工匠精神应用于个人的学习和生活中。

在学习过程中,按照信息来源形式的不同,可将知识建构分成以下三种：一是活动性学习,这种学习活动不再局限于书本,而是让学生参加实践活动,从中学会学习和获得各种能力,是个体经验获得的最直接的途径。二是观察性学习,即个体知识经验的增长是通过对活动过程的观察来实现。三是符号性学习,它不仅指对符号本身的学习,更主要的是指个体在通过语言符号与他人进行交流的过程中实现的知识经验增长。其中包括人类世代积累下来的文化、知识体系。这是人类特有的学习活动,人类文化之所以能够继承和发展,主要取决于符号学习。[②]

首先,工匠精神作为我国优秀的传统文化,便是符号性学习的素材。语文教材中对工匠人物的描写、对工匠劳动成果的描写都属于书面符号,学生通过阅读、分析提高对工匠精神的认知。其次,工匠所从事的工作与动手操作有密切的关系,工匠的工作步骤、态度及成果可直接用肉眼观察到,学生通过观察可了解到工匠精神的具体体现,通过亲身实践可体会到工匠精神。

---

① 赵蒙成.从全人教育视角看普职融合课程的价值定位与实现路径[J].教育与职业,2018（23）：89-94.

② 张建伟.知识的建构[J].教育理论与实践,1999（7）：49-54.

（二）教学是学生获得知识和成长的主渠道

教学是教育的本体。课程教学是学生获得知识和成长的主渠道，也是最有效的手段。在学生成长的路上，大部分时间是在校园里度过的，接受系统的教育。教师通过教学开启学生认识世界的窗口，学生在教师的引领下认识、感知世界，获取基本知识和技能。同时，学会独立学习，培养劳动能力、创造能力和审美能力，形成良好的思想品德。教师是课程教学的引领者，新课程改革认为，学生在课堂情境下的学习是由教师引导、维持和促进的。新课程的这一理念能否实现，课堂教学能否顺利优化，很大程度上取决于教师课堂教学安排合理与否[①]，工匠精神的培育也是如此。教师在教学过程中始终具有重要地位。作为一名教师，不仅要负责教学工作，引导学生进行语文的学习和探究，还要充当工匠精神弘扬者的角色，对学生进行工匠精神的培养。教师应该充分地认识到工匠精神的传承的必要性，在教学活动中，提高关于工匠精神课程开发的意识和能力。因此，在本研究中将关注教师关于工匠精神的教学活动。

总之，工匠精神作为璀璨的中华民族优秀传统文化中的重要组成部分，也代表着正确的三观导向和品质培养的精品素材。中小学生有着探索世界，发现新鲜事物的欲望。学生将从学习中获得技术，文学和良好品质相结合的审美体验，有助于中小学生形成健康的审美能力。同时，基础教育阶段是学生人格形成的关键时期，该阶段的教育应注意对学生进行正确价值观念的引导。将工匠精神融入基础教育语文教材中，让学生接受更多元的精神品质，能够培养学生构建健康的人生观、世界观和价值观。有助于个体在获得基础知识和基本技能的同时，养成良好的学习态度和习惯，帮助其顺利完成以后的学习和工作任务，帮助个体在真实的学习、生活和工作的场景中不断提升自我修养，产生积极的人生态度，形成正确的价值观。

工匠精神的内涵包括爱岗敬业、精益求精、耐心专注等，从认识论角度来看，工匠精神的培育结合中小学生的身心发展和学习规律，这些品质可转化为中小学生的学习态度、书写的专注等，且可以在学习的过程中习得和养成。工匠精神的知识可以通过文字符号、影片等途径传播和学习，有助于学生在学习活动中养成工匠人格，有助于学生正确价值观的形成，养成良好的学习习惯。关于工匠精神融入基础教育，从实践的角度来看，学校可以通过课程、课外活动、环境创设等方式，开展工匠精神教育，并通过评价的方式检验效果。在语

---

① 欧璐莎，吕立杰. 以课堂教学优化为指向的教师学习［J］. 中国教育学刊，2012（2）：68-70.

文课中，除了要发挥提高学生对工匠精神认知的作用，还应该努力创设和课文中相关的实践活动。这些都为本研究的问卷设计和路径设计提供了理论基础。

第二节　中小学语文教材中工匠精神的解读

教材作为一种文本表达，是教师和学生的沟通媒介。教材中的文本是根据一定的价值标准进行精心选择的，为表达出特定的意义和价值特征。[①]因此，教材不仅仅是知识的载体，同时也是价值观的传达工具。语文教科书是教师教学与学生学习的共同工具，作为培养国民文学素养的重要载体，也承担着传递社会文化的重任。语文教材中所渗透的社会主流文化和主导价值取向会从课文的人物形象中体现出来。课文中的人物形象源于生活，是现实人物的缩影，它影响着学生对世界、对人生的认识。[②]语文教科书中的工匠人物及表达的观点影响着学生对工匠的认识、态度和职业意愿，本部分将通过对当前语文教材进行内容分析，探寻"工匠精神"的踪影。

一、分析框架

（一）研究对象

该部分的研究对象为当前中小学所使用的人教版第十套教材和部编版教材（人教版第十一套）。（见表3-1）

表3-1　教材版本信息

版本信息	教材册目
人教版第十套教材	三年级下册、四年级全册、五年级全册、六年级全册、初三下册、高中语文必修1、高中语文必修2、高中语文必修3、高中语文必修4、高中语文必修5
部编版教材	一年级全册、二年级全册、三年级上册、初一全册、初二全册、初三上册

（二）分析内容

该部分的研究将课文选择的依据定为：课文主人公为工匠、从事手工劳动

---

① 傅建明.我国小学语文教科书价值取向研究[D].上海：华东师范大学，2002：1.
② 李德显，韩凤仪.小学五年级语文教科书人物形象的比较分析——以人教版和苏教版教科书为例[J].教育理论与实践，2008（20）：51-53，60.

者；课文的呈现为工匠或手工劳动者的成果。根据工匠精神的内涵界定，即爱岗敬业、耐心专注、精益求精、勇于创新，首先设定具体类目，进行文本量化和频度分析，主要从以下几个维度展开：一是文本信息，包含册目、篇目；二是人物及其所处的时代；三是课文内容；四是精神内涵，具体是指内含于工匠人物的内部的、长期稳定存在的道德品格。统计课文内容中的工匠精神，通过表格呈现，初步了解教材中工匠精神所占的比重及其分布情况。其次选取典型工匠人物或文本进行分析，探究人物的社会地位、描写手法等，进一步分析文本呈现的匠人形象及传达的工匠精神。

二、中小学语文教材中工匠精神的选文篇目及归类

（一）中小学语文教材中工匠精神的选文篇目

当前中小学语文教科书的课文总篇数为618篇，含工匠精神的课文12篇，占总篇数1.94%。其中小学阶段6篇，四年级最多，有3篇；初中阶段5篇，八年级最多，有3篇；高中阶段1篇。（见表3-2）

表3-2 人教版语文教科书中的工匠精神的篇目分布

册目	篇目	人物	时代	内容	精神内涵
四年级上册	《长城》	劳动者	古代	长城建设	勤劳与智慧
四年级下册	《万年牢》	父亲	现代	糖葫芦手工制作	专注认真、诚实守信、爱岗敬业
四年级下册	《全神贯注》	罗丹	近代	雕塑	精益求精、专心致志
五年级下册	《刷子李》	刷子李	古代	粉刷	一丝不苟、技艺高超
五年级下册	《把铁路修到拉萨去》	铁路工程师	现代	铁路建设者	攻克难关、持之以恒
六年级上册	《詹天佑》	詹天佑	近代	铁路设计和建设	顽强拼搏、创新
七年级下册	《卖油翁》	卖油翁	古代	自钱孔滴油技能	技艺高超、耐心坚持
八年级上册	《苏州园林》	设计者和匠师	古代	园林设计和建造	精益求精、创新
八年级上册	《中国石拱桥》	李春等、劳动者	古代	桥梁设计和建造	技艺精湛、创新
八年级下册	《核舟记》	王叔远	古代	核雕制作	技艺高超
九年级上册	《敬业与乐业》	无	无	励志	爱岗敬业
高中必修5	《中国建筑的特征》	梁思成、劳动者	古代	建筑设计与建造	博大胸怀、智慧和勤劳

（二）中小学语文教材中工匠精神的篇目归类

爱岗敬业、耐心专注、精益求精出现的频次大体相当，其中体现爱岗敬业、精益求精的篇目最多，体现勇于创新的篇目最少。《中国石拱桥》《长城》通过景物的描写，表现了劳动人民的智慧及敬业精神，梁启超通过《敬业与乐业》告诫青年人对于职业的态度。（见表3-3）

表3-3　人教版语文教科书中工匠精神归类整理

精神内涵	课文篇目
爱岗敬业	《敬业与乐业》《把铁路修到拉萨去》《詹天佑》《核舟记》《中国建筑的特征》《万年牢》《刷子李》
耐心专注	《全神贯注》《万年牢》《刷子李》《核舟记》《把铁路修到拉萨去》《卖油翁》
精益求精	《苏州园林》《全神贯注》《核舟记》《詹天佑》《刷子李》《中国石拱桥》《卖油翁》
勇于创新	《中国石拱桥》《詹天佑》《长城》
其他	《中国建筑的特征》《长城》

三、中小学语文教材中典型工匠人物分析

工匠人物作为工匠精神的具体表征，是学生学习并追崇的对象。具有工匠人物的课文除了具有学习描写人物的方法等工具性意义，还有让学生感受人物形象、感悟工匠精神的人文性意义。

（一）工匠人物的时代意义分析

《把铁路修到拉萨去》的主人公是我国在西部建设铁路的建设者们。他们面对着重重困难，但是最后他们用智慧和力量，克服了一个个世界难题，攻克了国际性技术难关，修筑了青藏铁路。当面对"温度太低，混凝土无法凝固。他们拿来暖风机，给隧洞增温，洞壁的热融化，造成洞壁塌滑"。他们勇克难关。面对恶劣天气和极度缺氧，"尽管对缺氧已有准备，施工中出现的情况还是始料未及……筑路大军的生命面临严重威胁"，但他们没有放弃，"正是建设者挑战极限，勇创第一的精神，正是建设者勇克难关，顽强拼搏的气概，才有了一次次实验，一次次攻关，一次次失败，一次次成功"。从课文中学生可感受到，一项伟大的工程不仅需要工程师，同时还需要无数技术工人的艰辛付出，使学生感悟其中的工匠精神。透过对重重困难的描写可以看到工程师及其他技术工人甘心奉献、持之以恒的高尚情怀，体现了无数劳动者在平凡且艰难的岗位上做出了不平凡的贡献，这是造福民族、造福人类的举动。无论在什么时代，都需要像这些工程师和劳动者这样顽强拼搏、勇克难关、持之以恒的精神。

《万年牢》这篇课文通过父亲做糖葫芦这件事，讲述了一位父亲真诚地

为人、做事的故事。"万年牢"是什么意思呢？其一，父亲所做的糖葫芦工艺高超，蘸糖又均匀又薄，且蘸出的糖葫芦不怕冷、热、潮。这样的高水准、好味道的糖葫芦必定会成为经久不衰的产品，因此称它为"万年牢"。其二，父亲是一个追求公平买卖的人，为人厚道讲诚信，赢得众多的回头客，则生意兴旺，追求"生意万年牢"。其三，父亲教导"我"做一个诚实可靠的人，即"诚信万年牢"。可知，父亲所坚持的高品质的糖葫芦，而做出高品质的产品则需要为人诚实守信，生意才可做到"万年牢"。父亲做糖葫芦从选材到制作，都讲究好材料、好工艺，以保证产品质量。在追求效率的时代，这样的工匠精神仍然是不可或缺的，工匠亦然。教材中有许多课文讲述的是平凡的工匠或劳动者的事迹，能让学生感悟到工匠精神的意义。

（二）工匠人物的社会地位分析

在中小学语文教材中，《长城》《万年牢》《刷子李》《卖油翁》等课文的主人公都是普通的劳动人民，经济地位和社会地位较低。《苏州园林》《中国石拱桥》等课文中，创造伟大建筑的不仅是设计师还有许多能工巧匠，但在文章的描写中没有得到体现，仅歌颂了设计者的智慧。可见在课文中弱化了工匠的重要作用，也体现了工匠的社会地位较低。在历史上，工匠基本上属于体力劳动者，在传统思想的影响下，剥削阶级鄙视体力劳动，在对待工匠的态度上打上了阶级的烙印，工匠们的社会地位很低，一直被列居为社会各阶层最底层。因此，即使他们曾经在历史中创造过辉煌的业绩，但从古史文献和建筑实物中，都很难找到对他们的描述。同时，在中国古代，重大工程完工后，统治阶级会对少数技艺高超的工匠，特许其脱离匠籍，并授以官职。[①]从"脱离匠籍"也能够看出，古代工匠的社会地位很低。

（三）工匠人物的描写方法分析

1.正面描写

《核舟记》细致地描写了微雕工艺品"核舟"的形象，原材料是一个"长不盈寸"的桃核，却生动地再现了"大苏泛赤壁"的著名典故。"能以径寸之木，为宫室、器皿、人物，以至鸟兽、木石，罔不因势象形，各具情态"阐明王叔远的雕刻品使用的原料体积小，雕刻物品种类繁多，雕刻物构思精巧，情态逼真。[②]课文将"核舟"的形象刻画得十分具体，其上的人物亦描绘得逼真

---

① 张颖，沈杰.工匠在中国古代建筑工程管理历史中的地位[J].华中建筑，2006（11）：50.
② 许瑞.初中语文教材匠人形象教学研究[D].北京：中央民族大学，2017：19.

而又生动，说明了王叔远的作品形象逼真、精湛技术，体现了王叔远的高超技术。

《刷子李》讲述了"俗世"中的"奇人"——刷子李的故事，他是生活在市井里巷的一位普普通通的手艺人。刷子李在工作时喜欢穿黑衣黑裤，他大胆的"承诺"，刷完墙后身上绝无一个白点。他带了一个徒弟叫曹小三，曹小三开始听说师傅有手绝活时"半信半疑"；师傅刷墙时，"最关心的还是身上到底有没有白点"；看见师傅身上出现白点时，以为师傅"名气有诈"。每一面墙刷完，曹小三都悄悄地搜索一遍。"居然连一个芝麻大小的粉点也没发现。""一道道浆，衔接得天衣无缝"刷过的墙面宛如"一面雪白的屏障"，这些都直接表现了刷子李高超的技艺，体现了他精益求精的精神。

部编版七年级下册《卖油翁》叙述了卖油翁以纯熟的酌油技术折服了自命不凡的善射手陈尧咨。陈尧咨善于射箭，但非常自满。卖油翁看见陈尧咨射箭"十中八九斗"，也仅仅是"睨之""微颔"。卖油翁认为陈尧咨善射"十中八九"仅仅是手法熟练而已，激怒了陈尧咨。而卖油翁依然淡定，现身说法"乃取一葫芦置于地，以钱覆其口，徐以杓酌油沥之，自钱孔入，而钱不湿"。通过对比更加突出了卖油翁自钱孔沥油而钱不湿的高超、精湛的技艺。从描写手法上看，文中用"取、置、覆、酌、沥"几个动词，井然有序地而又十分简洁，准确地描述了卖油翁沥油的过程，表现了他沉着镇静、从容不迫的态度。同时，从句子"汝亦知射乎？吾射不亦精乎？"可以看出陈尧咨狂妄自大、盛气凌人的态度，这也反衬了卖油翁技艺高超但谦虚朴实的美德。作品由始至终没有一句夸赞卖油翁的话，但卖油翁那纯朴厚直、技艺高超的形象已随着他的言行举止充分地展现出来。

2.侧面描写

人教版八年级上册《苏州园林》是一篇说明文，文章通过对园林的描写反映出设计师和工匠的高超技艺。设计者和匠师们为使游览者获得别样而难忘的游园体验，他们一致追求的是"务必使浏览者无论站在哪个点上，眼前总是一幅完美的图画。为了达到这个目的，他们讲究亭台轩榭的布局，讲究假山池沼的配合，讲究花草树木的映衬，讲究近景远景的层次。所有一切都要为构成完美的图画而存在，绝不容许有欠美伤美的败笔"。体现了设计者和匠师们精益求精、爱岗敬业的工匠精神。

人教版四年级上册的课文《长城》由两幅长城的图片和一篇短文组成，文中对建造长城进行了描写，长城的每一块砖石都有两三千斤重，而万里长城需要数不胜数的砖石。在秦朝没有任何可以供建筑使用的机器，长城的建造全靠数百万劳动者的肩膀和双手,一步一步地抬上这陡峭的山岭。可以说,没有这无数劳动者的艰苦劳动,长城是不可能建起来的。课文写道:"多少劳动人民的血汗和智慧,才凝结成这前不见头,后不见尾的万里长城。"结合图片的展示,表现了长城的雄伟壮观和高大坚固。同时,通过对客观环境的描写,也从侧面反映了劳动人民的勤劳艰辛、持之以恒的精神。在课文《把铁路修到拉萨去》中作者通过对恶劣的地理环境和气候条件的描写,反映了修筑青藏铁路的艰难,以此来突出工程师和技术工人们顽强拼搏、坚持不懈的敬业精神。

四、中小学语文教材中工匠精神和科学精神的对比分析

（一）科学精神的内涵

学界对科学概念主要从三种不同视角定义:一是从静态上认为科学是人类认识和描述世界的系统性的知识体系;二是从动态上认为科学是探索知识和追求真理的社会活动;三是从广义上认为科学是一种与社会经济、政治、文化处于互动之中的社会建制。[1]而本研究采用的是第二种视角,认为科学精神是追求真理、严谨求实、敢于质疑的态度,在科学活动中注重认真、严谨、细致的观察、实验和调查,注重理论性的思考、探索、发现和创新。[2]本研究认为其核心要素可概括为善于观察、求真求实、独立思考、批判怀疑和创新精神。[3]

（二）中小学语文教材中的科学精神。

1.善于观察

科学观察是有目的、有计划、比较持久的知觉[4],是获取知识和经验的途径,是发现问题和发明创造的基础,也是最基本、最重要的科学探究技能之一。[5]对学生来说,若想要学习和掌握各门科学知识,必须具备探索世界的兴趣,好奇心能够激发其观察世界的欲望,从而在学习中形成良好的观察习惯。[6]

---

[1] 蒋道平.关于科学精神内涵的多维解析——基于文化差异和历史线索视角[J].科普研究,2017,12(3):8-18,104.
[2] 朱亮.应用型高校:塑造人文精神和工匠精神相结合的大学文化[J].高等工程教育研究,2016(6):180-184,198.
[3] 杨丽.现代课程改革的重要任务——科学精神的培养[J].教育理论与实践,2009(8):16-18.
[4] 卫洪清.中学生科学观察能力的表现[J].学科教育,2000(2):22-25.
[5] 徐杰.在教学中培养学生观察能力增强学生观察效果[J].教育导刊,2007(2):41-43.
[6] 王微.学生科学观察能力培养的点滴体会[J].小学教学研究,2006(3):52-53.

二年级上册《植物妈妈有办法》启发学生要仔细观察，探究大自然的奥秘。《要是你在野外迷了路》启发学生通过观察太阳、北极星、大树枝叶和沟渠里的积雪判别方向。培养学生留心周围事物、发现科学知识的意识。四年级上册《爬山虎的脚》可让学生在阅读中感受、学习作者细心观察的方法。《蟋蟀的住宅》体现了法布尔强烈的好奇心，对昆虫的痴迷以及对自然的热爱和探究的执着。

2.怀疑批判，求真求实

在通常情况下，批判怀疑是一种讲究论据的合理的思考，它具有理性的、辩证的态度，并非对前人前事的全盘否定。批判精神是提出异议、追求真理的精神。表现在它并非全然接受所有前者的意见和结论，而是经过思考，提出疑问，寻找论点，做出反驳。具体而言，就是不轻易迷信对任何事物，凡事都要经过自己的深入思考和分析，要有自己的立场和见解而非追随大流。①

《蝙蝠和雷达》这篇课文主要讲科学家被蝙蝠在夜间飞行的能力激发了好奇心，为揭开真相反复做了实验，最后发现是因为"雷达"的关键作用，并从中受到启发，给飞机装上雷达，解决了飞机在夜间安全飞行的问题。这体现了科学家反复求真、求实的实验精神。《两个铁球同时着地》讲述的是伽利略敢于挑战权威的故事。亚里士多德认为不同质量的铁球从同一高度落下，两者的速度是不一样的。而伽利略对此"真理"产生怀疑，他反复做了实验，最终在比萨斜塔公开论证，证明了他的假设。亚里士多德是当时人们心中不可挑战的权威，而伽利略的举动体现了他不迷信权威的独立人格和执着追求真理的精神。《应有格物致知精神》这篇文章是著名华裔物理学家，诺贝尔奖获得者丁肇中就格物致知的实验精神，以告诫中国学生应该怎样学习自然科学。

3.创新精神

判断一项科学活动是否先进、是否有价值，可以采用其探索性和创造性表达作为衡量的标准。科学精神的核心是求真求实的理性精神，创新精神则是科学精神的灵魂。创新精神的具体表现为批判和质疑、自由和开放精神。②因此，创新是科学精神得以落实、升华的关键。《红马的故事》通过描述美术老师与"我"的对话，表现了老师鼓励学生大胆想象，尊重个性，勇于创新。《太空

---

① 胡白云.陶行知教育思想中的批判精神及其启示——兼谈学生批判精神的培养[J].教育探索，2011（12）：5-7.

② 蒋道平.关于科学精神内涵的多维解析——基于文化差异和历史线索视角[J].科普研究，2017，12（3）：8-18，104.

清洁器》叙述了英国科学家发明了一种专门清理大型太空垃圾的卫星。通过描写太空垃圾的危害性以及太空清洁工的作用，赞扬了科学家们的创新精神和创造力。培养学生社会责任感和综合运用知识解决问题的能力，从而提高学生的科学素质。五年级下册的第六组综合性学习"因特网将世界连成一家"中也涉及了科学家贝尔和莫尔斯的介绍。

（三）工匠精神篇目占比低于科学精神且分布较分散

教材中各种精神的传达实际上是价值观的传达，而情感态度与价值观作为三维目标的核心，对比教材中所蕴含的工匠精神和科学精神，能够更清楚地了解当前中小学语文教材主要传达的价值观及工匠精神在教材中的地位。

经统计，当前中小学语文教材中含工匠精神的篇目为12篇，含科学精神的篇目为42篇。从课文篇目数量上看，含科学精神的篇目是含工匠精神的篇目的3.5倍。含有科学精神的课文中，体现较多的是勤于观察、探索、求真的实验精神和创新精神。

从课本分布上看，含工匠精神的课文分布较散，而含科学精神的课文大多以单元主题的课文形式出现。如四年级上册第二组的课文《爬山虎的脚》《蟋蟀的住宅》。该单元的主题为：观察。在单元的引言中提出让学生细心观察和思考去发现世间的奥秘，认识事物间的联系。体会并学习作者的观察方法，课余时间尝试对事物进行连续观察，并将观察中的发现记录下来。体现科学精神是的课文组还有四年级上册的第八组课文，有《飞向蓝天的恐龙》《呼风唤雨的世纪》等，让学生"认真阅读本组课文，了解科学技术创造的奇迹，感受科学技术发展的惊人速度"。

五、中小学语文教材中工匠精神和人文精神的对比分析

（一）人文精神的内涵

人文精神是人对自身本质、价值、终极关怀和在世界之中的地位的根本看法和不懈追求[1]，表现为对人的尊严、价值、命运的维护、追求和关切，对一种全面发展的理想人格的肯定和塑造。本研究将人文精神的内涵概括为以下三个方面：第一，人文精神以人为核心，强调以人为本。第二，人文精神是人类对于真善美的永恒追求。[2]第三，人文精神强调与宇宙一切生命和谐共生、协调

---

[1] 郝文武. 当代人文精神的特征和形成方式 [J]. 教育研究，2006（10）：8-12.
[2] 杨乐. 浅论高中语文教学的人文精神渗透问题 [D]. 西安：陕西师范大学，2013：13-14.

发展。①

（二）中小学语文教材中的人文精神

1.人生态度

体现人生态度的课文关注追求平等、正义，同情贫苦等，培养学生自强不息、奋发向上的进取精神。如一年级下册的《怎么都快乐》，这篇课文充满了童趣，语言生动有趣，使学生感受到独自一个人有快乐，与别人相处很快乐，帮助别人更是一种快乐；玩耍是快乐，学习也是快乐，初步知道应该有积极乐观的人生态度。又如八年级下册的《诗词曲五首——水调歌头》，这首词围绕中秋明月展开想象和思考，表现出苏轼热爱生活、积极向上的乐观精神。苏轼的文章中关于人生态度的还有高中必修2的《赤壁赋》表现了作者在遭到巨大的挫折后，虽身处逆境却仍然热爱生活的积极乐观的人生态度。七年级下册《国外诗两首——假如生活欺骗了你》勉励年轻人在面对困难和挫折时，不要悲伤也不要烦躁，要平静地对待一切，快乐的日子很快就会来临。在漫漫人生中，只要对未来充满信心，眼前的困难和挫折都只是暂时的，一切都将瞬息消逝，一切都会过去。而那些痛苦的经历，都是对我们人生的锻炼和磨砺，它会丰富我们的人生阅历，使我们心灵得到升华，因此，那过去的一切都会成为我们最珍贵的回忆。普希金传达了积极向上的人生态度。

2.道德情感

道德情感体验对人格的形成、人性的塑造有巨大影响。当前中小学语文教材的选文中，道德情感可以具体分为爱国情怀、怀乡之情、至爱亲情、真挚友情以及忠贞爱情等。②

一是爱国主义精神，可激发学生的民族自信心和民族自尊心。人的存在具有二重性，他既是个体的存在，又是社会的存在。从本质上说，个体存在及其独特的利益需要都依赖于社会的发展。那么，作为一个国家公民，就应该为促进和维护国家的利益尽职尽责，主动积极地为国家和社会贡献力量。③从小学一年级的第一篇课文《升国旗》到高中阶段的《离骚》，中小学语文教材中关于

---

① 任虹静.高中语文课堂渗透人文精神教育的理论与实践研究［D］.哈尔滨：哈尔滨师范大学，2017：15-16.

② 陈欣馨，于忠海.部编初中语文教材选文的情感渗透及教学策略［J］.教学与管理，2018（19）：57-60.

③ 王蜀苏."大学语文"的人文精神教育功能［J］.西南民族学院学报（哲学社会科学版），2002（9）：236-238.

爱国精神的课文随处可见。其中，五年级上册第七组和第八组的课文《圆明园的毁灭》《狼牙山五壮士》《难忘的一课》《最后一分钟》《七律长征》《开国大典》《青山处处埋忠骨》，描绘了中华儿女奋力抗争的历史及毛泽东的作品和事迹，通过课文让学生感受到字里行间饱含的民族精神和爱国精神。七年级下册《土地的誓言》是端木蕻良写在"九一八"事变十周年的一篇散文，抒发了作者强烈的爱国情感和对国土的思念之情。八年级下册《诗词曲五首——过零丁洋》中文天祥所感叹的"人生自古谁无死？留取丹心照汗青"，全诗表现了他视死如归、强烈的爱国精神以及舍生取义的人生态度。高中必修2的《离骚》通过诗人一系列不幸遭遇和遭受排斥打击的痛苦忧愤心情的诉述，抒发了他远大的理想、坚定的志气、不屈的精神、不断追求的品格以及誓死爱国的节操。

二是怀乡之情。如一年级下册《静夜思》描写了秋日夜晚，诗人于屋内抬头望月的所感，表达了诗人的思乡之情。三年级上册《古诗三首——夜书所见》这首诗是诗人叶绍翁客居异乡，静夜感秋所作。诗中"梧叶""寒声"和"江上秋风"反映了诗人客居他乡的凄凉及浓浓的思乡之情。五年级上册第二组的课文就是通过表达对家乡的怀念、赞美来体现游子思乡之情，包括《梅花魂》《古诗词三首——泊船瓜洲》《古诗词三首——秋思》《古诗词三首——长相思》《桂花雨》《小桥流水人家》四篇课文。七年级上册《古代诗歌四首——次北固山下》中"乡书何处达？归雁洛阳边"，抒发了作者深深的思乡之情。八年级下册的《春酒》通过介绍故乡过年的风俗，表达了对童年、对母亲、对故乡的思念之情。此外，在课外古诗词背诵板块中还有许多思乡主题的诗词，如白居易的《望月有感》、范仲淹的《苏幕遮》、李白的《春夜洛城闻笛》等。

三是歌颂亲情、爱情和友情。亲情是关爱，是母爱、父爱、手足之情、血脉之亲等。二年级上册《妈妈睡了》是一篇小短文，以一个孩子的口吻叙述了午睡时他眼中妈妈的样子，表达了孩子对妈妈的爱。七年级上册冰心的《诗两首——纸船》中写到"有的被天风吹卷到舟中的窗里，有的被海浪打湿，沾在船头上。我仍是不灰心的每天的叠着，总希望有一只能流到我要它到的地方去"。体现了母女之间的亲情，是风吹浪打不能拆开，万水千山不能隔断的。此外，还有《秋天的怀念》《回忆我的母亲》《背影》《台阶》等课文，都是表达了真挚深沉的亲情。高中必修5中沈从文的《边城》中描绘了爷爷与翠翠间无私奉献的亲情，还有天保、傩送、翠翠三人间亲情、爱情和友情的交织，爷爷与乡邻的友情等。九年级下册的《诗经两首——关雎》《诗经两首——蒹葭》

和高中必修2《孔雀东南飞》都表达了对爱情婚姻大胆执着的追求。三年级上册《去年的树》是一篇充满童趣的短文，描写了小鸟和树之间的友情，同时也具有爱护环境的教育意义。六年级上册《少年闰土》是鲁迅先生的一篇文章，通过回忆性描写，表达了作者与闰土短暂而真诚的友谊及对他的怀念之情。

3.学会做人做事

一是善良、团结互助。关于善良、团结友爱、乐于助人主题的课文在小学阶段出现的频次最高，多数是富有启发性的故事，如《小公鸡和小鸭子》《千人糕》《大青树下的小学》《一块奶酪》等课文告诉学生要团结友爱、互相帮助。《雷锋叔叔，你在哪里》《司马光》《他是我的朋友》《穷人》《别饿坏了那匹马》《唯一的听众》等课文都传达了乐于助人的精神。其中，三年级下册的《七颗钻石》通过记叙了地球发生大旱导致许多人和动物都渴死了，一天夜里，一个小姑娘意外地得到了一罐水，她总是先把水让给别人，她把水先让给小狗喝，让给妈妈喝，让给一个过路人。奇妙的是水罐一次次地发生变化，结果从水罐里跳出七颗钻石。文章赞扬了小姑娘善良、美好品质。六年级上册的《穷人》也是一篇经典的课文，描写了主人公在穷困潦倒的时候依然舍己为人，毅然收养了已故邻居两个孤儿。反映他们不畏艰辛、善良、互助的高尚品质。

二是勤劳自信。《乌鸦喝水》《沙滩上的童话》《青蛙卖泥塘》《小毛虫》《掌声》等课文告诉学生要自信、坚持、勤劳、勇敢、包容他人。其中，二年级下册的《青蛙卖泥塘》是一则童话故事，这个故事讲述的是有一只青蛙住在烂泥塘里，他觉得这个环境不好，想把泥塘卖掉，换到一个好的地方去住。可是别的动物都说这泥塘有不好的地方，而青蛙听取了他们的意见，把泥塘一点点地修复好了。这个故事告诉学生应通过勤劳的双手创造美好的环境，激励学生用劳动去提升自己和创造财富。《小毛虫》则告诉学生只要对自己有信心，尽心竭力地做好自己该做的事情，并一直坚持下去，就会获得成功。

三是机智勇敢。五年级下册的《杨氏之子》表现了孩子的礼貌，语气委婉、机智幽默和思维敏捷。《晏子使楚》也是一篇经典的课文，通过描写楚王三次刁难晏子，被晏子巧妙化解的故事，展现了晏子机智勇敢，能言善辩。六年级下册的《鲁宾逊漂流记》描写了鲁宾逊战胜重重困难最终获救。他在积极乐观地面对生和面对现实，表现了鲁滨逊不畏艰险、机智勇敢、乐观向上、顽强生存的精神品质。高中必修1的《烛之武退秦师》记叙了秦晋围攻郑国，烛之武在国家大难面前，临危不惧、镇定自若地化解国家危机，体现了他机智善辩的才能。这样的课文还有《将相和》《草船借箭》《景阳冈》等。

4.尊重和热爱生命

关于生命的课文是引领学生对生命进行思考。关注人的自身，人活着的意义是什么，如何活得更有意义，帮助学生树立正确是人生观和价值观。中小学语文教材中很多文章对这一命题做了回答。四年级下册《触摸春天》、七年级上册《猫》《鸟》《动物笑谈》、九年级下册《人生》、高中必修4《热爱生命》等课文都表现了对生命的尊重和热爱。

其中，四年级下册的《生命生命》这篇课文的开头提出"生命是什么"，引发学生思考。叙述了飞蛾求生、砖缝中长出的瓜苗、倾听心跳等几件小事，让学生从中感悟生命的意义。凡是生物，都有强烈的求生欲望，都极其珍视自己的生命。小小的昆虫竟然如此，更何况是人呢？因此，"虽然生命短暂，但是，我们却可以让有限的生命体现出无限的价值"。《触摸春天》主要讲了一位盲童在花园里玩耍，她轻轻地捉蝴蝶，又放开蝴蝶，在这其中她竟感受到了暖暖地春光。这表现了她对蝴蝶的喜爱、留恋，对生命的尊重和对美好生活的向往，反映盲童是一个热爱、珍惜生命的女孩。学生通过学习可受到启发，无论面临什么样的困难，无论你的身体是否健全，都应该热爱生活、热爱生命。郑振铎的《猫》作者讲述了三次养猫的感受，作者从中体会到，人与动物相处时，应给予它自由的空间；人不能够太自以为是，以为动物是没有思想的，应尊重动物的思想空间；还应该善待动物。这就是人与动物相处的理想境界。①人与动物是平等的，要尊重动物，建立人与动物的和谐关系，即尊重生命。

（三）工匠精神篇目占比低于人文精神且分布较分散

经统计，当前中小学语文教材中含工匠精神的篇目为12篇，含人文精神的篇目为277篇，占总篇数44.82%。从课文篇目数量上看，含人文精神的篇目是含工匠精神的篇目的23倍。此外在综合性学习、课外古诗背诵、名著导读等板块中出现56次。含有人文精神的课文中，体现较多的是热爱生活、珍惜生命、爱国情怀、思乡之情。

从课本分布上看，含工匠精神的课文分布较散，而含人文精神的课文大多以单元主题的课文形式出现。如四年级下册第五组以生命为主题的课文《触摸春天》《永生的眼睛》《生命生命》《花的勇气》。在单元引言部分提出了对学生的期待和要求，在课文中去感受生命的宝贵和美好，去搜集和了解更多热

---

① 王聪聪.初中语文教材研究——基于生态教育视角[D].石河子：石河子大学，2015：31.

爱生命的故事。

五年级上册的第二组课文以思乡为主题，让学生通过学习，"看看那些漂泊在外的游子，是怀着怎样的一颗赤子之心，怀念和赞美故乡"。

第三节 中小学生对工匠及工匠精神的认可度分析

中小学生作为工匠精神培育的主体，其通过语文课认识工匠人物、体会人物身上的工匠精神，在相关活动中感受工匠精神。中小学生对工匠及工匠精神的认可度是工匠精神融入基础教育最主要的参考因素。因而有必要了解中小学生对工匠及工匠精神的认知、态度，了解学校相关活动的开展情况，以分析当前中小学对工匠及工匠精神的认可度状况，为提出合理的建议作基础。

对中小学生的调查问卷主要由两个部分构成：第一部分为学生的基本信息，如省份、地区、性别、民族、学段；问卷的第二部分采用了五等级量表法来考察学生对工匠和工匠精神的态度、对语文教材中工匠人物的认识、关于工匠精神活动开展的情况三个方面的符合程度，即非常不同意、不太同意、不清楚、比较同意、非常同意。调查问卷力求从以上三个维度来剖析我国中小学生对工匠的认可度现状、存在问题等，并进行相关分析，为工匠精神融入基础教育提供参考性建议。除去基本信息及简答题，该问卷共16题。（具体题目分布见表3-4）

表3-4 学生问卷结构领域及所涉及题项

维度	题项	项数
对工匠和工匠精神的态度	6—12	7
对语文教材中工匠人物的认识	13—18	6
关于工匠精神活动开展的情况	19—21	3

克隆巴赫系数（Cronbach's α）用于测量问卷内部的一致性，通常Cronbach's α系数的值在0—1之间。理论上，如果克隆巴赫系数α大于0.9，则认为量表的内在信度很高；当克隆巴赫系数α为0.8—0.9时说明量表信度非常好；达到0.7—0.8时表示量表设计有一定程度的问题，但仍有一定参考价值；如果克隆巴赫系数α小于0.7，一般认为内部一致信度不足，应该重新设计。[1]运用SPSS 23.0统

---

[1] 武松，潘发明，等.SPSS统计分析大全［M］.北京：清华大学出版社，2014：156-159.

计软件，采用克隆巴赫系数对问卷进行内部一致性分析，结果为0.826，表明问卷的同质信度非常高。

效度分析是指测量的有效性程度，指测量工具或手段能够准确测出所需测量特质的程度，所测量出的结果能真实反映所想要考察内容的程度。测量结果KMO的值在0.9以上表明非常适合做因子分析；0.8—0.9表示很适合；0.7—0.8表示适合；0.6—0.7表示尚可；0.5—0.6表示很差；0.45以下则表示应该放弃。通过检测，学生问卷的结构效度KMO值为0.808，表明问卷具有较好的有效性。

一、问卷回收及人口学特征

《中小学生对工匠及工匠精神认可度的调查问卷》共发放380份，回收372份，有效问卷369份，回收率98.9%，有效率99.2%。学生有效问卷的人口学特征见表3-5。

表3-5 有效学生问卷的人口学特征

变量	类别	人数（人）	百分比（%）
性别	男	164	44.44%
	女	205	55.56%
民族	汉族	260	70.46%
	少数民族	109	29.45%
地区	城市	165	44.72%
	城镇	103	27.91%
	农村	101	27.37%
学段	小学	98	26.56%
	初中	135	36.59%
	高中	136	36.86%

二、中小学生对工匠及工匠精神的认可度分析

（一）中小学生对工匠及工匠精神的认可度分析

1.不同性别的学生对工匠人物的认可度的差异比较

从表3-6可知，就"对工匠和工匠精神的态度"维度而言，男生的平均值（M=3.2334）高于女生的平均值（M=3.2265）；就"对语文教材中工匠人物的认识"维度而言，女生的平均值（M=3.7675）高于男生的平均值（M=3.7510）；就"关于工匠精神活动开展的情况"而言，女生的平均值（M=3.3138）高于男生的平均值（M=3.1585）。

表3-6　不同性别学生的组别统计

	性别	个案数	平均值
对工匠和工匠精神的态度	男	164	3.2334
	女	205	3.2265
对语文教材中工匠人物的认识	男	164	3.7510
	女	205	3.7675
关于工匠精神活动的开展情况	男	164	3.1585
	女	205	3.3138

表3-7为独立样本t检验的结果。平均数差异检验的基本假设之一就是方差同质性，因而当两个方差相同时，则称两个群体间具有方差同质性。[①]从表3-7中可知，三个维度的显著性（双尾）均大于0.05，因此，不同性别的学生在这三个维度的看法上没有显著性差异。

表3-7　不同性别学生的t检验

显著性		莱文方差等同性检验	平均值等同性t检验		
		显著性	显著性（双尾）	差值95%置信区间	
				下限	上限
对工匠和工匠精神的态度	假定等方差	0.334	0.883	−0.08594	0.09988
	不假定等方差		0.883	−0.08626	0.10020
对语文教材中工匠人物的认识	假定等方差	0.143	0.785	−0.13514	0.10221
	不假定等方差		0.787	−0.13615	0.10323
关于工匠精神活动开展的情况	假定等方差	0.001	0.104	−0.34279	0.03222
	不假定等方差		0.111	−0.34668	0.03611

2.不同民族的学生对工匠及工匠精神的认可度的差异比较

从表3-8可知，就"对工匠和工匠精神的态度"维度而言，少数民族的平均值（M=3.2464）高于汉族的平均值（M=3.2148）；就"对语文教材中工匠人物的认识"维度而言，少数民族的平均值（M=3.8410）高于汉族的平均值（M=3.7263）；就"关于工匠精神活动开展的情况"而言，少数民族的平均值（M=3.5810）高于汉族的平均值（M=3.1038）。

表3-8　不同民族学生的组别统计

	民族	个案数	平均值
对工匠和工匠精神的态度	汉族	260	3.2148
	少数民族	109	3.2464
对语文教材中工匠人物的认识	汉族	260	3.7263
	少数民族	109	3.8410
关于工匠精神活动的开展情况	汉族	260	3.1038
	少数民族	109	3.5810

---

① 武松，潘发明，等.SPSS统计分析大全［M］.北京：清华大学出版社，2014：335.

表3-9为独立样本t检验的结果。从表3-9中可知,"对工匠和工匠精神的态度"的$P=0.959>0.05$,未达到显著性水平,故应查看"假设方差相等"栏的显著性(双尾),$P=0.332>0.05$,未达0.05显著水平,表示不同民族的学生在"对语文教材中工匠人物的认识"的得分上没有显著差异存在。同时,其差异值95%置信区间为(-0.15098,0.05116),包含0,同样表示不同民族的学生在该维度的选择上没有显著性差异。

表3-9 不同民族学生的t检验

显著性		莱文方差等同性检验	平均值等同性 t 检验		
		显著性	显著性（双尾）	差值95%置信区间	
				下限	上限
对工匠和工匠精神的态度	假定等方差	0.959	0.332	-0.15098	0.05116
	不假定等方差		0.328	-0.15030	0.05048
对语文教材中工匠人物的认识	假定等方差	0.561	0.081	-0.24343	0.01403
	不假定等方差		0.090	-0.24756	0.01816
关于工匠精神活动开展的情况	假定等方差	0.260	0.000	-0.67622	-0.27817
	不假定等方差		0.000	-0.67676	-0.27762

"对语文教材中工匠人物的认识"的$P=0.561>0.05$,未达到显著性水平,故应查看"假设方差相等"栏的显著性(双尾),$P=0.081>0.05$,未达0.05显著水平。同时,差值95%置信区间为(-0.24343,0.01403),包含0,表示不同民族的学生在"对语文教材中工匠人物的认识"的看法上不具有显著性差异。

在"关于工匠精神活动开展的情况"维度上,$P=0.260>0.05$,未达到显著性水平,故应查看"假设方差相等"栏的显著性(双尾),$P=0.000<0.05$,达0.05显著水平。同时差值95%置信区间为(-0.67622,-0.27817),未包含0。因此,在这个维度上,不同民族学生的选择具有显著性差异。

3.不同学段的学生对工匠及工匠精神的认可度的差异比较

从3-10可知,不同学段的学生在"关于工匠精神活动开展的情况"的显著性值为0.003,小于0.05,说明不同学段的学生在该维度上的选择具有显著性差异。为了更清楚地了解内部差异,将进行事后比较。

表3-10 不同学段的学生对工匠及工匠精神认可度各维度的差异检验

		平方和	自由度	均方	F	显著性
对工匠和工匠精神的态度	组间	0.363	2	0.181	0.894	0.410
	组内	74.291	366	0.203		
	总计	74.654	368	—		

续表

		平方和	自由度	均方	F	显著性
对语文教材中工匠人物的认识	组间	0.811	2	0.405	1.226	0.295
	组内	120.992	366	0.331		
	总计	121.802	368	—		
关于工匠精神活动开展的情况	组间	9.338	2	4.669	5.756	0.003
	组内	296.881	366	0.811		
	总计	306.219	368	—		

事后比较是采用两两配对的方式，其中，第三列"平均差异（I—J）"为配对两组的平均数的差异值，此差异值如果达到0.05的显著水平，会在差异值的右上方增列一个星号"*"。[①]

从表3-11中可知，初中组学生与高中组学生的差异比较，平均差异值为0.36329*，数值为正数，表示第一个平均数高于第二个平均数，即初中组学生在"关于工匠精神活动开展的情况"得分的平均数显著高于高中组学生。而高中组群体与初中组群体的平均差异值为-0.36329*，数值为负数，此结果与前述比较结果相似，只是其平均差异值的正负号相反。也就证明了高中生群体与初中生群体在"关于工匠精神活动开展的情况"的得分具有显著性差异。

表3-11 不同学段的LSD事后多重比较

因变量	（I）学段	（J）学段	平均差异（I—J）	显著性
关于工匠精神活动开展的情况	小学	初中	−0.10809	0.638
		高中	0.25520	0.084
	初中	小学	0.10809	0.638
		高中	0.36329*	0.003
	高中	小学	−0.25520	0.084
		初中	−0.36329*	0.003

4.不同地区的学生对工匠人物的认可度的差异比较

从表3-12可知，不同地区的学生在"对工匠和工匠精神的态度"上的显著性值为0.049，因此在不同地区的学生在该维度上的选择具有显著性差异。

---

① 吴明隆.问卷统计分析实务——SPSS操作与应用[M].重庆：重庆大学出版社，2010：344.

表3-12 不同地区的学生对工匠及工匠精神认可度各维度的差异检验

		平方和	自由度	均方	F	显著性
对工匠和工匠精神的态度	组间	1.202	2	0.601	2.994	0.049
	组内	73.452	366	0.201		
	总计	74.654	368	—		
对语文教材中工匠人物的认识	组间	0.142	2	0.071	0.213	0.808
	组内	121.660	366	0.332		
	总计	121.802	368	—		
关于工匠精神活动开展的情况	组间	2.845	2	1.423	1.716	0.181
	组内	303.374	366	0.829		
	总计	306.219	368	—		

从表3-13中可知，城市学生群体与城镇学生群体的差异比较，平均差异值为-0.11866*，数值为负数，表示第一个平均数低于第二个平均数，即城市学生群体在"对工匠和工匠精神的态度"得分的平均数显著低于城镇学生群体。城镇学生群体与农村学生群体的差异比较中，平均差异值为0.13793*，数值为正数，表明第一个平均数高于第二个平均数，即城镇学生群体在"对工匠和工匠精神的态度"得分的平均数显著高于农村学生群体。因此，城镇学生群体与城市学生群体、农村学生群体在"关于工匠精神活动开展的情况"的得分均具有显著性差异。

表3-13 不同地区的LSD事后多重比较

因变量	（I）地区	（J）地区	平均差异（I-J）	显著性
关于工匠精神活动开展的情况	城市	城镇	-0.11866*	0.036
		农村	0.01927	0.734
	城镇	城市	0.11866*	0.036
		农村	0.13793*	0.029
	农村	城市	-0.01927	0.734
		城镇	-0.13793*	0.029

5.不同省份的学生对工匠人物的认可度的差异比较

从表3-14可知，不同省份的学生在"对工匠和工匠精神的态度""对语文教材中工匠人物的认识"这两个维度上无显著性差异，在"关于工匠精神活动开展的情况"具有显著性差异。由于至少有一个组的个案数（省份问卷数）不足两个，因此不会对各维度执行事后检验，无法得知在哪些省份之间具有显著差异。

表3-14 不同省份的学生对工匠及工匠精神认可度各维度的差异检验

		平方和	自由度	均方	F	显著性
对工匠和工匠精神的态度	组间	5.820	29	0.201	0.988	0.486
	组内	68.833	339	0.203		
	总计	74.654	368	—		

续表

		平方和	自由度	均方	F	显著性
对语文教材中工匠人物的认识	组间	6.863	29	0.237	0.698	0.879
	组内	114.939	339	0.339		
	总计	121.802	368	—		
关于工匠精神活动开展的情况	组间	53.199	29	1.834	2.458	0.000
	组内	253.020	339	0.746		
	总计	306.219	368	—		

6.中小学生对工匠人物的认识与对工匠及工匠精神的态度的相关性

从表3-15为三个变量间的相关矩阵，在相关系数矩阵中，如果显著性P值小于0.05，会在相关系数旁加注"（*）"，若是显著性P值小于0.01或小于0.001时，会在相关系数旁加注"（**）"。①

表3-15　中小学生对工匠人物的认识与对工匠及工匠精神的态度的相关性

		8.如果工匠的社会地位低，会是你不愿意成为工匠的原因吗	9.如果工匠的薪资水平低，会是你不愿意成为工匠的原因吗	10.如果工匠的工作环境差，会是你不愿意成为工匠的原因吗	11.如果能成为工匠是一件令你感到自豪的事	12.凭你的印象给工匠打一个分数	15.你认为课文中的工匠人物工作环境差	16.你认为课文中的工匠人物工作较辛苦
8.如果工匠的社会地位低，会是你不愿意成为工匠的原因吗	皮尔逊相关性	1	0.653**	0.593**	-0.326**	-0.370**	0.212**	0.023
	显著性（双尾）	—	0.000	0.000	0.000	0.000	0.000	0.660
9.如果工匠的薪资水平低，会是你不愿意成为工匠的原因吗	皮尔逊相关性	0.653**	1	0.698**	-0.323**	-0.332**	0.180**	0.020
	显著性（双尾）	0.000	—	0.000	0.000	0.000	0.001	0.709
10.如果工匠的工作环境差，会是你不愿意成为工匠的原因吗	皮尔逊相关性	0.593**	0.698**	1	-0.314**	-0.401**	0.243**	0.099
	显著性（双尾）	0.000	0.000	—	0.000	0.000	0.000	0.057
11.如果能成为工匠是一件令你感到自豪的事	皮尔逊相关性	-0.326**	-0.323**	-0.314**	1	0.392**	-0.105*	0.072
	显著性（双尾）	0.000	0.000	0.000	—	0.000	0.044	0.166

---

① 吴明隆.问卷统计分析实务——SPSS 操作与应用［M］.重庆：重庆大学出版社，2010：331.

续表

		8.如果工匠的社会地位低，会是你不愿意成为工匠的原因吗	9.如果工匠的薪资水平低，会是你不愿意成为工匠的原因吗	10.如果工匠的工作环境差，会是你不愿意成为工匠的原因吗	11.如果你能成为工匠是一件令你感到自豪的事	12.凭你的印象给工匠打一个分数	15.你认为课文中的工匠人物工作环境差	16.你认为课文中的工匠人物工作较辛苦
12.凭你的印象给工匠打一个分数	皮尔逊相关性	-0.370**	-0.332**	-0.401**	0.392**	1	-0.171**	-0.055
	显著性（双尾）	0.000	0.000	0.000	0.000	—	0.001	0.296
15.你认为课文中的工匠人物工作环境差	皮尔逊相关性	0.212**	0.180**	0.243**	-0.105*	-0.171**	1	0.338**
	显著性（双尾）	0.000	0.001	0.000	0.044	0.001	—	0.000
16.你认为课文中的工匠人物工作较辛苦	皮尔逊相关性	0.023	0.020	0.099	0.072	-0.055	0.338**	1
	显著性（双尾）	0.660	0.709	0.057	0.166	0.296	0.000	—

** 在 0.01 级别（双尾），相关性显著。
*在 0.05 级别（双尾），相关性显著。

从表中可知：

在第15题与第8、9、10、11、12题的关系中，积差相关系数为正数的有：0.212**、0.180**、0.243**，即第15题与第8、9、10题正相关，说明第15题的得分越高，第8、9、10题的得分也就越高。说明了如果学生认为课文中的工匠人物工作环境差，会影响他们在现实中的选择，即介意工匠的社会地位低、薪资水平低、工作环境差，这些都是他们不愿意成为工匠的影响因素。而积差相关系数为负数的有-0.105**、-0.171**，即与第11、12题负相关，说明第15题的得分越低，第11、12题的得分也就越高。表明了如果学生越不同意课文中的工匠人物工作环境差，即工匠人物的工作环境越好，则给工匠的印象分就越高，能成为工匠的自豪感就越高。

第11题与8、9、10题的关系，积差相关性系数分别为-0.326**、-0.323**、-0.314**，即第11题与第8、9、10题负相关，说明第8、9、10题的得分越低，第11题的得分也就越高。表明了如果学生认为工匠的社会地位低、薪资水平低、工作环境差不是他们不愿意成为工匠的原因，则成为工匠的自豪感就越高。第12题与8、9、10题的积差相关性系数分别为-0.370**、-0.332**、-0.401**，呈负相关，说明如果学生认为工匠的社会地位低、薪资水平低、工作环境差不是他们不愿意成为工匠的原因,则给工匠打的印象分就越高。

第16题与第15题的相关系数为0.338**,说明学生认为课文中的工匠人物的工作环境越差则工作就越辛苦。

总之,课文中工匠人物的发展环境,如工作环境、薪资水平等会影响学生在现实中对工匠的认知及态度,如学生对工匠的社会地位、薪资待遇、工作环境的认知,并影响对工匠的印象和成为工匠的自豪感。

(二)调查结论

1.中小学生对工匠及工匠精神认可度的整体状况良好

从整体来看,中小学生对工匠人物的认可度的状况良好,大多数中小学生对工匠及工匠精神的评分较高;当看到关于大国工匠的报道或课文,81.34%的学生都感到很自豪。但中小学生对于工匠的工作环境、薪酬水平、社会地位方面均表现出较低的认可度,说明中小学生对工匠及工匠精神具有较好的认知及态度。当涉及工匠的现实情况及成为工匠的意愿时,其选择与态度却存在一定的差距。因此,中小学生面临平衡内心的"冲突":一方面,思想道德教育及电视新闻等媒体的报道,使他们能够认可工匠对社会的贡献、意义及价值。另一方面,工匠工作强度大、环境差、薪酬低等则影响他们的职业意向。

2.初中阶段开展工匠精神的活动显著多于高中阶段

从整体来看,不同学段的学生对工匠人物的态度及评价没有显著差异,但在关于工匠精神活动开展的情况中,各学段存在显著差异。其中高中生和初中生在这个问题上的选择具有显著性,即关于工匠精神活动的有效开展在初中阶段和高中阶段具有差异性。从平均值来看,初中学生群体的平均值为3.41,高中学生群体的平均值为3.04,低于平均值3.24。同时,在中小学语文教材中,初中阶段关于工匠精神的篇目多于高中阶段,且初中阶段的学业压力比高中阶段小,则开展关于工匠精神的活动机会更多。因此,从学生角度来看,初中阶段开展关于工匠精神的活动要比高中阶段多。

3.少数民族学生对工匠的认可度略高于汉族学生

从整体来看,不同民族的中小学生对工匠人物的认可度差别不大,但少数民族的学生对工匠人物的认可度要高于汉族学生。少数民族学生在"对工匠和工匠精神的态度""对语文教材中工匠人物的认识""关于工匠精神活动开展的情况"这三个维度上的得分平均值均略高于汉族学生。因此,少数民族学生对工匠人物的认可度要略高于汉族学生。

第四节　中小学语文教师对工匠精神融入基础教育的态度分析

教学是教师的教与学生的学的共同活动，是科学文化知识和思想品德教育的主渠道。教师是工匠精神融入基础教育的直接组织者和实施者，教师对于工匠及工匠精神的认知及态度直接影响工匠精神的培育效果。因此，对教师进行认知、教学态度、教学实施情况等方面的调查，找出当前在语文课中工匠精神培育的问题，以更好地提出解决困难的对策。教师调查问卷由两部分构成，第一部分是省份、地区、性别、民族、年龄、教龄、所教学段；第二部分是教师对语文教材中工匠人物的认识、课文中的工匠人物对学生的影响、关于工匠精神的教学三个方面的符合程度，即非常不同意、不太同意、不清楚、比较同意、非常同意。调查问卷力求从以上三个维度来剖析我国中小学语文教师对工匠精神的认识、工匠精神活动的开展情况及存在问题等，同时对问卷现状进行相关分析。除去基本信息及简答题，该问卷共20题（具体题目分布见表3–16）。通过对教师问卷进行信效度检测，教师问卷的内部一致性Cronbach's α系数为0.880，表明问卷的同质信度非常高。教师问卷的结构效度KMO值为0.878，表明问卷具有较好的有效性。

表3-16　教师问卷结构领域及所涉及题项

维度	题项	项数
对语文教材中工匠人物的认识	8—14	7
课文中的工匠人物对学生的影响	15—17	3
关于工匠精神的教学	18—27	10

一、问卷回收及人口学特征

《中小学语文教师对工匠精神融入语文教材的态度调查问卷》共发放380份，回收368份，有效问卷361份，回收率96.8%，有效率98.1%。教师有效问卷的人口学特征见表3-17。

表3-17　有效教师问卷的人口学特征

变量	类别	人数（人）	百分比（%）
性别	男	133	36.84%
	女	228	63.16%
民族	汉族	266	73.68%
	少数民族	95	26.32%

续表

变量	类别	人数（人）	百分比（%）
地区	城市	181	50.14%
	城镇	111	30.75%
	农村	69	19.11%
年龄	30岁以下	156	43.21%
	30—39岁	103	28.53%
	40—49岁	69	19.11%
	50岁及以上	33	9.14%
教龄	1—5年	157	43.49%
	6—10年	75	20.78%
	11—15年	27	7.48%
	15年以上	102	28.25%
所教学段	小学	98	26.56%
	初中	135	36.59%
	高中	136	36.86%

二、中小学语文教师对工匠精神融入基础教育的态度分析

（一）中小学语文教师对工匠精神融入基础教育的态度分析

1.不同性别的中小学语文教师对工匠精神融入基础教育态度的差异比较

从表3-18可知，就"对语文教材中工匠人物的认识"维度而言，男性的平均值（M=3.7959）高于女性的平均值（M=3.7701）；就"课文中的工匠人物对学生的影响"维度而言，男性的平均值（M=3.3534）高于女性的平均值（M=3.1111）；就"关于工匠精神的教学"而言，女性的平均值（M=3.7118）高于男性的平均值（M=3.6759）。

表3-18 不同性别的中小学语文教师对工匠精神融入基础教育态度的组别统计量

	性别	个案数	平均值
对语文教材中工匠人物的认识	男	133	3.7959
	女	228	3.7701
课文中工匠人物对学生的影响	男	133	3.3534
	女	228	3.1111
关于工匠精神的教学	男	133	3.6759
	女	228	3.7118

表3-19为独立样本t检验的结果。平均数差异检验的基本假设之一就是方差同质性，因而当两个方差相同时，则称两个群体间具有方差同质性。从表3-19中可知，"对语文教材中工匠人物的认识"的$P=0.002<0.05$，达到显著性水平，故应查看"不假设方差相等"栏的显著性（双尾），$P=0.744>0.05$，未达

0.05显著水平,表示不同性别的教师在"对语文教材中工匠人物的认识"的得分上没有显著差异存在。同时,其差异值95%置信区间为(-0.12992,0.18166),包含0,同样表示不同性别在该维度的选择上没有显著性差异。

"课文中的工匠人物对学生的影响"的$P=0.382>0.05$,未达到显著性水平,故应查看"假设方差相等"栏的显著性(双尾),$P=0.013<0.05$,达0.05显著水平。同时,差值95%置信区间为(0.05082,0.43372),未包含0,表示不同性别的教师在"课文中的工匠人物对学生的影响"的看法上具有显著性差异。

同理,在"关于工匠精神的教学"维度上,显著性(双尾)$P=0.618>0.05$,同时差值95%置信区间为(-0.17750,0.10570),包含0,因此,在这个维度上,不同性别的选择不具有显著性差异。

表3-19 不同性别的中小学语文教师对工匠精神融入基础教育的态度的差异检验

显著性		莱文方差等同性检验	平均值等同性 t 检验		
		显著性	显著性(双尾)	差值95% 置信区间	
				下限	上限
对语文教材中工匠人物的认识	假定等方差	0.002	0.730	-0.12114	0.17287
	不假定等方差		0.744	-0.12992	0.18166
课文中的工匠人物对学生的影响	假定等方差	0.382	0.013	0.05082	0.43372
	不假定等方差		0.015	0.04817	0.43638
关于工匠精神的教学	假定等方差	0.747	0.618	-0.17750	0.10570
	不假定等方差		0.624	-0.17980	0.10800

2.不同民族的中小学语文教师对工匠精神融入基础教育态度的差异比较

表3-20为独立样本t检验的结果。从表中可知,三个维度的显著性(双尾)均大于0.05,因此,不同民族的中小学语文教师在这三个维度的看法上没有显著性差异。

表3-20 不同民族的中小学语文教师对工匠精神融入基础教育的态度的差异比较

显著性		莱文方差等同性检验	平均值等同性 t 检验		
		显著性	显著性(双尾)	差值95% 置信区间	
				下限	上限
对语文教材中工匠人物的认识	假定等方差	0.009	0.754	-0.18671	0.13537
	不假定等方差		0.776	-0.20329	0.15194
课文中的工匠人物对学生的影响	假定等方差	0.154	0.753	-0.17766	0.24533
	不假定等方差		0.767	-0.19096	0.25863
关于工匠精神的教学	假定等方差	0.059	0.990	-0.15419	0.15615
	不假定等方差		0.991	-0.16880	0.17075

3.不同年龄的中小学语文教师对工匠精神融入基础教育态度的差异比较

从表3-21可知，不同年龄的中小学语文教师在"对语文教材中的工匠人物的认识"和"课文中的工匠人物对学生的影响"上的显著性值均为0.000，小于0.05，说明不同年龄的中小学语文教师在这两个维度上的选择均具有显著性差异，而在"关于工匠精神的教学"这个维度上的得分无显著差异。为了更具体地了解内部的具体差异，将进行LSD事后检验。（见表3-22）

表3-21 不同年龄的中小学语文教师对工匠精神融入基础教育的态度的差异比较

		平方和	自由度	均方	F	显著性
对语文教材中工匠人物的认识	组间	8.249	3	2.750	6.123	0.000
	组内	160.314	357	0.449		
	总计	168.563	360	—		
课文中的工匠人物对学生的影响	组间	24.509	3	8.170	10.955	0.000
	组内	266.220	357	0.746		
	总计	290.729	360	—		
关于工匠精神的教学	组间	1.607	3	0.536	1.235	0.297
	组内	154.842	357	0.434		
	总计	156.449	360	—		

表3-22 不同年龄的中小学语文教师在各维度的LSD事后检验

因变量	（I）年龄	（J）年龄	平均差异（I—J）	显著性
对语文教材中工匠人物的认识	30岁以下	30—39岁	−0.13337	0.118
		40—49岁	−0.30009*	0.002
		50岁及以上	−0.46195*	0.000
	30—39岁	30岁以下	0.13337	0.118
		40—49岁	−0.16672	0.111
		50岁及以上	−0.32858*	0.015
	40—49岁	30岁以下	0.30009*	0.002
		30—39岁	0.16672	0.111
		50岁及以上	−0.16187	0.255
	50岁及以上	30岁以下	0.46195*	0.000
		30—39岁	0.32858*	0.015
		40—49岁	0.16187	0.255

续表

因变量	(I)年龄	(J)年龄	平均差异(I—J)	显著性
课文中的工匠人物对学生的影响	30岁以下	30—39岁	-0.58068*	0.000
		40—49岁	-0.32061*	0.011
		50岁及以上	-0.57401*	0.001
	30—39岁	30岁以下	0.58068*	0.000
		40—49岁	0.26007	0.054
		50岁及以上	0.00667	0.969
	40—49岁	30岁以下	0.32061*	0.011
		30—39岁	-0.26007	0.054
		50岁及以上	-0.25340	0.166
	50岁及以上	30岁以下	0.57401*	0.001
		30—39岁	-0.00667	0.969
		40—49岁	0.25340	0.166

*平均值差值的显著性水平为0.05。

在"对语文教材中工匠人物的认识"维度上，30岁以下的教师与40—49岁、50岁及以上的教师的平均差异值分别为-0.30009*、-0.46195*，数值为负数。因此，30岁以下的教师的得分显著低于40~49岁和50岁及以上的教师。30—39岁的教师与50岁及以上的教师比较，平均差异值为-0.32858*，说明了30—39岁的教师在这个维度上的得分显著低于50岁及以上的教师。因此，年龄越大对教材的理解程度越好，且50岁以上的教师对教材中工匠人物具有较好的认识。

在"课文中的工匠人物对学生的影响"维度上，30岁以下的教师与30—39岁、40—49岁、50岁及以上的教师比较，平均差异值分别为-0.58068*、-0.32061*、-0.57401*，数值为负数，说明第一个平均值低于第二个平均值，因此，30岁以下的教师在这个维度上的得分显著低于其他三个年龄组的教师。

4.不同教龄的中小学语文教师对工匠精神融入基础教育态度的差异比较

从表3-23可知，不同教龄的中小学语文教师在三个维度上的显著性值分别为0.000、0.000、0.038，均小于0.05，说明不同年龄的中小学生在三个维度上的选择均具有显著性差异。为了更具体地了解内部的具体差异，将进行LSD事后检验。

表3-23 不同教龄的中小学语文教师对工匠精神融入基础教育的态度的差异比较

		平方和	自由度	均方	F	显著性
对语文教材中工匠人物的认识	组间	10.023	3	3.341	7.523	0.000
	组内	158.540	357	0.444		
	总计	168.563	360	—		
课文中的工匠人物对学生的影响	组间	28.276	3	9.425	12.821	0.000
	组内	262.453	357	0.735		
	总计	290.729	360	—		

续表

		平方和	自由度	均方	F	显著性
关于工匠精神的教学	组间	3.652	3	1.217	2.844	0.038
	组内	152.797	357	0.428		
	总计	156.449	360	—		

从表3-24中可知，在"对语文教材中工匠人物的认识"维度上，具有15年以上教龄的教师与具有1—5年教龄、6—10年教龄、11—15年教龄的教师的得分都具有显著性差异。表现为15年以上教龄的教师与其他三组教师的平均差异值分别为0.34761*、0.32784*、0.50202*，数值为正数，表示第一个平均数高于第二个平均数，即具有15年以上教龄的教师在该维度上的得分平均数显著高于其他三组教师。

在"课文中的工匠人物对学生的影响"这个维度上，具有1—5年教龄的教师与具有6—10年教龄、11—15年教龄、15年以上教龄的教师的得分都具有显著性差异。表现为具有1—5年教龄的教师与其他三组教师的平均差异值分别为-0.73229*、-0.42809*、-0.30536*，数值为负数，表示第一个平均数低于第二个平均数，即具有1—5年教龄的教师在维度上得分的平均数显著低于其他三组教师。具有15年以上教龄的教师与具有6~10年教龄教师的平均差异值为-0.42693*，数值为负数，因此，具有15年以上教龄的教师得分的平均数显著低于具有6—10年教龄的教师。

在"关于工匠精神的教学"维度上，具有15年以上教龄的教师与6—10年、11—15年教龄的教师的平均差异值分别为0.22063*、0.33159*，因此，具有15年以上教龄的教师在这个维度上的得分显著高于其他两个教龄组的教师。

表3-24 不同教龄的中小学语文教师在各维度的LSD事后检验

因变量	（I）教龄	（J）教龄	平均差异（I-J）	显著性
对语文教材中工匠人物的认识	15年以上	1—5年	0.34761*	0.000
		6—10年	0.32784*	0.001
		11—15年	0.50202*	0.001
课文中的工匠人物对学生的影响	1—5年	6—10年	-0.73229*	0.000
		11—15年	-0.42809*	0.017
		15年以上	-0.30536*	0.005
	15年以上	6—10年	-0.42693*	0.001
关于工匠精神的教学	15年以上	6—10年	0.22063*	0.027
		11—15年	0.33159*	0.020

*平均值差值的显著性水平为0.05。

5.不同学段的中小学语文教师对工匠精神融入基础教育态度的差异比较

从表3-25可知,不同学段的中小学语文教师在"对语文教材中工匠人物的认识"和"课文中的工匠人物对学生的影响"这两个维度上的显著性值分别为0.001、0.000,均小于0.05,说明不同学段的中小学语文教师在这两个维度上的选择均具有显著性差异。而"关于工匠精神的教学"的显著性值为0.646,大于0.05,因此不具有显著性差异。为了更具体地了解内部的具体差异,将进行LSD事后检验。(见表3-26)

表3-25　不同学段的中小学语文教师对工匠精神融入基础教育态度的差异比较

		平方和	自由度	均方	F	显著性
对语文教材中工匠人物的认识	组间	6.166	2	3.083	6.796	0.001
	组内	162.397	358	0.454		
	总计	168.563	360	—		
课文中的工匠人物对学生的影响	组间	26.611	2	13.305	18.035	0.000
	组内	264.118	358	0.738		
	总计	290.729	360	—		
关于工匠精神的教学	组间	0.382	2	0.191	0.438	0.646
	组内	156.067	358	0.436		
	总计	156.449	360	—		

表3-26　不同学段的中小学语文教师在各维度的LSD事后检验

因变量	(I)学段	(J)学段	平均差异(I—J)	显著性
对语文教材中工匠人物的认识	初中	小学	-0.23469*	0.008
		高中	-0.37012*	0.000
课文中的工匠人物对学生的影响	高中	小学	0.65926*	0.000
		初中	0.50632*	0.000

*平均值差值的显著性水平为0.05。

从表3-26中可知,初中组教师和小学组教师、高中组教师的差异比较中,平均差异值分别为-0.23469*、-0.37012*,数值为负数,说明了第一个平均数低于第二个平均数,即初中组教师和小学组教师、高中组教师在"对语文教材中工匠人物的认识"的得分均具有显著性差异。

高中组教师与小学组教师、初中组教师的差异比较中,平均差异值为0.65926*、0.50632*,数值为正数,表示第一个平均数高于第二个平均数,即高中组教师在"课文中的工匠人物对学生的影响"得分的平均数显著高于小学组教师和初中组教师。而小学组教师与高中组教师的平均差异值为-0.65926*,初中组教师与高中组教师的平均差异值为-0.50632*,此结果与前述相似,只是数值为负数。

6.不同地区的中小学语文教师对工匠精神融入基础教育态度的差异比较

从表3-27可知,不同地区的中小学语文教师在"对语文教材中工匠人物的认识"和"关于工匠精神的教学"这两个维度上的显著性值分别为0.529、0.476,均大于0.05,说明不同地区的中小学语文教师在这两个维度上的选择均无显著性差异。而"课文中的工匠人物对学生的影响"的显著性值为0.000,小于0.05,因此不同地区的中小学语文教师在该维度上的选择具有显著性差异。为了更具体地了解内部的具体差异,将进行LSD事后检验。

表3-27 不同地区的中小学语文教师对工匠精神融入基础教育态度的差异比较

		平方和	自由度	均方	F	显著性
对语文教材中工匠人物的认识	组间	0.599	2	0.300	0.638	0.529
	组内	167.964	358	0.469		
	总计	168.563	360	—		
课文中的工匠人物对学生的影响	组间	14.557	2	7.278	9.435	0.000
	组内	276.172	358	0.771		
	总计	290.729	360	—		
关于工匠精神的教学	组间	0.648	2	0.324	0.744	0.476
	组内	155.801	358	0.435		
	总计	156.449	360	—		

从表3-28中可知,在"课文中的工匠人物对学生的影响"维度上,农村组教师和城市组教师、城镇组教师的差异比较中,平均差异值分别为-0.53671*、-0.34208*,数值为负数,证明了农村组教师得分的平均数显著低于其他组教师。说明了农村组教师认为工匠的社会地位、薪资水平等不是影响学生对工匠认可度的重要因素。

表3-28 不同地区的中小学语文教师在各维度的LSD事后检验

因变量	(I)地区	(J)地区	平均差异(I—J)	显著性
课文中的工匠人物对学生的影响	农村	城市	-0.53671*	0.000
		城镇	-0.34208*	0.011

*平均值差值的显著性水平为0.05。

7.不同省份的中小学语文教师对工匠精神融入基础教育态度的差异比较

从表3-29可知,不同省份的中小学语文教师在三个维度上的显著性值分别为0.019、0.012、0.000,均小于0.05,说明不同省份的中小学语文教师在这三个维度上的选择均具有显著性差异。但由于至少有一个组的个案数不足两个(某些省份的问卷数不足两个),因此不会对各维度执行事后检验,无法得知在哪些省份之间具有显著差异。

表3-29 不同省份的中小学语文教师对工匠精神融入基础教育态度的差异比较

		平方和	自由度	均方	F	显著性
对语文教材中工匠人物的认识	组间	22.602	31	0.729	1.643	0.019
	组内	145.961	329	0.444		
	总计	168.563	360	—		
课文中的工匠人物对学生的影响	组间	40.544	31	1.308	1.720	0.012
	组内	250.185	329	0.760		
	总计	290.729	360	—		
关于工匠精神的教学	组间	27.514	31	0.888	2.265	0.000
	组内	128.935	329	0.392		
	总计	156.449	360	—		

（二）调查结论

1.中小学语文教师对工匠精神融入语文教材态度的整体状况良好

从整体来看，中小学语文教师对工匠精神融入基础教育态度的状况较好，大多数中小学语文教师对语文教材中工匠人物的认识比较到位，得分平均值为3.78。在关于工匠精神的语文教学活动中，大多数教师认为自己能够自觉开展，得分平均值为3.70。因此，可以认为当前中小学语文教师在工匠精神融入语文教学中的态度和行为较为良好。

2.40岁以上的教师对教材中工匠人物的理解度较高

从整体来看，不同年龄的中小学语文教师对工匠精神融入基础教育的态度具有差别。40—49岁和50岁及以上的教师对教材中的工匠人物的理解比较充分，30岁以上的教师比较认同课文中的工匠人物对学生的影响。30岁以下的教师不管是在对工匠人物的理解还是工匠人物对学生的影响，得分平均值都较低。说明30岁以下的教师在这方面的认知水平比其他年龄段的教师低。因此需加强新手教师的培训，提升对工匠精神的认识。

3.教龄在15年以上的教师在各方面的表现较好

从整体来看，不同教龄的中小学语文教师对工匠精神融入基础教育的态度具有显著性差异。具有15年以上教龄的教师在对工匠人物的理解、知识拓展和活动开展方面都有比较良好的认识与行动。具有11—15年教龄的教师在对教材中工匠人物的理解和关于工匠精神的教学中的得分均低于其他年龄段的教师。具有6—10年的教师比其他年龄段的教师更加认同课文中工匠人物对学生的影响，对文中的工匠人物也有较高的理解，但在相关活动的实施上表现不突出。具有1—5年教龄的教师对教材中工匠人物的理解不够充分，体现为在该维度上的得分低于总体平均值，但对于工匠精神的教学体现出了较高的积极性和主动性。

4.各学段的中小学语文教师对开展关于工匠精神活动的态度较积极

从整体来看,高中语文教师和小学语文教师对课文中的工匠人物的理解比价充分,而初中语文教师在这方面的理解不够充分。高中语文教师最为认同课文中工匠人物对学生的影响,与小学语文教师和初中语文教师的观点差异较大。三个学段的语文教师对于工匠精神融入语文教学活动都表示了积极的态度。

第五节 工匠精神融入中小学语文课的现状及原因

选文是教材中心,承担了语文教育的最基础的任务,除了培养学生在现实生活中需要的听、说、读、写能力,还要通过文章的学习建立健康的世界观、人生观和价值观。[①]同时,在教师的教学下,帮助学生形成良好的认知和品质,建立起丰富的精神世界和健康的人格。然而,对于"工匠精神"这个新课题,教材对工匠精神篇目的选编和呈现并非完美,教师的教学仍有待改进。对此,我们要辩证理性地看待。

一、工匠精神融入中小学语文教材的现状

(一)蕴含工匠精神的课文体裁多样且内涵丰富

1.体裁多样,多元互补

新课标强调教材选文要题材、体裁、风格丰富多样,各种类别配置适当。[②]现行的中小学语文教材中,涉及工匠精神的文章体裁丰富多样,且涵盖工匠精神的多个方面,为学生语文学习提供了多种范例。这些丰富充实的内容,通常有两种编排方式:一是用独立文本直接呈现给学生;二是渗透在教材的其他板块中。如小学语文教材中,编选了《万年牢》《长城》《全神贯注》《刷子李》《詹天佑》《把铁路修到拉萨去》阅读课文,这几篇课文中有说明文也有记叙文。通过阅读学习这些课文,可以让学生了解主人公的智慧,受到工匠精

---

① 孙慧玲.语文教材编制模式多样化思考[J].河北师范大学学报(教育科学版),2007(4):132-136.
② 中华人民共和国教育部.义务教育语文课程标准[M].北京:北京师范大学出版社,2011:33.

神的熏陶和感染。而在二年级第一单元的口语交际中,设置了"我爱做手工"的学习活动,在六年级下册的综合复习板块中,设置了"按说明书做玩具小灯"活动,有利于培养学生的表达能力和动手能力。如此,学生能够将直接经验与间接经验相统一。但遗憾的是,初中语文教材和高中语文教材中缺乏关于工匠精神的综合性学习活动。

2.文本蕴含丰富的工匠精神

在教材中,部分篇目意在通过对景物的描写,让学生感受祖国的大好河山、丰富的物质文化和非物质文化遗产,并非直接表达对工匠精神的赞颂,如《长城》《中国建筑的特征》等课文。还有课文涉及中华传统文化,描写了主人公的技艺高超,如《万年牢》。《万年牢》通过父亲卖冰糖葫芦的几件事,说明了做事要认真严谨、讲究诚信,描绘了一个爱岗敬业、一丝不苟、技艺高超的形象。这就需要将"父亲"的形象迁移到糖葫芦手工艺人的形象上,使学生了解工匠精神在手工艺人打造高品质产品中的核心作用。因此,课文还蕴含着丰富的我国民俗小吃糖葫芦的相关知识。教师可进一步挖掘文本所蕴含的丰富价值,让学生了解糖葫芦的历史、做法等,以培养学生对中华传统民俗文化的认识和热爱工匠精神。

(二)蕴含工匠精神的篇目选择及分布缺乏科学性

当前中小学语文教材中工匠精神的篇目分布仍存在以下问题。

1.中小学语文教材篇目分布缺乏连续性及合理的梯度

语文教材由无数的知识元素构成,每个知识点之间都具有关联性,并非孤立、散乱的堆集。通过知识的内在逻辑形成一条系统完整的知识链,编制成一个有机的知识网络,承载的丰富的知识和精神营养。[①]因此,应合理规划选文的分布。

首先,课文篇目分布缺乏连续性。从整体分布来看,含有工匠精神的课文篇目分布以小学和初中阶段为主。在小学阶段,低年级没有工匠精神篇目,而含有工匠精神的课文分布在中高年级,四年级3篇,五年级2篇,六年级1篇。在中学阶段,以八年级为主,七年级、九年级和整个高中阶段都分别仅有1篇。课程标准把小学阶段分成三学段,分别提出"学段目标与内容",各个学段相互联系,将知识点通过螺旋式呈现在教材中。因而教材的编写应遵循系统性原则,避免知识点断层的尴尬。

---

① 倪文锦,何文胜.祖国大陆与香港、台湾地区语文教育初探[M].北京:高等教育出版社,2001:253.

其次，整体篇目分布缺乏合理的梯度。从整体来看，含有工匠精神的课文篇目分布缺乏合理的梯度，没有根据工匠精神内涵的层次进行编排。如小学低年段，在进行自主阅读之前最迫切的任务就是"识字与写字"，这是语文学习的基础，应在小学低年级阶段夯实基础，才能在后段的学习中更加顺利。同时，书写可以看出一个学生的学习态度、耐心程度等。因此，小学阶段应结合识字、写字，侧重学生耐心、专注品质养成，初中阶段重点在于培养学生的敬业精神，高中则侧重精益求精与创新品质的培养。工匠精神的形成并非一日之事，而是一个长期的过程，系统的、符合学生认知发展规律的教育更有利于学生工匠精神的养成。让前一阶段的学习成为后一阶段的铺垫，后一阶段是前一阶段的延续[①]，让工匠精神的学习有序地穿插在教学内容当中，让学生在不同的阶段获得相应的认识与能力。

同时，在《中小学语文教师对工匠精神融入基础教育态度的调查问卷》中的"您认为当前教材中涉及工匠或工匠精神的篇目分布缺乏合理的梯度吗？"这道题上，有16.62%的教师选择了"非常同意"，45.15%的教师选择了"比较同意"，11.36%的教师选择了"比较不同意"，2.77%的教师选择了"非常不同意"（见图3-1）。说明了超过半数的教师认为现行的中小学语文教材中涉及工匠或工匠精神的篇目在分布上还存在缺乏合理的梯度的问题。有24.10%的教师选择了不清楚，说明目前还有一部分教师没有关注到这个问题。

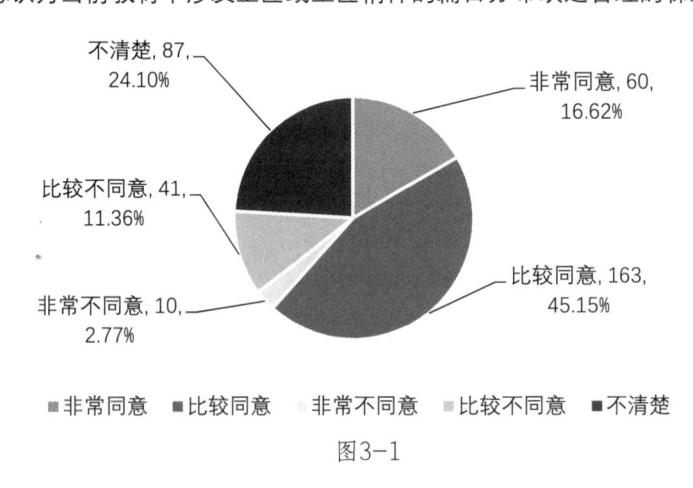

您认为当前教材中涉及工匠或工匠精神的篇目分布缺乏合理的梯度吗？

图3-1

---

① 苏泉月.关注语文教材编排的连续性，合理选择教学内容[J].课程教学研究，2013（11）：81-84.

2.中小学语文教材的选编中工匠精神的课文所占比例较低

人教版中小学语文教材的课文中，体现科学精神的课文共42篇，占总篇数6.80%，体现人文精神的课文共277篇，占总篇数44.82%。而人教版语文教材中体现工匠精神的课文12篇，占总篇数1.94%。总之，与人文精神和科学精神相比，体现工匠精神的篇目在语文教材中的占比最少。在中小学语文教材中，更多地关注培养学生的人文精神，即更多地渗透对学生生命成长、生命意识的关注，学会尊重和热爱生命，在体会生命的意义中完善自身的发展。①在部编版教材中还加重了传统文化的分量。小学一年级开始就学古诗文，小学阶段6个年级12册共选优秀古诗文124篇，占所有选篇的30%，比原有人教版增加55篇，增幅达80%，平均每个年级20篇左右。初中古诗文选篇124篇，占所有选篇的51.7%，比原来的人教版也有提高，平均每个年级40篇左右。体裁更加多样，从《诗经》到清代的诗文，从古风、民歌、律诗、绝句到词曲，从诸子散文到历史散文，从两汉文到唐宋古文、明清作品，均有收录。②

同时，在《中小学语文教师对工匠精神融入基础教育态度的调查问卷》的"您认为当前教材中涉及工匠或工匠精神的篇目占比太低吗？"这道题上，有14.40%的教师选择了"非常同意"，42.94%的教师选择了"比较同意"，14.40%的教师选择了"比较不同意"，2.77%的教师选择了"非常不同意"（见图3-2）。说明了有超过半数的教师认为现行的中小学语文教材中涉及工匠或工匠精神的篇目太少。有25.48%的教师选择了不清楚，说明目前还有一部分教师没有关注这个问题。

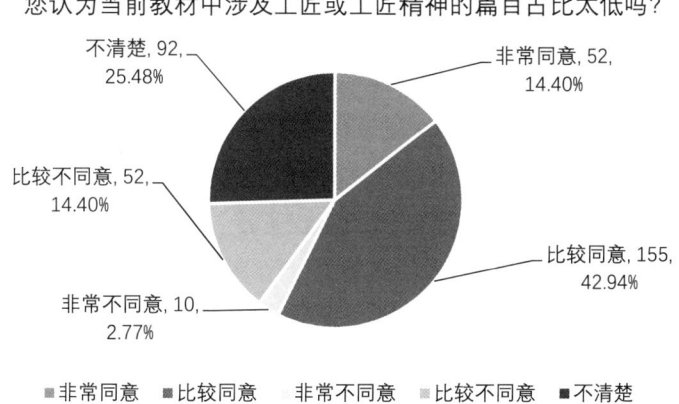

图3-2

---

① 史洁.语文教材文学类文本研究[D].济南：山东师范大学，2013：165.
② 陈培瑞.关于小学如何使用"部编本"语文教材的几个问题[J].现代教育，2018(6)：37-38.

3.中小学语文教材中工匠人物的地位不高

从选文来看，少数工匠人物社会地位较高，如《全神贯注》的人物罗丹和《把铁路修到拉萨去》的詹天佑等的社会地位较高，他们既是工匠也是艺术家、工程师，有较高的社会地位和社会声誉。但课文中大多数工匠的社会地位较低，都是普通劳动者，如刷子李、卖油翁等，他们的经济地位和社会地位都不高。而课文中工匠人物社会地位的高低为中小学生的职业选择提供参考，直接影响到中小学生未来的职业意愿。所以，只有切实改善工匠的地位形势，才会吸引更多的青年人选择工匠职业。

在《中小学生对工匠及工匠精神认可度的调查问卷》的"对工匠和工匠精神的态度"这一维度上，对于"你认为课文中的工匠人物工作环境差"这道题，31.71%的学生选择了"比较同意"，13.82%的学生选择了"非常同意"，6.78%的学生选择了"比较不同意"，14.91%的学生选择了"非常不同意"（见图3-3）。

你认为课文中的工匠人物工作环境差

- 不清楚, 121, 32.79%
- 非常同意, 51, 13.82%
- 比较同意, 117, 31.71%
- 比较不同意, 25, 6.78%
- 非常不同意, 55, 14.91%

■非常同意　■比较同意　■非常不同意　■比较不同意　■不清楚

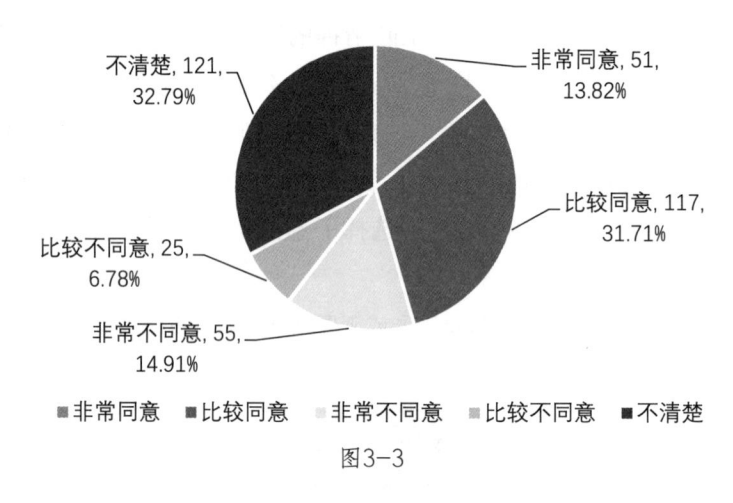

图3-3

对于"你认为课文中的工匠人物工作较辛苦"这道题，有34.69%的学生选择了"非常同意"，45.53%的学生选择了"比较同意"，1.90%的学生选择了"比较不同意"，5.69%的学生选择了"非常不同意"（见图3-4）。

"如果工匠的社会地位低，会是你不愿意成为工匠的原因吗"这道题，有19.73%的学生选择了"非常同意"，28.92%的学生选择了"比较同意"，21.89%的学生选择了"比较不同意"，6.76%的学生选择了"非常不同意"（见图3-5）。说明了接近半数的学生在意工匠的地位低。

你认为课文中的工匠人物工作较辛苦

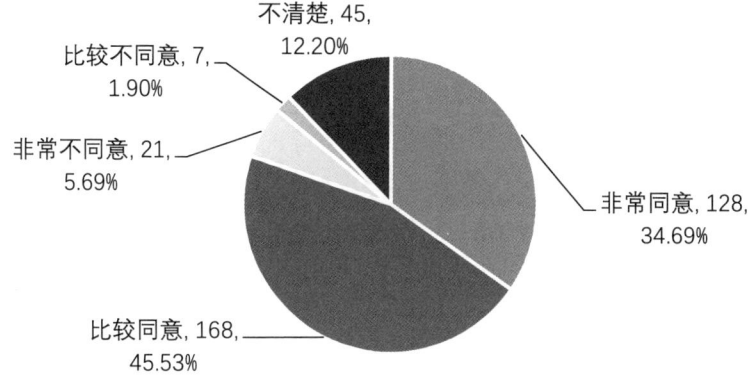

- 非常同意, 128, 34.69%
- 比较同意, 168, 45.53%
- 非常不同意, 21, 5.69%
- 比较不同意, 7, 1.90%
- 不清楚, 45, 12.20%

■非常同意 ■比较同意 ■非常不同意 ■比较不同意 ■不清楚

图3-4

如果工匠的社会地位低，会是你不愿意成为工匠的原因吗？

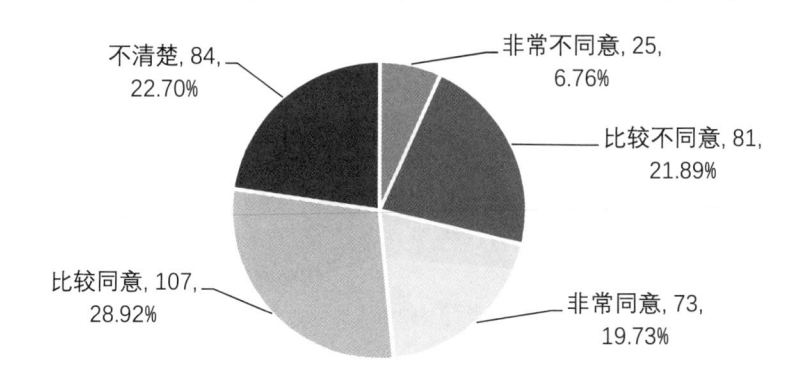

- 非常不同意, 25, 6.76%
- 比较不同意, 81, 21.89%
- 非常同意, 73, 19.73%
- 比较同意, 107, 28.92%
- 不清楚, 84, 22.70%

■非常不同意 ■比较不同意 ■非常同意 ■比较同意 ■不清楚

图3-5

对于"如果工匠的薪资水平低，会是你不愿意成为工匠的原因吗？"这道题，有30.08%的学生选择了"比较同意"，12.74%的学生选择了"非常同意"，23.31%的学生选择了"比较不同意"，14.91%的学生选择了"非常不同意"（见图3-6）。

对于"如果工匠的工作环境差，会是你不愿意成为工匠的原因吗？"这道题，有27.15%的学生选择了"比较同意"，2.45%的学生选择了"非常同意"，26.25%的学生选择了"比较不同意"，17.90%的学生选择了"非常不同意"（见图3-7）。

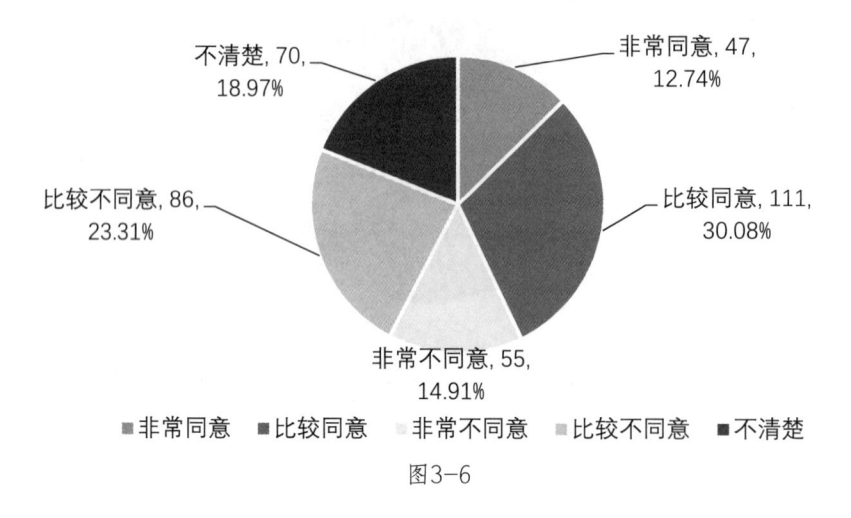

如果工匠的薪资水平低，会是你不愿意成为工匠的原因吗？

不清楚, 70, 18.97%
非常同意, 47, 12.74%
比较同意, 111, 30.08%
非常不同意, 55, 14.91%
比较不同意, 86, 23.31%

■非常同意 ■比较同意 ■非常不同意 ■比较不同意 ■不清楚

图3-6

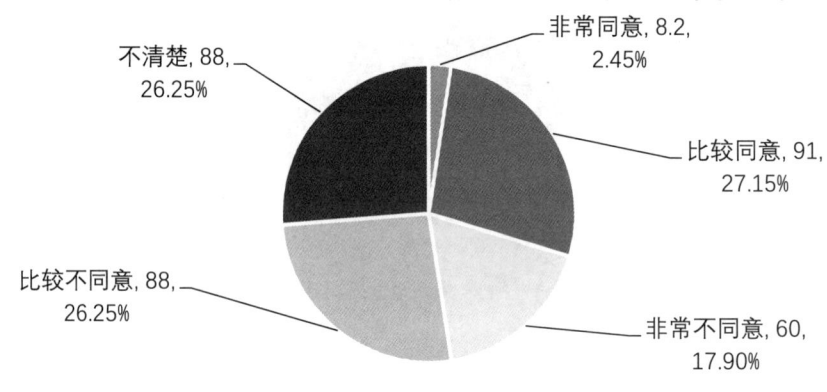

如果工匠的工作环境差，会是你不愿意成为工匠的原因吗？

不清楚, 88, 26.25%
非常同意, 8.2, 2.45%
比较同意, 91, 27.15%
非常不同意, 60, 17.90%
比较不同意, 88, 26.25%

■非常同意 ■比较同意 ■非常不同意 ■比较不同意 ■不清楚

图3-7

同时，在《中小学语文教师对工匠精神融入基础教育态度的调查问卷》的"您认为课文中的工匠人物社会地位不高"这道题上，有41.00%的教师选择了"比较同意"，11.36%的教师选择了"非常同意"，21.88%的教师选择了"比较不同意"，6.37%的教师选择了"非常不同意"（见图3-8）。

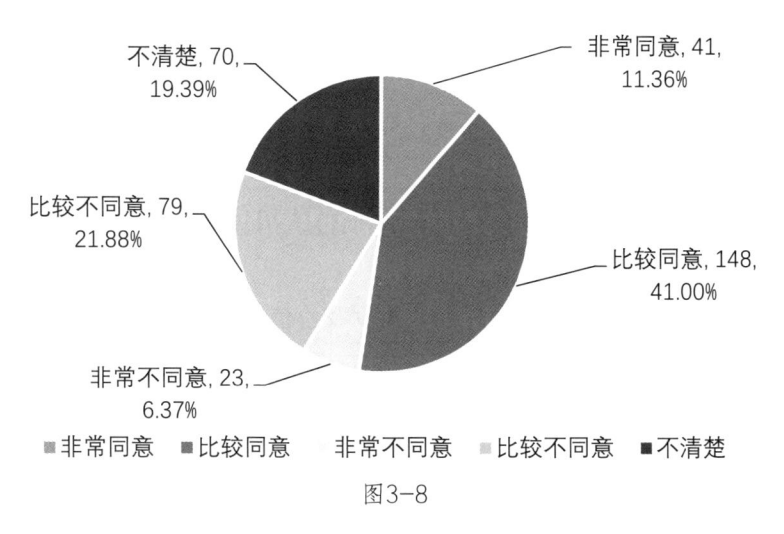

您认为课文中的工匠人物社会地位不高

- 非常同意, 41, 11.36%
- 比较同意, 148, 41.00%
- 非常不同意, 23, 6.37%
- 比较不同意, 79, 21.88%
- 不清楚, 70, 19.39%

图3-8

综上可知，多数学生比较介意工匠的工作环境、社会地位等，若工匠没有良好的社会地位而工作环境较差、薪资较低时，学生成为工匠的意愿也较低。而课文中工匠人物的社会地位等方面，又间接地影响了学生对工匠的认识及印象，从而影响他们成为工匠的可能性。

4.中小学语文教材中工匠人物的现代性不足

新课标强调"教材选文要文质兼美，具有典范性，富有文化内涵和时代气息。语文课程的建设应继承我国语文教育的优良传统……同时应密切关注现代社会发展的需要"。[1]基础教育阶段的学生正处于成长的关键期，要使其真正的与文本产生对话，就必须加强选文的时代性，使选文紧扣学生生活。

在本研究统计中，古代的工匠人物出现频次共7次，有《苏州园林》中的设计者和匠师、《核舟记》中的王叔远等。近代的工匠人物出现2次，现代的工匠人物仅出现1次。教材中缺乏与时代热点相关的当代大国工匠精神的鲜活素材。现当代工匠更贴近中小学生的生活，通过学习含有工匠精神的课文，激发其成为大国工匠的意愿，有助于缓解我国职业教育吸引力不足的尴尬处境。中小学生作为未来我国产业转型发展进程中的建设者，而产业转型需要更多拥有现代先进技术的技能型人才。教材中的工匠人物对学生将来的择业具有潜移默化的作用，当前教材中的工匠人物的现代性不足，将影响学生择业及未来的职业发

---

[1] 中华人民共和国教育部.义务教育语文课程标准[M].北京：北京师范大学出版社，2011：33.

展。语文学科作为基础学科,在语文教学中,结合社会现实逐步培养学生的社会责任感就显得尤为必要。而作为语文教学重要载体的语文教材,完全可以在追求语文教材的文体与形式协调发展的同时,力求其选文的题材、内容更加丰富多彩,从而拉近学生与文本的距离,真正地实现学生与文本的对话。[①]

二、中小学生关于工匠及工匠精神的认可度现状

（一）中小学生认可工匠对社会的贡献及价值

从整体来看,中小学生对工匠及工匠精神的认可度的状况良好。在对中小学生的问卷调查中,给工匠的印象分在60~80分之间的学生为141人,占38.11%,给80分以上的学生为165人,占44.59%,因此大多数中小学生对工匠及工匠精神的评分较高。当看到关于大国工匠的报道或课文,81.34%的学生都感到很自豪,说明当前中小学生对工匠及工匠精神的认可度良好。（见图3-9）

凭你的印象给工匠打一个分数

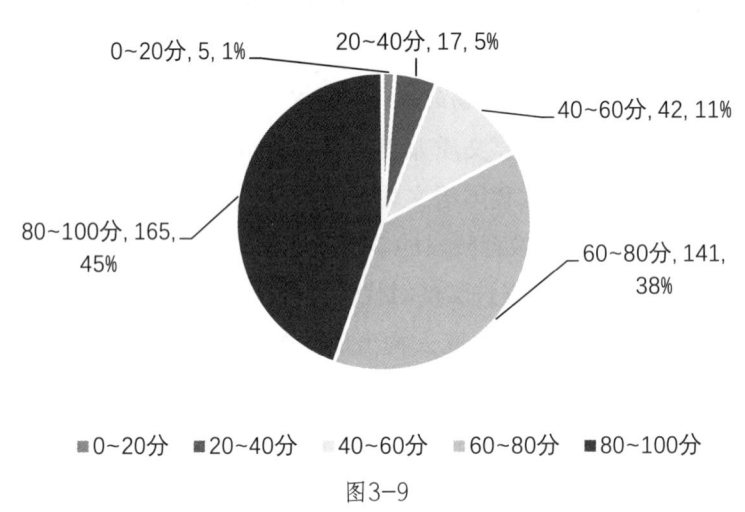

0~20分, 5, 1%
20~40分, 17, 5%
40~60分, 42, 11%
60~80分, 141, 38%
80~100分, 165, 45%

■0~20分 ■20~40分 ■40~60分 ■60~80分 ■80~100分

图3-9

（二）中小学生对工匠的发展环境认同感低

中小学生对工匠及工匠精神具有较好的认知及态度。但对于工匠的工作环境、薪酬水平、社会地位方面均表现出较低的认可度。当涉及工匠的现实情况及成为工匠的意愿时,其选择与态度却存在一定的差距。因此,中小学生面临

---

① 杨梦.现行部编版初中语文教材研究[D].南京:南京师范大学,2018：15.

平衡内心的"冲突":一方面,思想道德教育及电视新闻等媒体的报道,使他们能够认可工匠对社会的贡献、意义及价值。另一方面,工匠工作强度大、环境差、薪水低等,影响他们的职业意向。

(三)城镇学生和少数民族学生更加认同工匠及工匠精神

从整体来看,不同地区的中小学生对工匠及工匠精神的认可度具有显著性差异。城镇学生群体对工匠的认可度最高,其次是城市学生群体,最后是农村学生群体。而不同民族的中小学生对工匠及工匠精神的认可度差别不大,但少数民族的学生对工匠人物的认可度要高于汉族学生。少数民族学生在问卷调查的各维度上的得分平均值均略高于汉族学生。可见,城镇学生及少数民族学生对工匠人物的认可度要略高于汉族学生。

三、中小学语文教师关于工匠精神教学的现状

(一)教师对教材中工匠及工匠精神的认知良好

中小学语文教师对工匠精神及工匠的正确理解是进行工匠精神教学的前提。不同教师对工匠精神的对象的理解不同,则教学效果也不一样。

在《中小学语文教师对工匠精神融入基础教育的态度调查问卷》的"当课文(如《长城》)的主人公是普通劳动者时,您认为可以将他视为工匠精神的对象并纳入教学内容吗?"这道题上,25.48%的教师选择"非常同意",42.66%的教师选择了"比较同意",14.13%的教师选择了"比较不同意",2.77%的教师选择了"非常不同意"(见图3-10)。

当课文(如《长城》)的主人公是普通劳动者时,您认为可以将他视为工匠精神的对象并纳入教学内容吗?

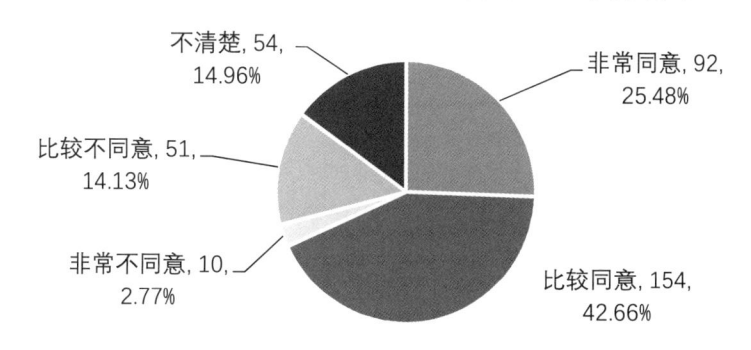

不清楚, 54, 14.96%
非常同意, 92, 25.48%
比较不同意, 51, 14.13%
非常不同意, 10, 2.77%
比较同意, 154, 42.66%

■非常同意 ■比较同意 ■非常不同意 ■比较不同意 ■不清楚

图3-10

对于"当课文（如《赵州桥》《詹天佑》）的主人公是铁路设计师或桥梁设计师时，您认为可以将他视为工匠精神的对象并纳入教学内容吗？"这道题上，41.55%的教师选择"非常同意"，40.17%的教师选择了"比较同意"，6.93%的教师选择了"比较不同意"，1.66%的教师选择了"非常不同意"（见图3-11）。

当课文（如《赵州桥》《詹天佑》）的主人公是铁路设计师或桥梁设计师时，您认为可以将他视为工匠精神的对象并纳入教学内容吗？

- 比较不同意, 25, 6.93%
- 不清楚, 35, 9.70%
- 非常不同意, 6, 1.66%
- 非常同意, 150, 41.55%
- 比较同意, 145, 40.17%

■非常同意　■比较同意　■非常不同意　■比较不同意　■不清楚

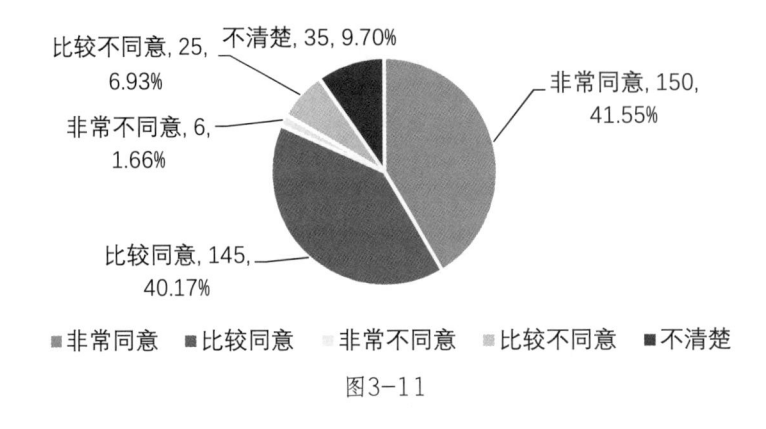

图3-11

可见，对于课文中工匠人物所具有的精神及品质，大多数教师认为他们手艺高超、精益求精、勇于创新，但他们的工作环境较差、工作较辛苦、社会地位较低。大多数教师对教材中的工匠精神及主人公的理解比较充分且一致。

（二）多数教师具有积极的教学态度

从整体来看，中小学语文教师对工匠精神融入基础教育态度的状况较好，大多数中小学语文教师对语文教材中工匠人物的认识比较到位，得分平均值为3.78。在关于工匠精神的语文教学活动中，大多数教师认为自己能够自觉开展，得分平均值为3.70。因此，可以认为当前中小学语文教师在工匠精神融入语文教学中的态度和行为较为良好。

在《中小学语文教师对工匠精神融入基础教育的态度调查问卷》中"对于课文中隐藏的工匠精神，您认为需要进一步挖掘吗"这道题，31.02%的教师选择了"非常同意"，47.09%的教师选择了"比较同意"，2.49%的教师了"非常不同意"，6.93%的教师选择了"比较不同意"，12.47%的教师选择了"不清楚"。说明有78.11%的教师认为教材中隐藏的工匠精神需要进一步挖掘（见图3-12）。

对于课文中隐藏的工匠精神，您认为需要进一步挖掘吗？

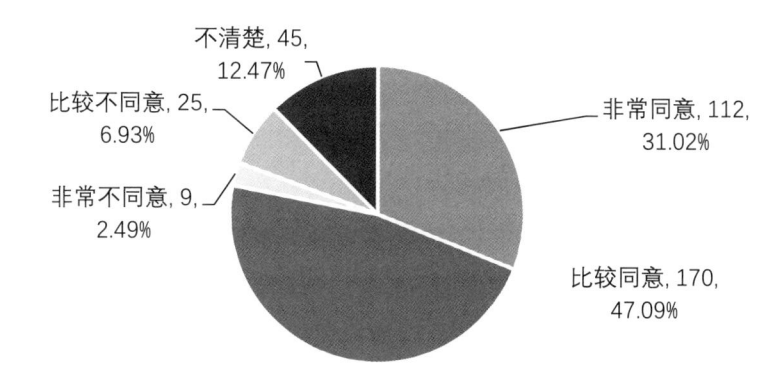

图3-12

对于"您总是针对教材中涉及的工匠人物或工匠精神进行知识拓展吗？"这道题，51.25%的教师选择了"非常同意"，16.62%的教师选择了"比较同意"，3.88%的教师了"非常不同意"，16.34%的教师选择了"比较不同意"，11.91%的教师选择了"不清楚"。说明67.87%的教师当课文涉及工匠精神的时候，总会为学生进行知识拓展，但仍有20.22%的教师没有做到这一点（见图3-13）。

您总是针对教材中涉及的工匠人物或工匠精神进行知识拓展吗？

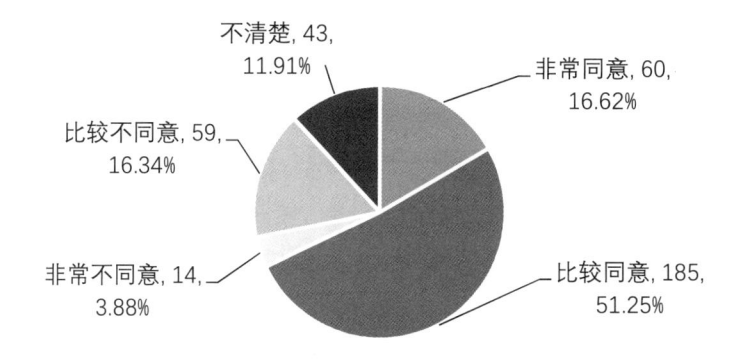

图3-13

对于"当语文综合实践活动涉及动手操作的内容，您总是会安排学生完成并检查吗？"这道题，18.01%的教师选择了"非常同意"，46.54%的教师选择了"比较同意"，8.03%的教师了"非常不同意"，23.27%的教师选择了"比较不同意"，4.16%的教师选择了"不清楚"。说明64.55%的教师当课文涉及动手操作的内容时，总会让学生完成并检查，但仍有31.30%的教师没有做到这一点（见图3-14）。

当语文综合实践活动涉及动手操作的内容，您总是会安排学生完成并检查吗？

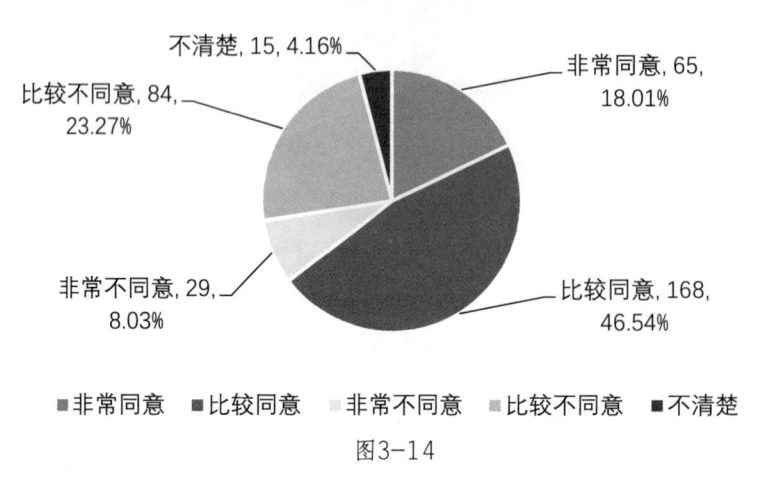

- 不清楚，15，4.16%
- 非常同意，65，18.01%
- 比较同意，168，46.54%
- 非常不同意，29，8.03%
- 比较不同意，84，23.27%

■非常同意　■比较同意　■非常不同意　■比较不同意　■不清楚

图3-14

综合以上分析可知，语文教师在教材中涉及工匠精神或动手实践的内容时，大多数教师认为自己能够进行知识扩展或让学生完成相关任务，表现出积极的教学态度。但从学生的调查中可知，中小学的劳动课及综合实践课程没有正常开展，因此，中小学校应该对该问题引起重视。

（三）中小学关于工匠精神的活动开展缺乏实施

在《中小学生对工匠及工匠精神认可度的调查问卷》的"学校经常开展关于工匠精神或大国工匠的活动吗？"这道题上，不同学段的学生选择如图3-15所示。其中，在小学阶段，54.91%的学生选择了"不同意"，31.63%的学生选择了"不清楚"，13.45%的学生选择了"同意"；在初中阶段，56.44%的学生选择了"不同意"，28.97%的学生选择了"不清楚"，14.59%的学生选择了"同意"；在高中阶段，68.88%的学生选择了"不同意"，22.21%的学生选择了"不清楚"，8.91%的学生选择了"同意"。

对于"学校的劳动课或综合实践活动课正常上课吗？"这道题，不同学段的学生选择如图3-16所示。其中，在小学阶段，59.76%的学生选择了"不同意"，13.27%的学生选择了"不清楚"，29.98%的学生选择了"同意"；在初中阶段，47.09%的学生选择了"不同意"，19.12%的学生选择了"不清楚"，33.79%的学生选择了"同意"；在高中阶段，69.38%的学生选择了"不同意"，15.44%的学生选择了"不清楚"，15.17%的学生选择了"同意"。

学校经常开展关于工匠精神或大国工匠的活动吗？

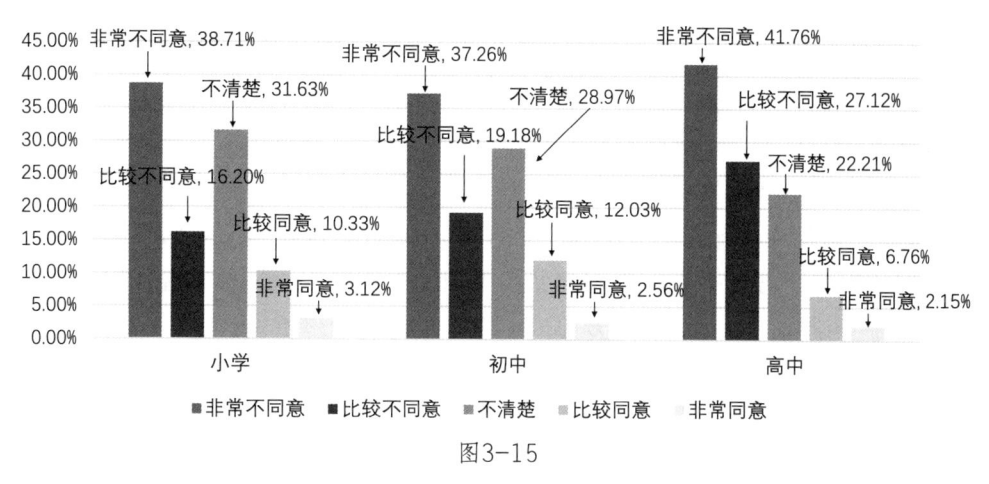

图3-15

学校的劳动课或综合实践活动课正常上课吗？

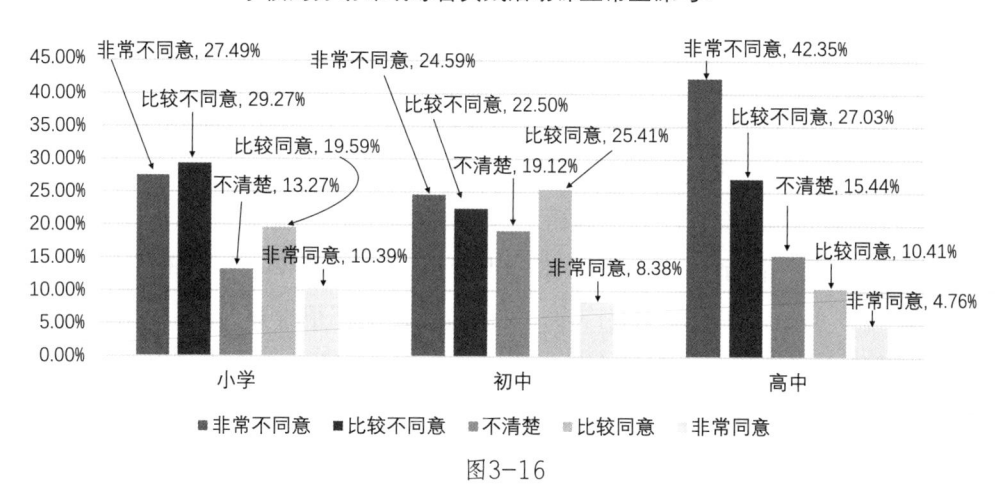

图3-16

可见，对于学校关于工匠精神活动、综合实践课程和劳动课的开展，大多数学生认为学校并没有按照相关规定进行。同时，不同学段的学生对于这个问题的看法也不一样，初中生和高中生的得分具有差异性，初中生的得分高于高中生，说明在初中阶段，综合实践课程、劳动课及关于工匠精神的活动相对于高中而言能够正常开展。

四、工匠精神融入中小学语文课存在问题的原因分析

现阶段中小学语文教材正处于不断完善与发展中，而将工匠精神融入基础教育又是一个新的课题，因此在教材建设与教师教学方面不免存在一些问题，

现将原因归结为以下几点。

（一）弘扬中国传统文化的主旋律影响了工匠精神的篇目选编

基础教育是塑造国家未来人才的初始途径，需要服务于国家政治经济的发展。教材具有思想性，是实现教育目的的重要工具。这就决定了国家对语文教材的内容在不同的历史时期有着不同的要求，并结合时下对语文学科的理解编写教材。①依据新课标编写的语文教科书以人为本，将改革的方向指向人的全面、健康发展。习近平高度重视和弘扬中国优秀传统文化，他掌握和运用大量中华传统文化知识，在演讲与发表的文章中也常有引经据典之语。习近平提到"中华传统文化是我们最深厚的软实力"，运用传统文化治国理政，以精神文化力量推动社会健康发展。因此，现行中小学语文教材内容日益立体化，越来越丰富，覆盖人文、社会、科学等诸多方面，且更加重视人文精神的培育，体现在部编版教材中还加重了传统文化的分量。②可见目前工匠精神并不是编写者的关注重点。此外，编写组织方式造成教学梯度的丧失。现行的语文教材编写基本是由出版社组织班子，以项目的形式分头进行，各学段的教材不是同一组人员编写，因而不能够顾及到各阶段的内容，彼此的衔接以及梯度就成为问题。如此也容易给一线教学带来麻烦，造成教学梯度的丧失。③

（二）教育资源分配不均衡阻碍了语文综合性活动的开展

课程实施层面，语文学科核心素养观所预设的实施路径是"积极的语言实践活动"。④但是，在现实中有许多语文综合性活动都很难开展起来，使语文课程的实践性大打折扣。而现行中小学语文教学存在问题更深层的原因就是"急躁症"。虽然这也可以归结为社会原因，即由于现代社会快速发展，竞争变得更加剧烈。而教育对于个人的发展至关重要，因此压力自然转移到教育上了。从课程教学本身来看，面对升学的压力层层加码，这必然是不讲梯度。⑤另一方面，因教育资源分配不均衡，有些学校缺乏教材、大纲和评价标准等课程资

---

① 张学鹏，周美云.改革开放40年教材建设的回顾、成就与问题［J］.教学与管理，2018（33）：84-87.
② 靳彤.统编本初中语文综合性学习的编写体例及教学建议［J］.语文建设，2017（28）：9-13.
③ 温儒敏.语文教学中常见的五种偏向［J］.课程·教材·教法，2011，31（1）：76-82，94.
④ 郑桂华.从我国语文课程的百年演进逻辑看语文核心素养的价值期待［J］.全球教育展望，2018，47（9）：3-16.
⑤ 温儒敏.语文教学中常见的五种偏向［J］.课程·教材·教法，2011，31（1）：76-82，94.

源。还有部分学校忽略了语文综合实践活动的重要性,并没有将此板块纳入正常的课程教学体系中。有些学校虽然能按规定实施,但是实施范围过于狭窄,教学内容过于简单,甚至还普遍存在没有按照规定课时开展的现象。[①]

(三)工匠发展的社会环境差造成学生对工匠的身份认同感低

在我国,目前工匠的培养在意识上逐渐得到重视,但实际上工匠的各方面条件依旧没有得到显著改善。现今我国需要大量高素质的技能人才,但市场上仍然难寻到相应的人才,说明职业教育的吸引力依然没有显著性的改观。从工匠或技术技能型人才的客观环境看,他们工作强度大、工厂车间工作环境较差、社会认可度不高、职业发展空间小。除此之外,还有薪酬水平低、职业技能单一、缺乏综合素质培养等问题。从社会认可度来说,人们对制造业在推动国家发展的意义上的认识并不高,对从事制造业的工匠认可度也不高。同时,在薪酬待遇方面并没有得到切实的提高。而在德国,工匠所受的社会尊重不比教授低,德国技工的工资普遍较高。正因为他们获得了社会的认可与认同,所以他们以精湛的工艺技术在世界制造业中打造了优秀"德国制造"口碑。因此,弘扬工匠精神关键需要社会的认知和价值取向,而工匠的现实发展环境并不乐观,这影响着中小学生对工匠的认可度,也是中小学生不愿意成为工匠的原因。

(四)少数民族文化促成少数民族学生对工匠精神有较高的认可度

少数民族学生对工匠的认可度较高,首先,从文化角度来看,汉族文化以文字为基础的文学文化为主,而少数民族以动手为基础的手工艺文化为主。如苗族是个没有文字的民族,其民族的文化记录与传承除了口口相传的苗族史诗、古歌以外便是通过苗族妇女刺绣在服饰上的符号与叙事性的图案来记载。[②]可见,少数民族的文化是依靠服饰、手工艺品记录和传承下来的,他们善于、乐于从事手工劳动。这体现了他们在长期的生产、生活实践中依靠手工劳动来延续本民族的血脉和文化。[③]据记叙,元代杰出的纺织家黄道婆给黎族传授先进的棉纺织技术,并改革手工棉纺织生产工具,为江南一带,特别是松江府的手

[①] 王婷.农村初中综合实践活动课程实施现状研究[D].长沙:湖南师范大学,2009:8.
[②] 张朵朵,刘兵.当代少数民族手工艺技术变迁中的文化选择分析——以贵州苗族刺绣为例[J].科学与社会,2013,3(4):66-80.
[③] 赵士德,汪远旺.文化生态视角下民族传统手工技艺传承与保护[J].贵州民族研究,2013,34(6):49-52.

工棉纺织业的发展奠定了基础。[1]少数民族手工艺，不仅是构成少数民族传统生活方式的主要内容之一，也是承载着民族认同。工匠也是依靠手工劳动创造财富、传承文化和精神，与少数民族文化具有极高的相似性。其次，少数民族地区将民族音乐、舞蹈、传统手工艺等列入教学活动中，开展民族音乐、舞蹈、传统体育、工艺制作等多种形式的民族教育活动。因此，在环境的熏陶下，少数民族学生比汉族学生对工匠的认可度略高。而汉族地区本身在不具有文化优势的情况下，又缺乏引导中小学生学习工匠精神的主题教育活动，没有充分开发当地工匠精神资源，如当地的知名劳模、工匠等人物的故事，缺乏举行工匠走进校园、走进课堂的意识和实施。

第六节　工匠精神融入中小学语文课的路径选择

教材是将工匠精神融入基础教育的重要抓手，教材中的人物形象及传达的精神对学生的成长起着难以估量的作用。因此，应完善我国中小学语文教材建设，教师应改进教学观念、态度及行为，使工匠精神更好地融入语文课之中。

一、将工匠精神贯穿中小学语文教材全过程

人的发展具有顺序性、连续性和阶段性等特征。基础教育阶段是学生精神养成、技能习得的重要阶段，是人格和品德形成和逐渐稳定的关键期，具有很强的可塑性。同时，教材的编写应遵循系统性原则，处理好语文学科知识的内在逻辑顺序和学生认知能力发展的平衡，达到教材内容分布的阶段性和系统性的平衡。因此，工匠精神的培育应根据学生发展的特点，进行有针对性的、合理有效的教育，以养成学生对工匠精神的认知、情感和态度，将工匠精神循序渐进地嵌入在教材之中。

（一）在小学低年级增设工匠故事

小学低年级阶段应新增关于工匠精神的篇目，通过轻松有趣、通俗易懂故事情景，让学生初步认识工匠职业和工匠精神，在语文教材的综合性学习板

---

[1] 赵文榜. 黄道婆对手工棉纺织生产发展的贡献［J］. 中国纺织大学学报，1992，18（5）：99-103.

块中增设与课文内容相关的手工制作等，增强低年级学生的动手能力及学习兴趣。在我国，虽然我们具有历史悠久、脍炙人口的工匠传奇故事，但在中小学语文教材中却难寻踪影。工匠精神对于小学低年级阶段的学生来说是比较难理解的，而童话、寓言故事等形式是符合小学低年级学生的认知，且更易于接受的。因此，在小学低年级阶段弘扬工匠精神可通过学习教材中工匠故事的方式进行。如"庖丁解牛""轮扁斫轮"和鲁班的故事等都可作为学习素材。

"轮扁斫轮"是一个成语，出自《庄子·天道》。春秋时齐国有名的造车工人轮扁用工具凭经验就能做成圆的车轮，比喻技艺精湛、高超。虽然这是庄子虚构的一个故事，但通过轮扁讲述自己斫制车轮的体会，说明了不论做什么事都要注重理论和实践相结合，要靠自己从实践中摸索出规律。因此，要勤于练习和思考。懂得根据时代的发展变通，即创新、创造。做事情时，手中所做要能符合心中所想，即得心应手。那么，只有爱岗敬业、耐心专注、勤于练习才能够做到得心应手。在写法上，可运用对话构成一个小故事，语言凝练、准确。将文言文翻译成白话文，改变成朗朗上口的小故事。"庖丁解牛"说的是厨师给梁惠王宰牛，技术高超得令梁惠王很是惊讶。如此高超的水平是如何达到的呢？厨师说，他靠的是精神以及在实践中的思考，找到骨肉分离的最佳方法。这个故事告诉人们做任何事都要心神兼备，如此才能拥有精湛的技艺。此外，关于鲁班还有许多有趣的故事，如鲁班发明墨斗，鲁班发明刨子，鲁班发明锯子，鲁班发明云梯，等等。这些故事中都蕴含着丰富的工匠精神。优秀的工匠故事在低年级学生想象力、共情力的培养中具有不可替代的作用，但现有教材中分量太少，因此，将工匠精神融入中小学语文教材，可通过我国古代的工匠故事，让低年级学生初步了解工匠精神。

（二）在高中阶段增设工匠精神的篇目

高中生是从制造大国转向制造强国的主力军，他们对工匠精神的认知、认同与崇尚，是在全社会营造精益求精的敬业风气和劳动光荣的社会风尚的关键所在。因此，应克服应试教育对教材内容的影响，在高中阶段适当增加工匠精神的篇目，尤其是具有创新精神的现当代工匠人物的传奇故事，如定位臂"鼻祖"宁允展等大国工匠。甄选具有时代性的文章，引导学生在更广阔的视野中理解工匠精神、了解工匠人物，并与初中阶段的学习内容有效衔接，进一步深化学生对工匠精神的认知和情感，使更多的高中生认同、热爱工匠职业，崇尚工匠精神，并在未来的学习和工作中传承和发扬工匠精神。

二、开发语文综合性地方课程与校本课程

《基础教育课程改革纲要（试行）》指出："学校在执行国家课程和地方课程的同时，应视当地社会、经济发展的具体情况，结合本校的传统和优势、学生的兴趣和需要，开发或选用适合本校的课程。"[①]而教育具有传承功能，把工匠精神作为语文校本课程资源来开发，不仅丰富了课程的内容、形式，亦可起到传承与保护优秀传统文化的作用。当前，学生对工匠精神的认识有限，引导中小学生学习工匠的主题教育活动较少，只有少数学校举办过劳模、工匠走进校园、走进课堂的活动。因此，应开发综合性语文地方课程和校本课程，在丰富学生语文知识的基础上，引导学生形成正确的人生观和价值观，并促进教师专业能力的持续发展。

（一）将当地的知名工匠请进校园

每一个地方独特的文化传统、能工巧匠，这些都可作为工匠精神的课程资源。开发具有地方色彩的工匠精神校本课程，不仅有利于学生了解地方文化，形成爱家乡的情感，也有利于学校与地方友好关系的形成。地区课程资源比较丰富的学校，在充分挖掘和利用学校的课程资源基础之上，要合理地使用社区的各方面资源，尽可能多地取得社区的理解和支持，构建一个社区、学校家庭协作教育网，形成教育合力。这不仅可以给校本课程开发提供广阔的空间，而且也可以让更多的社会人士参与到工匠精神的培育中来。[②]同时，应注意与其他学校的合作，采用校际联合开发的办法，促进校际的合作与良性互动。因此，在地方课程与校本课程开发中，突出学校和地区特色，在开展"工匠精神"或"家乡的工匠"文化周时，可邀请地方的能工巧匠作为"工匠精神"综合性活动的参与者，加深学生对手工艺的制作的印象，有更多的机会与工匠交流，感受工匠所传授的做人学艺的经验、体会。从观察中发现工匠身上耐心专注、精益求精等品质，以及从工匠的表达中感受其对职业的认同、责任和使命，使工匠也能够成为当代学生的价值追求和时代标杆。

（二）让学生在实践中体会工匠精神

地方政府和上级行政部门不仅对学校课程开发队伍的建设、课程材料的提供等方面产生影响，而且以各种形式间接地参与课程开发，对学校的各种基

---

① 中华人民共和国教育部.基础教育课程改革纲要（试行）[N].中国教育报，2001-07-27.
② 傅建明.校本课程开发中的教师与校长[M].广州：广东教育出版社，2003：211-212.

础性工作,如课程资源的提供、课程教材的认定、学生学业成绩的评估与监督等产生巨大影响。校长的支持和实施成功的可能性呈正相关,说明在课程开发中,校长、教师之间应保持良好的关系,彼此信任和公开交流。同理,地方课程的实施也需要政府机构和其他外部因素的支持,与地方学区的整合性越大则效果越好。[①]可见,要协调好与教育行政部门的关系,取得各方面的支持。其一,在上级行政部门的领导与支持下进行校本课程开发,并与当地教育行政部门的总体规划保持一致,同时又要突出自己学校的特色。[②]其二,地方政府应创造条件支持中小学积极与校园周边的种养殖场、工厂、社区服务中心等单位联系,善于把资源和课程情景融合起来,整合、利用社会实践基地,为学生创造良好的、多样的实践场所[③],让工匠精神更贴近生活、贴近语文学习,促进对工匠精神的理解和认同感。其三,学校与老师应结合地方、自身及学生的情况,策划、开展语文综合性学习活动。[④]学校及教师可根据实际情况组织学生参观当地的工艺作坊,让学生深入活动,与所要学习、探究的事物零距离接触,亲身体验,形成对工匠及工匠精神的切身认识,在实践中观察生活、了解社会,养成良好的情感、态度、价值观。学生的亲身体验和社会生活积累就是最丰富、最有活力的课程资源。例如,武汉市新洲区辛冲镇第二初级中学坐落在全国闻名的"鲁班镇",学校积极开展校本课程的探索实践,研究制定了《辛冲二中鲁班文化课程标准》等一系列制度方案,系统地开发了《家乡鲁班知多少》校本教材,并在学校全面开设课程。遵循学生的年龄特征、遵照个性差异、本着共同发展,全面进步的原则。通过温习教材,让学生观看录像,查看课件,重现鲁班的创造发明历程。让学生在动手、动脑相结合的学习中,主动观察、实践与交流中,去领悟鲁班文化的底蕴,让学生在动手中探索,在探索中整理归纳,感受鲁班精神对辛冲人的影响。[⑤]通过实践活动,紧密社会实践与语文课程的联系。让工匠精神走进语文课堂,让语文融入生活,使学生能够将所看所感

---

① 柯森.基础教育课程标准及其实施研究——一种基于问题的比较分析[M].上海:上海教育出版社,2012:94.
② 傅建明.校本课程开发中的教师与校长[M].广州:广东教育出版社,2003:213.
③ 黄燕.劳模、工匠不走进中小学校园,何以践行十九大报告中的这句话[EB/OL].(2017-12-15)[2018-12-08].https://www.jfdaily.com/news/detail?id=74020/.
④ 许习白.地域特色也是语文综合性学习的着力点[J].教学与管理,2015(5):41-42.
⑤ 秦育林,江卫红.弘扬鲁班文化 锻造工匠精神——武汉市新洲区辛冲二中小班化校本教材开发的实践[J].考试周刊,2017(A2):17.

与自身生活结合起来，对工匠精神有更深的认识和体会。

三、科学规划工匠精神学习的教学梯度

工匠精神的内涵可分为三个层次：自然层次、道德层次和审美层次。从自然层次来看，即作为一个合格的"工匠"完成岗位任务须具备的基本精神要求。从道德层次来看，工匠精神是一种严谨和负责的敬业精神，应对自身承担的工作充满责任感和使命感。从审美层次来看，工匠精神是一种追求极致的精神。对于工匠而言，自然层次和道德层次是对其发挥约束和规范作用，以防止"工事"走偏或误入歧途；审美层次则更多的是工匠对于"工事"的自觉投入、全情参与、自由创造，最终使"工事"自然走向极致、圆满。[①] 因而，工匠精神的学习也应与工匠精神的内涵层次相应，在训练难度与学习深度上呈阶梯递增的趋势。根据《义务教育语文课程标准（2011年版）》的要求："语文课程必须根据学生身心发展和语文学习的特点，关注学生的个体差异和不同的学习需求。"[②]

（一）将工匠精神与小学生基本行为规范的培养相结合

学习活动是一种复杂的脑力活动，它受到客观环境因素和主观心理因素的影响。就学生的心理因素而言，学生的学习不仅受智力因素的影响，如记忆、想象与思维等，还受到非智力因素的影响，如注意力、情感、情绪、意志等。[③] 小学生良好学习习惯的养成受多方面因素的制约，其学习习惯的好坏直接影响小学生后续的学习。因此，应重视注意力、意志等非智力因素对学生学习的影响。小学低年级学生的身心发展特点决定了他们需要在老师或家长的组织之下进行学习。学生能否集中注意力是他们能否吸收教师传达信息的基础。低年级学生的注意力容易受到影响，注意力的分散会严重影响学生的学习效果，所以应有意识地训练学生的注意力。而良好的学习习惯需要坚定的意志，即学生是否能够忍耐、持之以恒。例如，学生在书写时、在制作手工时都需要耐心。若学生缺乏良好的意志力，则不利于良好的学习习惯的养成。严格的行为规范、

---

① 曹峰.理解工匠精神需要把握好三个层次［N］.中山日报，2016-08-08（F02）.
② 教育部.义务教育语文课程标准（2011年版）［EB/OL］.（2012-02-06）［2012-12-18］. http://old.pep.com.cn/xiaoyu/jiaoshi/tbjx/kbjd/kb2011/201202/t20120206_1099043.htm.
③ 林晓.澳门中学生非智力因素发展的研究［D］.天津：天津师范大学，2001：8.

良好的激励机制是养成好习惯的重要手段。[①]此外，皮亚杰认为情感和认知是不可分割的，"在整个儿童期和青春期，人的情感发展和认知发展是一致的"，他将认知发展分为四个阶段。其中，7—12岁的儿童认知的发展进入了具体运算阶段。这一阶段的儿童从以"自我为中心"状态中解脱出来，在规则实践和规则意识之间取得了较好的协调[②]，开始学习如何自我约束，适应周围的环境。良好的学习习惯的养成对他们今后的学习生活具有不容忽视的影响。因此，在小学阶段应关注学生最基本的行为规范，将工匠精神与语文学习相结合，如学生的学习态度、书写习惯、阅读习惯等。教师要注意避免刻板地说教，教师可以通过解读教材中的人物形象，使学生不仅能认识到自己的行为问题并能从中得到启示。通过日常的学习和训练，形成耐心、专注的品质，即自然层面的工匠精神。

（二）将工匠精神与初中生职业精神的培育相结合

12岁以后的学生进入了形式运算阶段，借助于抽象思维能力的发展，这一时期的青少年能够根据自己的价值标准对一些道德问题作出判断。[③]敬业是人们在集体的工作及学习中，严格遵守职业道德的态度。一个人敬业与否，就是一个道德判断问题。在基础教育阶段，中学生与"敬业"的关系最为密切，他们面临着教育分流，一部分进入普通高中，另一部分将走进职业学校，成为技术技能型人才，必须做好就业的准备。将学生培养成为有高度责任感、使命感的青年。从日本、德国等国家的经验可知，产品和服务的质量取决于人才的职业态度和职业精神，这也是个体实现自我价值的精神脊柱。[④]因此，在初中阶段，学校有责任深化学生工匠精神的培育，重点培育学生"爱岗敬业"的道德品质。当前初中阶段的语文教材中弘扬爱岗敬业的工匠精神的课文有《核舟记》《詹天佑》《敬业与乐业》，其中《敬业与乐业》这篇文章的内容是梁启超先生为职业学校毕业生所作的演讲。启发学生以"敬""乐"对待工作和生活，即将责任心和趣味融入工作和生活。"因自己的才能、境地，做一种劳作做到圆满，便是天地间第一等人。"这就是精益求精的工匠精神。在学习中，让学

---

① 申仁洪.学习习惯：概念、构成与生成[J].重庆师范大学学报（哲学社会科学版），2007（2）：112-118.
② 皮亚杰.儿童的心理发展（心理学与研究文选）[M].傅统先，译.济南：山东教育出版社，1982：34-36.
③ 蒋一之.皮亚杰的道德发展理论及其教育意义[J].外国教育研究，1997（4）：6-11.
④ 任寰.职业教育技能型人才"工匠精神"培养研究[D].武汉：湖北工业大学，2017：31.

生联系实际，结合自身的学习生活思考，认清自己的态度与行为，从而提高自己的思想道德品质。通过学习与讨论增强其责任感和使命感，让学生在学习和实践活动中感受和体验"忠于职守""敬业乐群"，即道德层面的工匠精神。

（三）将工匠精神与高中生创新精神的培育相结合

《国家中长期教育改革和发展规划纲要（2010—2020年）》指出，高中阶段是学生个性形成、自主发展的关键时期，对提高国民素质和培养创新人才具有特殊意义。[1]

首先，高中阶段的学生心智逐渐成熟，是形成健康的人才观的重要阶段。创新需要想象力和理论能力的结合，高中学生的思维与情感能够驾驭层次较高的"精益求精"和"创新"精神。但现行高中语文必修教材中十分缺乏工匠精神的课文或综合性学习活动，因此，在高中阶段的教材选编中，可优先选择含有精益求精和创新精神的文章。

其次，可以通过探究式学习培养学生的创新精神。在高中语文教学中，可采用自主探究式阅读教学，在教师的启发诱导下，学生可选择个人、小组或集体合作探究的方式，参照周围的是世界和生活，对教材中的内容进行充分的思考，将实际生活与语文学习有机结合起来。为学生提供充分的机会来表达、质疑、探究和讨论，以运用所学来解决实际问题。[2]通过探究性阅读学习，培养学生的创新精神、实践能力和终身学习能力[3]，在不断深入对工匠精神的理解、实践的同时，自身的人格修养也得到了完善。此外，教师还应对学生进行多元化、全方位的评价，让学生及时获得反馈。

最后，在语文综合实践学习中，要充分尊重学生的主体地位，鼓励学生独立思考、自主探究，激发其创造力。高中教育是国民基础教育的重要组成部分，因此，教材内容的安排要突出有利于教师的教，更要有利于学生的学。要能够指导学生的学习，能够使学生愿意学习、喜欢学习，尤其是为学生的个性化学习提供更多的机会。为认真贯彻执行教育部颁发的有关课程改革的各项政策法规，在教学中积极、科学、有序地开展语文综合性学习，教师应在语文综合性学习中做到引导学生自主学习，引导学生在合作探究中发现问题、探究问

---

[1] 但汉国.教育综合改革背景下普通高中"4+3"人才培养模式研究[D].重庆：西南大学，2017：12.
[2] 王国均.接受美学对语文教学的新阐释[J].中学语文教学，2000（12）：21-23.
[3] 康继红.高中语文自主探究式阅读教学实验与策略研究[D].兰州：西北师范大学，2007：25.

题和解决问题，引导学生学会用发散思维、逆向思维、聚合思维，全方位、多角度、多样化研究问题，引导学生学会利用各种途径和方式收集各种信息。长此以往，坚持不懈，才有可能培养出学生的创新精神。①

四、加强教师对学生的价值引领

关于"工匠精神"的教学及语文综合性活动的开展，需要教师开发课程资源。教师作为学生学习的领路人和好帮手，是堂课教学的引导者。因此，教师自身应该认真钻研，洞悉文学作品的内涵，才能深入地挖掘出关于工匠精神的素材，才能通过有趣、有效的方式讲解课文、开展活动、传授知识。

（一）组织教师进行学习和培训

根据《终生学习时代的教学生涯和教师教育》的意见，"教师需要与知识和教学法的发展保持同步。为了实现潜在的既定教育改革，教师应当注意教学专业的不断更新"②。因此，随着"工匠精神融入基础教育"的提出，如何弘扬工匠精神也成为基础教育面临的又一个崭新课题。我们的历史本不缺乏工匠精神，但如何延续和发展工匠精神，事关我们民族未来的发展。而随着历史的发展和话语体系的更迭，工匠精神从最初对手工业劳动者职业精神的称颂逐渐演变出更丰富的现代意涵，工匠精神的核心理念从"造物"逐步向"育人"转变。③因此，中小学语文教师对于工匠精神的正确理解是在中小学语文教育中融入工匠精神的前提，教师必须通过学习与培训，不断提高其对工匠精神的基本认识，增强其对语文教材文本的敏感度，这样才能够在分析文本及授课中更具全面性，在教学中更加得心应手，游刃有余。

（二）教师应培育学生多元的人才观

理解和尊重多元文化，有助于学生树立正确的价值取向和人生态度。教师应多元化解读文本的内涵或人物形象，培育学生多元的人才观。中小学语文教材中有许多说明文，比如《苏州园林》等，教师除了进行常规性的说明文教学，应有意识地挖掘文本中的工匠精神，正确地引导学生从建筑的精巧设计和建造工艺中体会工匠的魅力及工匠精神。总之，教师在进行这些文章的教学

---

① 郑可.高中语文综合实践活动教学策略探究[D].武汉：华中师范大学，2007：26.
② 教育部教师工作司组.中学教师专业标准解读[M].北京：北京师范大学出版社，2012：49.
③ 吕守军，代政，徐海霞.论新时代大力弘扬劳模精神和工匠精神[J].中州学刊，2018（5）：104-107.

时，应该以工匠精神为基础，适当地进行引申和提炼，引入实际生活中大国工匠的案例，让学生充分感受到工匠及工匠精神的魅力。同时，多元智力理论认为，人的智力是多方面的，倡导的是多元人才观、积极的学生观、因材施教的教学观和多标准的评价观。教育要面向全体学生，培养各种层次、各种类型的人才，既注意培养智能型的、创造型的高尖端人才，也要重视培养实用型、技术型的人才。随着行业的发展和分工的细化，对人才的需求越来越趋向多样化，帮助学生养成多元化的人才观，促成学生的个性化发展，以增强个人适应社会发展的能力，同时还能满足未来社会发展对个人的多样化需求。①

（三）教师应引导学生自主探究

教师应引导学生自主探究文本蕴含的知识。《国家中长期教育改革和发展规划纲要（2010—2020年）》强调，"充分发挥现代信息技术作用，促进优质教学资源共享。注重学思结合，帮助学生学会学习"②。倡导将学生的学习方式由被动接受转变为主动探究。为了学生更快速、更全面地了解工匠及工匠精神，教师应创设学生自主、合作、探究、交流的学习环境。在教学中，教师要肯定学生的主体地位，深入发掘文本中蕴含的资源，培养学生对工匠文化的热爱和探究兴趣。③语文教材中的课文可能涉及多个学科，如涉及中国民俗文化的课文《万年牢》，涉及历史、地理、文学等方面的《苏州园林》，教师须根据具体的教学实际，整合多学科资源，引导学生利用图书馆、互联网等渠道搜集资料、查阅文献以获取更多的相关知识，如通过网络视频或图片了解工匠故事及工艺的制作过程等。在探究学习过中，培养学生发现问题和解决问题的能力，丰富学生的知识储备，使学生获得更优的学习体验。

总之，通过对工匠精神融入基础教育的现状、问题、原因以及路径等内容展开研究，以现行的中小学语文教材为研究对象进行文本分析，以全国中小学语文教师和中小学生为研究对象进行问卷调查研究。通过对数据的统计与整理发现，在中小学语文教材方面，工匠精神在中小学语文教材中的呈现体裁多样，多元互补，文本蕴含丰富的工匠精神。但存在中小学语文教材篇目分布缺乏连续性及合理的梯度、选编中工匠精神的课文所占比例较低、教材中工匠人物的地位不高、现代性不足的问题。在中小学生对工匠的认可度方面，整体来

---

① 毕淑芝、王义高.当代外国教育思想研究［M］.北京：人民教育出版社，2000：54-62.
② 中国政府网.国家中长期教育改革和发展规划纲要（2010—2020年）［EB/OL］.（2010-07-29）［2018-11-05］.http：//www.gov.cn/jrzg/2010-07-29/content_1667143.htm.
③ 史洁.语文教材文学类文本研究［D］.济南：山东师范大学，2013：140.

看，中小学生对工匠及工匠精神认可度的状况良好，但对工匠的工作及发展环境认同度较低，且少数民族中小学生对工匠的认可度比汉族中小学生高。在中小学语文教师对工匠精神的认知与教学方面，教师对工匠精神的理解较充分，教学态度较积极，但实际存在关于工匠精神的活动开展不足的问题。

同时，本研究分别从选文与政治环境的关系、课程实施的条件、工匠的发展环境、少数民族文化四个方面进行了归因分析，进而提出促进工匠精神融入中小学语文课的对策。一是将工匠精神贯穿中小学语文教材全过程。在小学低年级增设工匠故事，在高中阶段增设工匠精神的篇目。二是开发综合性语文地方课程与校本课程。将当地的知名工匠请进校园，让学生在实践中体会工匠精神。三是科学规划工匠精神学习的教学梯度。将工匠精神与小学生的基本行为规范相结合，将工匠精神与初中生的职业精神相结合，将工匠精神与高中生创新精神的培育相结合。四是加强教师对学生的价值引领。组织教师进行学习和培训，期望教师应培育学生多元的人才观，引导学生自主探究关于工匠精神的知识。

工匠精神融入基础教育涉及多个学科，在今后的研究中，期待能从不同学科的角度进行更加深入的研究。同时，对于教师的教学和学生的学习可进行实证研究，以增强研究的严密性和说服力。

第四章　职业院校弘扬工匠精神的现实意义和行动策略

"中国制造2025"标志着我国从制造业大国走向制造业强国。在这个征程中，产业技术工人作为主体，他们的职业能力、职业态度、职业精神状况决定着我国强国梦能否实现以及实现的速度与程度。成为制造业强国的根本在于作为主体的数以万计的生产劳动者是否具有集匠技能力、匠心态度、匠魂素养于一体的工匠精神[1]，这正是职业院校人才培养的使命和目标。工匠精神既是个体安身立命的基础，也是个体职业角色社会化的重要内容[2]，更是职业院校人才培育的追求和从业者贡献社会的原动力。它虽然在本质上是一种抽象的存在，但又切实地具象化在个体工作的过程中和结果上，是对每一个从业者的道德情操要求，更是对生活态度和人格特征的要求。职业教育与培训机构作为产业技术工人输出的重要渠道，它们是国民教育体系的有机组成，也是我国产业升级和制造业发展的重要基础。"截至2016年，我国共有职业院校1.23万所，年招生930.78万人，在校生2680.21万人，职业教育培训达上亿人次，组成了世界上规模最大的职业教育体系。"[3]在新的历史时期，提升职业教育质量，实现职业教育的高质量发展，离不开对职业教育立德树人任务的关注，更离不开对未来从业者工匠精神的培育，这不仅是践行社会主义核心价值观的要求，也是打造大国工匠，树立中国品牌，由"制造大国"走向"制造强国"的逻辑使然。

时代发展呼唤工匠精神。而工匠精神不仅是一种认识也是一种可以习得的、可观察的默会知识，它可以在真实可感的情景中形成并产生价值，可以通过学校课程进行传授。它是个体在长期的生活、学习、工作过程中逐渐形成并

---

[1] 祁占勇，任雪园．扎根理论视域下工匠核心素养的理论模型与实践逻辑[J]．教育研究，2018，39（3）：70-76．
[2] 邓宏宝．培育工匠精神，职业院校何为？[N]．中国教育报，2019-01-29（04）．
[3] 王继平．职业教育国家教学标准体系建设有关情况[J]．中国职业技术教育，2017（25）：5-9．

彰显，是贯穿和伴随着人的整个生命历程的东西，"但它却不是能自动生成和自发实现的，它需要精心设计与培育"①。一般来说，一个从业者在职业院校接受专业教育阶段是培育他的工匠精神的关键期，职业院校也自然成为培育个体工匠精神最重要的场所。但是长期以来，我国职业院校的发展由于受国家职业教育政策和技术理性主义的影响，使得职业教育的办学过分注重就业导向，并将技术教育置于职业教育人才培养的核心②，这就导致职业院校的人才培养中对学生的职业素质养成教育和职业精神教育未能给予充分重视。体现的是典型"技能至上""工具理性"的功利主义价值导向，严重偏离了教育的本质特性即培育人和以学生为本的教育目的。这种价值导向下培养出来的学生缺乏工匠精神，也就很难生产出高精尖的产品。职业教育与经济社会及产业的联系更加密切，它的培养目标正是一个个未来的"工匠"或"产业技术工人"。而这些"工匠"的核心素养直接决定了我国经济发展的质量与价值。因此，未来我国职业院校的发展中，应当注重工匠精神的培育，把工匠精神作为职业院校办学质量提升的核心内容，作为衡量学生核心素养的重要指标，从而将其渗透到职业院校的办学实践中，实现工匠精神培育与职业院校人才培养的有效对接。

将职业院校的使命与国家战略发展需要紧密结合，积极响应党和政府的号召，切实从职业院校工匠精神培育入手，在理清工匠精神内涵及其培育的相关理论基础之上，结合对职业院校精品课程的视频分析和实地调研的数据支撑，全面反映现阶段我国职业院校工匠精神培育的现状，分析我国职业院校工匠精神培育存在的困难，从而有针对性地提出职业院校工匠精神培育的对策。只有这样才能真正将工匠精神培育渗透到职业院校办学实践中，加快我国培养具有高素质的技术技能型人才，尤其是加快培养具有工匠精神从业者即"匠技能力、匠心态度、匠魂素养"的步伐，为实现"中国制造2025"计划，走出一条中国特色的制造业之路贡献力量。

第一节 职业院校弘扬工匠精神的时代价值

工匠精神集匠技能力、匠心态度、匠魂素养于一体，是新时代职业院校人

---

① 戚万学.论公共精神的培育[J].教育研究，2017，38（11）：28-32.
② 郑玉清.现代职业教育的理性选择：职业技能与职业精神的高度融合[J].职教论坛，2015（5）：30-33.

才培养的核心，对于职业院校的发展具有重要意义，有利于从根源上提升职业院校的办学质量，迎合国际职业教育发展的主流趋势。同时工匠精神培育是新时代赋予职业院校的新要求。职业院校是实施职业教育的专门组织机构，通常被分为初等、中等和高等职业院校。其中，初等职业院校是在完成小学教育的基础上实施职业教育的学校。主要存在形式为职业初中，招收对象是小学毕业生或相当于小学文化程度的人员，学制三年或四年。目前，这类学校主要设在欠发达的农村地区和边远山区。中等职业院校是在完成初中教育的基础上实施职业教育的学校。主要存在形式为中等专业学校、技工学校、职业高中和成人中等专业学校[①]，招生对象是初中毕业生和具有与初中同等学历的人员，基本学制为三年。目前，中等职业院校是我国职业教育的主体，是普及高中阶段教育的中坚力量。高等职业院校是在完成高中教育的基础上实施职业教育的学校。主要存在形式为高等职业技术学院和高等专科学校，其招生对象是普通高中毕业生、中职生和具有与高中同等学历的人员，基本学制为三年。高等职业院校是高等职业教育活动的实施主体，主要培养适应经济社会发展需要的高技能人才。[②]本文主要以中等、高等职业院校为调查对象。职业院校应主动承担起工匠精神培育的责任与使命，这是社会发展的需求，也是职业教育发展的必然。其中，阿波特·班杜拉（Albert Bandura）的社会学习理论和迈克尔·波兰尼的默会知识理论为职业院校学生工匠精神培育提供了理论基础，在其理论的指导下，学生很容易在潜移默化中养成良好的工匠习惯。

一、弘扬工匠精神是新时代对职业院校提出的新要求

匠技、匠心、匠魂是工匠精神的有机组成部分，是新时代职业院校人才培养的核心。当代中国工匠精神的缺失主要表现为匠技能力不足、匠心态度不端、匠魂素养不高，导致从业者队伍整体素质不高，已经影响了中国制造的转型升级。职业院校作为培养从业者工匠精神的摇篮和为产业培养技术技能人才的主渠道，面对经济结构转型升级对合格工匠的迫切需要，应当主动作为，培育未来从业者具有工匠精神。

---

① 和震.职业教育政策研究［M］.北京：高等教育出版社，2012：120.
② 王丽.职业院校学生职业生涯规划教育个案研究［D］.西安：陕西师范大学，2013，9.

（一）中国制造对从业者的工匠精神提出了挑战

改革开放以来，中国制造业整体实力明显增强，结构进一步优化，国际竞争力不断提高，已经成为世界公认的制造业大国。截至2017年，我国制造业产值已经占全世界的33%左右，约4.5万亿美元，正好是美国制造业产值的两倍，略低于美国加欧盟之和。但与此同时，外界对我国制造业产品的评价却是"粗制滥造、便宜货、偷工减料、走量销售等，和'世界第二贸易大国的'称号极不相符"[1]。造成这种状况的根本原因，是与我国制造业领域内从业者的素质有着密切的关系，既有能力和技能上的不足，更有匠心态度和匠魂素养的欠缺。

一是从业者的匠技能力不足，导致中国制造生产技术水平低和开发能力薄弱。匠技能力是一位工匠知识素养与行为技能的综合反映，代表了工匠的专业水准与学习意识。然而，现阶段由于工匠们在生产中缺乏精湛的技艺和知行统一的实践能力，导致中国制造主要依靠原材料、劳动力等要素来取得竞争优势，总体生产技术水平较低，尤其在关键技术上缺乏创新能力和与自主开发能力。[2] "据统计，在钢铁、有色金属、石油化工、电力、煤炭、建材等15个行业领域内，我国制造业的技术水平普遍比国际落后5至10年，有的甚至落后20至30年。"[3]并且一些制造业的核心技术依然依托于国外市场，如"光纤制造装备的100%、集成电路芯片制造装备的85%、大型成套石油化工装备的80%、轿车工业装备、数控机床、纺织机械和胶印设备的70%均依靠进口"[4]。

二是从业者的匠心态度不端，导致中国制造品牌形象较差。匠心态度是工匠们在生产中所表现出的追求极致、精益求精、独具匠心的价值取向，代表了工匠的工作态度与灵巧心思。它是中国制造品牌数量、美誉度、知名度及信誉度的重要保障。近几年，在我国消费市场"洋奶粉""洋尿不湿""洋马桶盖"事件频繁出现，说明中国制造的品牌形象没有建立起来。在人们的日常生活中，一些本应在国内市场便利购买的用品，很多人却不惜成本到海外购买，被国人诟病并成为笑柄。中国游客赴日购买马桶盖、赴韩"挤爆"免税店的现象背后，映照出的是国人对我国制造的产品缺乏信任。中国制造已经无法满足人们追求高质量生活、享用高质量产品的愿望和需求。审视德国、美国、日本

---

[1] 魏际刚，赵昌文.促进中国制造业质量提升的对策建议[J].发展研究，2018（1）：11-15.
[2] 陈鹏，薛寒."中国制造2025"与职业教育人才培养的新使命[J].西南大学学报（社会科学版），2018，44（1）：77-83，190.
[3] 黄君录.高职院校加强"工匠精神"培育的思考[J].教育探索，2016（8）：50-54.
[4] 夏美霞.我国装备制造业的现状和发展方向[J].机械制造，2004（2）：22-24.

等制造业强国的精良制造,可以发现它们普遍注重先进的制造技术、高质量产品生产和高素质技能人才匠心态度的培养,这也正是这些制造业强国企业长寿的秘密武器。"据报道,截至2012年,全球寿命超过200年的企业,日本有3146家,德国有837家,而中国仅有5家企业寿命超过150年。"①

三是从业者的匠魂素养不高,导致中国制造的假冒伪劣产品屡禁不止。匠魂素养是一位工匠伦理精神与理想信念的综合反映,代表了工匠的社会良知与心灵境界。中国制造的假冒伪劣产品泛滥的重要原因便是由于工匠们在生产中的缺乏责任意识,抵制诱惑、坚守底线的能力较差。"据欧盟的一项调查显示:2011年,欧盟各成员国海关查获的价值13亿欧元假冒伪劣产品中,来自中国的产品占73%。"②近年来,中国制造业领域内的"三聚氰胺""瘦肉精""劣质电池爆炸""毒疫苗"等事件层出不穷,暴露出我国产业工人缺乏社会良知和责任意识的问题。中国制造承受着被冠以"粗制滥造""便宜货""质量差""低端""隐形杀手"等负面代名词的巨大压力。这不仅造成了巨大的经济社会成本,而且严重影响了中国制造的国家形象。

在中国制造不断走向世界,成为世界经济发展中重要一分子的过程中,面对现实中由于从业者素质的局限,尤其是工匠精神的缺乏而导致的产品竞争力不强、市场认可度不高的情形,所以,高度重视从业者的工匠精神培育是时代给职业教育提出的挑战和新使命。

(二)培育学生工匠精神是职业院校的职责

工匠精神的形成是一个长期的过程,是一个从业者职前和职后整体化、多种要素共同作用的结果。在一个人的不同成长和发展阶段、在不同的空间,工匠精神的形成表现出不同的状况。综观和分析各种情形可以得出,职业院校则是形成工匠精神最重要的场所,个体接受专门的职业教育过程,也是他形成工匠精神最为关键的阶段。职业院校是培养生产、建设、管理、服务等高素质技能型从业者的摇篮,是培育工匠精神的主阵地,在工匠精神培育中起着基础性作用。职业院校的发展应该将培育以匠技、匠心、匠魂为核心的工匠素养作为重要的价值取向与目标追求,努力打造未来从业者的"工匠人格",并使其成为各行各业的普遍人格。

一是职业院校能够培养健全的、具有人的特性(精神性)的未来从业者。

---

① 陈琪.高职教育培育工匠精神的路径探析[J].中国高校科技,2018(5):69-70.
② 魏际刚,赵昌文.促进中国制造业质量提升的对策建议[J].发展研究,2018(1):11-15.

学校的根本功能是形成和培养人，而人要想成为完整意义上的、健全的、具有人的特性的人，他不仅要具有各种能力，以维护自己生物学意义的生命存在，而且，在更高层次上，他能独立思考，有自己的理想和对生命意义的追求，体现他的精神价值。在很大程度上，人的精神存在才是人最实质性的东西，是自然人走向社会人的根本标志。[①]让学生形成正确的人生观、世界观、价值观，是学校教育的首要任务。"三观"属于人精神层面的东西，也是一种最具一般意义和抽象性的存在，对一个在职业院校学习某一专业的人来说，这种精神的东西往往被具象化为未来在相应领域从业时具有的精神，即职业精神或工匠精神，它是个体具有人的特性的典型符号，是劳动者进行工作和贡献的原动力，是决定工匠个人成就大小和社会贡献的关键要素。因此，职业院校在普通教育培育人基本素养的基础上，对未来从业者进行工匠精神培育是它的使命，是对教育培养人的本质的体现和弘扬，也是对学校是培育人的地方的写照。

二是工匠精神具有认识论属性，属于知识范畴，学生可以学习和掌握。工匠精神是一种抽象的存在，具有认识论属性，属于知识范畴，可以在学校进行培育。职业院校作为一种广泛存在的社会组织，其功能是知识的传递与人才的培养。虽然工匠精神的载体是从业者，但是，工匠精神本身也是一种可以被探讨、言说、宣传和认知的知识。作为一种知识，自然可以在学校学习，可以作为媒介帮助学校实现人才培养目标。工匠精神是对从业者具备的能力（匠技）、态度（匠心）和价值观（匠魂）的一种表达或概括，它虽然最终是以外显的方式被人们判断和评价，但作为一种抽象的存在，通过学校教育与培育，可以了解掌握、产生情感体验、形成态度和价值观。有目的、有意识地进行专门培育是职业院校必须擅长的事情，也是职业院校功能的强有力发挥。因此，职业院校培育工匠精神是一种合理和可行的作为，也只有职业院校才能最有效地对工匠精神进行早期的和基础性培育。

三是职业院校可以把培育具备工匠精神的从业者作为自己的目标，完善学生评价制度，保障人才出口质量。职业院校是一个人走向工作岗位前最后一个专门的场所，是一个人为从业做好准备的理想环境，在工匠精神培育中具有基础性、关键性作用。具有工匠精神是一个从业者必须的精神追求，同时，也是从业者成为更好的自己，展现生命之创造性的前提和条件。如果一个人在走出职业院校时，只有从业能力而没有工匠精神，那么，他就不能成为真正的合格

---

① 李延平. 生命本体观照下的教育[J]. 教育研究，2006，27（3）：35-38.

劳动者，职业院校培养的就是不合格产品，也就没有实现它的培养目标。缺乏职业精神的人，不仅他的工具价值难以很好实现，而且他的生命中源于精神创造的价值功能就不能实现。职业院校在培养人才中，必须坚持能力素质与工匠精神素养相统一的标准以及评价方式，使未来从业者成为真正的德艺双馨的完整人，严把人才的出口，力争不让任何一个不具备工匠精神的人走出校门。

二、职业院校弘扬工匠精神具有重要意义

工匠精神集匠技能力、匠心态度、匠魂素养于一体，是职业院校人才培育的根本追求，也是从业者贡献社会的精神动力。从当前职业院校发展的状况来看，因坚持"以就业为导向、以服务为宗旨、以技术为核心"的办学思想，其人才培养过多地强调学生的专业知识和专业技能，而工匠精神的培育并没有引起足够的重视。职业院校应把培育未来从业者的工匠精神作为其价值取向与目标追求，更好地促进未来从业者工匠精神的养成，培育出更多的优秀从业者，加快我国职业院校实现内涵式发展，提升职业院校文化软实力，落实职业院校立德树人的根本任务，对我国制造业的转型升级，实现由"制造大国"转向"制造强国"具有重要意义。

（一）弘扬工匠精神有助于职业院校实现内涵式发展

我国职业院校的发展经历了规模跨越式发展、外延发展与内涵建设并举、进一步深化内涵发展三个时期。[①]新时代，面对社会人才评价标准的转变，即学历与知识已不再是人才评价的全部标准，而是注重对学生综合运用知识与技术能力的衡量，我国职业院校也必须适时地做出转型要进一步深化内涵发展，切实提高自身的办学质量和水平。职业院校内涵发展的根本任务与目标是要培养高素质的技术技能型人才，这也是工匠精神核心内涵的体现。工匠精神核心内涵关注的是专业技能（匠技）、职业态度（匠心）与人文素养（匠魂）三者在技术技能型人才身上的有机统一，是高素质技术技能型人才终身发展所必备的素质。因此，职业院校应将工匠精神的核心内涵作为学校教育教学改革的重要方向，将其纳入职业院校的办学实践、人才培养的全过程，使职业院校的发展

---

① 张洪春，沈平. 高职院校内涵式发展的机制与模式研究［J］. 湖北职业技术学院学报，2015，18（1）：14-18.

体现出较强的人文性、价值性、思想性。从而真正意义上提高社会对职业院校的认可度，提高职业院校的吸引力，同时为职业院校实现内涵式发展提供根本保证。

（二）弘扬工匠精神有助于职业院校提升文化软实力

《大学》开篇就曾指出大学的精神与文化底蕴："大学之道，在明明德，在亲民，在止于至善。"职业院校文化建设应具有大学精神，但除此之外，职业教育的本质特性又决定了职业院校文化建设必须体现出自身的特殊性，凸显自身的独特特点。职业院校为提升文化软实力必须坚持职业文化、育人文化、服务文化的统一。[①]具体而言，职业文化要求培养学生良好的职业态度、职业习惯和职业思维，使其具备职业使命感和职业荣誉感。育人文化要求职业院校必须坚持以人才培养为根本，首先要培养学生成为"人"，然后才能成为"才"，而学生要想成为某个行业的"人"就必须具备诚信的品格、积极的生活态度等等。服务文化要求职业院校在专业设置、人才培养目标上要与区域、地方经济发展相对接，要有服务区域经济、服务地方经济的使命感。工匠精神的职业性、人文性与职业院校文化建设中的职业文化、育人文化和服务文化具有密切的关系，加强工匠精神的培育可以有效提升职业院校的文化软实力，增强职业院校的核心竞争力，实现职业院校的可持续发展。

（三）弘扬工匠精神有助于职业院校落实立德树人的根本任务

立德树人是检验人才培养质量的根本标准，职业院校的发展应将立德树人作为工作的主线，把工匠精神培育放在人才培养的首位。党的十九大报告明确提出，要全面贯彻党的教育方针，落实立德树人根本任务。进一步明确了教育的目的和任务。具体而言，立德树人的根本任务要求我们必须牢固树立人才培养在学校教育工作中的中心地位，坚持育人为本、德育为先。[②]而职业院校作为为经济社会发展培养生产建设、管理、服务一线从业者的重要输出地。必须重视学生培养的质量，落实好立德树人的根本任务，重视学生职业能力、职业态度、职业精神的培养。工匠精神培育是落实立德树人根本任务的核心与关键。因为工匠精神的培育要求注重学生精湛技艺、知行统一、精益求精、创新进取、责任意识等综合能力的训练，在一定程度上与立德树人根本任务的要求具有相通性。因此要充分认识并紧紧抓住工匠精神培育这个立足点，坚持将匠技能力、匠心态度、

---

① 董英辉，童秀英，陈小宝. 高职院校文化软实力建设探究 [J]. 职教通讯，2015（19）：65-67.
② 瞿振元. 高等教育内涵式发展的实现途径 [J]. 中国高等教育，2013（2）：12-13，21.

匠魂素养融入职业院校的教学与管理体系中，使其贯穿到人才培育的全过程，只有这样才能使职业院校更好地落实立德树人的根本任务。

第二节 职业院校弘扬学生工匠精神的理论支撑

目前，我国开展以创新驱动国家发展的战略，在此背景下，需要提高我国技术人才培养的水平，让技术人才获得社会的尊重。技术型人才培养的过程中，要引导学生尊重劳动，让学生在劳动中感受劳动的价值，展现技术的风采，获得快乐。引导学生具有敬业精神，让学生学会为人处世，实现可持续发展。要引导学生追求精品，获得中高端技术技能，成为支撑"中国制造"走向"优质制造""精品制造"的主力。引导学生具备创新精神，提升创新思维和创造能力、实践能力、解决复杂问题等能力，将大量创新成果转化为现实生产力，推进大众创业、万众创新。我们认为传统的"师带徒"是工匠精神培育的理想环境，在此环境中师傅通过言传身教将具有内隐特征的知识传递给徒弟或学生，徒弟和学生也会全力以赴通过模仿学习来习得技能与品德。德国"双元制"职业教育灵活性在于学生在学校与工作场所交互式学习环境中接受技能与知识训练。学生每周花三到四天与公司（企业）的工程师、设计师、专家、高级管理人员指导下，学习专门业务知识。除此之外，具有学徒身份的学生需要每周抽出一天的时间在职业学校学习理论知识与通用技能。在公司，学生作为普通职员与同事进行案例工作。在学校，他们参加与相关领域课程学习。职业课程旨在平衡在工作场所获得的实用信息和更多的理论培训。学生在整个课程中对学业和在职学习负责。基于此，研究以班杜拉的社会学习理论及波兰尼的默会知识理论为支撑，进而解释了这种环境下工匠精神培育与弘扬的过程。

一、社会学习理论为职业院校工匠精神培育提供理论支撑

阿波特·班杜拉出生于加拿大的艾伯特省的蒙达，在加拿大一个小的农业社区长大，父亲是波兰的小麦农场主。1949年毕业于温哥华不列颠哥伦比亚大学，后入美国爱荷华大学专攻心理学，1951年在美国爱荷华大学获心理学硕士学位，1952年从爱荷华大学获得博士学位。在爱荷华大学学习期间，他提出了社会学习理论。那时，他认为心理学家应当"把临床现象用经过实验验证的方式加以概念化"。班杜拉认为，心理学研究应当在实验中进行，以控制决定

行为的因素。1953年，他到维基台的堪萨斯指导中心，担任博士后临床实习医生，同年应聘在斯坦福大学心理学系执教，1964年升任教授。在这期间，受赫尔派学习理论家米勒（N. Miller）、多拉德（J. Dollard）和西尔斯（R. R. Sears）的影响，把学习理论运用于社会行为的研究中。由于他的奠基性研究，导致了社会学习理论的诞生，从而也使他在西方心理学界获得较高的声望。

（一）班杜拉社会学习理论的内涵

社会学习理论兴起于20世纪60年代，主要阐述了人怎样在社会环境中学习。所谓社会学习理论，班杜拉认为是探讨个人的认知、行为与环境因素三者及其交互作用对人类行为的影响。根据班杜拉的观点，很多的学习理论家都忽视了社会变量对人的行为有一定制约作用。他们通常会利用动物做各种物理化学实验，来获得符合规律性的理论体系，但对于研究社会人类的行为活动，再采取这种实验室研究的方法来获得研究成果，实不可取。所以班杜拉就是打破了这种实验室研究的方法，开拓了在自然中的社会情景研究人类行为特点，并经过一系列的科学实验研究，建立了社会学习理论，为人类社会的发展提供了科学的理论依据。他认为社会学习是个体为满足社会需要而掌握社会知识、经验和行为规范以及技能的过程。[①]主要包括直接经验和观察学习两种形式。其中直接经验学习是个体对刺激做出反应并受到强化而完成的学习过程。观察学习是个体通过观察榜样在处理刺激时的反应及其受到的强化而完成学习的过程。与直接经验学习相比较，观察学习大大缩短了人们学习的历程，提高了学习的效率。同时我们也应注意到观察学习并不意味着对榜样或学习对象行为的简单模仿与复制，而是学习者在观察的过程中积极主动建构，不断创造出新事物的过程。观察学习过程主要由四个部分组成：注意过程、保持过程、动作再现过程和动机过程。其中前两个阶段是行为的习得阶段，动作再现过程是行为的操作阶段，动机过程则是整个观察学习过程的统领，是决定行为习得转化为行为操作的关键因素。[②]

1.三元交互决定论

三元交互决定论是班杜拉社会学习理论体系中一种理论形态的展现，该理论主要体现了人、环境和行为三者之间既相互独立，相互作用，又相互决定

---

① 唐卫海，杨孟萍.简评班杜拉的社会学习理论[J].天津师大学报（社会科学版），1996（5）：30-35.
② 任静.班杜拉社会学习理论视域下大学生德育认同研究[D].南京：南京师范大学，2015：11.

的关系。要体现了人、环境和行为三者之间既相互独立，相互作用，又相互决定的关系。同时，三元交互决定论是班杜拉在批判行为主义机械环境决定论、人本主义的个人决定论并加以消化、吸收的基础上提出的。班杜拉认为人既不是单向地受内在力量的驱使，也不是单向地受环境的控制，人的内部因素、行为和环境影响相互联结、相互决定，它突出了社会环境和内部因素的双向影响作用。[①]这也就为三元交互决定论在班杜拉的人性观和他的社会学习理论奠定了良好的理论基础。三元交互决定论的形成并不是偶然性的，是当某两种或两种以上的观点出现了一种对立的矛盾后，在经过一系列的揣测和验证基础上，才逐步地形成一种相对意义上的理论。比如，行为主义环境决定论，认为环境决定一切；人本主义的个人决定论，认为个人能够决定一切；等等。这些都是一种单一的形而上学的观点。人的行为习惯主要是由人的内部因素和环境的外部因素结合来形成的，这也就是说，人不是单向的仅受内在因素的影响或者仅受外在的环境因素所决定和控制的。人的内部因素是主要是人的认知因素，这种认知因素先是我们所说的生物遗传意义上的认知因素，再是我们后天经验逐步形成的一种因素。当外部环境对反应者产生了一定的刺激后，反应者将会对这一刺激进行选择、编排重组或改变对这一刺激的感觉和知觉，同时，这一刺激也将会被反应者在主观上形成一种新的认识，凭借着自己形成的诱因和所处的环境，对这一刺激进行一种有效的调节，形成建立在自己认知基础上的刺激。班杜拉认为三元交互决定论是环境因素、行为因素和人的内部因素（认知、情感和意志等）相互作用的结果，这就告诉我们三者之间有着密切的关联性，人的行为受人的内在因素的影响，而人的内在因素又反作用于人的行为，此时，环境因素又成了二者不可或缺的必备条件。这也体现了唯物论中的物质决定意识，意识反作用于物质的哲学观点。初中生道德的形成除外界环境的影响外，主要还是依赖于自己的道德认知。初中生通过自己的感知能力，对一些社会现象进行分析，对自身的行为进行自我调节，这是人主体作用的结果。在家庭、学校及社会等外界环境的影响下，中学生在道德形成的过程中，不同的环境下会塑造成不同道德品质的初中生，从而这些初中生的行为习惯也将会不尽相同。这一连串的道德反应，也是初中生在个人认知、环境适应和行为习惯相互作用的结果。这也佐证了班杜拉的三元交互决定论的科学性。

---

① 邢伟荣.班杜拉社会学习理论德育价值新探[J].政治理论研究，2007（21）：128-130.

2.观察学习理论

观察学习理论是班杜拉社会学习理论的核心，对于人类的学习起到了非常重要的作用。在我们的现实生活中，观察学习无论是在意识形态的形成上，还是行为习惯的养成上，都将会因地制宜地通过不同的条件反射，对刺激物进行读取、筛选和反应，最终形成自己的意识和行为习惯。班杜拉把社会学习理论中的社会学习分为了直接学习和间接学习（观察学习）。其中，直接学习就是个体在受到某种刺激之后，对这种刺激进行加工处理和强化，来完成学习的过程。但是，人是社会的主体，都是生活在现实的社会生活中，在行为的习得上，大多数人的行为还是通过观察和模仿来获得的。人作为观察和模仿的主体，在观察和模仿相关的榜样示范时，都会将榜样示范的行为结构以及所处的环境形成一种表征符号，并逐步成为一种自己行为活动的内在影响因素。班杜拉把观察学习分为了四个过程，分别是注意过程、保持过程、运动复现过程和动机过程，每个过程都有其各自的特点。在大量的示范行为面前，班杜拉认为学习者从中观察到了什么、感知到了什么及习得到了什么，都是少不了注意的过程。在注意过程中，制约和影响该过程的因素有很多。主要包括示范者本身的特点、观察者自身的特点和人物交际的结构特点。其中，人物交际的结构特点成了注意过程的影响因素。如果观察者对示范行为都不能记住，那观察学习就失去了意义。所以观察学习的第二个主要过程就是保持过程。这一过程主要就是对示范行为在观察头脑中进行编码，并保持记忆，其主要的表征系统就是言语和表象。示范行为主要是通过反复呈现行为的表象，并将这种表象保存在人的大脑中，此时的表象需要言语符号的指导作用，才可以保持住观察学习的速度。观察学习的第三个过程就是运动反复过程，是一种将符号的表象转化为一种行为的复杂过程。当开始对行为实施时，总会先对再认知基础上的反应进行选择和组织，保证行为示范的顺利进行。而建立在认知基础上的行为并非是准确无误的，这还需要观察者对该行为进行有效的调节和纠正。当自己对自己的行为监督不当时，这就需要他人对自己的行为示范进行一种反馈，并通过他人的反馈信息对自己的行为进行改正，形成一种与示范行为相一致的反应。第四个过程就是动机过程，班杜拉认为人们通过观察模式去获取新行为，这种模式是否可以进行操作，主要取决于强化的作用。班杜拉将这种强化分为了直接强化、替代强化和自我强化。这三种强化，在行为习得上，不尽相同。

3.自我效能感理论

自我效能感理论是班杜拉及其跟随者在对反应者的行为示范基础上，对反应者的动机进一步研究而得出一种新型理论，属于班杜拉社会学习理论中动机理论的主要组成部分。班杜拉将该理论定义为人们对完成某件事所形成的一种主观评估或期望值。自我效能感虽然是一种主观上的一种认知，但或多或少对客观的行为具有调节作用。在活动发生的前后，自我效能感都会对活动前的目标进行一种感知的设定，对活动过程进行一种恰当的调节，对活动后的结果进行了一种有效的反思。自我效能感的高低会对人的行为活动造成不同程度的影响。通常情况下，自我效能感越高的人，在活动过程中就会有更多的自信，进而获得成功的概率就越来越高，反之亦然。自我效能感的高低需要进行一种正确的自我调节机制，此时不仅需要活动主体树立一种正确的自我观察能力，还要给自己设定一种适当的行为标准。

自我效能感主要是一种主观感受，是个体对相关信息的加工和感知过程，主要包括实践的成功经验、替代性经验、言语说服和生理与情绪状态，这四种信息发生的有效整合，就成为构成自我效能感的主要元素。实践中的成功经验能够积累更多的自信心，提高主体的自我效能感，这就为实践的成功提供了更大的可能。替代性经验就是依靠示范者榜样的作用，对自己的能力进行一种评价，此时的榜样示范者必须是与个体相类似的人。言语劝导是在他人言语的鼓励下，从而增加了主体的自信心，有助于活动的顺利进行，但这种鼓励的方式必须是客观实事，不然这种言语劝导是无效的。在活动主体处于唤醒水平时，此时自我效能感低的主体，生理和心态就会出现一种较为紧张的状态；而自我效能感处于一种高的状态时，会呈现一种坦然自如的状态。当然自我效能感的形成，是一种复杂的过程。活动主体的行为、认知和情感都对自我效能感有着不同的影响，反之，活动主体的自我效能感也对人的行为和环境有着不同程度的影响。总之，自我效能感的行为主体和活动主体都是相互影响的。

4.自我调节理论

班杜拉认为人的行为活动不仅受外界因素的影响，而最主要还是受内在因素的影响，这种内在因素就是自我调节。自我调节是个体内在强化的过程，是个体根据自己的知识和技能经验，而形成了一种内在主体的行为标准，并根据这一标准对自己预期的行为结果进行对比，并对未达到主体预期的结果进行调节。从广义上讲，自我调节是由主体的认知、行为和环境相互作用中的主体因素对人的行为进行调节的结果；从狭义上讲，自我调节是一种对是否能够完成自身目标的意识反馈，包括行为目标的设定和完成该目标的过程表现，以及对该目标完成后所做出的评价，并在此基础上做出行为上的反应。班杜拉认为自我调节的行为表现主要是由自我观察、自我评价和自我反应组成的。主体在活动过程中，不是由活动主体的自我观察决定的，而是由自我评价和自我反应相互作用下决定的。活动主体根据自己的需要对活动过程加以注意，并从获得相应地经验基础上，对活动过程做出评价，并对这一评价形成一种内在的行为标准。很明显，该标准并不仅仅是外在因素强化的结果，而是内在因素和外在因素相互作用的结果，其中内在因素起到决定性作用。班杜拉认为自我调节对人的行为和发展具有控制和调节作用，这就告诉我们活动主体的行为也是自我强化的结果。人们通过榜样示范获得一种控制能力，在控制能力的作用下，对这一行为进行强化。当活动主体在正确或积极的榜样示范后，会激励活动主体去做积极向上的事，并得到表扬，此时形成了正强化。反之，当活动主体在一种错误或消极的榜样示范后，活动主体会形成一种错误的行为倾向，并受到批评，此时形成了负强化。因为强化前后的过程就是自我调节的过程，所以行为强化后的结果，也就成了自我调节的结果。

5.行为适应与治疗

班杜拉认为行为主体在习得某种行为时，通常会对这种行为产生了一种适应性的心理，然而这种心理就会促使行为主体不断地强化，并将这种行为转为自己想要习得的行为。当行为主体受到外在因素的影响后，会不知不觉地向主体的潜意识迁移，逐步将这种行为示范印刻自己的意识中，为以后行为的习得和适应做好的准备。在行为习得过程中，因行为示范的不同，也就使得行为主体习得的行为也就不同，此时可以将要习得的行为简单地分为良好行为和不良行为。对于多次强化下的行为示范，无论是良好行为还是不良行为，行为主体将会在经不起行为强化的作用，最终将会形成属于自己的行为习惯。这一过程既是量变到质变的过程，也是行为适应的过程。当行为主体获得一种不良的行为时，就会对我们所处的所有外界环境造成不同程度的影响，这就需要我们对行为主体的某些不良行为进行矫正，这也就是行为的治疗过程。而对不良行为的矫正一般需要五个步骤：第一，确定需要矫正的不良行为；第二，对确定后的不良行为做好每个阶段的具体目标；第三，找到矫正不良行为的强化方式，并设计好矫正时间表；第四，尽可能减少或消除对不良行为产生影响的强化物；第五，用良好的行为替代不良行为，并对此时的良好行为进行强化。[1]对于行为主体来说，首先要对自己的行为进行自我醒悟，认识到自己的错误，并决心要改正的；其次就是行为主体转变的过程，这是行为矫正的关键，也是行为主体最为矛盾的阶段，这一阶段需要行为主体强化良好的榜样示范，并克

---

[1] 闵卫国，傅淳.教育心理学[M].昆明：云南人民出版社，2004：174-175.

服不良行为的发生；最后在行为主体经过长时间的思想转变过后，那些不良行为就会很少发生，形成了一种良好的行为。这样，不知不觉中就达到了矫正的目的。

（二）班杜拉社会学习理论在职业院校弘扬工匠精神中运用的可行性

班杜拉社会学习理论属于心理学范畴，用这种理论可以很好地解释复杂的人类行为，弥补了以实验研究为主的传统行为主义来解释人类的行为。经过长期对该理论的研究，发现该理论不仅可以应用于心理学，而且还可以用于教育学、社会学等多种学科，当然也可以应用到职业院校弘扬工匠精神的研究之中。

1.社会学习理论具有导向性

之所以说班杜拉的社会学习理论在弘扬工匠精神具有导向性，是因为在职业院校中，学生德育的发生、习得和形成的过程，都囊括在了社会学习理论的主要内容之中。在职业院校的教育教学过程中，教师除了对学生进行理论学习的指导之外，还要对学生进行实践性的指导，无论是在人类主体的认知因素和行为发生，都离不开班杜拉社会学习理论的导向性作用。按照班杜拉社会学习理论中体现出的内容，行为主体最初的发生先是三元交互决定论的内在因素先起到决定性作用，这种内在因素是先天的遗传机制，这就凸显了内在因素在弘扬工匠精神中的必要性。初中生良好劳动行为的习得，不是由内在因素机制单一影响完成的，还需要与外在因素机制相互作用得到结果，这种外在因素机制就是环境（家庭、学校和社会）。再比如班杜拉的观察学习中，每当一种行为习得之前，都离不开对榜样示范的观察，只有这样才可以对行为示范有个大概的了解，使得该行为能在活动者在自己的头脑中有一个形象的编码，活动者对这一些编码，进行选择、重组和反应，最后形成自己所特有的行为方式，为下一步行为的发生奠定了基础。这也表示在弘扬工匠精神的过程中，要根据职业院校学生的心理发展特点，利用观察学习的方法对职业院校学生的行为习得，进行一种科学的指导，为职业院校学生工匠精神的培养做出一个积极的引导作用，充分发挥班杜拉学习理论在工匠精神培育过程中的导向性作用。

2.社会学习理论具有实用性

班杜拉社会学习理论在弘扬工匠精神中的实用性，主要体现在职业院校学生良好劳动习惯发生的过程和结果上。而在职业院校学生良好劳动行为的发生过程中，初中生必然要对是否需要认真负责地完成某件事进行一种主观上的判断和评估。此时，职业院校良好劳动行为发生的成功与否，都对职业院校学生工匠精神的形成有所影响。在职业院校教育教学的过程中，学生良好劳动习惯和劳动素质的形成都影响着自我效能感的高低，同时，职业院校学生完成某件事的自我效能感越高，就越能促进对某事完成的自信心，进而就越能很顺利地完成某件事。反之，职业院校学生自我效能感越低，完成某件事的成功率也就降低，直接影响今后成功做某事的信心。在职业院校教学培养的过程中，除了在课堂中对职业院校学生进行言传身教外，主要还是职业院校学生认知能力上的改变，而职业院校学生认知能力的改变，主要还是靠的是自我调节的作用。当职业院校学生获得某种道德行为和认知时，会对这种榜样示范进行自我调控，更好地实现自己想要的结果，这种行为结果的发生，如果还是未达到自己预期的结果，就会再次地进行自我调节，一直达到自己预期想要达到的结果。职业院校学生在学习中会获得理论知识，但对于正处于职业素养和职业意识还尚未完全形成的学生，大部分职业院校学生并没有形成对工匠精神坚守的信念。之所以这样，一方面来自个人生活环境的影响，另一方面就是缺乏正确的职业选择意识。为了弥补职业院校学生的这一缺陷，保证职业院校学生在行为上获得良好的习得，在职业院校教育教学的过程中，尽可能使用大国工匠的实例，为职业院校的学生做一个正面的榜样示范，提供一个良好的道德环境。而对于处在行为习惯不好的职业院校学生面前，在进行教育教学的过程中，应该对其做心理疏导，积极引导其正向学习，淡化或消除那些不良的劳动行为习惯。充分发挥了行为习得、道德示范行为矫正的作用。总之，通过以上几点的阐述，都充分反映了班杜拉社会学习理论在职业院校工匠精神弘扬过程中的实用性。

3.社会学习理论具有综合性

班杜拉社会学习理论在职业院校工匠精神弘扬过程中之所以具有综合性，是因为该理论体现是一种综合性的理论指导，也是班杜拉做了大量的研究和调查才得出的理论。班杜拉的社会学习理论涵盖了职业院校学生工匠精神养成的认知因素、环境因素和行为因素的相互作用，也凸显了该理论中的自我效能感、自我调节和行为习得及矫正的综合作用。工匠精神的培育不只是单一性向前发生发展的，如果按主体性来划分的，可划分为施教者、受教者和施教内容，而在工匠精神培育进行过程中的每一个环节，都与班杜拉社会学习理论有着不同程度的联系。对于生活在不同环境下的职业院校学生，施教者应该对工匠这一主体有一种很深刻的了解，包括受教者的认知和行为等因素，为今后工匠精神的开展做好充分的准备。对于受教者应该加强对自己的认识和了解，找到自身的优点与缺点，发挥自我效能感和自我调节的作用。对于施教内容，施教者应该根据受教者的综合情况，对受教者的行为习惯有针对性地选择弘扬工匠精神的内容，并根据所选内容对职业院校学生的思想、行为习惯做到行为的习得，对职业院校学生身上存在的不良行为进行矫正。这些实施过程都离不开班杜拉社会学习理论的理论指导，更能确切地告诉我们班杜拉的社会学习理论对在职业院校弘扬工匠精神有综合性。

工匠精神培育过程与观察学习过程具有相通性，二者都体现了认知过程与外显过程的统一。工匠精神的培育首先建立在认知的基础之上，学生在日常生活经验及人与事物的发展过程中，逐渐形成了对职业技能、职业态度及人文素养的认知，并内化为个体的精神追求，这样一来学生便具备了形成工匠精神的条件。但工匠精神培育绝不仅仅停留于认知层面，最终检验一个人是否具备工匠精神还必须通过实践来证明，即必须将其转化为外显的行为。学生技能和工匠精神的培育需要在真实的实习实训环节中得到锻炼与塑造，而企业提供的真实工作场景是工匠精神培育的重要载体，学生在企业的实践中，一方面可以将职业院校习得的专业理论知识应用到生产情景中，提高实践能力；另一方面学生在观察学习中也会潜移默化地受到企业师傅的人格、品行及兴趣的影响，并自然而然地将工匠精神内化到自己的行动中。

二、默会知识理论为职业院校工匠精神培养提供有力支点

迈克尔·波兰尼是匈牙利裔英国哲学家，意会认知论是波兰尼思想体系中的核心理论。他不但系统地探讨了意会认识的结构、运行机制、地位和作用，还将这些分析应用于对科学、社会以及许多传统哲学问题的思考。波兰尼的思想广袤深邃，一生著述众多，包括《个人知识：朝向后批判哲学》《科学、信仰与社会》《认知与存在》《社会、经济和哲学——波兰尼文选》等。在其20世纪50年代的《个人知识：朝向后批判哲学》一书中提出了默会知识理论。它是相对于显性知识而言的一种只可意会不可言传，不能用书面文字、地图或数学公式等来进行系统表述的知识。[①]

（一）默会知识的特征

默会知识理论视野下研究职业院校工匠精神的培育，就必须要了解职业院校教学中默会知识所具有的个体性、情境性、非理性、不可充分表达性以及非公共性的五个特征。

---

① 王帅.默会知识理论及其教育意蕴[J].高等函授学报（哲学社会科学版），2006（2）：22-25.

1.个体性

个体性是指默会知识具有个体主观的特性，它相当于个人的"经验知识"，是一种与认知个体无法脱离，与认知个体的生活、经验、情感和专业知识密切相关。在不同的实践中，人们认识和体验的默会知识是不同的，并不能直接通过语言进行表达和交流，所以大多数默会知识都是个人知识，它的获取必须通过个体的身心参与，常表达为个人直接经验，表现出强烈的个体独特性。

2.情境性

情境性是指个体认知形成过程，都是在一定的情境下发生的。人总是处在某种情境下，这里的情景包括当前的外部环境、认知活动和情感状态。知识的获取是对特定情况的直观综合和总体掌握。当相同或相似的问题场景再次出现时，个人的默会知识会自动唤醒发挥其解决问题的作用，这也说明了主体的言行始终同特定的社会背景相关联，情境重现或者相似情景是默会知识的引擎，同时也限制了默会知识的产生速度和质量。

3.不可充分表达性

从不可充分表达性的角度，默会知识有两层含义。首先，默会知识自身不能通过语言、文字、图表或符号明确表述，它的表达是基于相对稳定的语言规则，所以在难以清晰表达时，人们只能默会地识别和意会它。其次，个体拥有默会知识时，有时连自身都意识不到这些知识，所以就更难清楚说明自己是如何使用这些知识来指导自己行为的，这是默会知识的本质特征，也是默会知识与显性知识最大的不同点。最后，默会知识可以说是属于"前语言知识"的一种，是人类非语言智力活动的结果，非语言所能清晰表达，常融入实际活动中，在行动中展现、被觉察和意会。

4.非理性

我们通过自己的感官、直觉获得的默会知识，常伴随着自己的理解和独特的主观因素，而不是经逻辑推理得出。由于默会知识的非理性，人们不能理性地批判它。也有人认为，尽管默会知识很难通过语言、文字、符号等进行表达，没有明晰的推理过程，逻辑上的解释也很难，有时连本人也说不清道不明，但其却是可以默会领会的，可领会就意味着可提取，可反思，可交流。

5.非公共性

默会知识本身难以准确清晰地表达，故难以通过正式的渠道进行交流，具有非公共性。但是，这并不意味着完全无法表达默会知识，有时是迫于环境的限制而无法传递和共享，为公众所知。尽管如此，默会知识还存在使其外显发挥默会知识作用的方式。

（二）默会知识理论应用于职业院校工匠精神培育的适切性

默会知识的习得与转化理论对工匠精神培育具有重要的启迪价值。

首先，应重视对话和体验在工匠精神培育中的作用。对话交流与体验作为默会知识转化为显性知识的重要途径和方式，可以将深藏在个体内心的、片段的、模糊的、感性的默会知识显性化。具体而言可以通过营造真诚、自由、平等的对话氛围，建立多渠道、多形式的对话机制，创设各种实践实习活动来促使默会知识得以表征。如可以通过开展有利于工匠精神培育的职业技能大赛、职业教育活动周、校园文化活动日等学生喜闻乐见的方式，让学生在交流对话中加深对工匠精神默会知识的理解。当代技术认识论研究的主要路径有工程主义路径、人文主义路径、现象学路径、社会建构论路径等。工程主义路径主要是从技术内部出发研究技术，力图解开"技术黑箱"。其他种路径则是将技术作为一个整体，从技术外部出发探讨技术。而波兰尼通过挖掘认识的默会根源，对技术由外而内的层层剥离，再由内而外地重新组合，从认识主体"人"的角度出发认识技术。波兰尼认为技术认识依赖于默会认识，是利用默会能力将技术活动的各细节内化于人的身体之中形成的。但波兰尼并没有彻底否定技术理性，也没有完全同意技术认识的主观主义，他认为技术认识在方式上与认识者不可分离，但认识者是带着高度责任性的，在同类情境中的普遍意图进行的认识活动。这种"身心合一"的技术认识论体现着技术认识与存在的同构，对于在职业院校培养和弘扬工匠精神有着重要的指导意义。

其次，充分发挥现代学徒制在工匠精神培育中的作用。波兰尼认为默会知识主要靠的就是师傅带徒弟的方法来传授，即师傅在实际的生产中以言传身教为主要形式将技能与态度传授给徒弟。工匠精神作为一种默会知识，其培育也同样可以借助现代学徒制下强调校企合作、共同育人的优势，注重发挥企业文化在工匠精神培育中的重要价值，从而为工匠精神的培育提供良好制度基础。H.德雷福斯提出技能熟练的五个阶段，即初级、中级、高级、行家以及专家。在技术知识的学习中，交流双方所处阶段影响技术知识的效果。交流双方等级越相近，知识越容易转移，相反，等级差越大，知识转移越困难。这种情况可从波兰尼的默会技术知识观中得到解释。由于随着对技能掌握水准的提高，越来越多的操作细节附带觉知的方式整合进焦点知觉之中，难以用语言明确描述的细节越来越多，所处的概念框架也越来越复杂，默会成分越来越多。因此交流双方等级差异越小，交流双方所含的默会技术知识成分的差异越小，也相对易于有效交流；相反，等级差异越大，交流双方所含的默会技术知识成分的差异越多，越难以有效交流。因此在师徒制的学习模式中，师兄弟之间的交流起到重要作用。在默会技术知识的学习中，应该重视前辈与后辈之间的交流，重视前辈对后辈的指导。

第三节 职业院校学生工匠精神培育现状分析

了解现状是改变现状的基础和前提。在国家大力提倡工匠精神的今天，现阶段我国职业院校在学生培养中工匠精神是否被重视？是否在培养目标中得到体现？学生对工匠精神的理解和认知处于什么状况？在校园文化建设、学生的教学与实训、课外活动等方面，工匠精神培育是否得到了关注？回答和解决这些问题有利于了解职业院校学生维度下工匠精神培育的状况。本章主要通过向学生进行问卷调查的方式，来反映我国职业院校学生工匠精神培育的状况。

一、职业院校学生工匠精神培育现状调查问卷的编制与实施

为切实反映当前我国职业院校学生工匠精神培育状况的信息，本章主要通过编写专门的《职业院校工匠精神培育现状的调查问卷》，通过"问卷星"对一定范围内的学生群体进行调查，了解他们对工匠精神的认知、需求及职业院校工匠精神培育的供给情况，并做出描述统计分析。

（一）调查问卷的编制

研究职业院校学生工匠精神培育这个选题的前提，必须是了解当前我国职业院校工匠精神培育的现状，这样才能更好地开拓职业院校工匠精神培育的路径，同时增强研究的科学性和针对性。为此，笔者对工匠精神内涵进行了准确的理解，通过网络资源搜集了已有的关于工匠精神相关方面的调查问卷，并分析了每份问卷编写的维度及优缺点。同时，在导师的指导与帮助下，设计了《职业院校工匠精神培育现状调查问卷》并进行了预测与矫正。

《职业院校工匠精神培育现状调查问卷》主要由学生基本信息、学生对工匠精神的认知与需求和职业院校工匠精神培育供给情况三个部分组成。

第一部分为学生基本信息，如性别、年级、专业所属类别。主要是想了解不同性别、不同年级及不同专业类别学生对工匠精神的认知了解程度是否存在差异。

第二部分为学生对工匠精神的认知，首先从题型上来看，此部分包含了单选、多选和填空三种题型；其次从题目内容来看，此部分包含了学生对工匠精

神的基础了解，如你听说过工匠精神吗或你了解工匠精神指的是什么吗？在此基础上进一步增加难度，让学生自己填写他们认为哪些从业者需要工匠精神和写出几个具有工匠精神的代表人物。除此之外还了解了学生获得工匠精神的途径及他们对工匠精神的需求情况。

第三部分为职业院校工匠精神培育供给情况，主要结合已有的有关工匠精神研究的最新成果，并参考了部分职业院校工匠精神培育的实际状况，从而将职业院校工匠精神培育的现状分为校园文化建设情况、课程教学实施情况、校企合作培育情况、人才评价机制建设情况四个方面，每个方面都设置了五个左右的题目，来全方位、多角度、宽领域的了解现阶段我国职业院校工匠精神培育的现状，具体的题目分布见表4-1。

表4-1 调查问卷的维度构成及所涉及的题项

维度	题项	项数
校园文化	12—15	4
课程教学	16—19	4
校企合作	20—24	5
人才评价	25—27	3

（二）调查的实施

问卷实施主要包括问卷发放与问卷回收。问卷发放在问卷调查中占有十分重要的地位，问卷发放质量的好坏，将直接影响到调查资料的真实性和适用性。传统意义上，我们认为将收回后的定量样本做信效度检验，可以在一定程度上确保调查资料的真实与可靠性。即对于量表式的问卷而言，问卷的信度与效度是检验问卷质量的重要指标。但由于本问卷采用的是非量表式的结构设计，所以原有的检验信效度的α信度系数和KMO、Bartlett's检验并不适用于本问卷。因此，为了最大程度上的说明本问卷收集到的数据真实、有效。笔者采用了详细的文字描述，尽量把数据的收集过程描述清楚，包括数据的收集时间、地点、方式及形式等，以及数据收集回来后，在数据处理过程中对无效数据的剔除。

整个调查问卷的过程主要分为四个阶段实施：

第一阶段为预测阶段（2018年7月—2018年8月）。将初步形成的问卷，打印成纸质版，通过同学的介绍将问卷发放给他实习所在的职业院校的两个班级的学生，总共发放了62份问卷，采用当场发放当场收回的方式。此次发放意在通过初次的问卷预调研，来了解学生们对问卷设计的题目是否存在疑惑，或者是那些题目的描述不符合职业院校现阶段学生实际学习的情况，并且实际的检测了学生填写问卷所用的时间的长短，尽量保障每份问卷使学生能在十分钟内完成。最后根据他们的建议和意见对原始问卷进行调整和修改。

第二阶段为问卷发放及控制阶段（2018年9月—2018年10月）。将编制的正式问卷采用线上发放的方式，主要借助现代化的"问卷星"工具及平台，将问卷输入系统后，利用生成的链接（https://www.wjx.cn/jq/28155617.aspx），通过家人及同学的介绍分享到职业院校学生所在的班级群里，但都尽量采用的是要求当场填写，最大限度地保障问卷的回收率。

第三阶段为问卷回收与整理阶段（2018年10月—2018年11月）。将回收的问卷一一进行筛选，剔除无效问卷（主要包括未完成的问卷以及填写时间较短的问卷，主要指通过线上收回的问卷答题时间在20秒以内的，线上问卷可以查看到填写时间），然后将调查数据分类统计到SPSS19.0，并对数据进行统计整理。

第四阶段为问卷分析与撰写调查报告阶段（2018年11月—2018年12月）。主要对录入的数据进行描述性统计分析，并撰写调查报告。

《职业院校工匠精神培育现状调查问卷》共发放360份，回收352份，有效问卷333份，回收率为98%，有效率为93%。有效问卷的人口学特征见表4-2。

表4-2　有效问卷的人口学特征

变量	类别	人数（人）	百分比（%）
性别	男	156	46.85
	女	177	53.15
年级	一年级	28	8.41
	二年级	220	66.07
	三年级	85	25.52
专业所属类别	文科类	84	25.22
	理科类	92	27.63
	工科类	66	19.82
	医科类	3	0.90
	管理类	41	12.31
	农学类	8	2.40
	艺术类	8	2.40
	体育类	0	0
	其他	31	9.31

最后，将有效问卷进行编码，并将数据录入电脑，运用Excel2003、SPSS19.0等、软件对数据进行数据录入、数据整理、数据的描述性统计。

二、职业院校学生工匠精神培育现状调查结果的统计和分析

职业院校学生工匠精神培育现状的调查结果主要是从职业院校学生对工匠精神的认知、对工匠精神的需求及职业院校工匠精神的供给三个方面做的描述统计分析,其中职业院校工匠精神供给是调查的重点,主要从校园文化建设、课程教学实施、校企合作状况、人才评价方式四个角度进行了描述统计。

(一)职业院校学生对工匠精神的认知状况分析

1.不同性别学生对工匠精神的了解程度

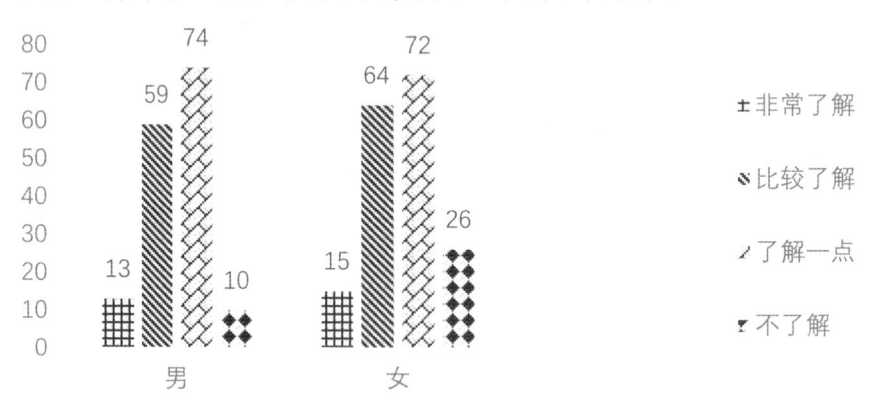

图4-1为不同性别学生对工匠精神的了解程度。由图可知,从总体分布上来看,男、女生之间对工匠精神的了解程度并没有存在显著差异。但从不同的了解程度来看,无论是男生还是女生,选择比较了解和了解一点的占了总人数的一大半,约为80.78%,其中男生为39.94%,女生为40.84%,而非常了解的仅占到总人数的8.4%。说明学生们通过各种途径已经对工匠精神有了大致的了解,能够简单的描述工匠精神显而易见的品质,但仅停留在听说过(工匠精神)的层面,缺乏对工匠精神系统深入的了解。比如在调查时要求学生们写出具有工匠精神的代表人物,学生们列举更多的是历史人物,如黄道婆、鲁班、袁隆平、雷锋、邓稼先、钱学森等。而在问及哪些从业者需要具有工匠精神时,填写最多的依次是医生、教师、建筑师、工程师和科学家。

图4-1 为不同性别学生对工匠精神的了解程度

图4-2是工匠精神获得途径的分布情况。从图中可以看出学生们主要是通过电视、广播、网络等数字媒体,书籍、报纸、杂志等传统纸质媒体和学校的课堂教学、宣传活动来获得有关工匠精神的信息。其中电视、广播、网络等数字媒体是一种主要的渠道,占比为62.31%,书籍、报纸、杂志等传统纸质媒体次

之，占比为43.85%。相比媒体作用而言，课程教学作为传输知识与价值的重要渠道，在工匠精神传播与弘扬中的作用略显不足，仅占比36.15%。此外校园文化及物质环境在一定程度上也能起到传播与培育工匠精神的作用，但就目前调查来看，此途径则被各职业院校所忽视，没有得到有效利用。

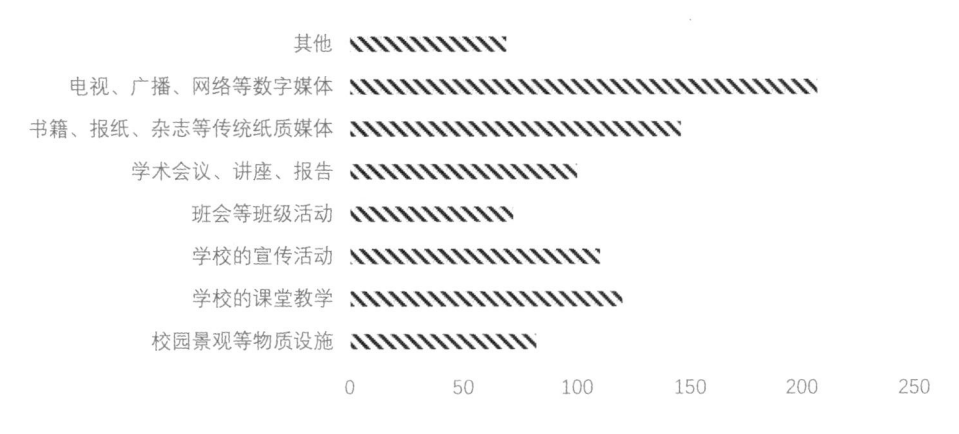

图4-2 工匠精神获得途径的分布情况

2.不同年级学生对工匠精神的了解程度

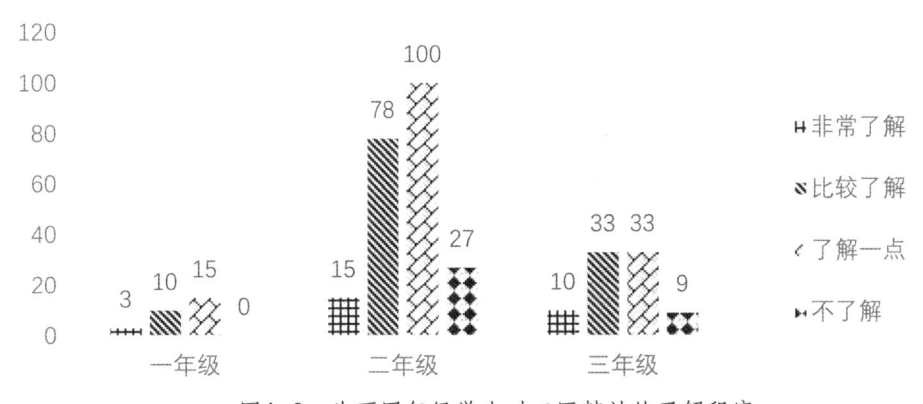

图4-3为不同年级学生对工匠精神的了解程度。由图可知，从年级分布来看，各个年级内部，选择比较了解和了解一点（工匠精神）的人数较多，占比情况分别为一年级89.28%、二年级80.9%、三年级77.64%，而从了解程度上来看，三年级学生的了解情况相对较好，选择非常了解的人数较多，占到三年级总人数的11.76%，大于二年级的6.82%。这也与随着年级的增长学生的阅历水平及对相关领域知识的了解程度不断加深相吻合。表4-3为不同年级学生对工匠精神了解程度的百分比分布情况。

图4-3 为不同年级学生对工匠精神的了解程度

表4-3　不同年级学生对工匠精神了解程度百分比分布情况

	非常了解	比较了解	了解一点	不了解
一年级	10.71%	35.71%	53.57%	0
二年级	6.82%	35.45%	45.45%	12.27%
三年级	11.76%	38.82%	38.82%	10.59%

3.不同专业所属大类学生对工匠精神的了解程度

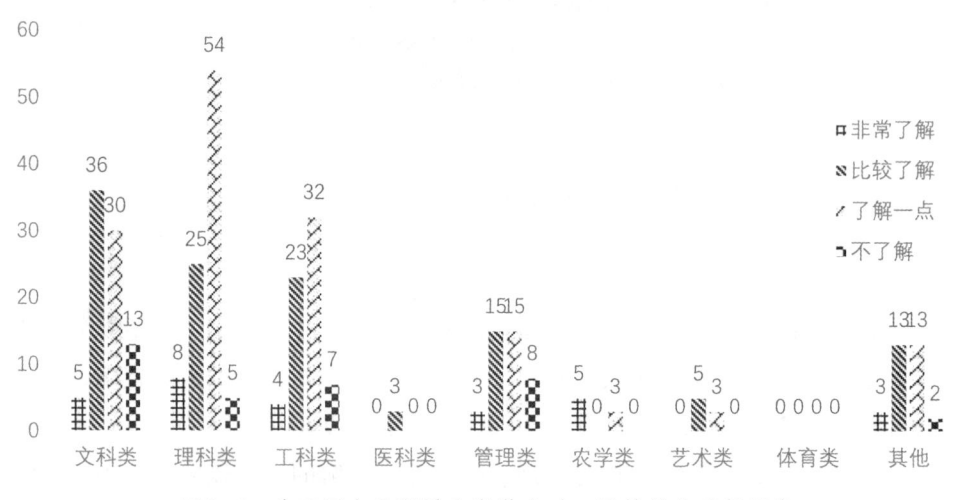

图4-4为不同专业所属大类学生对工匠精神的了解程度。由图可知，从学科分类来看，理科类、文科类、工科类及管理类学生对工匠精神的整体了解程度要优于医科类、农学类及艺术类。因为理科及工科类专业与制造业的发展密切相关，而工匠精神最初更多的是指向制造业领域，并逐渐地扩散到社会的各行各业。

图4-4　为不同专业所属大类学生对工匠精神的了解程度

（二）职业院校学生对工匠精神的需求状况分析

学生对工匠精神的有效需求是工匠精神培育的前提与基础，直接决定着工匠精神培育的质量。调查研究主要从学生关于工匠精神培育的重要性、必要性及主动性三个角度来展开。图4-5为学生们认为工匠精神在职业生涯中的重要性及认为非常重要的学生中主动参加学校组织的有关工匠精神培育活动情况的分布。

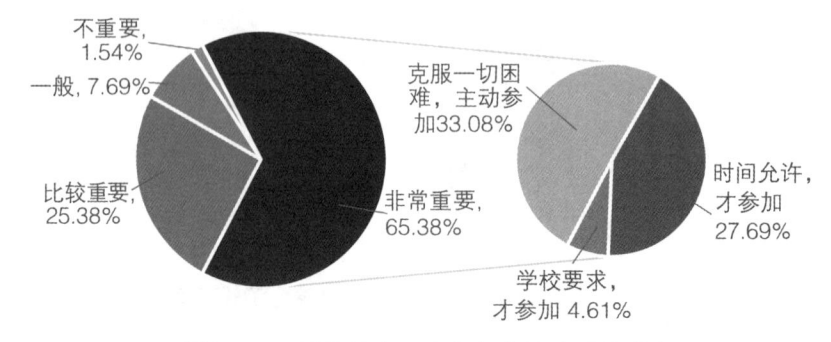

图4-5　工匠精神在职业生涯中的重要性调查

由图可知，在调查的人数中有超过一半的学生认为工匠精神在今后的职业生涯发展中非常重要，占比65.38%，而有25.38%的学生认为比较重要，只有极少数的学生在思想意识上不重视工匠精神，认为其重要性一般，甚至是不重要。其中认为工匠精神非常重要的65.38%的学生中，有33.08%的学生会克服一切困难主动参加学校组织的有关工匠精神培育的活动，有27.69%的学生会在时间允许的情况下主动参加学校组织的有关工匠精神培育的活动，4.61%的学生会在学校的要求下参加有关工匠精神培育的活动。选择不会参加，认为学校组织的工匠精神活动没有意义的学生则为零。充分说明学生们参加工匠精神相关活动的积极性与其自身思想意识上对工匠精神的重视程度密切相关。因此，职业院校工匠精神培育首先应从思想层面做起，让学生意识到工匠精神在个体职业生涯发展中的作用与价值。

图4-6为职业院校对学生进行工匠精神培育的必要性调查及认为职业院校非常有必要对学生进行工匠精神培育的选项中主动参加学校组织的有关工匠精神培育活动情况的分布。由图可知，有超过一多半接近80%的学生认为职业院校非常有必要对学生进行工匠精神的培育，足以说明职业院校作为学生职前教育的核心组成部分，在工匠精神培育中承担着义不容辞的责任，也被学生们寄予厚望。而在这78.46%的学生中，有32.31%的学生选择会克服一切困难主动参加学校组织的有关工匠精神培育的活动，有40.77%的学生会在时间允许的情况下主动参加学校组织的有关工匠精神培育的活动，5.38%的学生会在学校的要求下参加有关工匠精神培育的活动。说明职业院校只要提供培育学生们工匠精神的机会，大多数学生还是会主动参加，且参加的意识较为强烈。

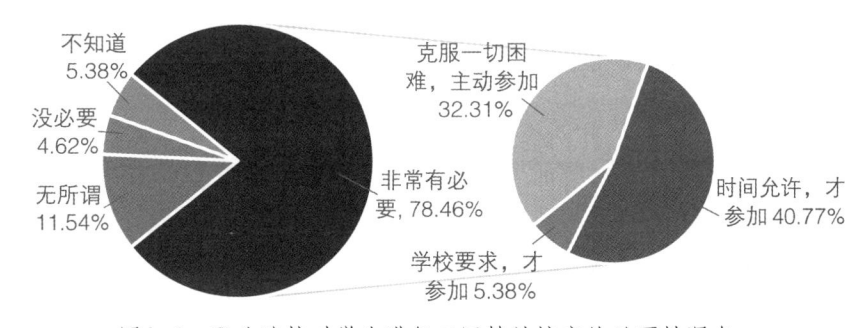

图4-6 职业院校对学生进行工匠精神培育的必要性调查

（三）职业院校培育学生工匠精神的供给状况分析

要想全面的了解职业院校工匠精神培育的现状，除了关注学生对工匠精神的需求之外，最核心的无非是关注职业院校工匠精神培育的供给情况。职业院校工匠精神培育供给的多少、有效供给质量的高低直接决定了学生培养质量的好坏。而职业院校的校园文化、课程教学、校企合作和人才评价是职业院校工匠精神供给的主要渠道，因此本研究重点从以上四个方面调查了职业院校工匠精神的供给情况。表4-4为职业院校工匠精神培育总体及各维度得分情况。

表4-4 职业院校工匠精神培育总体及各维度得分情况

	校园文化	课程教学	校企合作	人才评价
均值M	2.655	2.1	2.28	1.98
标准差SD	0.895	0.9	0.92	0.943

从表4-4可以看出，在满分为4分的标准下，职业院校工匠精神培育总体情况一般，均值为2.25分，处于中等水平。职业院校工匠精神培育在四个方面的得分由高到低依次为校园文化、校企合作、课程教学和人才评价。

1.职业院校工匠精神培育的校园文化建设情况

职业院校工匠精神培育的校园文化建设离不开物质环境的布置及相关活动的开展。有关工匠精神培育物质环境方面的调查统计显示，职业院校内各种场所（校园、教室、实训车间、操场等）宣传工匠精神的情况存在不足，有46.15%的学生选择只在以上场所的"个别地方有"宣传工匠精神的标语，有25.38%的学生选择"很多地方都有"，甚至有16.15%的学生选择"基本没有"在校园内的物质景观上看见过有关工匠精神的宣传。而有关工匠精神培育相关活动的开展情况调查显示，职业院校校园文化艺术节和社团活动已经关注到工匠精神的培育，但在数量上存在不足。有11.54%的学生选择校园文化艺术节和社团活动对工匠精神内容的关注"非常多"，43.85%的学生选择"有一些"关注，32.31%的学生选择"偶尔有"，12.31%的学生选择"没有关注"。此外，关于学校每学年组织有关工匠精神主题活动、优秀人物讲座的次数上来看，有接近一半（45.38%）的学生选择每学年"1—3次"，7次以上的仅占6.92%，甚至有23.85%的学生选择"从没组织过"。最后，传统与现代媒体也是传播与培育工匠精神的重要渠道，但调查显示，35.38%的学生选择学校"偶尔有"利用广播、校报、橱窗、网站等其他方式宣传工匠精神，"隔三岔五有"的占比29.23%，"基本没有"的占比21.54%，甚至超过"基本上天天有"的13.85%。

2.职业院校工匠精神培育的课程教学传播情况

课程教学在工匠精神培育中起着主体作用。职业院校的课程设置一般包括通识类课程和专业类课程两大类。专业类课程一般又包括理论课和实践课，但无论是什么课程，教师的教学方式、教师对待教学的态度及教师对学生的要求等都会潜移默化的影响工匠精神的培育。问卷调查显示，职业院校思想政治、职业生涯等通识类课程中进行工匠精神渗透教育的情况相比专业课而言，渗透的内容相对较多，30.77%的学生选择通识类课程中渗透工匠精神的情况"很普遍"，34.62%的学生选择"有一些"，二者相加之后超过了60%。而从专业理论课和实习实训课中指导教师对工匠精神的重视程度、传递工匠精神内容及对学生的严格要求来看：首先，学生们大多倾向于选择"比较重视和一般般"，二者总计占到66.92%；其次，专业课教学中教师传递与工匠精神品质有关的信息会"有一些"占比40%，"偶尔有"占比24.62%；最后，学生们认为在实习实训中，指导教师对自身的要求比较严格的接近一半，同时选择一般（20.77%）和不在乎（3.85%）也有接近25%。

3.职业院校工匠精神培育的校企合作重视情况

工匠精神培育的重要一环便是来自企业的实践教育，因此要想了解职业院校工匠精神培育现状，必然离不开对校企合作中相关活动关于工匠精神重视程度的探索。调查统计显示，从职业院校实训课程指导教师的来源来看，有46.15%的学生选择职业院校的实训课程指导教师由"学校专门教师担任"，有25.38%的学生选择有企业工作经历的教师担任，有22.31%的学生选择企业技术能手来担任。从职业院校组织学生去企业参观、与技术能手交流的情况来看，选择"有一些"的占比40%，但还有20%的学生"基本没有"。此外关于学校对学生的实习管理情况来看，学生的实习主要以两种方式进行：学校统一组织（37.69%）和学生自主但学校管理（33.85%），也有一部分学生是自行解决寻找实习单位（19.23%）。具体到微观的学生实习实训教育中，师傅跟学生对话的内容主要还是技能训练为主，选择"有技能也谈注意事项"的学生占比57.69%，"完全是技能方面"的占比12.31%，"基本不管"和"干活要认真"分别占6.92%和23.08%。

4.职业院校工匠精神培育的人才评价关注情况

人才评价对工匠精神内涵的关注对职业院校工匠精神培育具有导向作用，对学生主动养成良好的工匠习惯也具有激励作用。调查统计显示，有57.69%的学生选择学校对学生的评价主要看"综合表现"，其次是占比24.62%的学生认为主要看"课程成绩"，紧接着是10.77%的学生认为主要看"实训课成绩"，且有6.92%的学生认为学校对学生的评价仅仅"走过程"，起不到什么实质性的作用。此外，从评价主体上来看，学校邀请行业专家、社会人士等参与到学生学业成绩考核评价的频率"有一些"的占比39.23%，"经常"的占比20.77%，"偶尔"的占比26.92%，"基本没有"的占比13.08%。而具体到评价内部，学校对学生的诚信、责任、敬业等品质与素质的重视程度还相对较好，"非常重视与比较重视"总计占比接近75%。说明职业院校已经意识到某些职业精神在学生职业生涯发展中的重要性，并将其设置为考量学生素质的表现之一。

综上，就职业院校学生工匠精神培育的校园文化建设情况来看，无论是物质环境布置还是相关活动的开展，从数量上来说都已经不足以满足学生的需求，更不必谈质量要求。就职业院校学生工匠精神培育的课程教学情况来看，作为工匠精神培育的主体，首先从通识类课程来看，由于相关内容的适切性，在工匠精神培育中发挥的作用相对较大。其次从专业理论与实践课来看，无论是从内容渗透上，还是教学管理上教师的教学都有很大的上升空间，需要不断地进行专业学习，加强自身的修养，从而更好地影响和指导学生的发展。就职业院校学生工匠精神培育的校企合作重视情况来看，职业院校实训课程指导教师的来源主要还是以学校专门教师为主，缺乏企业实践经历，同时学生们真正去企业实践的机会也不多，甚至有学生三年内基本没有企业实践机会。另外，学校对学生的实习管理主要以学校统一组织和学生自主但学校管理进行，而在学生的实习中师傅们主要还是以技能训练为主，对学生态度养成教育、工匠精神品质的锻炼还不够，需要加强。就职业院校学生工匠精神培育的人才评价来看，从内容上来说部分职业院校已经关注到对学生工匠精神或职业精神的考量，但还需进一步细化与落实；从评价主体上来看，行业专家、社会人士参与学生学业成绩考核的频率还是略显不足，需要进一步加强。这也与现阶段我国职业院校工匠精神培育中由于受国家职业教育政策和技术理性主义影响，导致职业院校人才培养主要关注学生专业知识传授和技能训练，呈现出典型的"技能至上""工具理性"的功利主义价值导向，进一步使得工匠精神培育难以真正扎根到职业院校的办学实践中，发挥其应有的价值与功能。

第四节 职业院校精品课程中学生工匠精神培育现状分析

学生维度下的职业院校学生工匠精神培育状况，只是了解我国职业院校学生工匠精神培育现状的一个视角，为了更加全面地掌握我国工匠精神培育的现状，还需要从职业院校培养人才的全过程进行了解和分析，而课程教学是最集中的体现。在研究中对课程教学中工匠精神的培育状况的了解，则选择通过目的性抽样的方法，选取职业院校通识类的"思想道德修养与法律基础"和专业类的"汽车制造工艺"两门精品课程，来重点了解职业院校课程教学中工匠精神培育的现状，而其他的育人环境、培育途径、人才评价，则主要通过文献法并结合前一章问卷调查的相关资料进行阐述。

一、课程教学：培育工匠精神的意识欠缺

课程教学是职业院校人才培养的主渠道，因此，分析精品课程是获得关于职业院校工匠精神培育状况的最具说服力的方式。虽然在前面一章中也涉及课程教学的内容，但那只是学生的视角，为了凸显课程教学在工匠精神培育中的重要性地位，本章中，从国家职业院校精品课程中选取样本进行分析研究。该样本体现了相关专业领域中一流的教师、一流的教学、一流的课堂管理的状况，代表着我国职业院校通过课程教学实现培养目标的最高水平，它也代表着职业院校通过课程教学培育工匠精神的最好状况。

（一）精品课程选取

本研究以2016年6月教育部办公厅公布的《第一批"国家级精品资源共享课"名单》为抽样总体，采用目的性抽样方式，并考虑到网络资源的可获取性及研究时间的限制，最终选取了以"思想道德修养与法律基础"为代表的一门通识类课程和以"汽车制造工艺"为代表的一门专业教育类课程。[1]其中"汽车制造工艺"这门课程是理论与实操一体化课程，主要采用项目模块化教学，共包含20个项目，51个视频，每个视频有20分钟左右的时长，理论授课48个视频，实操授课3个视频。

（二）精品课程中学生工匠精神培育的分析框架

研究主要以课堂观察为评估手段，通过构建职业院校精品课程分析框架，来诊断职业院校课程教学中培育工匠精神所取得的成绩、存在的问题及其原因，从而设计出有针对性的改进方案。我们无意对所选精品课程进行专业上的评价和判断，只是对部分片段和教学情景进行基于研究需要的分析，用来佐证想表达观点而已，即我国职业院校的课程教学中，缺乏对工匠精神的关注。

由于教师在通识类课及专业教育类课的上课方式上存在很大的不同，尤其是专业教育类课的实操授课方式具有很大的灵活性，所以本研究从不同的分析视角设置了通识类课程和专业类课程的分析框架，详见表4-5。

---

[1] 这两门课程的视频资料主要来源于"爱课程"网站上分享的精品课程资源共享课，以下是两个样本的网址链接："汽车制造工艺"http：//www.icourses.cn/mooc/；"思想道德修养与法律基础"http：//www.icourses.cn/sCourse/course_7139.html。

表4-5 职业院校精品课程分析框架

通识类课程		专业类课程		评估方式
分析视角	分析内容描述	分析视角	分析内容描述	
环节	由哪些环节构成？这些环节设计中是否体现工匠精神？若体现，是如何体现的？	知识点讲解	教师在讲解专业知识的过程中是否能结合某些知识点进行工匠精神的扩展延伸教育？	利用此分析框架，针对教学过程中出现的各类资源进行记录、整理、归纳，最终形成客观理性的分析
呈示	教师的讲解方式、板书呈现、媒体使用中是否体现工匠精神？若体现，是如何体现的？	例子使用	教师在举例时是否结合学生专业领域内的实例以及对例子具体内容的挖掘是否深入？	
对话	教师与学生的互动交流包括游戏、提问及话题讨论中是否体现工匠精神？若体现，是如何体现的？	实践操作	教师在对学生的实践指导中，是否做到了严于律己？以及是否做到了严格要求学生？	

（三）精品课程中学生工匠精神培育的状况分析

通过对精品课程视频进行详细地观看和记录，发现在两种类型的课程教学中，工匠精神的内容被重视的情况与我们所希望的有很大的距离。"汽车制造工艺"课上，老师更多强调技能的掌握，而忽视学生的敬业精神和精益求精的态度，同样在"思想道德修养与法律基础"课的教学中，老师更多的是进行一般性的讲授，关注道德一般性的内容和发展一般性的道德，而缺乏与学生未来从业密切相关的工匠精神的关注，缺乏培育学生工匠精神的意识。职业院校作为培养工匠精神从业者的摇篮，在工匠精神培育方面承担着义不容辞的责任与使命。而课程教学是职业院校培育工匠精神的主渠道，在工匠精神培育中起着主体作用。[①]

1.专业课教学中工匠精神引领不够

专业课程是职业院校教学的重中之重，是联系学生基础理论学习与生产实践的纽带，在学生的职业生涯发展中起着核心作用。通过对"汽车制造工艺"这门课程的课堂教学实录进行分析，发现相比通识类课程而言，教师在专业类课程讲授的过程中更加注重的是对学生进行知识的传授，注重的是对学生专业技能的养成教育，而忽视工匠精神的另外两层内涵即匠心态度和匠魂素养的渗透教育。

一是，教师在知识点的讲解过程中，缺乏对知识进行扩展引申，没有涉及知识应用中应该具有的敬业态度的引领。从"汽车制造工艺"这门课的课程实

---

① 谢一风.高职高专国家精品课程建设比较分析与对策建议[J].中国高教研究，2008（9）：72-74.

录来看，教师在讲解白车身焊装过程的时候，只是照本宣科地强调白车身焊装过程操作工序繁多，工艺内容复杂。据统计，一个轿车的白车身在焊接过程中要经历3000~5000个电焊步骤，用到100多个大型夹具，500~800个定位器，如何管理好数以千计的焊点，保障无漏焊、重焊，是白车身工艺规划的难点。而没有结合知识点进行扩展延伸教育，只是提示学生在焊接的过程中苦练技艺、严谨求实、一丝不苟并不能最大限度地保障车身的焊接质量。

二是，在举例子的时候，只是关注学生对知识点的理解，没能很好地把它与工作和劳动态度相结合。在项目一汽车整车制造工艺流程01视频中，教师讲到汽车整车的专业设计时，举了意大利汽车的设计与造型实例，认为其造型与设计会让大家感觉到非常舒服、好看。此时教师只是引导学生关注到意大利汽车的外观，而没有深层的挖掘例子，提示学生意大利汽车设计与造型之所以舒服、美观，最主要是因为意大利人有勇于创新、注重服务的工匠精神意识。

三是，教师在实践操作过程中，缺乏对自身及对学生的严格要求，精益求精和一丝不苟的品质被忽视。如在实操授课视频02中有以下两个情节：情节一为在教师指导学生进行水箱安装的过程中，发现学生把一个已经坏的零件安装在水箱上，当面指出后，学生的回答是"（拿坏的零件）比画下"，教师随即肯定了学生的回答并接了一句"对，比画下试试（看是否能按上）"。潜在意思是告诉学生这只是一堂模拟的实训课，主要目的在于学会操作，以后安装过程中只要不出现此类问题就可以。情节二为学生在为汽车水箱上螺丝的过程中，由于力量过大，螺丝上的过紧，导致上壳已经变形。反馈给老师后，老师的回答是"是这个意思（螺丝按上就可以了）"。潜在意思是告诉学生你只要心里了解并且会上螺丝就可以了，有些细节不必过于关注。情节一与情节二中教师表现出的是一种典型的差不多精神，而缺乏的是一种一丝不苟、严谨求实、追求极致、精益求精的工匠精神，更没有注重发挥教师对学生的言传身教价值。

2.通识课教学中工匠精神内容缺失

职业院校通识类课程在职业院校课程体系中具有基础性的作用。加强职业院校通识课程建设是提高职业院校学生可持续发展能力和适应能力的重要保障。通过视频分析发现，职业院校通识课程中教师关注的是道德的一般性内容，缺乏工匠精神的培育意识。

一是，从课堂导入环节来看，教师渗透工匠精神的意识不足，缺乏对各个环节的精心设计。一门优秀的课程教学通常包括导入、新授、课堂小结和巩固练习四个环节。其中导入作为一堂课的开端，能够集中学生注意、激发学生兴趣、启发学生的思维。从对"思想道德修养与法律基础"这门课的课堂实录分析来看，教师在讲授的过程中不能够巧借与工匠精神密切相关的精神品质来导入，从而对学生工匠精神培育起到事半功倍的效果。如教师在讲授"珍惜大学生活"这一小节时，以新学年、新学期，进入新环境，即将面临人生新境遇为课题，大学生应该具备哪些品质来迎接挑战？引发学生思考，进而引导学生在今后生活中应积极主动的创造，要有自信，要有热心，更要有爱心。只是单纯地从一般意义上引导学生应树立正确的价值观来迎接新学期。

二是，从课堂呈示来看，教师缺乏有效利用教学资源进行工匠精神渗透教育的意识。有效教学资源主要包括教师在课堂教学中使用的图片、音频、视频、人物故事等，他们不仅可以丰富课堂呈示方式，而且运用恰当时还可以是对学生进行工匠精神品质教育的最佳工具。比如在"思想道德修养与法律基础"这门课的讲解过程中，教师在讲到创新创业相关内容时，运用现代化的多媒体技术为同学们展示了学校历届创新创业大赛上同学们精彩表现的瞬间并播放了视频《成功人士所应具备的素质》，以"李开复谈什么是人才？"来进一步启发、指导学生明白要想成为一名成功的创业者必须要具备脚踏实地、刻苦训练、团结合作等一般性的道德品质。如果能进一步引导学生在创业中努力向工匠精神看齐，将更加利于学生职业生涯的发展。再如教师在向同学们分享老木匠因为投机取巧最终害己的反面故事时，意在引导学生做事要诚实守信，仅此而已。但其实教师还可以从侧面教导学生做事一定要精益求精，尽自己最大的努力。

三是，从课堂对话来看，教师与学生进行互动交流时缺乏工匠精神的启发教育。互动交流主要指教师通过与学生进行言语互动、动作互动等让学生参与到课堂中，成为课堂的一分子，它是教师进行工匠精神启发教育的重要手段，但现实中却被教师所忽视。例如在"思想道德修养与法律基础"这门课的讲解过程中，教师利用装瓶子游戏，让学生尝试把小球全部装进瓶子内，但无论学生采取什么样的方式，最终都会有小球剩余（每个小球上贴有不同的标签如技能、友情、亲情等）。从而启发学生三年的大学时光，会面临各种选择，在这其中作为一名学生最主要的任务是不仅要学好专业知识，还要学做人做事，培养自己沟通能力、协调能力、收集信息能力及处理突发事情的能力。而这些都是一般性的道德内容，缺乏与职业院校学生未来从业密切相关的工匠精神内容的关注。

二、环境状况：培育工匠精神的氛围不强

校园文化作为人类社会文化的一种，是学校物质文明和精神文明的总和，

是社会多元文化的重要体现。[①]按照文化学研究方法以文化的存在形态对文化进行分类的话，认为文化主要包含物质、制度和精神文化，同样校园文化它的结构框架也包含着校园物质文化、校园制度文化和校园精神文化三个不同层面。而在这三者之中，校园物质文化是基础，校园精神文化是核心，校园制度文化是保障，三个层面之间相互渗透，相互影响[②]，处理好三者间的关系，对于建设好以工匠精神为主题的校园文化至关重要。

校园文化是一所学校的独特符号和建校灵魂。优秀校园文化对人的品格塑造与发展具有春风化雨、润物无声的影响[③]，可以在潜移默化中对学生进行教育，使其在不知不觉中获得知识、陶冶情操，从而为社会培养高、精、尖的从业者打下基础。工匠精神在一定程度上，是社会文化中社会主义核心价值观的重要反映，因为工匠精神的某些内涵与品质，如一丝不苟、精益求精、执着、专注等与社会主义核心价值观的"富强""敬业"具有高度的内在一致性。以工匠精神为主题的校园文化作为一种精神力量，需要各个职业院校长期积累，精心培育。因此，职业院校应将弘扬与培育工匠精神作为校园文化建设的根本追求，作为职业院校长期发展的精神内核，努力把校园文化建设成为传播工匠精神的重要渠道。但反观现实，发现职业院校以工匠精神为主题的校园文化建设很不充分，已经影响了校园文化育人功能的充分发挥。

（一）物质文化建设忽视人文涵养

校园物质文化指的是校园文化在物质范畴之内的表现，以校园的自然和人文设施景观为主。它是校园文化的空间物质形态，是校园文化的载体与外在标志，也是精神文化的基础。相比校园制度文化与精神文化而言，物质文化具有明显的展示性、标识性和直观性。能为人们的感官所直接触及。它主要包括校园的地理位置、建筑、设施、环境及配套景观等。构建以工匠精神为主题的校园文化，同样离不开这些物质文化载体的建设。因此，"工匠精神物质文化建设需要紧紧地依托于校园环境、文化设施、宣传阵地、实习实训场所及新媒体硬件设施建设等"[④]。只有这样才能充分地发挥各种载体的育人功能和文化意蕴。

[①] 刘维娥.高校校园文化论[M].北京：中国书籍出版社，2016：2.
[②] 孙庆珠.高校校园文化概论[M].济南：山东大学出版社，2008：46-49.
[③] 何伟，李丽.新常态下职业教育中"工匠精神"培育研究[J].职业技术教育，2017，38（4）：24-29.
[④] 宋伟.社会主义核心价值观融入高校校园文化建设研究[D].郑州：郑州大学，2016：63-69.

但基于调研发现，职业院校工匠精神物质文化建设的平台数量不足、方式方法简单粗浅，没有形成地域和校园特色。首先，有16.15%的学生选择学校内各种场所包括校园、教室、实训车间、操场等基本没有宣传工匠精神的标语或物标，有46.15%的学生认为只是个别地方有涉及工匠精神的宣传，足以说明职业院校内宣传工匠精神的平台数量不够。其次，方式方法简单粗浅。很多职业院校只是在教学大楼入口两侧简单设置几个橱窗、拉挂条幅来展示校园文化。从条幅内容上看，大多是以技术宣传为核心，带有明显的功利主义和工具主义倾向。如某职业院校的橱窗展示内容为"学一技之长、创一片蓝天""学职业技术、走致富之路""走职教之路、育技术英才"等，很少能看到有专门针对工匠人物或劳模精神的专题宣传。最后，没有形成校园或地域特色。学校内的大多数宣传都具有普世价值，没能很好地结合地方或学校甚至学生自己身边的故事进行特色宣传，启发或鼓励的力量略显不足。

（二）精神文化建设引领作用不够

校园精神文化是指全校成员共同认同并尊奉的价值观念、思想意识、道德规范、发展目标等校园精神的综合。[①]主要包括学校的理念、传统、校风、教风、学风以及校训、校徽、校歌、校史等内容。它是职业院校校园文化建设的核心内容，是校园文化建设最为重要的组成部分，在校园文化整体中居于主导地位，同时也是校园文化建设的价值与意义所在。[②]工匠精神"软"文化建设主要依靠各职业院校、各专业及各班级开展的与工匠精神有关的宣传活动，如职业技能大赛、学术会议、讲座、报告、演讲与征文比赛等，他们在一定程度上，能够对职业院校校园文化建设起到导向、激励及凝聚的作用。

但基于对职业院校学生的访谈及问卷调查发现，首先，相关活动对工匠精神"软文化"建设关注不够。大多数学校每学年组织有关工匠精神主题活动、优秀人物讲座的次数仅为1~3次，校园文化艺术节和社团活动中也只是有一些工匠精神的内容，但不是很多。其次，从工匠精神"软文化"建设的培养质量来看，目前职业院校所开展的一些工匠精神"软"文化建设活动大多流于形式，并没有采取学生"喜闻乐见""寓教于乐"的形式激发学生的积极主动性和探究意识，加深他们对工匠精神的理解领会和学习，而是更多地通过说教的方式，学生在学校或班主任的要求下去听一些讲座或专题报告，致使宣传效果不

---

① 刘维娥.高校校园文化论［M］.北京：中国书籍出版社，2016：71.
② 张释元，谢翌，邱霞燕.学校文化建设：从"器物本位"到"意义本位"［J］.教育发展研究，2015，35（6）：14-19.

佳，引领作用不强。

（三）制度文化建设缺乏联动机制

校园制度文化指的是学校领导人在遵循上级相关法律及政策的要求下，制定的有关本校办学、治学的规章制度、规范准则等，主要包括一所学校中特有的管理条例、学生手册、领导体制、检查评比标准以及各种社团和文化组织机构及其职能范围等。[①]它不仅是一所学校正常教育教学工作得以开展的条件，也是以工匠精神为主题的校园物质文化和精神文化得以落实的保障。如果说以工匠精神为主题的校园物质文化和精神文化主要是通过营造隐形的文化氛围来培育学生的工匠精神，那么将工匠精神纳入校园制度文化，则可以通过一种外部约束力对学校成员施加影响。

但基于调研发现，以工匠精神为主题的校园制度文化在建设的过程中还存在许多不足。首先，缺乏工匠精神相关内容的顶层设计，难以将工匠精神融入学校重要制度中。工匠精神作为职业院校的精神引领，要想得到良好的培育与弘扬，必然要做好学校制度文化内容及目标融入的整体设计，但从调研的实际情况来看，大部分职业院校的校园制度文化设计中都未谈到相关内容，只是一般意义上对学生做出最基本的校规要求。其次，组织协调不到位，没有形成培育和弘扬工匠精神的联动机制。现阶段职业院校的工匠精神培育还未形成教学部、组织部、学生部、宣传部等部门的通力合作，更多的是依靠宣传部门单方面的力量。最后，尚未形成健全的工匠精神培育制度保障机制。现阶段很多职业院校只是口头开会或发文件要求组织、人员、经费、制度等各方面要有力配合，保障工匠精神培育，但实际运行中很难落实。

三、培育途径：校企合作不完善、不充分

工匠精神的培育离不开实践的锻造，而企业是职业院校学生实践的天地。这就决定了职业院校学生工匠精神的培育必然要走校企合作、产教融合的道路。只有这样，才能让学生真正的走向社会、走向企业，在实践的历练中感受企业文化和企业精神的魅力，同时也能够为工匠精神的培育提供基础保障，使职业院校学生养成精湛的技巧、严谨的工作态度和精益求精的工作品质。

校企合作、产教融合是工匠精神培养的有效途径，也是职业院校谋求可持续

---

① 周杰. 地方应用型高校校园文化建设研究［D］. 淮北：淮北师范大学，2018：7.

发展的重要举措。2018年2月，《职业学校校企合作促进办法》明确规定："校企合作实行校企主导、政府推动、行业指导、学校企业双主体实施的合作机制。"同时职业教育的职业性、开放性、实践性特点决定了职业院校培育工匠精神必须走校企合作、产教融合的道路。①这也是学校与企业在长期的发展中经过阵痛和博弈后形成的共同价值取向。通过职业院校与企业的深度合作，来培养出具有匠技能力、匠心态度和匠魂素养的现代化企业管理所需要的工匠人才。但是，当前由于政府颁布的校企合作相关配套政策较为缺乏，职业院校对校企合作认识不到位，以及企业在校企合作中以纯经济利益为目的的观念偏差，导致校企合作协同培育途径不顺畅，流于形式，"两层皮"的现象较为突出。②

（一）校企合作深度不够且形式单一

校企合作是伴随着现代化生产水平的提高、社会分工的细化以及科技进步而出现的由学校和企业进行合作教育的一种独特形式③，意在通过资源的共享来满足校企双方的需求，如企业对高素质人才的需求，学校对实践场地的需求等，同时它也允许校企双方共同参与、管理及执行学校的日常运作。实现双赢是校企合作的直接动力，充分发挥企业的主体地位是校企合作的核心，因此，校企合作中要积极鼓励企业的参与，支持企业根据自身对人才的需求和发展趋势，培养与选拔优秀人才。但在校企合作的具体实践中，由于多方面的原因，导致校企合作深度不够，合作形式较为单一，从而影响了学生培养的质量。

一是，校企双方对校企合作的理念与认识存在分歧。长期以来，由于校企双方在校企合作的理念与认识上存在的分歧，导致企业参与职业教育办学的积极性较弱。首先，受社会各界关于校企合作联合培养人才形成的共识思想的影响，认为校企合作的主要责任在职业院校，职业院校是人才培养的主体，应积极主动寻求与优秀企业的合作，时时关注企业的用人需求，而职业院校则出于社会办学压力、办学成本及人才培养规律等多方面因素的影响，将校企合作、工学结合的人才培养模式简化为将学生推向社会实习或企业实习，更多关注的依旧是课堂学习效果，这也导致学生很难真正有机会进入企业，感受企业文化的熏陶，在企业中锤炼与锻造工匠精神。其次，企业作为市场经济的主体，营

---

① 张旭刚.高职院校培育工匠精神的价值、困囿与掘进［J］.教育与职业，2017（21）：65-72.
② 祁占勇.职业教育政策研究［M］.北京：教育科学出版社，2018：256.
③ 齐再前.基于博弈论高等职业教育校企合作长效机制研究［M］.北京：科学出版社，2016：7.

利是其经营发展最主要的目标。这就导致，企业与职业院校间的合作更加看重的是学生的实践实习给自身带来的经济利益，所以很多企业在面对学生的用工合作、顶岗实习时，更多地是把学生当作廉价的劳动力，希望通过最短的培训周期，最少的投入，来满足自身对于用人的需求。而忽视对学生的教育与指导，即企业并没有将育人功能融入自己的价值链，同时，也没有将企业文化融入对实习生的日常教学中。在此背景下，以校企合作为抓手的工匠精神培育也就无从谈起。

二是，校企合作的运作模式缺乏有效性。职业院校与企业间良好运作模式的建立是保障校企深度合作的重要前提，但由于职业院校与企业间的运作机制存在较大的差异[①]，导致校企合作的运作模式缺乏有效性。首先，传统职业院校的管理模式一定程度上阻碍了校企合作的有效运行。传统的职业院校的管理模式更多的依赖于地方政府的统筹协调作用，办学单位的多元参与相对较少。[②]并且在此模式下教师多以课堂为中心来开展教学组织，教师们习惯了传统的课堂上课方式，对真正的进企业、进车间进行实践指导存在很大的不适应。其次，校企合作中对企业理应承担的责任与义务缺乏明确的规定。由于多数企业在校企合作中是以利益为主要的追求，注重廉价劳动力给自己带来的收益，从而使得企业也不愿把一些核心技术传授给学生，最终导致学生只能在实习中学到一些皮毛，更不用谈工匠精神的培育。此外，企业在校企合作中也存在畏难情绪，一旦接受了职业院校学生在本企业内顶岗实习也就意味着必须对学生的安全负责，综合各因素使得多数企业不愿意主动参与到校企合作中。因此，未来如何优化措施，建立相应的法律保障制度来积极鼓励企业参与校企合作的同时进一步明确企业在校企合作中承担的责任与义务是我们面临的新课题。

（二）以校企合作为基础的现代学徒制难以落实

学徒制作为一种历史悠久的技能传授方式，主要指师傅在实际的工作场所中，通过言传身教的形式，把知识与技能传授给徒弟，又被俗称为"手把手教学"。[③]但伴随着工业化的发展，这种民间非正规化的技能传授方式，逐渐演化

[①] 汪立极，罗国生. 校企双制人才培养模式及评价体系 [M]. 广州：暨南大学出版社，2016：18.

[②] 刘淑云，祁占勇. 改革开放 40 年来我国职业教育管理体制改革探析 [J]. 职业技术教育，2018，39（13）：38-43.

[③] 张芳，张诤言. 现代学徒制学生工匠精神素养提升研究——以我国茶文化为切入点 [J]. 福建茶叶，2018，40（10）：287，289.

为正规化的以校企合作为基础的学校职业教育,即现代学徒制。现代学徒制是以校企合作为基础,以传统的师徒关系为纽带,以培养工匠型人才为目标,强调学校与企业共同承担育人责任,共同承担风险、共同培养人才,是一种适合现代职业教育发展的新型教学模式。

现代学徒制的核心是强调师徒关系的建立,这种关系是一种十分古老的非契约关系,在此关系中,师傅处于较高的地位,且师傅的言行对徒弟起着重要的模范作用,会对徒弟的职业生涯、职业态度、角色模范、职业情怀等产生重要的影响。学生们或徒弟们也易在这种潜移默化的优良环境中养成良好的工匠精神。自2013年国家提出开展现代学徒制试点工作以来,现代学徒制试点工作蓬勃兴起,各省也陆续将现代学徒制作为培育工匠精神和促进经济发展的重要手段。但从实际的实施效果看,由于各种原因,导致以校企合作为基础的现代学徒制作为工匠精神培育的渠道之一受到阻碍,难以落实。

一是,有关现代学徒制构建的详细政策、法律法规尚不完备。发达国家推行现代学徒制的经验表明,法律法规是保障企业与职业院校合作的有效措施。但现阶段,国家教育政策中,尤其是《职业教育法》中只对职业教育的校企合作做了相关要求,并没有对现代学徒制做出明确的要求,来规定企业和师傅的权利与义务等。此外,国家颁布的现代学徒制优惠政策力度相对较小,执行力不强,缺乏刚性的约束性,明确的指向性等,从而使得优惠政策的实际操作性不强,流于形式。

二是,现代学徒制中师徒关系复杂、教学成本较高。现代学徒制中的师徒关系是决定教学成败的关键因素,但由于现阶段双师型教师较为缺乏,现代学徒制中的实习或实践指导教师多为素质参差不齐的有丰富实践经验的企业师傅,他们由于自身学历等多方面的原因导致在教学中一般缺乏系统的教育教学理论以及学生的心理理论,和师傅的"有保留"心理,认为过多地把技能传授给学生后自己可能面临失业的风险等[1],再加上职业院校学生处于叛逆期的年龄特点,使得很难形成亲密无间的师徒关系。此外,由于现代学徒制要求采用小班化的教学模式,投入成本高、教学时间长等,导致综合教学成本较高,难以实施。

三是,与现代学徒制相匹配的学校管理制度及评价机制也尚未完全改革。

---

[1] 致公党安徽省委会课题组. 当前推行现代学徒制的问题及建议[J]. 教育与职业,2018(14): 54-55.

现代学徒制背景下的学生管理要求社会、企业、政府、职业院校等多元主体共同参与到学生的管理与评价中，但现阶段的现代学徒制背景下的学生培养，很多沿用的依然是传统的学校管理模式，管理制度改革较为落后，导致企业参与性不强。此外，调查发现现代学徒制下学生综合成绩的评定也主要是以职业院校的学业评价为主，尚未确立现代学徒制下统一的评价标准体系，教育教学成效很难评估。

四、人才评价：工匠精神的内容被忽略

职业院校人才评价体系的构建不仅是职业院校人才管理的主要手段，而且是职业院校宏观管理和资源配置的重要依据，对职业院校的办学行为具有突出的导向作用。而工匠精神是职业院校人才培养目标的重要追求，是职业院校人才评价体系构建关注的重点对象，是职业院校中最活跃的因素，对职业院校的发展至关重要。同时，工匠精神的培育是建设制造业强国的根基，是实现我国经济腾飞的秘密武器。但最终职业院校学生培养质量的高低是要通过评价来保障的。因此必须构建科学、完善的学生评价体系，这不仅是每位学生培养、使用及成长的需求，也是主动适应时代发展的要求。

职业院校人才评价是指根据一定的标准，通过使用一定的技术和方法，以学生为评价对象所进行的价值判断。[①]有效人才评价体系的建立对明确职业院校应向学生教什么、怎么教以及培养学生什么能力具有重要的指导价值。职业教育的特殊性与职业院校学生生源的参差不齐、个体差异性大等方面决定了职业院校人才评价体系必须多元化，不仅要对学生的知识与技能进行评价，而且要注重对学生的职业精神尤其是以工匠素养为核心的精神品质进行衡量，从而全面地展示学生的综合素质。但现阶段我国职业院校的人才评价主要关注学生学业成绩，具有不全面性，尤其缺乏对职业精神的考量。

（一）评价学生的价值导向不明确

职业教育培养的是面向生产、建设、管理和服务一线的应用型从业者，这也就决定了对学生的培育及考评中，不仅要注重专业理论知识的学习与考评，更要强调动手实践能力的培养，使其在实践实习中主动养成敬业奉献、精益求

---

① 萧鸣政.人才评价机制问题探析[J].北京大学学报（哲学社会科学版），2009，46（3）：31-36.

精、一丝不苟、勇于创新等精神品质。但现阶段我国职业院校学生评价的价值导向不明确，造成人才评价更多的与事实判断，比如有效的测验，具有较好的信度、效度、区分度及可行性，是相对而言就为公平、公正的检验学生素质的一种方式[1]，然而这种量化的事实判断，难以促进学生的全面发展，更多情况下是忽视了学生实践能力的考核以及职业精神的衡量。相比而言，质性的价值判断能够更加强调测评的真实与情景性，重视过程评价，更有利于学生的全面发展。如何将量化的事实判断与质性的价值判断有机地结合起来，并且理清评价指标，对于进一步明确学生评价的价值导向具有重要作用。

（二）评价学生的标准较单一

科学的学生评价标准即是职业院校人才培养目标的体现，又对职业院校的办学实践起着"指挥棒"作用。对于一个优秀的从业者而言，炉火纯青的技术和专业的知识素养固然重要，但是满足现代化生产需要的匠心态度、匠魂素养同样也不可或缺。职业教育相比普通教育而言更加注重实践性、产业性、生计性，是一种面向人人，面向社会的教育。即我国的职业教育始终坚持"以服务为宗旨、以就业为导向、走产学研之路"的办学方针。为此，也就决定了我国职业院校必须把职业技能和职业精神教育作为考量教育教学水平的重要指标和学生评价的重要标准。职业技能教育是一名未来从业者专业发展的基础，而职业精神教育则是从业者可持续发展的不懈动力。

目前我国职业院校学生的评价标准较单一，而且具有明显的普通教育人才评价倾向性。即以学科知识的掌握，卷面考试作为主要手段，缺乏技能评定、职业资格评定、不太注重评价指标的多元化。以某职业院校的机电一体化技术专业为例，在学校建立的对该专业学生进行评价的指标体系中，一级指标为学业成绩和综合素质，其中学业成绩的二级指标为必修课和选修课，必修课按平时成绩占30%，考试成绩占70%计算总评分；选修课按平时成绩占40%，考试成绩占60%计算总评分。综合素质的二级指标为思想道德素质占25%，学业素质占60%，文体素质占15%。这种单一的人才评价标准容易造成千人一面的"全才"，没有任何专长和特点，更不必谈对职业院校学生的个性培养。

（三）评价学生的组织方式不科学

目前我国职业教育的评价，主要是教育内部的评价，学校评价以政府和教育行政部门为主，学生质量评价以学校为主，即对于学生的评价由职业院校

---

[1] 严权.试论高等职业教育人才评价观[J].教育与职业，2010（8）：10-12.

进行，主要以学生所修学分作为是否能够结业的主要标准。社会、行业、企业等第三方评价尚未参与到宏观的教育评价和微观的学生评价中。这种学生评价的组织方式具有很大的不科学性，与职业教育强调产学研合作办学，共同育人的教育理念相矛盾。同时也正是由于职业教育的人才评价中存在缺少社会、行业、企业等参与的第三方评价的弊端，导致职业院校学生培养质量不能很好地与市场接轨，不能满足企业及社会的需求。培养学生具备工匠精神是职业教育的第一要务和根本目标。因此，未来如何完善评价学生组织方式，真正激发企业、行业等第三方机构参与到对学生评价的机制中，是切实激发职业院校办学活力、提高职业院校办学质量的需要。

因此，现阶段以学业成绩为重心的人才评价与考核标准体系：一来，不能反映职业教育人才培养中"技能+人格"的双重目标追求；二来，忽视了对学生职业精神的考量，如对学生在未来从业过程中所需要的主动性、计划性、责任心以及创新能力、执行能力、团队精神等从业者所应具备的核心素养的衡量。如何建立科学合理的人才评价体系，并结合时代发展的需要将工匠精神的核心内涵纳入职业院校人才评价体系中是未来我国职业院校人才评价体系改革面临的重要课题之一。

第五节　职业院校学生工匠精神培育的路径

职业院校培育学生工匠精神的路径，需要立足于当前我国职业院校工匠精神培育的现状，分析我国职业院校工匠精神培育面临的现实困境，在此基础上，探究职业教育办学的内在规律，认清职业教育培养目标，把工匠精神作为职业院校办学质量提升的核心内容和衡量学生核心素养的重要指标，着重从职业院校的课程教学建设、校园文化建设、师资队伍建设、人才培养模式及人才评价体系改革入手，全方位、宽领域、多层次的开拓职业院

图4-7　职业院校培育学生工匠精神的路径模型

校培育工匠精神的路径。而在这五个方面课程教学是职业院校培育工匠精神的主体，也是改革的重点，对另外四个方面起到统领的作用，同时五个方面又相互影响、渗透，形成了系统和谐的工匠精神培育整体。（见图4-7）

一、开展渗透工匠素养的课程教学

普瑟尔和罗杰斯曾采用德尔菲技术，探讨职业知识的重要性并对其进行排序，其中罗杰斯的调查结果显示，应将情感态度方面的内容置于职业教育课程的首位。[1]因此，开展渗透工匠素养的课程教学除了关注学生匠技能力的培养之外，最重要的是培育学生的匠心态度、匠魂素养，使学生养成完善的工匠人格。如果把一所学校比作为一个工厂的话，那么课程就是这个工厂的生产线，教师的教学过程则是工人在生产线上生产产品的过程。[2]由此可见，课程教学在职业院校的发展中处于核心地位，工厂的生产离不开生产线，更离不开生产产品的过程。总之，课程教学是职业院校教育思想的集中体现，也是职业院校教育教学工作的基本依据和开展教育教学活动的主要形式，在工匠精神培育中起着主体作用，是改革的重点。新时代，面对培养"大国工匠"的时代使命，改革并创新职业院校的课程教学，开展渗透工匠素养的课程教学迫在眉睫。[3]

（一）明晰课程目标，体现现代工匠精神追求

课程目标是各学科、各领域的教育目标，课程目标的确立能为课程内容的选择与组织、课程实施与评价提供依据。[4]因此明晰课程目标，有利于课程教学中工匠精神的渗透，有利于工匠精神培育的实施，有利于提升学生的综合素养。针对当前我国职业院校课程目标定位的缺失，缺乏现代工匠精神的追求。主要表现为课程目标的功利性过强，课程目标模糊、不准确，缺乏对学生人文、道德及职业素质的培育。[5]可根据"知识与能力、过程与方法、情感态度与

---

[1] 徐国庆.职业教育原理[M].上海：上海教育出版社，2007：231.
[2] 徐国庆.职业教育原理[M].上海：上海教育出版社，2007：203.
[3] 罗俊，刘永泉.工匠精神指引下高职院校"课中厂"课堂教学模式的探索——以《外贸跟单实务》课程为例[J].职教论坛，2017（20）：64-67.
[4] 石雨欣.法治教育融入中小学课程的探究[D].重庆：西南大学，2017：45.
[5] 梁美英.高职院校通识教育有效性提升策略[J].高教发展与评估，2017，33（3）：117-120，126.

价值观"的三维目标要求,明晰课程目标,让学生形成关于工匠精神的认知、情感、态度和价值观。而在这三维目标中,知识与能力的工具导向的目标一直都是各职业院校较为重视的,相比而言过程与方法、情感态度与价值观的价值导向目标是各职业院校在课程目标设计时较为忽视的。为此,在过程与方法、情感态度价值观课程目标设立时,可以强调"体验、设计及制作的过程""创新意识和创造能力的培养""观察、发现、借鉴能力的培养""耐心细致、团结合作能力的培养"等等。把体现工匠精神具体内涵即匠技能力、匠心态度、匠魂素养的知识点纳入课程目标,丰富课程的实际内涵,从而使职业院校的课程教学更好地服务于工匠精神的培育和企业对人才的需求。

对职业技能课程进行改革,"工匠精神"为核心的职业素质课程进行系统的建设和梳理。技工院校的教学目标为素质教育的开展,这是培养高水平技术人员的重点工作,因此技工院校需要重点开展素质教育。对此,技工院校可以设立职业核心能力课程开发团队,萃取提炼技工院校的优秀教学经验,对各大企事业单位等用人单位进行调查,了解用人单位对人才的要求,同时根据技工院校学生的自身情况,研发出职业核心能力的课程。这一类课程与用人单位的具体需求相匹配,如"团队合作""沟通能力"等职业核心能力课程。职业核心能力课程能够帮助学生重新树立到自己的认可度,对职业理想的追求,以及对职业规划的思考。通过项目教学的方式,用完成任务以及情景演练等教学形式,引导学生对职业态度等方面的多维度思考,从而训练学生提高职业素养,培养自己的核心能力。

(二)丰富课程内容,落实工匠精神渗透途径

一是,提高通识类课程中工匠精神的渗透。职业院校通识类课程是职业院校实施通识教育,丰富学生职业素养,提高职业能力,扩充职业技能,培养学生可持续发展能力的重要途径。[1]同时,通识教育作为专业教育的补充对于完善各级各类人才培养体系,主动应对知识经济时代社会需求与岗位多变的挑战发挥着举足轻重的作用。今天,通识教育已从由高等教育领域延伸到职业教育范畴,并逐渐受到各级各类职业院校的重视。[2]因此,提高通识类课程中工匠精神的渗透毋庸置疑。而职业院校所有通识类课程中,较易进行工匠精神渗透的课程主要有创新创业教育、思想政治教育、就业指导教育、职业生涯教育。我们

---

[1] 刘文.通识教育研究三十年:热点聚焦与前沿探讨[J].教育评论,2018(1):39-44.
[2] 马君.加强通识教育培养职业院校学生可持续发展能力[J].职教论坛,2017(29):1.

以某职业院校的"思想道德修养与法律基础"课程为例，该课程的思想道德修养部分主要包含五个专题。（见表4-6）

表4-6 思想道德修养课程的主要章节

专题一 追求远大理想 坚定崇高信念	理想信念与大学生成长成才	专题四 注重道德传承 加强道德实践	道德及其历史发展
	树立科学的理想信念		弘扬中华传统美德
	架起通往理想彼岸的桥梁		继承与发扬中国革命道德
专题二 弘扬中国精神 共筑精神家园	中国精神的传承与价值		加强社会主义道德建设
	以爱国主义为核心的民族精神	专题五 遵守道德规范 锤炼高尚品格	社会公德
	以改革创新为核心的时代精神		职业道德
专题三 领悟人生真谛 创造人生价值	树立正确的人生观		家庭美德
	创造有价值的人生		个人品德
	科学对待人生环境		

从表中可以看出思想道德修养的很多课程内容中与工匠精神具有共同之处，如中国精神、人生观、职业道德等内容与精益求精、注重创新、知行合一、一丝不苟等工匠精神的具体内涵有较强的契合性。因此，应重点抓住通识类课程与工匠精神知识的契合点，提高通识类课程中工匠精神的渗透教育，将会起到事半功倍的效果。

二是，促进专业类课程中工匠精神的渗透。职业院校的专业类课程一般与实际应用联系紧密，既具有系统的理论体系，又具有较强的实践环节。"教室里教种田，黑板上修机器"的现象已经过时，以实践话语为导向的职业教育课程设计逐渐成为职业教育专业类课程设计的逻辑主线。这也就决定了"厂中课"或"课中厂"等方式是培养学生工匠精神的重要一环。工匠精神贵在实践，只有在实际的工作场所中，借鉴传统的"师带徒"的教学形式，发挥教师或师傅的"言传身教"的价值，用思想层面的认真、负责、热爱的态度和精神理念；行为层面的专注、严谨、精于细节、勇于创新的行为方式感染学生，使其在潜移默化中养成良好的工作习惯、认真踏实的工作态度。在学校内部开展教学大赛等活动，并将其逐渐形成为校园内部常规的教学活动。这种机制，能够通过比赛活动激发学生的学习热情，使其积极地汲取知识，从而达到教学目标要求。例如赣州技师学院专业课以及实训课开展得不错，在世界技能竞赛中均能取得优异的成绩。研究发现，学生要出好成绩，除了学生本身的学习兴趣和学习能力外，还要考虑学生的心理承受能力和体能，目前的职业技能大赛都是开放式赛场，比赛的过程不可避免会有很多意外的发生，遇到困难，选手能否有毅力克服困难继续赛下去。因为很多比赛项目都不可能几个小时就能完成，有的甚至要连续几天才能完成，这种情况下，如果体能不行也会很大程度上影响比赛的结果。在平时教学中培养学生的工匠精神，通过比赛形式将工匠精神渗透到专业课和实训教学中,培养学生吃苦、专注的精神。

三是,关注《工匠精神读本》的推广与实施。《工匠精神读本》主要从工匠的内涵、由来、渊源、价值到大国工匠的故事,采用生动形象、通俗易懂的展示方式并结合精美的配图,为职业院校工匠精神的培育,厚植工匠文化打下了坚实的基础。但基于调研发现,《工匠精神读本》在技工学校中的推广力度明显不够,很多时候是流于形式,教师不重视,学生不关注,其应有的功能没有得到很好的发挥。因此,必须关注《工匠精神读本》的推广与实施,努力打造一支具有匠心态度、匠魂素养的教师队伍,把《工匠精神读本》的教育教学工作落到实处。

(三)创新教学形式,主动养成良好工匠习惯

在现阶段,我国职业院校的课堂教学大多还采用的是传统的"满堂灌"的教学方式,学生自主学习的积极性较低,学习质量较差,难以保障工匠精神培育目标的实现。为此,应创新教学形式,激发学生的兴趣,使其在积极主动的环境氛围中养成良好的工匠习惯。

一是,采用小班式教学,保障工匠培养质量。格拉斯(G. V. Glass)和史密斯(M. L. Smith)对77项有关班级规模与学业成绩之间关系的研究数据进行分析得出,小班化教学对学业成绩的提高有帮助。[1]而有数据显示,我国普通高中的班级规模在55人左右,而职业院校学生的班级规模甚至还高于55人,从而导致课堂教学效率普遍较低。[2]而工匠精神培养的一个重要条件就是"师带徒"的形式,传统的学徒制之所以在工匠精神培养上具有优势,也是因为平均每个师傅只带2～3个,有的甚至同一时间内只带一个徒弟,徒弟和师傅的关系情同家人,一起生活,一起工作,而在此过程中,徒弟通过学习观摩、实践操作在继承师傅工作技能的同时也养成了良好的工匠习惯。随着信息技术的发展,为了确保各项效率,虽然无法采用一对一的教学,但也应努力保障生师比,采用小班化教学。

二是,采用任务驱动式教学,发挥学生的主动性。工匠精神的培育最主要的是必须落实到学生这一主体上,探究以学生为主体的自主教学。任务驱动式教学要求以工作任务为中心来展开,关注的"如何完成工作任务",这就要求

---

[1] 王玉芳.打造小班化教育特色 促进高职院校持续发展——以浙江旅游职业学院千岛湖校区为例[J].青海师范大学民族师范学院学报,2018,29(1):82-86.
[2] 茶文琼,徐国庆.小班化教学:现代职业教育内涵建设的基本保障[J].教育探索,2017(4):34-38.

教师首先要改变自己的思想观念，对现实的工作情景有深刻的了解，然后逐步的引导学生。而学生在教师的引导下通过小组合作学习，自主的了解工作任务的地位、功能，围绕工作任务收集相关知识，以及准备完成工作任务所需要的设备、工具、材料等。在此过程中，学生就会主动养成良好的工作习惯，同时利于培养他们精于细节、执着专注、勇于实践的工匠品质。

二、打造凸显工匠精神的校园文化环境

校园文化是一所学校的形象与灵魂，是全校师生共同生活、学习的环境，在培养经济社会发展所需要的合格从业者中扮演着重要的角色。结合每一所学校的历史、传统、特色、风格与水准，认真总结，精心培育，积极宣传并身体力行一种匠技能力、匠心态度、匠魂素养的院校精神，形成积极、健康、向上的校园文化，以渲染熏陶、端正行为、健全人格，这些将是增强职业院校的向心力、凝聚力和竞争力，提升综合实力的精神动力源。

打造凸显工匠精神的校园文化环境是指将以工匠精神为核心的产业、行业、企业文化、职业文化融入到校园文化的校训、校风等精神文化载体和建筑、雕塑等物质文化载体中，从而对生活于其中的学生产生潜移默化的影响。同时《现代职业教育体系建设规划（2014—2020年）》也明确指出并要求"产业文化进教育、企业文化进校园、职业文化进课堂"，旨在加强和形成一种文化育人的格局。以工匠精神为主题的校园文化建设既注重了学生工匠人格的塑造，又为学生个性的彰显和发展提供了机会，使广大学生在生产一线、体验人生、增长才干的同时，增强了自身的综合素质。

（一）将工匠精神融入职业院校物质文化建设

职业院校物质文化是职业院校校园文化的物质载体，是职业院校进行文化创作的基础，主要包括建筑设施、文化景观、学校形象标识、师生服饰等。在职业院校物质文化建设中，既要发挥教育者的积极性，又要发挥受教育者的积极性，动员组织各方面的力量，着重从职业院校物质环境建设、校园文化景观建设和宣传文化设施建设中融入工匠精神。

一是，将工匠精神融入职业院校物质环境建设。物质环境建设是职业院校得以建立和存在的物质基础，同时也是职业院校校园文化建设的物质基础，是职业院校校园文化得以正常开展的物质前提。融入工匠精神的校园物质环境利于端正学生的态度，塑造学生的品格，激发学生的活力。

二是，将工匠精神融入职业院校校园文化景观建设。校园文化景观体现了

职业院校的内在价值与精神取向,是职业院校物质文化建设中最具生命力和感染力,最具人文精神和人文特质的物质载体。①首先要加强文化景观的设计,在文化景观的设计中要体现本校的文化、传统与特色,并将工匠精神的内涵适当的融入其中;其次可以以优秀工匠或劳模之名来命名学校的典型、标志性建筑和景观,同时也可以制作能工巧匠的塑像。例如,西安市某实验中等职业院校在进入校门的两侧就分别设立了三座具有代表性的塑像,每座塑像上都有人物的简介,以此来展示、宣传校园文化。

三是,将工匠精神融入职业院校宣传文化设施建设。职业院校宣传文化设施建设是职业院校文化育人、文化渗透和价值培育的重要平台。图书馆、文化厅、博物馆是职业院校基础设施,是宣传工匠精神的重要场所。因此职业院校应建好、管好、用好这些基础设施,发挥其应有的价值。此外,也要建设好进行宣传与报道设施,如建设通知栏、宣传栏、广播站、文化长廊等文化阵地,弘扬与宣传工匠精神。

(二)将工匠精神融入职业院校精神文化建设

文化具有弥散性,对身处其中的人的思维、价值观、行为方式、道德具有润物无声的作用。推而广之,高职院校善营工匠文化,能够有效提升师生内在精神气质与修养。优秀的校园文化能够在潜移默化中影响广大师生的思想和行为,体现一种价值取向与行为导向、一种精神气质与精神风貌、一种文化凝聚力和文化生产力,可以在高校间大致相似的硬件环境中培养出不同思维模式与价值取向的、不同风格气质、禀赋独具的优秀人才。高职院校以培养应用创新型技能人才为主,这种人才利用完善的专业知识与技术,通过敏锐的创造性思维方式与创新能力,开发设计出原创性产品或服务。为培养高职大学生的创新能力,高职院校在营造工匠文化应从精神文化、物质文化、制度文化、行为文化等方面着手。职业院校精神文化是指职业院校师生在校园生活与实践活动中形成的群体精神,包括职业院校的历史传统、办学理念、校训校风、学风教风等,是隐形的、潜在的和无形的精神力量,体现了职业院校的办学宗旨、培养目标及独特风格。将工匠精神融入职业院校精神文化建设,对学生工匠人格的形成能起到潜移默化的作用。在精神文化方面,引导大学生的好奇心、求知欲,使其勇于打破权威与迷信,突破惯常

---

① 宋伟.社会主义核心价值观融入高校校园文化建设研究[M].北京:人民日报出版社,2017:159.

思维与因循守旧的心理定式，对新现象、新问题、新难题寻求新的理论与技术。并且将高职院校的办学定位、办学理念、专业培养目标、人文精神、价值秉承等体现自身文化标识的诉求，不断传达给学生。在物质文化方面，将各个专业领域的杰出代表人物，例如人民教育家陶行知、通信工程专家高昆、医药科学家屠呦呦等等，通过各类网络平台宣传其杰出成就，编写名人传记、教室格言、人物雕塑等微观物质文化建设，来引导大学生树立职业抱负与理想。除此之外，高职院校应为大学生综合素养的提高，提供先进的教学设备仪器、图文信息情报资源、文娱活动设施、完善的科研环境，让大学生充分展示自我个性，拓展能力。在制度文化方面，制度是高职院校为保障教学、科研、人才培养有条不紊进行的各种规章条例，包括大学章程、招生制度、考试制度、人才引进办法等等。制度为维护高职院校正常公共秩序，保障大学生发展提供了外在保障与奖惩依据，并且文本化的制度也能培养大学生的规则意识、诚信意识。在行为文化方面，随着智能设备、物联网、云计算、大数据的深入发展，各类职业以及生产工艺流程复杂程度史无前例地提升。因此，为适应复杂系统环境，必须培养大学生协作能力、统筹规划能力，以便大学生在团队工作之中承担相应的责任配置与角色分工，体现个人价值与贡献。

一是，职业院校应注重对本校历史中有关工匠精神的研究。可以建立校史室进行校史展、编印校史手册、在纪念学校成立日时邀请具备工匠精神品质的知名校友返校报告等，系统地对广大师生进行工匠精神的校史教育，从而让他们在熟悉的环境中认同工匠精神对职业院校发展和自身成长的积极作用。例如，在对西安市内某实验中等职业院校调研时发现，此院校就充分借助自身的地理优势，建立了校史室，系统梳理了各个时期对本校做出卓越贡献的典型代表人物及他们的事迹并做出展览，虽然展览的规模较小，且没有专门对工匠人物进行分类，但足以值得我们借鉴。基于此做法，我们也提倡有条件的职业院校可以与地方政府合作围绕地方与区域特色，将校史馆延伸为建立工匠博物馆，分时期，分阶段的展示地方甚至全国能工巧匠的先进事迹与精神。这样一来，不仅能增强学生的工匠文化认同，而且利于营造全社会都崇尚工匠的文化氛围，增强工匠的社会认同。

二是，职业院校要注重从工匠精神内涵即匠技能力、匠心态度、匠魂素养中汲取营养，凝练出符合职业院校办学理念、能够体现职业院校精神向往与价值追求的校风。校风是职业院校全体师生共同努力、在长期的教育教学实践活动中形成的、相对稳定的具有引领作用的精神状态与作风，主要表现为校训、校歌、校徽等。①它是职业院校精神风貌的展现，如何将工匠精神的具体内涵与职业院校的校风结合起来，发挥它们的引领、熏陶、教育与鞭策作用，需要各职业院校充分的结合自己的办学特色，集思广益。

三是，开展丰富的有关工匠精神建设的校园文化活动。通过健康愉快的、生动活泼、丰富多彩的校园文化活动，吸引学生的参加，并在活动的过程中，直接渗透工匠精神，影响他们的思想与行为，使学生受到生动的形象教育，从而培养他们的匠技能力，引导他们的匠心态度和匠魂素养。而具体到校园文化活动的形式则可以借助社团活动或校园文化艺术节，以学生喜闻乐见的形式，如通过歌手创作大赛、诗文竞赛、观看影片书写心得体会等弘扬劳模、工匠精神。这种寓教于乐的形式能够很好地发挥无意识教育与形象教育的功能，在增强娱乐性、针对性和实践性的同时塑造学生的人格，丰富学生的日常生活。

四是，加强职业院校教风和学风建设。教风是教师教学特点、风格、理念、品质与素质的反映等，而学风是学生学习态度和方法的反映。职业院校的教风与学风相比普通院校而言较差，因此，需要重点加强职业院校教风和学风建设。首先教师自身应注重加强师德建设和技能素质的培养，要有终身学习的意识，为适应时代发展的需要积极主动的更新自己的知识库，提高对工匠精神认知，系统地了解工匠精神知识体系。其次用自己的耐心、专注、敬业的精神品质感染学生，使其养成精于细节、严谨专注的匠心态度和匠魂素养。

（三）将工匠精神融入职业院校制度文化建设

职业院校制度文化建设是职业院校校园文化建设的关键因素，直接关系到工匠精神校园物质文化和精神文化的落实。将工匠精神融入职业院校制度文化建设的重点在于将匠技、匠心、匠魂等融入职业院校办学理念、规章制度、指导思想、价值观念中，形成具有本校特色的、体现新时代要求的、科学合理的制度文化。②苏联教育家苏霍姆林斯基曾说："只有创造一个教育人的环境，教育才能收到预期的效果。"针对工匠精神的缺失，学校应以工匠精神校园文化为引领，充分利用这一隐性教育资源。在工匠精神需求的背景下，高职院校应当创建以职业精神为引领的校园文化，以工匠精神为引领的校园文化建设要紧紧围绕师生这个主体。校园文化建设中始终贯穿着师生这个主体参与谋划、参与设计、参与建设、参与活动、共同享有的生动活泼的模式。校园文化建设所

---

① 孙庆珠.高校校园文化概论［M］.济南：山东大学出版社，2010：159.
② 周晶.制度文化视域下大学治理能力现代化研究［D］.长沙：湖南大学，2018：9.

涉及的三个重要方面"学科的专业建设""学生管理工作"和"学生工匠精神培养"应当有机结合，在潜移默化中形成一定的精神和价值观，现在具体实践的过程当中，成为广大师生共同遵守的行为规范和准则。专业学科建设方面的工匠精神培养研究目前已经取得丰富的成果，例如，在工学结合、理实一体化的新型教学模式中，由教学形式、教学场所、教学内容构成的学习情境已经开始进行职场化改革，逐步实现三个贴近、一个接轨（贴近企业岗位、贴近职业特点、贴近工作现场，接轨企业实际用人需求）。学生管理工作也可以采用类似的思路，借鉴企业对员工的管理与企业文化，将这两者中对工匠精神有相应需求的元素经过某种转换后，变成适用于校园文化建设的"营养"。首先，高职院校要重新审视学风建设。对于高职院校的学生而言，学风建设不能单纯强调学习结果，必须注重学生端正学习态度、培养诚信意识、重塑学习自信这些对于工匠精神的培养能产生积极推动作用的要素。这一点上，要结合辅导员的日常思想教育工作、教师的课堂教学以及学校的奖惩制度来协调进行。其次，增强校园的人文氛围，最简易且便于实施的途径就是学生社团，学生社团在学校的统一引导下，将工匠精神元素纳入社团文化中。通过学生社团活动，学生可以找到自己感兴趣或者擅长的方面，不仅有利于重塑自信以及培养一技之长，还能在学生相互之间的影响下，形成一种情感氛围，潜移默化地感染每一个人。

一是，做好工匠精神融入制度文化的顶层设计。加强制度文化的顶层设计可以对工匠精神培育起到统帅与引领作用。[①]具体而言在职业院校的办学实践中要做到树立培育工匠精神的办学理念，意识到工匠精神培育对学生职业生涯发展的重要意义，从而在学校的规章制度、指导思想中要无形的渗透精益求精、刻苦钻研、一丝不苟的工匠精神，并且努力保障其落实到学校的教学实践及课外文化活动中。

二是，协调各部门共同培育工匠精神。工匠精神培育不仅要靠宣传，最主要的是需要教学部、学生部、组织部、宣传部等各部门的通力合作。宣传部要对培育学生的工匠精神进行弘扬，营造良好的氛围。教学部要努力将工匠精神落实到课堂教学中，尤其要对强化教师培育学生工匠精神的意识。比如教师在讲授知识点时，要有意识地从知识本身引申到精神层面，时刻铭记和履行教育的育人宗旨，即渗透工匠精神的培养。教师在日常教学中不能只做到照本宣

---

① 王婧.隐性教育视域下高职院校校园文化建设的困境与突破[J].教育与职业，2018（19）：52-56.

科，只单一注重专业知识内容的传授，也要适当的围绕教学内容的适切性，进行必要的扩展延伸，对学生进行工匠精神的渗透教育，从而使学生在潜移默化中养成良好的学习、工作习惯和精益求精、勇于创新的奉献意识。再如教师可以在课程教学中引入专业领域内优秀工匠的工作实例。职业院校的学生由于身心发展的特点尚未完全成熟，在日常的生活与学习中，经常表现出明显的向师型和模仿性，而专业领域内的优秀工匠可以说是他们学习的直接楷模，如果教师能够引入他们苦练技艺、善于学习、勇于创新、敬业奉献的精神品质，对学生的教育性及说服力可能会更强，教学效果会更佳。学生部与组织部也要做好相应的配合，共同形成教育合力。

三是，健全工匠精神培育制度保障机制。培育学生工匠精神不能仅停留在口头层面，必须切实地转化为全校师生共同的行动力，这就离不开完善的制度保障。[①]如针对职业院校师资队伍的整体职业道德素质与水平较低的现实状况，应重点加强教师职业道德的制度建设，强化教师的自身修养并使其内化于心、外化于行、严于律己、以身作则。只有这样才能充分发挥教师人格魅力对学生的感染作用。

总之，打造凸显工匠精神的校园文化环境，离不开工匠精神培育的"软件"建设和"硬件"建设。只有把工匠精神的"软"要素和"硬"条件有机地结合起来，两手抓，两手都要硬，做到因校制宜，才能真正为广大师生营造一个"走进工匠""学习工匠""尊重工匠"和最终愿意主动"成为工匠"的校园文化氛围。

三、强化校企合作中凸显工匠精神的示范教育

多年的职业教育实践证明，工匠精神的培育需要科学的教育方法。企业是培育工匠精神的重要力量，以校企合作为主要形式的企业实践是培育工匠精神的重要抓手。利用现有的教育培训资源，充分发挥企业和学校培养工匠精神的基础作用，通过丰富校企合作形式，创新合作模式，构建校企合作共同体，可以有效地拓展工匠精神培育的平台，实现多渠道、多形式、全方位培养学生的工作目标。

---

① 栾福志.多元化文化背景下职业院校校园文化建设发展路径——评《学校文化建构与践行》[J].中国高校科技，2018（12）：116-117.

企业是市场经济条件下的用人主体，学校培养的学生就是为了满足企业的需求。因此，学生的培养及工匠精神的培育需要依托企业，通过强化校企合作、发挥职业院校与企业的协同作用，来共同形成教育合力。尤其是要加强学校与企业之间的深度合作，凸显工匠精神的示范教育，构建"校企合作、产教融合"的长效机制。[①]

（一）深化校企合作力度，构建校企合作共同体

深化校企合作力度，丰富校企合作形式，构建校企合作共同体，取决于学校与企业发展的共同利益与意愿，同时也离不开政府的政策指导。

一是，要发挥政府在校企合作中的主导作用，协调校企双方利益。职业教育的公共产品属性决定了实现和建立"校企合作、产教融合"的长效机制离不开以政府为主导的导向机制。[②]尤其是在我国现行的市场经济体制机制尚不完备的情况下，政府的作用更加突出。政府应积极地为校企双方营造一种合作共赢的良好环境，打破办职业院校、发展职业教育只是单一的学校责任的狭隘观念。进入21世纪以来，政府已经意识到加强校企合作办学的重要性，先后颁布了系列政策来推进校企合作的进程。例如2002年《关于大力推进职业教育改革与发展的决定》强调"职业教育应实施订单式教育，加强企业、行业组织与职业院校之间的合作力度，探索多种形式的校企合作形式"。2011年《国家中长期教育改革和发展规划纲要（2010—2020年）》要求"推进工学结合等人才培养模式改革，大力发展双主体教育教学方式"。2018年《职业学校校企合作促进办法》对校企合作的促进措施及相关优惠政策做了明确规定。但由于具体办学实践中，对政策的执行力度不够，使得校企合作更多的是流于形式。展望未来，政府在校企合作中还应积极主动建立校企合作组织机构、组织制度与运行机制，做好校企合作组织机构的顶层设计，完善校企合作组织制度内的政策与法律体系，加强校企合作运行机制中的激励、保障与制约机制建设，引导企业参与职业教育。[③]

二是，发挥企业在校企合作中的主体作用，用企业文化凝聚力量。《国家中长期教育改革和发展规划纲要（2010—2020年）》明确指出"调动企业参

---

① 庄西真.多维视角下的工匠精神：内涵剖析与解读［J］.中国高教研究，2017（5）：92-97.
② 李延平.职业教育公平问题研究［M］.北京：教育科学出版社，2009：149.
③ 祁占勇，王君妍.职业教育校企合作的制度性困境及其法律建构［J］.陕西师范大学学报（哲学社会科学版），2016，45（6）：136-143.

与职业教育的积极性是职业教育发展的重要任务。"校企合作作为一种多元体系，其实现过程必然避不开企业的参与。因此，作为企业也应有社会意识、服务意识和教育意识，即企业要有长远意识，从企业发展的长远利益出发，改变过去单一的、错误的思维模式，认为发展职业教育只是职业院校使命，自己只管用人而不管育人。积极同职业院校合作，主动为学生提供真实的实践情景，建立校企合作平台，使学生在实践实习中得到企业文化的熏陶，感受到企业文化的魅力并主动形成工匠人格。企业文化是企业发展的灵魂，同时企业文化是一种价值观，更是一种精神力量，它能够指引激励员工努力前行，并将其化为自觉行为。每个企业多少都会有专属于自己的典型的企业文化、企业哲学和企业精神。如海尔的"创新""创业""创客"精神；中建八局的"鲁班""高原"精神；华为的"奋斗"精神；农村商业银行始终坚持服务"三农"的精神；等等。而这些企业文化、企业精神的有效传承，离不开校企合作的实践教育，只有在真实的实践环境中学生们才能真切地感受到企业文化的魅力，不自觉地得到企业文化的熏陶，最终形成自己的文化积累和文化自觉。从影响工匠精神培育的企业制度因素可知，激励和约束政策对工匠精神培育具有重要作用，校企作为试点人才培养息息相关的两个主体，无论是学生阶段还是学徒阶段，工匠精神培育都需要根据学生阶段性发展特点制定具体规约和激励制度。企业制定学生可达到的精神荣誉的奖励制度，附加物质奖励，能够激发学生对职业的认同和维系学生对职业持续的热爱和坚持，进而激发在相关领域中的钻研精神，有效促进工匠精神的生成。同时对企业师傅榜样作用和工匠表率作用的表彰和弘扬，可以激发学徒工匠精神的自我建构和生成。学校要注重对工匠精神的宣传和校园文化制度建设，营造良好的校园舆论氛围。加强对学生工匠精神意识和心理认知的培育，以纪律规约规范学生最基本的行为规范，以严格的工作制度规范学生工作的基本行为，具体的激励制度能够让学生接受规则的态度由被动转化为自觉，逐步生成初级阶段的工匠的心理建设，形塑学生自我养成工匠精神的主动性。同时，要明确细化工匠精神评价规则，以科学有效性评价激发学生生成工匠精神的热情。

  三是，职业院校应从人才培养的目标出发，找准校企合作的利益共同点。利益共同点是保证校企合作得以实现的重要基础。要想职业院校和企业自愿参与到校企合作中，并始终能够维持校企合作的积极性，找准二者的利益共同点的前提。而人才培养无疑是激励校企双方共同合作最好的利益共同点。职业院校为了提升自身的吸引力，实现自身的内涵式发展，需要重点关注人才培养的质量，心系每一位学生的培养质量。而企业为了提升自己的竞争力，获得更多的利润，必须打好人才攻坚战，做好人力资本的储备，同样也需关注每位学生的综合素养。因此，职业院校应从人才培养的目标出发，找准二者合作的利益共同点，积极寻求与企业的合作，从而保证校企双方协同培育学生的路径之一得以实现。

（二）建立健全校企合作下的现代学徒制

现代学徒制是职业院校培养人才的重要方式，是培养工匠精神的有效途径与方法，主要由企业内的师傅和职业院校的教师共同承担教育教学任务，采用"双导师"制，在此环境下学生具有学生与学徒的"双重身份"。为切实做好现代学徒制试点工作，使现代学徒制中凸显工匠精神的示范教育。未来我国现代学徒制改革应做到以下几点。

一是，要借鉴德国、英国、澳大利亚等国家实施现代学徒制的经验与做法，立足宏观层面为现代学徒制的实施做好组织和政策保障。德国实施现代学徒制的主要途径为"双元制"即企业和学校联合培养工匠精神。而为了切实落实"双元制"职业教育制度，德国先后颁布了《手工业条例》（1953年）《联邦职业教育法》（1969年）、《企业基本法》（1972年）、《职业教育促进法》（1981年）以及进入21世纪以来，为进一步适应德国经济社会发展的需求，又相继出台了《联邦职业教育保障法》（2004年）和新《职业教育法》（2005年4月1日），其中《手工业条例》在对职业教育进行全方位定位的同时，重点规定了学徒及师傅的考核办法。而《联邦职业教育法》《企业基本法》和《职业教育促进法》都对企业参与职业教育的权利及义务做出了明确而细化的规定，强调企业参与职业教育的公共责任。[1]也正是基于此，德国"双元制"作为现代学徒制的重要实施途径才能有效地得以落实，才能不断地提升德国职业教育的现代品牌。英国的现代学徒制主要采用工学交替的形式，而为了保障其人才培养目标的实现，英国尤其注重学徒培养的顶层设计工作，具体而言，在现代学徒制下首先是培训机构或学校与企业共同决定学徒的培训项目；其次是对项目进行细化，设计相应的课程及教学框架对学习内容和考核方式及标准等进行具体的规范。而在学习时间安排上，学徒一周有4天主要在企业进行实践锻炼与操作，1天在培训机构或学校学习理论知识。[2]在此环境下，学徒们

---

[1] 刘淑云，祁占勇.德国职业教育制度的发展历程、基本特征及启示[J].当代职业教育，2017（6）：104-109.

[2] 沈澄英，张庆堂.基于国外现代学徒制经验的校企互嵌式人才培养模式研究[J].职教论坛，2017（29）：56-59.

不仅掌握了操作技能，而且也利于养成良好的匠心态度和匠魂素养。澳大利亚政府及社会各界近年来也尤其重视学徒的培养，对学徒制的关注达到空前的高度。其中最值得我们借鉴的便是全国协调一致的学徒制基本框架的构建。一方面，通过整合职业教育机构的设置来强化联邦政府的权利，提高联邦政府在职业教育发展的地位。另一方面，以法律的手段促进学徒制的有效开展。相继颁布《澳大利亚劳动力技能开发法案》（2005年）、《良好的实践澳大利亚学徒制的国家法规》（2011年）等法律文件。[1]此外，还对职业教育及学徒制培训的办学标准做了相关规定。以上国家关于现代学徒制政府宏观层面的调控措施也对我国现代学徒制试点工作中工匠精神的培育提供了有利的经验与借鉴。

二是，从微观的师徒关系和学校管理制度改革入手，在保障师徒有效互动的过程中，传承与培育工匠精神。稳固的师徒关系是现代学徒制的基础，但就目前我国现代学徒制中师徒关系的复杂性来看，在师徒关系的确立上主要由第三方的学校或企业直接来委派，在师徒关系的交往上以工具理性为主，在师徒关系的保障上缺乏相应的激励机制[2]，从而导致现代学徒制中师徒关系的不稳定，缺乏亲密而有效的互动，自然达不到传承与培育工匠精神的目的。未来改革现代学徒制中的师徒关系首先应充分发挥师傅与徒弟的双主体作用，在师徒关系正式形成之前，应让师傅与徒弟之间彼此建立联系，并在深入了解的基础之上，做出双向选择。其次改变师徒交往中师傅对自己角色的认知，作为师傅不仅仅是简单的传授技艺，更重要的是对徒弟价值理性的培养，使其能够在学习实践中潜移默化的养成精益求精、一丝不苟、注重创新的工匠品格，最终达到工具理性与价值理性的统一，实现育人的目的。最后外在激励机制的建立是师徒关系得以维持和发展的重要物质保障，从制度经济学对"理性人"假设的角度出发，追求个人利益的最大化是独立经济个体从事活动最主要的出发点，而师傅和徒弟作为两个独立的经济个体，只有满足了其最基本的物质需求，才能最大潜力的激发师徒交往的积极性和主动性。此外，改革职业院校的内部管理制度也是势在必行。目前我国职业院校内部管理制度仍旧是以校长负责制为主。在此制度下，行业、企业参与职业院校办学与管理的主体性不能得到充分

---

[1] 吴新星.澳大利亚学徒制改革研究[J].国家教育行政学院学报，2018（4）：81-88.
[2] 蓝洁，高峰.经济先发地区现代学徒制试点的师徒关系调查与分析[J].教育与职业，2018（20）：90-94.

的发挥。①借鉴美国社区学院建立学校与社区紧密联系的理事会的做法，我国也应建立理事会运行机制，理事会成员可以来自职业院校、行业、企业、家长及学生代表等所组成的共同体，只有这样，才能真正地激发现代学徒制的活力。

三是，工匠精神培育需要家校企政等多方主体协同进行评价。其一，政府将工匠精神培育情况纳入现代学徒制试点院校人才培养质量的验收指标之中，以评价的导向作用促进职业院校对工匠精神培育的重视。其二，学校对工匠精神养成的评价，不能只限于书面试卷考试和学生入学前后的主观对比，要根据工匠精神培育内容，制定出具体的包括匠术、匠心、匠德、匠魂、匠志外显的评价标准，任何教育都不可能仅仅依靠单一的实用性知识传授和技能培训，其内在必然包含思想、思维、道德、情感的教育。在注重对人才技能评价来看，还要注重对学生精神发展的评价，促进学生追求物质的能力和精神世界都得到发展。其三，企业对工匠精神的评价要体现在工作过程和产品质量上，工作过程是否规范，工作环节是否符合工艺流程，产品质量优秀合格率是否高等指标能纳入工匠精神培育的指标中。除了注重匠术的评价外，要注重现代学徒制试点中的工匠产品制造过程中学生专注的匠心、团结协作的匠魂、追求完善的匠志以及高尚匠德的评价。这些精神一般体现在操作过程中，由此，建立"学生成长记录袋"是对工匠精神培育评价的重要方式。记录学生的学校外显的表现和内在精神发展的表现。其四，注重家庭参与到学生工匠精神培育评价之中，家校联合有助于更好地促进学生成长，父母要树立发展理念，注重对学生潜能的评价，而不是着眼于学生过去失败和现状，积极配合学校教育，给予学生成长的后盾支撑。

四、改革以学业成绩为重心的人才评价体系

具备工匠精神的从业者是职业院校可持续发展的根基和立校之本，而人才评价体系是决定职业院校工匠精神培育质量的核心要素，也是培育工匠精神的重要保障，更是职业院校严把人才出口关采取的重要举措。2018年2月《关于分类推进人才评价机制改革的指导意见》针对我国人才评价机制中存在的分类评价不足、评价标准单一、评价手段趋同、评价社会化程度不高等突出问题，提

---

① 潘姿曲，祁占勇. 改革开放四十年职业院校治理结构沿革、特点与展望[J]. 教育与职业，2018（13）：46-51.

出了切实的改革意见，同时也为职业院校学生评价体系的建立提供了蓝本。

针对职业院校学生评价体系中突出的特殊矛盾，并结合新时代背景下对推动职业院校"大国工匠"人才培养，保障职业院校人才培养品质的强烈呼唤，改革以学业成绩为重心的人才评价体系，根据职业院校人才培养目标，建立以匠技、匠心、匠魂为核心的科学、全面、公正、有效的工匠精神人才评价体系势在必行。

（一）注重以职业精神为核心的学生价值理性考量

培养全面发展的从业者不仅要注重培养学生的工具理性，更要注重培养学生的价值理性。充分展示职业院校学生在社会主义条件下应有的价值追求。而学生价值理性的重要组成部分便是职业精神，同时职业精神也是学生生命力的体现。现有的人才评价体系从总体导向上来说过分地注重量化的评价功能，注重评价的甄别与选拔功能，忽视了以职业精神为核心的学生的价值理性的考量，缺乏评价的激励与发展功能。因此，未来的职业院校应首先做好人才评价的整体价值导向，既注重职业技能与职业精神的考量，又做到对人才的全面、客观、公正的评价。留在非常肤浅的层面，仅仅流于形式，而难以深入进行。现阶段，很多高职院校单纯为了提高就业率，往往在学生的专业技能培养上下足了功夫，在教育教学资源的投入上一味地向技能培养上倾斜，而职业精神的培养方面确实蜻蜓点水，浅尝辄止。例如，笔者在随学校专业教师到某些兄弟院校考察时发现，一些高职院校斥巨资兴建的理实一体化教学场所和学生生活设施，基础设施一应俱全，技术装备非常先进，师资配备实力雄厚。但在整个教学场所和学生生活区中，关于职业精神、专业文化等方面的人文要素却几乎看不到，有的也是简简单单的几句标语，等等。由此可见这些学校在硬实力的建设上可谓不惜血本，但对职业精神培养这样的软实力的提升态度却并不重视。甚至有些学校的有些教师都不清楚职业精神真正内涵，他们的认识甚至还停留在"学生的职业精神培养就是要教学生在学校要听老师的，到了单位要听领导的"这种极其浅薄的层面。因此，高职院校要加强学生的职业精神培养，就必须全方位健全学校的规章制度，建立各部门联动的育人机制。

职业精神属于隐形软素质，很难在短时间内直接表现出来，很难被他人立即感知，很难通过定量考评。只有在多个从业人员的长期比较中，或者在从业人员的个人利益与他人利益、公司利益、社会利益、国家利益等利益冲突等特殊短暂时期，职业精神才能鲜明地表现出来和被他人明显感受到。而且，职业精神的培养效果很难在短期内体现出来，加之高职院校人才培养工作水平评估工作中未将职业精神纳入考核，使得大多数高职院校对职业精神的培养存在

"想起来重要、说起来想要、做起来次要、忙起来不要"的状况，只重视可量化、可目测、可考核、可展示的操作技能。高职院校的职业精神教育和管理制度一直是一项难题，目前，大部分高职院校在这一方面处于"空白"的状态。高职院校学生职业精神的培养存在严重缺位，主要表现为以下几点：第一，学校的各级领导者对学生的职业精神培养没有明确的职责分工；第二，指导教师能力不足，指导内容缺乏实效性；第三，缺乏思想素质教育不利于学生参加工作后健康心理和正确价值观的形成。大多数学校对学生的职业精神教育仅仅停留在教师灌输式的教育或者辅导员、班主任下达通知的层面上，更不用说跟班指导了。从本质上来看，学校的管理只是起到"传声筒"的作用。因此，高职院校亟须审视自身的制度缺失，积极进行学生职业精神的培养，为社会输送合格人才。熟练掌握专业技术与技能是高职院校学生毕业后能在职场生存的基础，然而，内化于心、外化于行的职业精神才是帮助高职学生未来发展得更好更快、更高更远的根本保障和动力之源。黑格尔曾经说过，一个人做了合乎伦理的事情，并且这种行为方式成为性格中的要素时，才能够称其为有道德的。所以，如果要把职业精神对于职业人成长的作用发挥到最大，不能只注重其外在表现，需要将其内化到人的意识中，最后形成潜意识，这个内化的过程也就是通常所说的"习惯成自然"的过程。首先，通过各种外力的作用，让学生经过感觉、感受、感悟的过程后开始积极的学习职业精神，在学习职业精神的过程中，养成良好的职业习惯，再通过环境的影响，让这些良好的职业习惯逐步固化，在很多方面形成"肌肉记忆"，而不是大脑有意识的故意为之。其次，加强学生社会实践，通过一些实践活动，让学生固化的职业习惯达到内化于心的最高境界，真正做到知行合一。

（二）健全学生评价指标，丰富评价标准

正如麦克米尔所言，评价从广泛意义上讲，是教学的必要部分，不仅是记录学生学习的工具，而且是促进学生学习的工具。因此，我国职业院校工匠精神培育中的相关参与者应摆正态度，转变关于学生评价的错误观念。真正认识到学生评价作为工匠精神培育中的重要环节，绝不仅仅是对学生学习表现的分数认定，更重要的是在学生评价实践中真正将促进学生身心全面和谐发展作为基础，评价学生分析、综合、创造等高阶认知能力和生涯发展能力，以及利用收集到的学生评价信息改进课程与教学，完善系列学生支持服务，进而提高院校教育的整体效能传统人才评价指标体系的设置存在严重"一刀切"的弊端，并没有真正做到分类、科学评价，从而导致教育评价的激励、导向功能没有得到充分的发挥。因此亟须健全对学生评价的指标，丰富对学生评价的标准。具体而言，对学生评价标准的设置应坚持"技能+人格"的双保险。

一是，注重对学生专业知识、专业技能、实践能力的考察。传统的以卷面考试为主的量化考察方式，缺乏灵活性和适应性，不足以检测学生的综合能力。为适应多元的人才需求，应坚持量化与质性评价相结合的方式，既注重对学生学业成绩的衡量，又注重对学生发展潜力的开发。具体的质性评价方法可以借鉴档案袋评价、日记记录评价、观察评价等。主要由师傅对徒弟在企业内的实践实习表现进行详细的记录，并按照培养目标给定的标准进行打分，最后给出一个综合测评成绩。

二是，注重对学生"工匠人格"的考察。中办国办印发的《关于分类推进人才评价机制改革的指导意见》中就分类健全人才评价标准指出"突出品德评价。坚持德才兼备，把品德作为人才评价的首要内容，加强对人才科学精神、职业道德、从业操守等评价考核，倡导诚实守信，强化社会责任，抵制心浮气躁、急功近利等不良风气，从严治理弄虚作假和学术不端行为。完善人才评价诚信体系，建立诚信守诺、失信行为记录和惩戒制度。探索建立基于道德操守和诚信情况的评价退出机制"。将此标准进一步内化和具体化到职业院校学生的评价标准中，则要求我们职业院校的办学中尤其要注重对学生精益求精、一丝不苟、创新进取的匠心态度及坚守底线、抵制诱惑、敬业奉献、勇于担当的匠魂素养的考察。这也与新课改背景下人才评价功能的转向不谋而合，不仅要传授学生知识，更重要的是教会学生学会做人，学会学习，学会做事，要有国家认同和国际理解的情怀。

从人才的长远发展来看，人格的健全尤为重要，因此必须坚持二者的结合，建立综合评价指标体系，丰富评价学生标准。职业院校人才评价的目的在于让学校及社会更加注重学生综合素养教育，激发学生主动养成精益求精、一丝不苟、创新创业的能力与精神，进而使其在未来的企业实践中能够兢兢业业，用心服务社会。

（三）创新学生评价方式，坚持评价主体多元化

创新学生评价方式，需要坚持人才评价的多元化，而职业院校学生培养主体的多元性也决定了人才的评价应做到多元化，尤其要突出企业评价，以及由家长、社会和学生等组成的相关第三方评价。

一是，必须坚持学生评价方式的多元化。职业院校培养的从业者相比普通院校而言具有自身的特殊性与复杂性，很难用单一的方式进行系统全面的考核。职业院校主要培养的主要是适应市场发展需求的应用型人才，学生的实践操作、动手能力是考核学生的重要指标。理想的人才培养目标是学生毕业后可

以直接上岗工作，成为一名合格的工人。这也就决定了需要不断丰富人才评价的手段，科学灵活地将量化的书面考试、考核认定、评审等与质性的实操展示、个人表现、档案评价等相结合，提高评价的针对性和精准性。学生评价结果是学生评价发展过程中合乎逻辑的必然产物，但评价结果不可能体现评价过程的全部特征。学生评价的意义主要存在于评价过程之中。格朗兰德就认为，学生评价最初的和根本性的目的就是促进学生学习，并且学生评价必然是作为一个过程性的活动而根植于教学过程之中的。克隆巴赫也认为，学生评价应该放在教学过程或课程改革过程中，而不是在教学过程或课程改革之后。美国高等教育领域对于学生评价过于注重结果、学生评价沦为问责制牺牲品的批评声不绝于耳。而美国学生评价的改革与完善正是孕育在批评声中，美国的研究者从没有停止对多层面实施过程性学生评价的探索与追求。多数美国院校均选择多层面同时施行关注过程的学生评价方式。美国学生个体层面的评价方式中，档案袋评价就十分注重评价过程，这种方法将学生特定时间段内的作品保存，以此体现学生在此期间各方面能力的提升与进步。学生群体层面的学生评价的方式中，全美大学生学习投入调查（NSSE）更是以在评价期间内精确掌握每位学生的邮件地址的态度打破了人们对于群体性学生评价难以关注过程的刻板印象。遗憾的是，我国众多高校中现行的学生评价依然过于关注评价结果而忽视了评价过程，对学生评价的定位往往只是一个学期教育教学完成前的独立环节，目的在于对学生的学习结果进行判断，而非改进教师的教学和发展学生的学习。因此，我国下一步学生评价改革的重心是重视学生评价过程，多层面科学合理地实施学生评价。对于多元化的主体而言，学生评价应是围绕学生学习与发展、教师教学、课程设置、学科专业和院校整体教育效能的互动与交流过程。在此过程中各主体均需保持高度的责任意识，实施动态评价与静态评价、质性评价与量化评价相结合的精准定位评价，以促进院校、师生和第三方机构不断发现问题、相互反馈并解决问题。与此同时，第三方机构和院校应主动考量评价方式的科学性、可靠性和可操作性，防止学生评价在具体的实施过程中流于形式。

二是，必须坚持学生评价主体的多元化。评价主体的多元化首先应坚持"一个原则"即学校和企业共同负责原则。由学校和企业共同负责，学校主要对学生的在校成绩进行考核，企业则主要对学徒的实训表现进行考核，而且要合理设置在校成绩与实训表现在总成绩中所占的比例。其次应坚持"多方参与"即相关第三方的参与。还要允许来自社会的第三方机构参与到学生的评价中，使学生的培育得到社会的认可，增强人们对工匠的社会文化认同。学生评价主体的确定，是确保评价活动有效进行的必要条件，是学生评价走向合理化的关键。目前美国工匠精神培育中学生评价的主体包括政府部门、第三方评价机构、院校、教师和学生。政府部门通过框定教育目的和教育方针成为学生评价的主体，第三方评价机构作为指导和监督学生评价实施的组织成为学生评价的主体，院校以国家权力代言人的身份成为学生评价的主体，教师以学生直接互动者的身份成为学生评价的主体，学生作为学习与发展的主人翁成为学生评价的主体。各主体之间职责分明，相互配合，共同参与学生评价，使得美国学生评价的现行制度持续良好发展。而对于我国来说，目前亟须重视学生和第三方评价机构在学生评价实践中的主体角色，敢于赋权给学生和第三方评价机构，积极鼓励学生和第三方评价机构切实参与到评价过程之中。

工匠精神培育是促进我国由"制造大国"转向"制造强国"的动力之源，同时也是践行社会主义核心价值观、培养德智体美劳全面发展的社会主义事业的建设者与接班人的必然要求与价值追求。职业院校以其全纳性和全程性的特点在工匠精神培育中捍卫着自身的重要地位，彰显着自身的价值与使命。在国际经济竞争愈发激烈的时代背景下，职业院校需努力找准自身的定位，将培育未来从业者的工匠精神作为办学的价值取向与目标追求。本文通过对职业院校学生工匠精神培育研究，得出以下结论。一是中国制造呼唤工匠精神。工匠精神集匠技能力、匠心态度、匠魂素养于一体，是建设制造业强国背景下，每位工匠理应具备的核心素养。二是职业院校是工匠精神培育的主阵地。职业院校作为培养工匠精神从业者的摇篮和为产业培养技术技能型人才的主渠道，培育未来从业者具有工匠精神是其根本责任与使命，也是新时代赋予职业院校的新要求。三是我国职业院校学生工匠精神培育面临着现实困境，使得职业院校作为工匠精神培育主阵地的功能得不到有效发挥，降低了人才培养的质量，因此职业院校应适时地以课程教学为主要媒介和手段，多途径培育工匠精神，助力中国制造。

同时未来的研究中可能还需在以下方面继续努力。一是继续深化对工匠精神内涵的认识。尽管笔者阅读了大量的相关文献并结合专家学者们的分享，来丰富对工匠精神内涵的认识，但由于学术能力及学科背景的限制，难免会存在认识的不全面，再加上现阶段学者们对"工匠精神"内涵认识的泛化，很难用统一的标准，给出准确的界定。因此，在今后的研究中还应继续深化对工匠精神内涵的认识，使工匠精神的内涵在继承与发扬的基础上，不断地丰富与更新。二是创新研究方法与转换研究视角。本研究尽管采用了量化的问卷调查法，但就问卷的数据处理来说，相对较为简单，主要以描述性统计为主，今后的研究中还可以采用等级量表式的问卷编制,进行工匠精神培育的方差分析及差异性分析等。此外工匠精神的培育涉及多领域,需要多学科、多主体的参与,所以仅从单一的视角进行研究具有一定的不足,还需转换视角,多角度探寻工匠精神培育路径。

第五章　产业工人队伍工匠精神的培养研究

技术立国的时代，高素质、高技能产业工人的培养于各国经济发展而言，意义非凡。当今社会，技术作为时代标记和术语越来越控制着人们的行为方式和思维方式，成为人们进行判断和思考诸多事物的维度和遵循的标准。受此推动，世界各国经济增长方式出现了根本性变化，掌握关键技术、提高技术创新是最为迫切的任务；加快科技设施的更新速度、提升个体劳动者的素质和工作积极性成为不可阻挡的趋势。我国加入世界贸易组织之后，由原来的"加工车间"逐渐转向"世界工厂"，这对从事制造业的劳动者提出了更高的要求，需要职业教育培养出高素质高水平的人才以承担智力和技术上的保障任务。对国家而言，产业工人是国家发展的促进者和科技成果的转化者、见证者，产业工人水平的高低直接影响其对国家经济发展的贡献和潜力的大小；对企业而言，产业工人是企业生存和竞争的基础，他们能够将科技成果转化为现实生产力，尤其是具备工匠精神的新时代产业工人，他们的动手能力和创造能力更强，能为企业创造更大的经济价值。长期以来，国家注重产业工人工匠精神的培养。一方面，政府陆续出台系列文件确保产业工人的薪资待遇、福利保障、社会地位等方面，为产业工人队伍工匠精神培养提供有效外部保障；另一方面，职业教育与培训在全阶段多层次对产业工人队伍进行职业品质、职业技能与职业行为的塑造。但是，就目前我国的实际情况来看，产业工人队伍发展过程中仍然存在诸多问题，如高级技工短缺现象普遍存在、技能人才的社会地位及薪资待遇偏低、产业工人的职业教育和培训未受到重视等，这直接影响产业工人个体发展与产业工人队伍的稳定，尤其是关系到产业工人队伍工匠精神的培育。

现阶段，我国制造业经济发展进入新阶段，产业工人的作用越来越凸显，责任也越来越重大。2013年5月，习总书记指出，"工业强国都是技师技工的大国,我们要有很强的产业工人队伍"①。自此,产业工人发展问题引起了广泛的重视。2015年5月,《中国制造2025》强调把我国建设成为制造业强国。2018年10月,《技能人才队伍建设实施方案(2018—2020年)》要求在技能人才激励保障、提高产业工人待遇等方面采取有效措施。2019年1月,《新生代农民工职业技能提升计划(2019—2022年)》强调重视新生代农民工的职业技能培训。这一系列政策的颁布都旨在保障产业工人发展,发挥产业工人的重要作用,建设制造业强国。产业工人作为国家经济发展的主要贡献者,他们是弘扬工匠精神的重要载体。尤其是进入新时代,产业工人在推动经济社会发展中起着关键作用。既如此,产业工人队伍工匠精神的培育须贯穿职业教育与培训的始终,也必须依靠产业工人公共政策的不断完善涵养其工匠精神。在产业工人队伍工匠精神培养过程中,政府须从政策层面保障着产业工人的薪资待遇、教育与培养、社会地位、考核与激励、聘用与管理、福利与权益等方面;也须从职业教育与培训中关注着其职业素质水平、专业能力、职业行为等内在方面,两者之间存在着一定的逻辑关系。本研究立足于产业工人作为国家经济发展的主要贡献者,他们是弘扬工匠精神的重要载体,试图为产业工人队伍工匠精神培育提供新的理论支撑,即从支撑环境和生发环境层面探讨产业工人队伍工匠精神培育问题,进而为产业工人队伍的健康可持续发展提供有益方向,更是为弘扬工匠精神寻求可行与必要的实施路径。

第一节 产业工人队伍工匠精神培养的问题审思

工匠精神是劳动者在生产过程中秉持的生产理念和价值,是对所从事行业的敬畏和执着的职业态度,是追求精益生产和创新发展的行为习惯。工匠精神将精益生产、技术创新和坚守制造行业的价值追求内化于制造业演进过程中,衍生出产品质量意识和技术创新能力,是制造业高质量发展的内在基础。产业工人作为工匠精神培育的关键载体,一方面对于工匠精神弘扬起着关键的传播与传承作用,另一方面影响着我国制造业产业的提质升级与深化发展。改革开放后,我国实行制造业出口导向发展战略,选择符合我国资源禀赋的产业区

---

① 人民网.习近平同全国劳动模范代表座谈侧记:共话中国梦 [EB/OL].(2013-05-02) [2018-10-24]. http://politics.people.com.cn/n/2013/0502/c70731-21341783.html.

段，从加工环节嵌入国际产业价值链，极大地促进了制造业生产规模的快速增长，我国制造业门类也更加齐全，产业体系也趋向完整，成为当代世界的制造大国。但由于低成本的赶超战略，长期重视生产规模而忽视产品质量和技术创新，产业工人工匠精神在制造业发展中的阶段性缺失，使我国制造业并未沿着制造业顺向演进的路径前进，在当前呈现出一定的结构性问题和矛盾。[①]在我国制造转型升级的战略机遇期，党的十九大报告和2016—2019年连续四年的政府工作报告都在国家层面号召培育精益求精的工匠精神，具有明确的方向指引和时代意义。基于此，加大对产业工人队伍工匠精神的培育研究具有重要的现实意义。

一、产业工人队伍工匠精神培育的现实意义

工匠精神在我国制造业发展历史中的阶段性缺失，是我国制造业陷入发展瓶颈的重要原因。推进制造业高质量发展，转变制造业原有的粗放型发展模式，提升制造业自主创新能力，强化制造业品质升级和品牌培育，亟须大力培育产工人队伍的工匠精神，将工匠精神内化于制造业发展的顺向演进之中，催动制造业发展由要素驱动转向创新驱动更迭，实现制造业产业价值链由低端向中高端攀升。

（一）制造业转型发展呼唤产业工人队伍工匠精神

一国最具有竞争力的最优产业结构，由该国的要素禀赋结构内生决定。改革开放之初，在资本短缺、技术匮乏的背景下，我国结合自身发展实际，选择了符合自身要素禀赋结构的劳动密集型产业。拥有充裕劳动力或自然资源，但资本稀缺的低收入国家在劳动或资源密集型产业具有比较优势和竞争力。经过长期的高能耗、低技术的经济发展阶段后，我国环境承载能力逐渐达到临界点，资源约束日益趋紧，环境、资源要素在经济发展中的优势地位逐渐式微。传统的依靠资源、环境与劳动力要素的工业化道路造成了经济失衡和资源环境的过度损耗，优化要素禀赋结构、转变发展方式将是实现可持续发展必要途径。由于随着传统要素禀赋的逐渐式微，资源与环境等难以具备以往的竞争优势，我国正在逐步优化要素禀赋结构推进产业经济健康可持续发展。在此过程中，劳动力要素，尤其是产业工人队伍工匠精神的内在价值被忽略，使得我国

---

① 马永伟.工匠精神与中国制造业高质量发展［J］.东南学术，2019（6）：147-154.

深处产业价值链低端制造加工环节，并在一定程度上形成固化的发展思维、模式和惯性。这也是我国制造业发展迄今，仍靠要素成本衍生的价格优势，而非依靠技术、品牌或服务立足于世界的重要原因。经济新常态下，我国制造业发展模式转换势在必行，亟须重塑和弘扬工匠精神，遵循工匠精神蕴含的对产品质量、品质、品牌及服务无限追求的价值理念，为我国制造业从粗放式向内涵式转换提供价值驱动和制度保障。通过大力培育和弘扬工匠精神，推动形成制造业追求精益求精的高质量发展理念，树立质量意识、品牌意识和创新意识，改变制造业发展的"粗放"生产意识，跟踪世界制造业的发展趋势和方向，大力发展先进制造业，引导制造业向智能化、绿色化、服务化方向发展。

（二）现代工业制造亟待产业工人队伍工匠精神的培育

虽然现代化工业制造取代了传统手工业生产，但工匠精神依旧凝聚着现代工业制造的灵魂，因此，充分发扬工匠精神，并将工匠精神融入现代工业制造，是实现工业制造强国的重要手段。纵观当今世界一些工业制造强国的发展历程，都与该国家重视产业工人队伍工匠精神培养密不可分。德国是世界知名的工业强国，不仅制造业发达，而且其产品品质以精密优良享誉世界。曾报道称："所有德国人农场生产出来的鸡蛋都有'身份证'，一串长长的号码告诉消费者它的产地、蛋鸡是圈养还是放养、鸡场及鸡圈的位置以及鸡产下这枚蛋的日期。"①由此可知，在大多数德国企业主眼中，精湛的技艺、凝聚匠心的工作所带来的成就和意义早已超越经济利益。这也使德国近百年来走出了一条技术兴国、制造强国的发展道路，而支撑这一发展道路的基石正是产业工人的"工匠精神"。②日本从江户时期开始，各行各业追求产品完美精良的产品氛围非常浓厚，他们甚至认为追求产品品质的精良与个人的荣辱息息相关，如果能制造出品质出众的产品，自己会获得极大的满足和成就；反之，则认为对自己是极大的耻辱和难堪。这种将简单的事情精心专注做到极致，不仅使人获得成功，也诠释着生命的全部意义。正是由于这种工匠精神的支撑，日本的汽车及电子产品著称于世，享誉世界。③此外，随着互联网科技的不断发展，电子化智能化产品日益成为大众消费的高地。其中，"苹果"系列产品畅销全球，销量领先。这很大程度上是因为"苹果"产品设计制造过程中所始终秉承的技艺精

---

① 汪中求.中国需要工业精神［M］.北京：机械工业出版社，2012：101.
② 李工真.德意志道路——现代化进程研究［M］.武汉：武汉大学出版社，2005：68.
③ 何舰.论"工匠精神"与技能型产业工人队伍建设［J］.青海社会科学，2020（1）：199-204.

湛、追求细节完美的主旨思想。综上所述，现代工业的飞速发展，工业造强国的形成与追求精益求精、完美与极致的工匠精神密不可分。

（三）产业工人自我价值的实现需要工匠精神的支撑

传统的工匠从事制作活动，并非简单机械的重复性体力劳动，也是一个不断对产品及工艺进行提升完善的过程。工匠可以从工作中不断学习，并且将自己对世界的理解和认识、内在想法等体现在产品之中，同时在劳动过程中不断提高自己的技能。当自我意识通过产品获得了客观的表达，那么，工作就不再是苦差事，而是一种忘我的投入。产业工人的生命活动通过在工作过程中自主展开，那么，产业工人的工作过程已然成为一种"投入的人生状态"。工作成为产业工人生命的另外一种外在表达，自身价值已凝聚在自己创造的作品之中，在工作中，产业工人就能够获得极大地满足感和职业成就感，产业工人的自身价值得到最大的体现。[1]现代化的生产极大地满足了人们的物质需求，在获得物质满足之后，人们不再局限于对产品的最低要求，和现代化产品呈现出的标准化、单一化，缺乏独特性、人情味的特征相比，人们更需要生产温暖和亲切的产品来满足自己更高层次的需求。如果将工匠精神贯穿于产品的创作过程中，产品与产业工人是自然贴近的，从产品的创造构思、制作加工、设计完成都凝聚着产业工人的思想、修养、价值观、审美观，那么，产品也是艺术品，蕴含着产业工人的个人气息和修养品格。产业工人丰富的内心和思想已透过产品完美卓越的品质得到体现，体验到其专注与坚守，展现着其个性和内心温暖。

二、产业工人队伍工匠精神培养的现实状况分析

产业工人是我国工人阶级的中坚力量。新时代，我国的产业工人主要分布在厂矿、运输、航海、电力等四大产业，产业职能涵盖多个方面，产业工人队伍素质建设与国家制造业转型升级、社会经济发展息息相关。在我国产业转型升级的关键阶段，产业工人历史地成为国家发展关注的重点群体，在中国制造业转型升级进程中发挥着重要作用。我国产业工人队伍建设在提高工人素质、维护工人权益以及发挥工人先进性等方面取得了显著成效，尤其产业工人技能素质整体得到了较大的提升。但是，我国产业工人队伍建设中也存在诸多问题。

---

[1] E.弗洛姆.健全的社会[M].孙恺祥，译.贵阳：贵州人民出版社，1994：71.

（一）产业工人工匠精神培育的自觉性不高，技能提升遭遇瓶颈

纵观中国传统文化和历史教育典故中，对工匠精神的诠释与产业工人的歌颂相对匮乏，轻实践重理论，轻技能重知识，轻专业教育重人文教育的教育理念在历史传承与嬗变中流传至今，对产业工人的培养和发展均带来负面的冲击和影响。因此，大众对技术工种存在较深的偏见，认为技术工人身份低、收入少，是迫不得已的选择。这种观念对我国技术工人的培育带来了巨大的困难，甚至出现了"大学生满地都是，产业工人寥寥无几"的现象，产业工人培养资源日趋减少。与此同时，在我国，产业工人技能提升的路径愈发狭窄，高校培养了大批的科技精英，但要将高科技转化为生产力，却要靠实操性强、技艺精湛的产业工人，而可培养高技能的产业工人的院校寥寥无几。产业工人技能提升的教育空间和成长渠道遭遇了瓶颈。

（二）产业工人队伍结构失衡，发展渠道明显受阻

产业工人学历层次普遍偏低，高技能人才年龄较大且技能层次失衡的现象一直制约着产业工人队伍的发展。从学历层次上看，我国装备制造业规模以上企业人力资源总量近1794万人，据不完全统计，其中人才总量近736万人，具有大学本科和研究生学历的人员分别占人才总量的29%和2%，大多数技术工人的学历层次是大专及以下水平[①]；从年龄结构看，我国制造业企业高技能人才年龄偏高，尤其是高级技师的年龄偏高的问题非常严峻。以我国机械行业的产业工人为例，他们的平均年龄为42.1岁，其中，高级技师平均年龄48.9岁、技师平均年龄45.6岁、高级技工平均年龄41.3岁。[②]有的专业（工种）和部门将面临老一代高技能人才退休而出现断层的问题；从技能层次结构来看，截至2018年底，我国高级技工的占比也仅为5%，技术工人的求人倍率一直在1.5以上，高级技工的求人倍率甚至达到2以上水平，全国高级技工缺口达1000万人[③]，高技术工人以及高技能人才在就业市场上依然非常紧缺。此外，个体从新手成长为高技能人才需要漫长的时间和精力的投入。目前，我国制造业领域，技术工人能够顺

---

① 教育部.《制造业人才发展规划指南》有关情况介绍[EB/OL].(2017-02-14)[2021-02-14]. http://www.moe.gov.cn/jyb_xwfb/xw_fbh/moe_2069/xwfbh_2017n/xwfb_170214/170214_sfcl/201702/t20170214_296156.html.

② 财经网.为什么说1个美国人创造的财富顶13个中国人创造的？[EB/OL].(2017-03-10)[2021-02-14]. https://m.sohu.com/a/128501448_160818/.

③ 澎湃网.人社部：提高技术工人待遇是加强健全人才激励机制的重要方面[EB/OL].(2018-01-26)[2020-02-14]. https://www.thepaper.cn/newsDetail_forward_1970429.

利成长为高技能人才、技师和高级技师的比例少、周期长,这一方面与我国职业教育与培训体制的不完善有关,另一方面也与其自身的受教育水平不高息息相关。

(三)产业工人队伍教育与培训不到位,综合竞争力不强

产业工人的培养既离不开在工作岗位的培训与锻炼,也离不开职业院校的教育与引导。长期以来,由于缺少对产业工人队伍工匠精神培养应有的社会关注和重视,导致目前尚未形成支撑工匠精神培养的顶层设计和保障机制。一方面缺乏对产业工人队伍培养的系统性规划,现有政策规划难以对新形势下产业工人的培养提供指导。另一方面缺乏统筹协调机制,产业工人的培养和工匠精神的培育涉及政府、学校、家庭以及企业等多个主体,目前各主体之间缺乏统筹协调能力和机制,资源整合力度有待进一步提升。此外,职业院校作为产业工人队伍培养和工匠精神培育的主阵地。在当前职业院校的教育教学工作中,一般都较重视对学生职业技能的培养,对于学生职业精神的培养未能予以足够重视。而当代"工匠精神"所具备的敬业、专业、耐心、专注、执着、坚持、创新、创造等精神特质和价值追求是职业院校必须把握和践行的办学理念和指导思想,职业院校需要探索出一条中国特色"大国工匠"精神塑造的新途径。[①]

三、产业工人队伍工匠精神培养的路径审思

产业工人队伍是社会主义现代化强国建设的基础力量,工匠精神是高质量产业工人队伍培养不可缺少的精神品质,同时,产业工人又在职业岗位上不断地强化着工匠精神。由此可见,从产业工人队伍的成长场所来看,产业工人队伍工匠精神的培养既需要在其工作场所中进行,也需要在学习场所中予以培养。与此同时,产业工人队伍作为培育与弘扬工匠精神的载体,其自身发展状况也影响着工匠精神的培养。之所以这样认为,是因为产业工人队伍发展的好坏,不仅关系到整个产业经济的发展状况,也关系到其自身价值的实现情况。产业工人若是能够在工作岗位上获得相应的薪酬待遇与社会尊重,会在一定程度上激励其爱岗敬业、精益求精、一丝不苟,进而为国家与社会创造更大的经济与社会价值,自身的成就感与价值感也随之提高。反之,则不能对产业工人的发展起正向积极的作用。从政策学的角度看,影响从产业工人发展的现实因

---

① 叶桉,刘琳.略论红色文化与职业院校当代工匠精神的培育[J].职教论坛,2015(34):82.

素主要包含：聘用与管理、考核与评价、薪资待遇、福利保障与社会地位几大方面，且这几方面的内容皆在产业工人公共政策文本中有所体现。

工匠精神作为一种价值理念、一种职业精神，一种国家与个体发展的软实力，富有国家、制度和时代的印记。[1]培育工匠精神本身就是一个系统的工程，既需要国家、社会、学校、企业以及家庭等多元主体的共同参与，其中，就产业工人而言，职业院校和企业在其中扮演着十分重要的角色。研究者马媛等人将产业工人工匠精神培养的影响因素分为外部因素与个体因素，其中外部因素包括社会文化、企业以及家庭因素，个体因素主要是其观念与态度和行为。研究者并根据所分析的因素分别从政府、企业方面提出了促进产业工人队伍工匠精神培养的对策。[2]研究对于上述观点表示一定程度的赞同，但是研究者关于产业工人工匠精神培养的研究还有待进一步的细化与深入。

综合上述内容，产业工人工匠精神的培养涉及的内容较多，其中从主体因素来看，主要包括政府、企业、社会团体、职业院校、家庭等，从要素因素来看，主要包括产业工人发展相关的聘用与管理、考核与评价、薪资待遇、福利保障与社会地位、自我价值等。其中，主体要素中政府作为主导产业工人发展的重要支撑力量，通过制定产业工人公共政策影响其发展，引导社会舆论导向；产业工人个体在工匠精神培养中起着积极的主体性作用，然而产业工人个体的发展离不开职业教育与在职培训为其提供内发性力量。基于此，研究以产业工人队伍工匠精神培养为核心点，在系统分析工匠精神培育的现实价值以及产业工人发展状况的基础上，将产业工人队伍工匠精神培养系统归纳为支撑环境与生发环境。其中，支撑环境主要包含了影响产业工人队伍发展的聘用与管理、考核与评价、薪资待遇、福利保障与社会地位几大方面，进而聚集在产业工人公共政策的发展上；生发环境主要关注于对产业工人自身发展起着关键引导的作用的职业教育与培训上，其中，由职业院校承担产业工人工匠精神启蒙教育的责任，在职培训承担产业工人工匠精神生成与弘扬的责任。具体的逻辑如下图所示（见图5-1）。

---

[1] 李淑玲，陈功．将"工匠精神"融入技能人才培养［J］．人民论坛，2019（30）：68-69．
[2] 马媛．产业工人工匠精神的影响因素分析和对策研究［J］．中国集体经济，2021（02）：117-118．

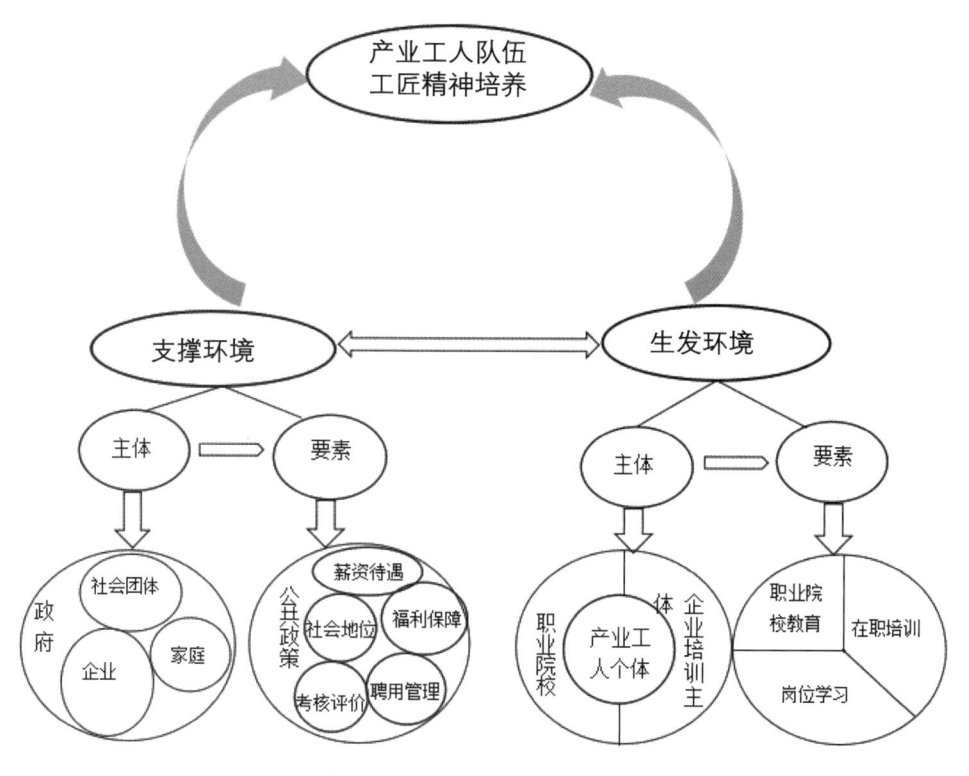

图5-1 产业工人队伍工匠精神的培养机制构建

第二节 产业工人队伍工匠精神培养的支撑环境

产业工人队伍在我国经济发展中占据重要位置,产业工人队伍工匠精神的培养离不开外在环境为其提供必要的支撑。构建公共政策与产业工人队伍工匠精神培养之间的分析框架是本研究的创新之处,也是重点关注内容之一。公共政策聚焦于现实存在的公众问题,运用法律手段对公共资源进行规制、引导、协调和分配,从而达到维护公共利益和促进社会进步的目的。[①]公共政策本身处于运动、发展的过程中,它的变迁体现着政策制定者利益分配的变化。产业工人作为国家经济建设不可或缺的重要组成部分,应当同各类人才一样共享改革发展的成果。产业工人公共政策涉及其薪资待遇、社会地位、考核与激励、聘用与管理、福利与权益保障等多方面的内容,主要用来调节产业工人队伍发展的各方面利益,保障其发展权益。研究聚焦于改革开放以来产业工人公共政

---

① 莫勇波.公共政策学[M].上海:格致出版社,2012:13.

策,即与产业工人发展相关的法律法规、部门规章和其他形式的政策公文,这些政策文件中涉及的内容决定着产业工人的发展、生活和工作状况,逻辑地影响着产业工人队伍工匠精神的培育。通过深入细致的剖析,研究归纳整理出改革开放以来影响产业工人发展的公共政策的演进逻辑,明晰各个发展阶段产业工人公共政策内容对工匠精神培育的关注与影响,为新时期产业工人队伍工匠精神的培育提供有效指导与借鉴。

一、产业工人公共政策发展的价值选择

产业工人公共政策制定与颁布的过程中就已具备相应的价值取向,这一价值取向必然会影响到产业工人队伍工匠精神的培育。政策的价值取向是指在特定的社会背景和特殊历史时期由政策制定者作出的特定的选择,它总是在一定的时空条件下发挥着主导作用。随着社会发展的不断变迁,政策的价值取向也会有不同,并呈现出周期性和多元性特征。[1]产业工人公共政策的价值选择表达了政策制定者的想法与态度,直接影响着产业工人的发展,逻辑地影响着产业工人队伍工匠精神的培养。基于此,研究以改革开放以来产业工人公共政策变迁的价值选择为逻辑起点,率先对影响产业工人发展的公共政策内容进行梳理归纳,进而为探明与发现产业工人队伍工匠精神培养外在支撑环境的变化夯实基础。

(一)市场竞争机制注入的产业工人队伍建设阶段(1978—1992年)

国家于1978年率先对经济领域进行改革,这意味着传统的经济方针、政策与措施也要进行改革与调整。[2]在此之前,工人的工作可以终身享有并且退休后可由子女替代,工作被当成是一种权利和社会地位;薪资待遇与技术等级挂钩,劳动人事行政部门对工资级别进行统一管理,工人之间的收入差距不明显。

随着改革开放以及就业人口的不断增长,国有企业内部出现大量富余劳动力,且用人效率极低。20世纪80年代,国家意识到必须率先突破传统的劳动就业制度,改革原来的就业分配方式。[3]1980年,国家确定"三结合"就业方针,既突破了传统就业制度,又使产业工人原有的就业方式开始瓦解,但拓展多种就业途径并不能彻底解决现实问题。1983年,劳动人事部要求企业招聘工人应

---

[1] 杨向格.我国职工教育政策变迁及其价值取向研究[D].上海:华东师范大学,2011.
[2] 宋玉军.中国劳动就业制度改革与发展[M].合肥:合肥工业大学出版社,2012:103-104.
[3] 宋玉军.中国劳动就业制度改革与发展[M].合肥:合肥工业大学出版社,2012:105.

依据劳动计划指标,采取德智体等全面考核的方式择优录用。这一规定基本确立了企业择优招工的原则;同年,国家提出实行合同用工制。1984年,增强企业活力、扩大企业自权是推进改革的关键。掌握部分自主权的企业,因为经营发展良好,在一地区被树立为现代企业管理的典型。[①]1985年,北京、沈阳、青岛和株洲先后试点实施工效挂钩改革。随着企业自主权的不断加大,1986年,国家提出对国有企业进行经营承包责任制改革,随后,国务院发布4项关于企业劳动制度改革的政策文件,进一步扩大了企业的自主权,搞活了用工制度,推动企业与职工的关系走向市场化。1987年,政府旨在把国企发展成为能够独立面对市场进行生产经营的主体,这一改革给产业工人的发展提供了良好的环境基础。针对产业工人群体,国家出台《关于实行技师聘任制的暂行规定》《劳动部关于产业工人流动暂行规定》等文件,通过规范和鼓励人员流动以及签订"内部合同"的形式,调动企业内部的活力,达到充实生产、精简人员、提高用人效率的目标。1983年,国家要求恢复考工升级制度,一定程度上调动了产业工人学习和劳动的积极性,但它未能及时有效地将考核与管理结合起来。1990年,劳动部强调把工人考核制度作为企业管理和劳动管理的重要内容,与产业工人就业、劳动组织、工资分配、职业培训等结合,既有力推动了职业证书制度的实施,又使企业用工标准得以提升。[②]1992年,劳动部联合其他各部门共同出台《关于深化企业劳动人事、工资分配、社会保险制度改革的意见》,要求将合同化管理范围扩大到全体就业人员;合理确定工效挂钩指标,贯彻按劳分配的原则;推进养老保险制度的改革等相关改革意见。

总的来看,这一时期随着社会主义市场经济体制改革的不断推进,政策制定者意识到打破原有制度,引入市场机制,提高用人效率的迫切性和重要性。产业工人原有的优势地位开始受到冲击,直接关系到产业工人的福利待遇、身份地位、社会资源等各方面出现弱化的趋势,在社会经济建设中作用的发挥也受到影响。

(二)注重技能提升的产业工人队伍建设阶段(1993—2001年)

在"南方谈话"和党的"十四大"的推动下,我国经济发展继续向

[①] 王继承.中国企业劳动制度30年改革与变迁的经验启示[J].重庆工学院学报(社会科学版),2009,23(5):11-14,30.
[②] 赵伯雄.我国工人技术等级考核(职业技能鉴定)制度的沿革与发展对策[J].中国培训,1995(5):25-28,30.

前。①1993年,《中共中央关于建立社会主义市场经济体制若干问题的决定》强调发挥市场的作用,奠定了产业工人竞争性发展的基础。同年,《中共中央关于社会主义市场经济体制若干规定》中要求用人单位制定与实施录用标准,按照学历文凭和职业资格进行招工。1993年7月,劳动部首次将"职业技能开发和鉴定"等概念运用在《职业技能鉴定规定》中,并强调实行社会化管理体制和完善职业技能鉴定的基础建设,这标志着符合社会主义市场经济发展需求的职业技能鉴定制度正在逐步建立。②

1994年,我国开始对劳动制度改革进行系统化设计。其中,《中华人民共和国劳动法》及其相配套的政策法规的出台,确立了职业证书制度的法律地位,也促使一些新建立的企业加强对职工的考核,进行现代人力资源的开发。为了贯彻落实职业资格制度,国家在《关于颁发〈职业资格证书规定〉的通知》中,将职业资格制度的具体内容进行了明确规定。随后,《职业资格证书规定》的出台正式确立了职业资格证书制度;1995年,《人事部关于印发〈职业资格证书制度暂行办法〉的通知》中,要求有效提高产业工人的素质水平,加强技能人才的培养力度。在上述文件的指引下,人事部依据各机关单位的实际需要分别印发了《中央国家机关工人技术等级考核实施办法》《机关、事业单位工人技术等级岗位考核暂行办法》以及《专业技术资格评定试行办法》等具体办法督促各单位落实产业工人能力考核工作。随着劳动就业制度的深化改革,工人的收入分配制度以及社会保险等制度发生很大的调整。1993年,国家在进行劳动体制改革的设计中,初次把市场机制引入企业工资分配中去,突出按劳分配,强调效率优先,以此拉开工资差距。与此同时,为了保障劳动者的基本生活,国家出台了《企业最低工资规定》《国有企业职工待业保险规定》等政策文件。随着国企改革进入全面改造和重组阶段,大量产业工人失业难以维系生活和享受原有社会福利的问题凸显。1996年,《中华人民共和国职业教育法》出台,它从根本上改变了职业教育无法可依的局面③;也加强了职业资格证书的法律地位。为了保障产业工人职业技能的获得与发展,2000年,国家明确实行职业资格证书制度以及先培训后上

---

① 江立华.农民工的转型与政府的政策选择——基于城乡一体化背景的考察[M].北京:中国社会科学出版社,2014:39.

② 徐燕.我国职业技能鉴定的发展历史及现状[J].职业技术教育,2007,28(19):66-67.

③ 陈鹏,薛寒.《职业教育法》20年:成就、问题及展望[J].陕西师范大学学报(哲学社会科学版),2016,45(6):128-135.

岗的就业制度。另外，与产业工人能力培养和考核相配套的政策措施，如技能竞赛、技术职务晋升以及对优秀个体的表彰和宣传在这一时期也得到发展。为加大对工人基本权益的保障力度，2002年，劳动和社会保障部出台了《失业保险金申领发放办法》《工资集体协商试行办法》等文件。随着国际竞争的日趋激烈，用工市场不断提高对产业工人的要求，加大对其能力的考核，提升技术人才能力素质也成了这一时期政策发展的关键。

总的来讲，党中央做出的改革开放这一重大决策把中国发展带入到全新的轨道。市场经济释放活力，强调增加经济效益、提高劳动生产率。产业工人被市场竞争裹挟，完全丧失原有的身份优势，涉及薪资待遇、社会地位、教育和培训等内容的产业工人公共政策发生明显变化，进而对培养产业工人的职业教育质量的要求也不断增高。

（三）技能高质量发展的产业工人队伍建设阶段（2002—2009年）

2001年，中国正式加入WTO，成为激活世界经济的关键动力和强大生力军。这一方面表明中国二十多年改革开放的成绩得到了世界的认可；另一方面也推动中国走向世界，开拓更大的国际市场。新的发展形势下，党和政府将科学发展观作为这一时期政府工作的指导思想，在这一思想的引领下，党中央意识到发展科学技术，培养各类高质量人才的重要性。2002年，中共中央、国务院提出了"实施人才强国战略"，并把人力资源开发放在优先地位。[1]为了贯彻落实这一战略，《2002—2005年全国人才队伍建设规划纲要》中对新时期人才队伍建设进行了总体谋划并要求建设三支强大的人才队伍。其中，专业技术人才队伍被列入其中，受到了党和政府的关注。

加入WTO后，我国出口量的迅猛增长，制造业等对劳动力的需求急速增长。由于对工人的素质水平要求不是特别高，大量农民也从乡村涌向城市谋求新的生机。然而，我国的劳动力并非用之不竭，加上这一时期，大部分企业的福利待遇差、薪资水平低、劳动强度大，导致产业工人处于弱势地位、社会认可度低、从业意愿低。2002年，人事部联合相关部门制定了《新世纪百千万人才工程实施方案》，旨在深化实施人才战略，培养新一代的技术带头人，推动高层次专业技术人才队伍的建设。2003年，国家颁布了《中共中央、国务院关于进一步加强人才工作的决定》作为新世纪人才工作的行动纲领，在这一政策文件的推动下，产业工人职业教育与培养事业实现进一步发展。2005年《国务

---

[1] 李丽莉.改革开放以来我国科技人才政策演进研究[D].长春：东北师范大学，2014.

院关于大力发展职业教育的决定》中,强调加大职业教育的规模、改善职业教育服务经济发展的功能,提高劳动者的技能和素质满足国家现代化发展的需要;2006年,政府出台了《关于进一步加强高技能人才工作的意见》《国家中长期科学和技术发展规划纲要(2006—2020年)》《关于实施科技规划纲要增强自主创新能力的决定》等文件,突显出增强职业技能、提升技术人才质量的重要性。2007年,国家发布实施《中华人民共和国就业促进法》,在法律的层面上强调发展职业教育与培训对促进就业的重要性。在注重通过职业教育培养提高产业工人能力的同时,国家也出台了相关政策文件保障产业工人基本的发展权益。2004年,劳动和社会保障部出台《集体合同规定》《最低工资规定》等文件,保障合同制用工下,产业工人享有合法的劳动地位和最低生活保障。2007年,国家颁布实施《中华人民共和国劳动合同法》,要求在双方自愿的情况下签订劳动合同,从法律的层面保障产业工人的合法权益。2008年,人社部联合8个相关部门进行职业资格清理与规范工作,职业资格制度日趋规范。

  总的来说,这一时期,国家充分肯定了产业工人的技能质量在产业发展中的作用,这能更好地促使产业工人提升技能水平、增强多元素质、加大能力建设满足时代发展的需要,职业教育必然在其中发挥重要的作用。伴随产业工人能力的提升和发展条件的改善,他们也必然在经济建设中发挥更大的作用。

(四)重视个体价值的产业工人队伍建设阶段(2010年至今)

  当今世界,全球经济发展正经历着革命性的变革,尤其是在制造业领域,在这一趋势下,我国经济增长方式正朝着依靠科技进步和劳动力素质提升的方向转变。2010年,国家确立"人才优先"的新发展理念,随后,面向特定群体的人才培养规划,如《专业技术人才队伍建设中长期规划(2010—2020年)》《高技能人才队伍建设中长期规划(2010—2020年)》及其相配套的政策文件陆续出台。

  我国制造业取得大规模发展的背后隐藏着产品质量与安全、原料和人力资本上升等危机。若要有效地化解危机,必须以提升产品质量、增加技术含量为突破口,以建立高端人才引领的技能劳动者队伍为关键。2011年,国家开始加大力度对技师、高级技师进行技能培训,充分发挥高技能人才在行业领域中的引领带头作用。[1]2013年,我国首次提出"打造中国经济升级版",培养高技

---

[1] 中华人民共和国人力资源和社会保障部.国家高技能人才振兴计划实施方案[EB/OL].(2013-03-13)[2018-11-01]. http://JnJd.mca.gov.cn/article/zyJd/zcwJ/201303/20130300428248.shtml.

能人才成为实现这一目标的关键主体。同年,国家提出在深化产教融合、校企合作的基础上,加快建设现代职业教育体系的步伐,努力培养更多的高素质劳动者和技术技能型人才。[①]2014年《关于加快发展现代职业教育的决定》中,要求培养大批经济发展需要的专业能力与职业素养较高的劳动者,并强调让其进入到我国生产、服务的重要岗位上发挥引领带头作用。2015年,国家对高端人才发展有了更清晰的认识,同年出台《技工教育"十三五"规划》进一步凸显了党和国家对职业教育和技能人才培养的重视,也充分印证了"十三五"期间经济发展对高技能人才的迫切需求。2016年,为了保障"中国制造2025"战略规划的人才供给,《制造业人才发展规划指南》出台并强调通过高校与科研机构合作、产学研用联盟、高端项目引进等方式加快创新型技术人才的培养,多种方式打造素质水平高的专业技术人才队伍。2017年,国家再次强调产业工人在经济社会发展中的重要作用,提出着力解决影响产业工人队伍发展的现实问题。与此同时,国家注重从多方面改善产业工人发展的社会环境。2016年,《专业技术类公务员管理规定(试行)》出台,在健全与完善中国特色公务员制度的同时,为专业技术类人才实现专业发展奠定了制度基础。由于长期受传统观念和体制机制的束缚,产业工人社会地位不高的问题依然严重。2017年,《关于提高产业工人待遇的意见》要求从政治、经济、社会等各方面入手改善工人待遇,提高产业工人地位,增强职业认同感和价值感。2018年,《国务院关于推行终身职业技能培训制度的意见》中,提出建立全员参与、贯穿终身的职业培训制度,这也将为产业工人队伍的发展提供坚实保障。

总而言之,现阶段,国家对产业工人关注增多,不断制定与完善产业工人公共政策内容,着力解决其在薪资待遇、社会地位、教育与培养、福利与保障等方面存在的现实问题。良好政策环境的不断创设使产业工人的发展得到有效的保障,然而,要真正保障产业工人实现健康可持续发展,还需从根本上提升工人发展的内在机制,关注产业工人队伍工匠精神培养的问题。

二、政策变迁背景下产业工人队伍工匠精神的培养

产业工人公共政策的变化为其工匠精神的培养提供了不同的外在支撑环

---

① 米靖,赵庆龙.经济转型期高技能人才培养政策分析[J].中国职业技术教育,2015(3):44-49.

境。纵观改革开放以来我国产业工人公共政策的发展历程,国家不断调整政策的内容从而更好地满足经济、社会与产业工人发展的需要。从以上四个阶段产业工人公共政策文本的价值选择中可以看出,从改革开放之初到1992年,产业工人的社会地位,尤其是政治地位仍保留部分旧制度下的优越性,社会福利和各方面的待遇有所保障;1993年到21世纪前夕,国有企业的全面改革导致很多工人失业,原有的生活保障丧失,工人的社会地位发生了扭转性的变化;2002—2009年,加强对产业工人的教育与培养,提高产业工人素质,有效调整结构性失业是政府关注的重点;2010年以来,政府重点关注加强高技能人才和专业技术人才等高水平技术人才队伍的建设、激发其带头引领作用,注重全面提高产业工人的地位和待遇。由此可见,政策制定者通过不断地摸索,逐步建立了较为完善的产业工人公共政策体系,这使得产业工人队伍工匠精神的培养越来越受到重视。当前,我国处于产业结构转型升级的关键期,产业工人作为推动制造业发展的生力军,其发展状况直接关系到产业经济效益的好坏,关系到制造业强国建设的进程,关系到工匠精神的培育与弘扬。在整体把脉产业工人公共政策内容变迁的基础上,研究对产业工人公共政策文本的内在价值进行分析,进而归纳出政策文本中对工匠精神培育的重视与关注。

(一)增强产业工人公共政策文本有效性,为工匠精神培养提供土壤

产业工人队伍工匠精神的培养需要高权威、针对性强的政策文本为其提供生长的土壤。在高权威性,针对性较强的政策文本的引导下,工匠精神的培养与弘扬才能得到各级政府及相关部门、企业以及产业工人个体的重视与关注。从政策学角度讲,确保政策的科学合理、保障政策执行的效率、提升政府的公信力的主要方式就是增强政策文本有效性,[1]而其有效性的提高受政策制定与发布主体、文本类型等多种因素的制约。对改革开放以来产业工人公共政策进行梳理后发现:一是政策的制定与发布主体逐渐多元,且联合制定与发布文本的数量增多。这一特点表明随着国家体制改革的不断深化,产业工人队伍建设赢得了更多政策制定者的关注,为政策的制定与执行奠定了良好的基础。一直以来,劳动部和人事部是产业工人政策制定与发布的关键主体。除此之外,改革开放以来文本制定与发布主体从全国职业教育管理委员会、国家教育委员会延伸到全国总工会、财政部、教育部以及工业和信息化部等相关部门。而且,各部门之间联合制定与发布文本次数不断增加。多元主体的参与既能推动政府及

---

[1] 浦绍勇.我国地方政府公信力建设:问题与对策分析[D].昆明:云南大学,2011.

社会对产业工人群体的重视,又能为实现产业工人发展权益提供多样的资源,进而增进各部门之间的协调性。二是高权威主体的频繁参与既使文本的法律效力增强,又使政策文本类型更丰富,从而更有效确保政策文本的执行。产业工人政策文本最初主要以国务院及其相关部门发布的"暂行规定""通知""意见"为主,文本自身的效力不高,贯彻执行的力度不足。随着高权威性主体的不断参与,产业工人政策文本形式多样。高权威主体关注产业工人队伍的发展,发布的相关政策文件既注重战略上的指导与管理,又强调具体落实上的有效与规范。三是政策文本的数量增长呈现"平稳性"与"急剧性"结合的态势,四个不同的发展阶段政策文本数量变化可以进一步概括为:1978—1992年基本属于政策调整阶段;1993—2001年处于政策发展阶段;2002—2009年处于政策加速阶段;2010—2018年处于政策密集阶段。[①]这四个阶段的时间跨度虽不完全一致,但是各时间段内政策文件的年平均分布量相差不大,这体现出了各阶段之间政策文件数量增长的"平稳性";从各时间段内政策文件的分布情况看,文件数量分布的全距较大且在某一时间点呈激增态势。因为政策文本数量的分布多是与政策制定者对该议题的关注程度有关,所以,2010年以来,我国产业工人公共政策文本数量分布较多且均匀表明在这一时期政策制定者对产业工人队伍建设的关注不减且有效性增强。

综上,不管是从政策发布的主体,还是政策发布的类型抑或是政策发布的数量来看,改革开放以来,产业工人公共政策文本的有效性和权威性在不断增强,产业工人的发展权益逐步得到保障。在产业工人发展环境得到有效保障的前提下,产业工人才能够更好地追求精湛技艺、充分实现自我价值,工匠精神的培育与弘扬才能更好地生根发芽。

(二)优化产业工人公共政策文本内容,为工匠精神培养供给养料

文本内容作为政策的核心部分,包含政策制定者所关注的全部问题。公共政策之所以成为实现国家治理的重要工具和手段,主要因为它以解决现实问题为出发点和落脚点,调节和维护社会中大多数群体的利益。[②]长期以来,我国出台的产业工人公共政策关注产业工人发展的实际,从现实问题出发,以涵盖产业工人发展的各个方面,以保障和促进产业工人队伍发展为目的,满足产业工人发展的需要。通过对产业工人公共政策文本的细致分析发现,我国产业工人

---

① 张锏.湖北省高新技术产业政策研究(1978—2012):政策文本分析视角[D].武汉:华中科技大学,2014.
② 莫勇波.公共政策学[M].上海:格致出版社,2012:3-13.

公共政策为满足不同阶段产业工人的发展需要，政策内容是在不断调整、动态优化的过程中。一是改革之初，关注产业工人的"生活之需"。新中国成立到改革开放早期，我国一直处于计划经济体制之内。为了彰显出社会主义制度的优越性和工人阶级重要的政治地位，国家对城镇劳动力进行统一的就业安置，工人阶级被纳入全民所有制企业和集体所有制企业之中，获得稳定的生活和职业保障。[①]随着经济社会的稳定发展，农村大量的富余劳动力开始涌入城市，激发了新的就业矛盾。与此同时，大多数企业内部的活力缺失、竞争力弱、生产效益差，产业工人的工资发放和福利待遇虽然没有完全打破由企业单位来承担的局面，但低经济发展水平难以有效保障其个人和家庭的"生活之需"。为了改变这一现状，国家出台相关政策对国有企业进行改革，实行合同用工制度，营造"凭能力创造新生活"的社会氛围。二是改革逐步走向正规化，关注产业工人的"就业之需"。1993年，社会主义市场经济体制正式确立，为了追求经济效益、发挥企业的活力，国企改革步伐加快。一些企业因设备陈旧、技术落后等原因导致破产，一些企业大量裁减内部富余人员，这使得工人再就业问题越来越突出。这一时期政策文件中"劳动合同制""职业资格证书制度""职业技能鉴定""双向选择"等内容出现频次最多，产业工人社会地位发生实质性变化，经济待遇成为衡量产业工人职业好坏的关键。在企业强调规范用工，追求市场效益的情况下，产业工人如何顺利实现就业，获得保障生存发展的权益成了最迫切的需要。为了缓解失业、稳定就业，国家颁布的相关政策文件中注重建立产业工人的教育与培养网络，加强创新教育提升产业工人的操作水平。三是改革发展期，关注产业工人的"尊重之需"。20世纪90年代之后，国家在对待农民工政策松动，此后，大量农民工涌进城市。2000年以来，农民工作为工人队伍建设中的新生力量，开始被社会各界广泛关注。新型工业化建设和现代化发展在为产业工人提供新发展契机的同时，也向其发起了挑战。尤其是对农民工群体而言，受技能水平和综合素质的制约，工作环境差，薪资待遇低，社会认可度不高。为了解决这一现实问题，国家出台的相关政策，一方面加大对产业工人的教育与培养；另一方面增强对产业工人的权益保障，改善其生存环境。四是改革深化期，关注产业工人的"自我实现之需"。2010年至今，政府加大职能转变的力度，注重简政放权，为激发企业主体性作用，缓解人才结构性矛盾提供了宽松的政策环境。"柔性引才方式""知识产权保护""现代学徒制""终身职业技

---

① 施杨. 社会转型与工人生活轨迹变迁[M]北京：中国社会科学出版社，2017：28-30.

能培训"等内容的不断丰富,既有力地推动着产业工人的流动和发展,又实质性地提升了产业工人教育与培养的质量。这为发展高端引领,建设制造业强国、提升产业工人社会地位、实现产业工人自身价值奠定了基础。

总而言之,改革开放以来,产业工人公共政策内容随着政策环境和现实问题的改变而适时优化调整,注重最大可能满足该阶段产业工人队伍的发展需求。随着产业工人发展环境不断得到改善,产业工人队伍发展需求不断得到关注与重视的情况下,产业工人队伍能够更好地在工作中追求一丝不苟、精益求精、执着专注的状态,进而能够更好地弘扬与传承工匠精神。特别是在2016年李克强总理率先在政府工作报告中明确提出"工匠精神"概念以来,相关政策文件中也逐渐突出对产业工人队伍工匠精神培养的关注,进一步引导产业工人队伍走向高端化、专业化。

(三)丰富产业工人公共政策内涵,为工匠精神培养增添助力

产业工人公共政策更突出对人作为重要主体的尊重与关注,强调实现个体的价值,这为工匠精神的培养提供了直接的促进作用。政策价值表现为作为价值客体的政策在满足价值主体需要的过程中所形成的一种效用关系。[①]改革开放以来,我国颁布和出台的一系列产业工人公共政策即是政策制定主体在基本理念和价值取向上对产业工人队伍建设问题的反应和表达。[②]受传统政策文化和制度框架的制约,我国产业工人公共政策在发展的过程中存在价值错位的现象,如过多地关注政策带来的显性价值忽视了其隐性价值;强调政策的工具性价值而轻视了人本位价值,这种价值错位进而导致社会资源配置不公、结构性矛盾突出、产业工人整体地位偏低等现实问题。因而,要使产业工人公共政策价值得以全面而充分地体现,关键是通过政策实践活动实现主体价值。整个发展历程中,政策制定者紧紧围绕"以人为本"的价值理念推动着产业工人公共政策的变迁发展。改革开放初期,市场经济的逐渐形成使得"个体人"从"整体人"中得以剥离,个体人的基本价值从"集体"与"国家"中苏醒。产业工人不再仅是"社会整体"与"阶级"的象征,而是无数具体化的人。[③]产业工人个体与社会的关系中,更多的强调产业工人个体增强操作技能和生存能力适应

---

① 孙绵涛,邓纯考.错位与复归——当代中国教育政策价值分析[J].教育理论与实践,2002,22(10):17-20.
② 祁占勇,王佳昕,安莹莹.我国职业教育政策的变迁逻辑与未来走向[J].华东师范大学学报(教育科学版),2018,36(1):104-111,164.
③ 吴忠民,韩克庆.中国社会政策的演进及问题[M].济南:山东人民出版社,2009:84-85.

社会经济转型发展的趋势，产业工人政策的制定也应依据社会转型需要而定；进入新世纪，随着市场经济和现代化进程的不断推进，竞争、理性选择以及决策的分化成为社会发展的重要准则，个体人的意识深度觉醒。平均主义的取向和做法被社会彻底抛弃，产业工人作为独立的个体要在市场竞争中获取有利的发展位置，必须不断提高自身综合素质。与之相适应，产业工人相关政策的制定多是依据市场实际需求而定；目前为止，市场活力被充分释放、多元价值理念共存不断冲击着社会发展，公共政策的制定更强调以具象的个体人的发展需求为出发点，强调通过实现个体发展推动社会的全面进步和发展质量的高效提升。产业工人作为实现产业转型升级、建设制造业强国的关键组成部分，应充分发挥自身的主体性作用。产业工人相关政策的制定也应改变以往的过多重视市场经济发展需求的做法，转向真正关注现代意义上的社会公平和产业工人个体职业生涯规划。

总之，随着"以人为本"价值理念中，主体"人"的价值内涵越丰富，产业工人个体实现全面发展的空间就越大，氛围就越好。在此背景下，工匠精神作为一种精神信念、一种价值追求，能够在产业工人个体发展过程中起着良好的推动作用，同时，产业工人因在职业岗位和良好的社会环境中感受到自身价值的实现，自身劳动被尊重与认可，会在此基础上进一步弘扬工匠精神。

第三节 产业工人队伍工匠精神培养的生发环境

产业工人个体作为工匠精神的主要践行者与传承者，不仅需要政策制度等为其发展予以外在支撑，也需要有利于其健康可持续发展的内在环境。其中，职业教育与培训作为培养技术技能人才主阵地，在产业工人工匠精神培养上发挥着举足轻重的作用，与此同时，就产业工人而言，岗位学习是其践行工匠精神的主舞台。工匠精神作为一种职业精神，内嵌敬业、精益、专注、创新的思想内涵，是个体在劳动实践中形成的职业道德、职业能力和职业品质的集中体现，具有深厚文化内涵和价值取向，体现在个体对产品的精益求精以及对工作的专注热爱。[1]我国长期以来重视培育与弘扬工匠精神，尤其当前是身处经济社会转型关键时期，工匠精神作为时代需求之下产业工人所必备的时代素养得到

---

[1] 李慧萍.技术技能人才工匠精神培育研究——理论内涵、逻辑框架与实践路径[J].中国职业技术教育，2019（13）：43-48.

前所未有的重视。本章节在详细探讨产业工人工匠精神培养的支撑环境的基础上，研究重点就职业教育与培训、岗位学习等促进产业工人工匠精神生成环境进行剖析。将产业工人工匠精神的结构归为"匠技、匠心、匠魂"三维度，其中，匠技、匠心和匠魂三者相辅相成，是有机统一的关系，而产业工人工匠精神的培养则需要职业教育与培训。

一、工匠精神的培养须贯穿产业工人发展的全过程

产业工人队伍是工人阶级中发挥支撑作用的主体，是创造社会财富的坚强后盾，是创新驱动发展的骨干中心，是实施制造业强国战略的核心。新时期，国家将努力推进知识型、技能型和创新型劳动者大军建设作为人才发展战略之一。其中，2017年4月，《新时期产业工人队伍建设改革方案》面世，确立了关于产业工人队伍建设的治国理政方针，主要内容包含工人阶级是我国的领导阶级，产业工人是工人阶级的主体力量。针对影响产业工人队伍建设发展的突出问题，全社会要创新体制机制，提高产业工人素质，疏通发展通道，依法保障劳动权益，努力发挥工会组织、引领和服务的作用，锻造新时代有理想、守信念、懂技术、会创新、敢担当的产业工人劳动大军。在推动产业工人队伍建设的过程中，2019年7月，全国总工会王东明主席在调研时强调：要弘扬工匠精神、劳动精神、劳模精神，让产业工人个体能够在实现中国梦中展现更大作为。产业工人队伍是由一个个鲜活的产业工人个体组成的，凝聚着亿万产业工人的信念与力量，其中，工匠精神作为产业工人队伍建设的重要精神，必将在产业工人个体身上得以生动的展现。产业工人个体从接受职业教育成为一名潜在的劳动者直至成为产业发展中一名成熟的劳动者，其经历了"学徒—新手—专家"的过程，在这个过程中，工人个体需要接受职业教育与培训，需要在岗位上进行不断地实践与摸索。由此可见，工匠精神作为一种职业精神、一种价值信念，必须在产业工人发展的各个阶段需要关注与重视。

（一）职业教育与培训是产业工人工匠精神培养的重要渠道

职业教育与培训在产业工人工匠精神培养上具有双重推动作用，一是职业教育与培训是技术技能型人才培养的主阵地，为其掌握工作领域的专业知识与技能夯实基础；另一方面，职业教育与培训也是工匠精神生长与发展的"营养皿"，肩负着引导学生树立精益求精、一丝不苟职业态度的责任。其中，对于产业工人而言，职业教育与培训应被明确地划分为职业院校与在职培训两个不同的阶段。之所以要进行细致的划分，因为产业工人本身属于"工作领域"的

范畴,即是个体的社会身份标志,也是其职业称谓。他们更多的是在工作的实践与磨砺中得到了快速成长,但是在其之前职业院校教育,为其技能培养、人格生成等起到了重要的奠基作用。学者林克松曾在相关研究中指出,"职业院校学生是工匠精神的被烙印者,并处于形塑工匠精神的敏感期"[①]。学者叶美兰等人也明确指出,"工匠精神生长于企业,却萌芽于教育"[②]。因此,职业院校教育在产业工人工匠精神培育中的作用不可轻视。加之,研究中对"职业教育"的内涵更倾向于取其狭义概念,即强调职业院校教育。所以,更倾向于将影响产业工人成长与发展的阶段区分开。在职培训更倾向于产业工人在工作岗位上由企业作为培训主体为其提供的技术技能培养、企业文化教育等方面的活动。

1.职业院校教育孕育产业工人的工匠精神

职业院校培育的工匠精神"源于职业教育,又高于职业教育",是一种要"跳出教育去看待的一种教育的理想境界和形而上的追求"。[③]工匠自身的技能、技艺和技术是他们的物质载体和最根本的职业生涯的追求,而与之相称的独特精神表现为他们对自己专业独特的职业态度,这种态度使他们将自己的专业变成自己生命存在的方式。[④]因此,工匠精神的形成非一日之功,而是一个长期积累、不断强化、由量变到质变的过程。职业院校的学生作为"准职业人",正处于产生工匠精神的敏感期,这才为职业院校开展工匠精神培育提供了前提和可能。一方面,职业院校的学生大多是从普通教育的轨道中转轨而来的,这两种同等重要但所属类型不同的教育会使其产生新的认知方式、知识结构和自我特征。在这个时期,如果重视对其进行工匠精神的培育则更将为其所接纳与认可,从而内化成其新的价值观。另一方面,作为"准职业人",职业要学生正处于其职业生涯的启动阶段,他们对于即将从事的工作领域充满好奇与期待,对外在环境保持着开放的态度。若在这一阶段,注重对其进行工匠精神的培育必将对其产生深刻的影响。总之,职业院校教育在产业工人工匠精神

---

① 林克松.职业院校培育学生工匠精神的机制与路径——"烙印理论"的视角[J].河北师范大学学报(教育科学版),2018,20(3):70-75.

② 叶美兰,陈桂香.工匠精神的当代价值意蕴及其实现路径的选择[J].高教探索,2016(10):27-31.

③ 卢建平,杨燕萍.基于整体性治理的职业院校培育工匠精神的思考——以江西为例[J].职教论坛,2018(2):157-159.

④ 李小鲁."工匠精神"是职业教育的灵魂[J].中国农村教育,2017(Z1):61-62.

培养上具有得天独厚的优势，同时，也面临着诸多未知的挑战。

职业院校教育对产业工人工匠精神的培养，集中体现在帮助其形成对工匠精神的理解与认同上，即在"准职业人"阶段建立其对工匠精神的认知认同、情感认同和行为认同的基础之上。[①]首先，职业院校教育旨在引导学生对工匠精神形成认知认同，即对工匠精神的直观了解和认知，这是形成个体工匠精神的前提。职业院校教育只有引导学生对工匠精神形成全面、准确、理性的认知，才有可能进一步形成认知认同。在这个过程当中，职业院校教育通过教学目标的设置、课堂教育内容的选择、院校文化建设等方式，帮助学生对工匠精神的认知从感性走向理性、从被动接受转向自觉思考。其次，职业院校教育旨在引导学生对工匠精神形成情感认同，即对工匠精神表现出的赞同、认可、追求等正面的情绪反应。在这个过程中，职业院校通过邀请"大国工匠"到校宣讲与授课、奖励与表彰技能突出的个体与集体等活动帮助学生对工匠精神形成情感体验，帮助学生具体而又深刻地感受到工匠精神对自身职业生涯发展乃至经济社会发展的重要价值和意义，从而为学生生成工匠精神提供情感基础。最后，职业院校旨在引导学生对工匠精神的行为形成认同，即引导学生在行动实践中践行工匠精神，自觉或不自觉地参照工匠精神的内涵要求做事。职业院校通过开展实习实训，校内技能大赛等活动，让学生在行动中体悟与内化工匠精神，并形成工匠应有的行为品质和职业习惯。由此可见，职业院校教育利用自身独特资源与优势，为产业工人工匠精神的培养提供着生长与发展的环境。

2.企业教育培训锻造产业工人的工匠精神

企业教育培训为产业工人职业生涯的发展提供了必要的支持与帮助，是产业工人个体更好地适应岗位要求、创造更大企业价值的有效路径。企业是以产品或服务来满足社会需求的生产经营单位。企业产品或服务质量依赖于企业技术装备和职员素质的高低，企业职员素质的高低取决于他们接受教育的性质与程度。换言之，企业发展不仅有教育培训需求与条件，而且对教育培训的性质与程度有特定要求；但是，企业的教育培训需求与条件仅仅构成企业教育活动出现的必要条件。企业教育培训的实施，还与企业家对企业教育培训的认识程度及采取的措施相关联。企业教育培训的目标在于改善与提高企业内员工的知识、技能、工作方法、工作态度以及工作的价值观，进而发挥出最大的潜力

---

① 廖志诚.论社会主义核心价值观文化认同机制的建构逻辑[J].探索，2015（2）：155-159.

提高个人和组织的业绩，推动组织和个人的不断进步，实现组织和个人的双重发展。随着知识经济时代的到来，各行各业面临的竞争不断加剧，企业更加迫切地需要提升核心竞争能力以加强其在行业中的竞争地位，企业员工也面临诸多新挑战，员工对培训、学习的兴趣日益高涨。基于此，企业根据自身发展战略和实际工作需要，采取合适的方式，加大对企业内员工传授其完成本职工作所必需的基本技能。一般而言，企业教育培训涉及针对岗位的需求的岗位能力培训与对素质方面的要求，主要有心理素质、个人工作态度、工作习惯等的素质培训。产业工人接受企业教育培训能够有效提升自己的专业知识与专业技能，与此同时，也能有效的提升其归属感，养成其良好的职业态度和行为习惯。[1]

企业教育培训是有组织、有计划地在工作场所开展的活动，这不仅可以更好地履行其对产业工人技能培训的职责，还有独特优势。与职业院校教育相比，工作场所属于实践领域，实践领域的教育培训以应用知识技术和创造价值为特点，更有利于人格完善与技能培养，尤其是工匠精神的培养。"通过平常的实践，体会经营的基本方针，形成人格，修成广博的专门知识和技能。最重要的，就是在工作场所向上司学习的全人教育。因此，通过执行职务而作的指导，就成为本公司培养人才的核心。借此要培养出临床家的实践能力。"[2]由此可见，企业教育培训能够培养出产业工人较强的"实践能力"。除此之外，企业教育培训还内在地肩负着培养人的学识、品德以及责任感，并将人培养成为社会人而不仅仅是会做事的机器这一使命。以日本松下电器公司为例，经过长期的经营其建成了以培养人格健全的职员为目的，以通用技术为核心内容，以学习、实践、反省为方法，以工作场所内外技能训练结合与学校和企业合作为途径的职业技能培养体系。由此可见，企业教育培训是促进产业工人工匠精神培养的重要组成部分，对促进产业工人队伍的健康可持续发展意义重大。

（二）生产实践是产业工人工匠精神培养的恒久推动力

工匠精神指引着生产实践活动的同时也来源于生产实践活动。工匠精神，是以产品为牵引，在生产实践中结合自身经验不断学习与思考的一种专注和创新的精神。从本质上讲，这种精神是需要劳动者在一次次反复的实践中来实现的。因而，对广大产业工人而言，生产实践是促使其工匠精神形成的恒久推动

---

[1] 王筱宁，李忠.企业员工技能培养的实践逻辑——对日本松下电器公司的个案分析[J].职业技术教育，2020，41（21）：24-30.
[2] 游津孟.经营管理全集之22：松下人才活用法[M].台北：名人出版社，1984：197.

力。通过在工作岗位上的不断实践，产业工人个体的职业技能与专业理论知识会得到明显提升，这为其更好投入劳动生产提供了必要的支撑。且随着其技术技能水平的提高，产业工人工作中所面临的工作任务的复杂度和困难度将有所提升，进而需要其在新的工作任务中做得更好。加之，在科技迅猛发展的背景下，众多技术含量低地机械性重复工作都已被智能化操作系统所取代，产业工人在生产实践中必须养成追求卓越与创新、一丝不苟地专注以及自觉反思等精神品质，才有可能避免在智能化时代被机器所取代。

生产实践是产业工人日常工作的核心活动，也是产业工人实现自身工作价值的活动。产业工人在生产实践活动中，其知识学习能力、技能学习能力、劳动创造能力将明显提升，这与新时代工匠精神的内在要求趋于一致。新时代工匠精神内在地包含与时俱进的学习能力，进而满足外部产业环境变化对劳动者提出的新要求，以及推动产业工人自身健康可持续发展。生产实践活动会从多个层面，如专业知识、产业技能以及工作创新力，这些方面相互制约并共同构成一个有机知识体系，进而促进产业工人形成某种参与高级产业生产的综合能力。尤其是在各种复杂难明的产业发展的具体问题面前，产业工人需要恪守职业伦理而虚心求教，促使其在学习过程中逐渐养成责任担当意识、创新工作能力以及正确价值判断力等。现代产业的高速发展离不开信息技术所带来的生产方式的变革，这进一步对促进产业工人个体有意识地增强自身的综合能力，也将使其从传统被动式的集体学习方式解放出来。此外，生产实践活动是企业和社会持续发展的基本要件，是持续不断存在的，这也造就了一批批劳动者在其工作岗位上长久的学习与劳动。可以说，产业工人生产实践活动本身就是学习的过程，也是工匠精神锤炼的过程，在这一过程中，产业工人将其各种知识转化为产业技能等资本的能力促进其更好的发展，也进一步推动工匠精神的培育与弘扬。

二、将工匠精神注入产业工人职业教育与培训之中

在第四次工业革命的推动下，人工智能、互联网、大数据、云计算等技术正在改变传统的制造业生产模式。现阶段，我国产业结构正处于调整和转型升级过程中，技能人才的作用越来越大。职业教育担负着培养各行业技术技能人才的责任，为我国加快发展制造业，服务社会现代化建设，战略性新兴产业提供急需的人才。工匠精神是一种甘于奉献的敬业精神，对工作严谨专注，对岗位执着坚守，富有责任感；它是一种追求完美的创新精神，对技术钻研创新，

对产品品质追求卓越，精益求精。①将工匠精神注入职业教育与培训中，才能培养出知识型、技能型、创新型人才，进而人促进产业工人队伍的建设。这是国家战略顺利实施的保证，是社会科学进步、技术创新和企业发展的需要，也是个人自我价值实现的条件。

（一）将工匠精神全面纳入职业院校教育

工匠精神在现实社会中并没有得到很好地关注与重视，尤其是在同样没有受到应有重视的职业院校教育之中。长期以来，受传统"学而优则仕"思想的影响，产业工人的社会地位并不高。广大青年学生普遍不愿成为"受人管"的一线产业工人，缺乏专业精神，对于产业工人心存偏见，甚至有些看不起。同时，在物欲横流的现实环境中，社会风气日益浮躁，人们普遍急功近利，对工匠精神缺乏认可和尊重。加之长期受"普高职低"思想观念的影响，家长对职业教育抱有误解和偏见。与此同时，在我国，职业教育一直被认为是"差生的教育"，即使是从事高职教育的人也大多将高职教育狭隘地理解为技术教育，过分宣扬工具理性，推崇技术至上，而忽视了对学生人文素养的培育。且校企合作的深度、广度不够。大部分教师缺乏企业工作经验，在教学过程中"说"得多而"做"得少，违背了职业教育的基本教学规律，学生也就很难认知、理解并具备工匠精神。②基于此，新时代背景下，针对我国职业院校工匠精神培养中存在的问题，采取多种途径，将培育工匠精神融入职业院校教育中。

1.深化人才培养模式改革，将工匠精神贯穿教学始终

职业院校应结合职业教育人才培养的特点，大力弘扬工匠精神，根据市场需求不断深化人才培养模式改革，提高学生的职业素质水平和思想道德品质，使学生养成爱岗敬业、至精至诚、勇于奉献等职业精神。同时，职业院校教师要深入研究经济新常态对技能型人才职业素养的新要求，既要不断强化学生的专业技能，也要适应新形势、新要求，及时调整人才培养目标、培养方案、教学内容以及考核标准。具体来说，一是将工匠精神所代表的职业理想、道德、责任等融入人才培养方案中。把以工匠精神为核心的职业养成教育整合到各类平台课程中，拓展公共选修课。二是按照课程的教学规律，综合考虑学生的个性特长、职业目标、知识结构等因素，因材施教，使学生真正掌握一门技术，

---

① 孟春伟.新时代工匠精神融入职业教育的意义和培育途径［J］.教育现代化，2018，5（36）：367-371.

② 尹秋花.高职院校工匠精神培育的现实困境与实践路径［J］.教育与职业，2019（6）：38-41.

着力培养学生一技之长。同时，针对学生的行为特征和认知特点，培养学生的职业迁移能力，使学生明确了解工匠精神的特质、基本要素和核心内容，从而提升学生职业技能学习的主动性，引导学生树立职业理想、职业道德和职业责任。三是善于利用创新创业实践基地和校企合作创新创业中心、学生专业实践活动和创新创业社团活动等平台，通过专业技能大赛和创新创业竞赛等形式，让学生认识到工匠精神所涵盖的爱岗敬业的职业精神、精益求精的品质精神、协作共进的团队精神、追求卓越的创新精神。

2.加快推进校企合作、产教融合，将工匠精神培育与实习实训紧密结合

校企合作、产教融合是培育工匠精神的主要手段之一，也是职业教育人才培养的重要形式。为了切实将工匠精神培育与技能教育、企业实践有机结合，必须加快推进校企合作、产教融合。另外，工匠精神培育需要经历长期的过程，需要经过不断实践。专业实训是高职院校开展实践教学的主流形式，对人才培养具有重要作用。因此，职业院校要从专业实训入手，切实发挥专业实训教学对学生工匠精神的启蒙作用，让学生感悟到工匠精神的内涵与价值。一是强化校企深度融合，共同管理与考评。职业院校可以采用"走出去、请进来"的方式，一方面，组织学生走进企业、工厂、车间，零距离接受企业文化和职业精神的熏陶；另一方面，邀请企业专家参与学校人才培养目标、专业人才标准、课程方案等的制订，并共同考核学生的学业，将职业道德、职业品质、职业能力等"工匠精神"方面的评价指标作为考核依据，对其学业进行综合评价。二是扎实推进现代学徒制，构建校企协同育人新模式。职业院校可以以"现代学徒制"创新人才培养机制，采用"双导师"培养制度，即操作性专业课程以企业在岗培养为主，企业导师。采用师徒方式授课；理论知识课程以在校培养为主，主要由学校导师授课。通过这种方式提高学徒的综合素质和岗位技能，且利于将企业导师的职业精神逐步内化成自身的职业素养。

3.完善师资队伍和校园文化建设，将工匠精神嵌入学生价值观念中

职业教育应该首先注重对人的教育，其次才是知识技能的教育。一方面，需要加强"双师型"师资队伍建设，提升"双师型"教师在师资队伍中的占比；聘请能工巧匠和技术骨干作为兼职教师承担实践教学任务，提高学生的职业技能。另一方面，需要加强校园文化建设，努力营造一种敬业乐业、严谨专注、追求卓越、乐于奉献的校园文化氛围，从而潜移默化地培育学生工匠精神。一方面，职业院校可以应通过开展多样化文化活动，如演讲比赛、征文比赛、专题讲座等，引导学生树立正确的职业价值观；另一方面，职业院校可以在校园内打造传播工匠精神的器物文化，如工匠名人雕塑、工匠精神相关标语

等，营造一种崇尚工匠精神的校园文化氛围。此外，在学生思想政治教育中，增加有关"劳模精神""工匠精神"的课堂学习。职业院校应该以社会主义核心价值观去引领学生，倡导敬业、进取、自信、精益求精的精神，需要以"教书与育人并重"的育人理念，培养学生的综合职业能力。在加强专业技能培养的同时，重视学生的个体成长和道德品质的思想教育。

（二）将工匠精神切实注入产业工人的企业教育培训

企业教育培训是提高员工技术技能、管理岗位能力和其综合素质的主要渠道，是建设高素质员工队伍、弘扬工匠精神的重要途径。但是，长期以来，企业对教育培训工作的急于求成心态，教育培训管理体系不完备等问题还显得比较突出，企业发展所需的高素质复合型人才还比较紧缺，在一定程度上制约了企业经营战略实现的有序发展。就产业工人工匠精神的培养而言，一是企业教育培训对工匠精神培养思想认识高度有所欠缺。[①]大多数企业对产业工人的教育培训本身就缺乏重视，如在企业教育培训上一味节减开支；培训课程多流于形式；涉及提升产业工人岗位技术技能、管理等综合素质的中长期培训班组织较少，很难较大幅度的提升产业工人的综合素质。二是企业教育培训的方法也比较单一，不利于工匠精神的传播。产业工人培训大多数还是采取传统的讲授培训方式，教与学的衔接性不强、互动性不到位。三是企业教育培训在产业工人工匠精神培育上缺乏制定必要的可实施性措施。因培训是采取短期性的，所以导致培训措施的科学性、合理性、易于实施的可操作性大打折扣。培训缺少必要的制度规范化和相对固定化。同时，组织方仅对培训过程做了控制，对培训后续的考核、总结和评价工作却做得比较少。由此可见，将工匠精神切实注入产业工人的企业教育培训尤为必要。

1.以工匠精神培养引领企业教育培训观念

工匠精神可用来指代工匠个体及其社会行为呈现出来的思想、态度与观念，是一种定型化的文化形态或理想价值观。[②]技术创新不断，产品载体不断升级迭代，在客观条件充分的前提下，技术的学习难度可以不断递减，但企业工匠精神主体意识却很难轻易构建。唯有以工匠精神作为企业教育培训的底色，发展成为企业的内生动力，增强企业工匠精神主体意识与劳动者素质互相重塑，才能够进一步影响劳动者文化底蕴和价值认同感，有助于产业工人工匠精

---

① 胡兴鹏.论如何提高企业员工教育培训的质量[J].辽宁省交通高等专科学校学报，2020，22（2）：39-43.

② 潘天波.工匠精神的社会学批判：存在与遮蔽[J].民族艺术，2016（5）：19-25.

神的培养与传播。首先，引导企业决策层要树立学习型企业文化为先导的发展理念，要明晰企业员工参与培训的最终目的是要提高其技术技能、管理水平以及必要的学习能力和创新能力，形成一种全员的学习文化氛围，最终以共同实现企业制定的各项战略经营管理目标而奋斗。其次，应从企业文化土壤开始渗透，与制造实践相结合，提高企业的工匠精神主体意识和文化认同感，企业自身对于工匠精神和企业文化的主体意识的提升，能够改善其对企业教育培训的整体态度，进而能够有效地提升产业工人个人工匠品格。

2.以工匠精神培养为目标创新培养模式

当今时代，"机器换人"潮仍在蔓延，虽然智能化不能完全替代人，但被机器排挤的产业工人的出路唯有提升自我，被科技浪潮裹挟的行业企业唯有重视人才培养、增强自身文化软实力。同时，世界已经进入信息化、全媒体时代，个体获取信息、知识的渠道更加多样、更加便利。一方面，在这种形势下，企业教育培训应注重运用现代化的传播手段，提高培训的吸引力和实效性。如建设产业工人队伍培训网站，开发在线学习系统、开通在线交流系统等，不断拓展培训空间，提高培训效率。积极推广培训短视频、在线模拟答题系统等新技术，可以有效解决工学矛盾问题，可以提高产业工人践行工匠精神的积极性。另一方面，在产业工人培训内容的选择上，应与行业企业发展规划、经营目标以及前期确定的培训需求计划以及工匠精神的弘扬需求相结合。同时，还要与产业工人的工作岗位、工作标准、岗位职能及工作目标有效对接。深入分析参训群体工作状况，在培训过程中，既注重理论知识的教学，又要加强实践技能的培训，更重要的是对其进行工作态度的规范。总之，新形势下产业工人教育培训要在大胆应用现代培训技术、新的传播手段、新的培训模式的基础上，不断凸显工匠精神的要素与内涵。

3.以工匠精神培养为依循优化教育培训生态

引导企业始终把教育培训管理实施体系建设作为加强产业工人教育培训工作的重要组织保证，为其培训工作开展提供坚强的组织保障。在管理机构建设方面，建立由企业主要领导牵头，各产业部门负责人为成员的"产业工人培训工作委员会"，形成层次清晰、上下贯通、职责明确的产业工人培训管理实施体系；在制度机制建设方面，要立足实际，科学制定产业工人教育培训管理制度，内容涵盖企业内外部培训管理与考核等各个方面，形成一整套较为完善的产业工人培训管理制度体系，为规范、有序开展企业教育培训工作提供坚实的制度保障；在教育培训对象方面，要紧密围绕一线操作人员、高技能人才"三支队伍"建设，实施分类施策、各有侧重、全面覆盖的原则，扎实开展系统化培训、专题培训、高端培训、外出学习交流等，确保教育培训取得实效。此外，对于一些有实力的企业，还可以建立企业大学，对企业内产业工人进行培训。

三、促进工匠精神融入产业工人工作实践之中

个体的行为及质量取决于个体的能力和意愿，其能力与意愿越强，行为就越显著。将"工匠精神"融入产业工人工作实践中能够激发个人意愿，也间接促进其能力提升。"工匠精神"本身是生产力，是一种引领劳动者付诸行动的力量，它能够构造出现代制造业的软文化环境和人才生态圈，激发出广大产业工人的热情和能量。对于绝大多数产业工人来说，其本心是期待自身价值更大实现，期待组织和社会更大的认同，但他们缺乏坚持，尤其对目标信仰的坚持、对改进技能行动的坚持，特别需要精神力量的鼓舞，尤其是工匠精神的注入。因此，有必要促进工匠精神融入产业工人的工作实践之中。

（一）产业工人工作实践中工匠精神的践行状况分析

工匠精神作为内在的精神品质是产业工人队伍健康有序发展的强大精神动力，对于我国企业从中低端走向中高端具有重要的现实意义。近年来各行业企业纷纷展开多种形式和手段的宣传和教育活动，致力于产业工人工匠的培育，并取得了一定的积极影响。但同时，产业工人工匠精神培育也存在着一定的问题。

1.产业工人自身工匠意识不强、行动力不强

产业工人个体要想具有工匠精神，首先得具备工匠意识，在内心有对工匠的尊重，对工匠文化的充分认可和对工匠精神的无限崇尚。但实际上，产业工人或者说广大劳动者为了报酬为了竞争，在利益的驱使下不得不提高工作速度和效率，在有限的时间内生产更多的产品，没有更多的时间与精力去了解与追求精神层面的工匠思想和工匠文化，也不愿意在实际的工作过程中降低自己的工作效率去追求极致的产品品质。但是这些却经常被企业所忽视，企业在没有充分了解的前提下形式化地向产业工人灌输工匠思想和工匠文化，又因为本身每个人的接受程度和理解能力有限，最终，产业工人只能囫囵吞枣、不切实际地接受工匠精神，导致其没有一颗积极进取的匠心，缺乏立意高远的工匠意识。正是在工作实践中，企业和产业工人队伍对工匠精神培育的重视程度不够，产业工人缺乏工匠精神的了解，才会导致工匠精神培养存在系列问题，导致中国制造的质量走低。

2.产业工人个体普遍缺乏应有的专注精神与奉献精神

改革开放以来，随着经济的高速发展，人们的物质生活和精神生活都发生了很大的变化。大多数个体为了物质上的享受而忽视了精神上的富足，为了

眼前利益而放弃理想信念。企业是市场竞争的主体，优胜劣汰的市场竞争机制使企业不得不通过减少产品生产的必要劳动时间来获取优势。这样必然会降低产品质量，出现粗制滥造的欺骗消费者行为。产业工人个体为了在竞争中处于不败之地，为了在竞争中取得利益的最大化，不得不采取各种手段和方式偷工减料，以次充好，再加上企业高强度的工作任务，长时间的工作要求，导致其身心疲惫，用一种应付的心态工作，不能踏踏实实、认真专注地做事。与此同时，在工作过程中，大多数企业员工认为工作的目的仅是获得劳动报酬，满足自身的物质生活需要，很少有人能够把工作的动力放在企业发展和社会需要的角度，一切以自我为中心，以自身的利益为出发点，处处注重自我的心理感受，缺乏一定的奉献精神。

3.产业工人个体对其本职工作普遍缺乏敬畏感

从职业伦理学的角度看，工匠精神应当被看作是一种职业伦理，它是关于职业行为的道德规范，受到特定职业群体的集体权力的约束。如果缺乏这种特定的职业群体及其集体权力，自然就会缺少相应的关于职业行为的道德规范，工匠精神也不太可能存在。传统的西方社会中，职业性的社团发挥着政府与个体之间中介组织的功能，它具备凌驾于个人的集体权力，对个体行为有着巨大的约束力。然而，我国长期以来，个体社会化过程最重要的一个步骤就是得到其所在宗族的认可，宗族起到了政府与个体之间的社会中间组织与纽带的作用。加之中国传统社会家国同构的社会治理模式与皇权的强大，职业性社团的存在必要性降低，职业伦理的发展较为落后。这样一来，依托于特定职业或职业群体的职业规范及伦理在社会中所起的作用就相对减弱了。[①]基于此，在广大劳动者观念中，其所从事的工作意涵容易被窄化为谋生的手段，久而久之，缺乏对其实质性的敬畏感。

（二）产业工人工作实践中工匠精神培养应坚持的原则

产业工人工匠精神培养事关的产业工人队伍以及制造业行业企业的健康有序发展，是一个具有长期性、艰巨性且存在一定难度的重大任务，需要不断探索不断实践。但是，需明确的是在产业工人工作实践中工匠精神培训应坚持以下原则。

1.主体性原则

主体性原则是指培育工匠精神时，应该坚持以人为本的原则，为实现培

---

① 李俊.为什么当下中国缺少工匠精神——基于社会史视角的分析[J].江苏教育，2017（4）：40-41.

育工匠精神的最终目的充分尊重培育对象（全体员工），明确其主体地位，调动其自我培育工匠精神的积极性。[①]因此，产业工人队伍工匠精神培养必须坚持主体性原则，肯定产业工人的主体地位，充分发挥其主体作用。第一，要强化产业工人主体意识。主体意识是主体能动性的主要内在动力，无论在理论学习还是工作实践中，企业都应该直接或间接的发挥引导作用，充分调动员工自主学习和发扬工匠精神，激发其内在能动性和主体意识，有助于企业实现培育工匠精神的目的。第二，要对产业工人主体地位给予充分尊重。产业工人是企业工匠精神的培育对象，具有思考和选择的独立自主权利，但是大部分产业工人的主体性受到压制，只能选择被动接受。所以应注重加强产业工人的主体性培育，尊重产业工人的个体差异性，肯定产业工人的主体地位，指引其主体性作用的正确发挥。第三，引导产业工人进行自我培育。培育工匠精神不是为了培育而培育，为了让企业和产业工人得到全面而自由的发展就要培养产业工人自我培育的能力，要让产业工人由被动接受到主动学习，能够自主学习工匠文化、主动培养工匠品质、自觉传承工匠精神。

2.求实原则

求实原则就是实事求是，坚持一切从实际出发的原则，主要指产业工人工匠精神培育的目的和内容要符合社会的发展规律、符合企业的实际情况、符合产业工人品德形成的需要。首先，准确把握产业工人群体的特征与需求。从不同年龄、不同岗位、不同性格来看，每个人的差异很大，企业需要具体分析不同群体的不同特点，有针对性地进行宣传教育，根据不同情况采取不同措施，针对不同工种类别合理安排不同培育内容，才能在培育的各个环节保证其参与度，通过渲染氛围、榜样示范等方式循序渐进的培育，才能不断提高产业工人参与工匠精神培育的积极性。其次，将理论与实践相结合。工匠精神是企业精神、职业精神、敬业精神、中国精神等优秀精神品质的具体体现，其理论依据充分，理论知识深厚，产业工人工匠精神培育需要把理论学习贯穿到培养工匠精神的各个方面，实事求是、有的放矢地开展培育工作，贴近生活，贴近工作，达到主客观的统一，做到知行统一。最后，培育工匠精神必须注重实效性。工匠精神培育要立足于行业企业发展现实，从广大员工的实际思想状况出发，充分调动员工积极性，发挥企业正确引导的作用，相信员工具有自我培育意识，积极提高自身职业素养，以实际行动提高企业知名度，让工匠精神培育发挥实效。

---

① 谢英时.企业工匠精神培育的价值基础及实现路径研究［D］.长春：吉林大学，2018：43.

3.企业培育与个人养成相结合的原则

工匠精神不是凭空而来，也不是无端生成的。一方面，企业培育是培育产业工人形成工匠精神的主要方法和必要途径。大部分产业工人就是通过企业里的党组宣传部门重新全面认识工匠精神，通过表扬工匠榜样学习工匠精神，通过实际工作践行工匠精神的。企业要制定合理有效的培育方法，展开有针对性的培育措施，通过多手段、多渠道对产业工人思想行为进行正确的引导和培育。另一方面，工匠精神是人的内在精神品质，是人的附属品，需要通过人的行为言语和实践活动表现出来，而非企业所能支配的。换句话说，企业付出再多努力培育产业工人工匠精神，最终还是由其自身修养、自觉习惯以及对培育的接受程度等的自主行为决定其是否具有工匠精神，产业工人的自发养成才是企业工匠精神培育持续长久、发挥实效的最终保障。所以企业要坚持培育与个人养成相结合的原则，既重视工匠精神的正确培育，又不忽视产业工人的自发作用，关注产业工人在日常工作和生活的点点滴滴，让其在学习培育、工作锻炼、身边实例中耳濡目染、隐性无形地提升个人修养。

（三）产业工人工作实践中工匠精神培养的可行策略

工匠精神被社会各界普遍认为是"普世工作的任何人可追求的境界"，一旦内心被工匠精神主宰，那么产业工人个体成长与组织的发展也就拥有了扎实的靠山。因此，以工匠精神教育和感染产业工人在工作实践中爱岗敬业、学技术提技能、全身心投入工作中，是破解制造业产业工人发展瓶颈的重要抓手，也是促进产业工人队伍健康可持续发展的关键所在。研究基于以上分析，重点从如下几个方面对产业工人工作实践中工匠精神的培养提出可行策略。

1.在工作实践中，引导产业工人加强专业技能培养

作为一名产业工人，不管从事什么工作岗位，扎实的专业能力是胜任一份工作的根本。个体唯有在实际工作中游刃有余，才可以谈得上高尚的精神层面，如若连基本的工作都做不好，各种出错，怎么可能追求精益，追求卓越？产业工人专业能力应该包括所在领域的专业技能和理论素养。就像工匠拥有一门独到的高超技艺才称得上是工匠，专业技能才是产业工人的看家本领。所以，应积极引导产业工人在工作实践中不断提高自身专业技能让其充分的发挥价值，在保证工作质量的前提下追求完美精致，发挥工匠精神。长期以来，产业工人在工作岗位上不需要创造发明新技术，大都是在上级师傅的经验传授下、同事的互相帮助下学会简单的技术操作就可以，没有接受过全面系统的理论教育，所以很多人都是有技术，却不懂技术。也就是所谓的"知其然，不知其所以然"，但这只是过去产业工人发展的一种不得已状况，为了生计学个技

术,而没有过多知识可以学习探究。当前,我们正处于知识和能力大爆发的经济时代,人才的更新换代非常快,知识和技能具有同等重要的地位。仅仅拥有理论基础没有实践能力或者单纯拥有高超的技艺没有对应的理论素养都是远远不够的,是残缺的人才,很快就会被社会淘汰。若想要成为优秀的工匠型人才,产业工人个体就得既要提高自身的专业技能还要提升自身相应的理论知识和科学素养。只有这样,产业工人才能在保证质量、追求完美中,养成精益求精、追求卓越的工匠精神。

2.在工作实践中,引导产业工人树立正确的职业价值观

工匠精神只有在积极正确的职业价值观中才能形成并得到有效的实施,所以培养正确的职业价值观是产业工人工匠精神培育的主要内容之一。首先,企业应该引导产业工人对职业有正确的认识和态度。每个人的职业选择、职业态度和职业理想都存在着差别,对职业的认识也大有不同,传统思想、社会发展、企业待遇和个人价值观等影响不同职业在人们心目中的地位,有人会对自身职业产生偏见和不满,影响其职业价值的判断。职业的好坏和价值的大小不是由人们主观评判的,企业应该引导产业工人有一个正确的职业态度,让其明白自己职业的不可替代之处,对职业价值产生期望,才能够有一个积极的工作态度,心甘情愿去努力工作,自觉追求精益求精,自然提升工作质量。其次,企业应该引导产业工人确立正确的职业目标。目标具有指向性和方向性,能够指引员工在接下来的工作中应该追求什么需要怎么做,同时也能够为员工的职业选择提供依据。产业工人朝着制定的目标努力,不会盲目更不会偏离方向,更容易知道工作的意义和价值,也更有前进的动力。最后,引导产业工人努力实现职业价值。由于每个人的教育状况和工作能力不同,所承担的职责不同,对职业价值的实现程度就不同。企业要帮助员工认识到价值是在工作劳动中实现的,无论什么岗位只要辛勤劳作,默默付出,发扬认真专注、精益求精的精神,就能使自身、他人和企业从中获益,就能更好实现职业价值。

3.在工作实践中,充分发挥师徒制的传承作用

长期以来,师徒制作为一种传统、便捷、有效的培训模式被应用于各行各业。随着时代发展,不断完善的师徒制也是适用现代企业生产的,它是一种有效的人才培育方式。"师傅带徒弟"既可以保证企业重要岗位的技术得以传承,快速提升新技术人员的技术水平,又能够增加新、老员工之间的联系,增强团队的凝聚力。在实行师徒制培养模式的过程中,能够有效传承企业的精髓。尤其是对于刚从职业院校毕业的青年产业工人来讲,在职业教育机构学到了所从事行业的相关知识,但很多是纸上谈兵,没有实践锻炼,即使有实践操

作课程，也是短时间内的模拟练习，与实际操作存在较大差异。在实际的工作岗位上，尤其是在制造业产业这样对技术技能水平要求较高的行业，熟练的操作技术是员工必须具备的素养。对于新入职的员工而言，厂房里的一切都是新奇的、未知的，甚至不知如何下手，这时就需要给新员工配备师傅，手把手地教，这也是工业行业发展的特殊要求。这些"备选师傅"都是具有较强实践能力的专业技术人员，是企业发展的人才保证。但是值得注意的是，在师傅的选择标准上，应切实加强其对工匠精神的践行考评，让真正的工匠型人才去哺育新一代的"准工匠人才"，这样既能确保师徒间技艺的传承，也能大大提高产业工人队伍工匠精神培养的有效性。

第六章 我国制造业高质量发展背景下弘扬工匠精神的策略研究

党的十八大以来，习近平总书记多次强调要弘扬工匠精神。2016年4月26日，习近平总书记在安徽主持召开知识分子、劳动模范、青年代表座谈会时强调："无论从事什么劳动，都要干一行、爱一行、钻一行。在工厂车间，就要弘扬'工匠精神'，精心打磨每一个零部件，生产优质的产品。"这是习近平总书记首次明确提出"工匠精神"，是对工人阶级和广大劳动群众提出的新的更高要求，是对"当代工人不仅要有力量，还要有智慧、有技术，能发明、会创新"要求的具体化，具有鲜明的时代特征。此后，弘扬工匠精神在党和国家的文件中以及领导人的讲话中被多次提及。"弘扬劳模精神和工匠精神，营造劳动光荣的社会风尚和精益求精的敬业风气"是党中央在新时代发出的重要号召。2020年11月，习近平总书记在全国劳动模范和先进工作者表彰大会上的讲话，再次指出"推动高质量发展，在危机中育先机、于变局中开新局，必须紧紧依靠工人阶级和广大劳动群众，开启新征程，扬帆再出发，大力弘扬劳模精神、劳动精神、工匠精神"。同年12月，习近平总书记致信祝贺首届全国职业技能大赛举办，强调"大力弘扬劳模精神、劳动精神、工匠精神""培养更多高技能人才和大国工匠"。

实体经济是国家建设的立身之本，是构筑未来发展战略优势的重要支柱。制造业是实体经济的基础，是与国民经济的主体，是强国之基。制造业发展的质量是实体经济发展水平的彰显，显示着国家整体生产实力，对国家在国际分工和全球竞争中具有重要影响。制造业发展质量的提升与科学技术的改进创新、人才培育的与时俱进密不可分，我国制造业的每一次突破与创新，都是经济不断进步的强大推动力。从鸦片战争到民国时期，因长期受到西方列强的压迫，激发了一批仁人志士多次进行工业化探索，尝试走工业化道路，但在恶劣的生存环境中，工业化探索遇到重重困难，中国始终未能摆脱农业占主导、工业基础十分薄弱、工业化水平极低的局面。真正开启工业化历程主要在新中国成立后，而此时的西方国家在工业化道路上已领先三百多年，与我国制造业发展水平产生较大悬殊，我国开始在不断总结经验和锐意创新中奋力追赶。经过几十年的努力，虽然取得了举世瞩目的成就，但我国制造业仍然面临"大而不强""全而不精"的问题。随着中国特色社会主义进入新时代，党的十九大做出了我国经济已由高速增长阶段转向高质量发展阶段的重大判断，明确指出，"建设现代化经济体系，必须把发展经济的着力点放在实体经济上，把提高供给体系质量作为主攻方向，显著增强我国经济质量优势"，并强调"加快建设制造强国"。推进中国制造向中国创造转变、中国速度向中国质量转变、制造大国向制造强国转变，关键是推动制造业的高质量发展。2018年，中央经济工作会议确定的2019年七项重点工作任务中，把"推动制造业高质量发展"放在首位，并提出要"坚定不移地建设制造强国"，充分彰显了国家对于发展高质量制造业的决心和态度。同年9月，习近平总书记在河南考察时强调，要坚定推进产业转型升级，加强自主创新，发展高端制造、智能制造，把我国制造业和实体经济搞上去，推动我国经济由量大转向质强。加快发展先进制造业，推动制造业高质量发展，既是深化供给侧结构性改革、推动经济实现高质量发展的重要内容，也是全面建设社会主义现代化强国的客观要求。[1]

从发达国家工业化、现代化的历史建设经验看，制造业高质量发展符合工业化后期产业升级的普遍规律。整个工业化的历史进程中，制造业的转型升级和高质量发展不可或缺，是推动工业化进步的有生动力，特别是进入工业化建设中期以后，随着国家经济的发展和人民收入水平的提高，制造业的综合成本逐渐攀升，低端地生产将不再适应人民的普遍需要和制造业的长期发展，因此，技术将会不断得到创新，推动产业升级，促进其向价值链高端的攀升，实现制造业的高质量发展。高质量制造业的形成离不开技术支撑，技术更需要人的掌握才能迸发出强大的力量。不论是传统制造还是智能制造业，不论在实体经济还是数字经济中，工匠始终支撑中国制造业的重要力量，工匠精神始终是推动创新创业的内在灵魂。历史发展进程中为我们在现代机械、机床制造等领域积累和培育工匠并不多。时至今日，我国仍处于工业化的追赶发展期，经济和社会的转型升级，人们逐渐意识到工匠精神在提高技术技能人才专业素质，推动制造业高质量建设中的重要作用。因此，我国制造业和经济的高质量发展

---

[1] 张志元.我国制造业高质量发展的基本逻辑与现实路径[J].理论探索，2020（2）：87-92.

需要各行各业的人才爱岗敬业、创造价值，需要相关部门给予更多的扶持与关注，为国富民强奠定坚实的基础。由此可见，中国制造、中国创造需要更多的高技能人才和大国工匠予以支持，需要激励更多劳动者，特别是青年一代走技能成才、技术报国之路，更需要大力弘扬工匠精神，造就一支有理想守信念、懂技术会创新、敢担当讲奉献的庞大产业工人队伍，为经济社会的高质量发展注入新活力。

第一节 我国制造业高质量发展背景下弘扬工匠精神的价值意蕴

制造业（manufacturingindustry）是指机械工业时代根据市场需求，对自然物质资源和农业生产的原材料等进行加工和再加工，转化为可供人们使用和利用的工具和生活消费产品等产品的行业。2013年我国国家统计局设管司发布的"三次产业划分规定"从产业的生产对象、产品性质等方面出发，对社会的各生产部门进行类别划分[①]，明确规定各种服务类产业统称为第三产业，制造业属于第二产业。低技术产品的技术机械单一，不需要太多的科研投入，具有单一操作技能的工人即可掌握。中技术产品的技术相对复杂但更新缓慢，研发经费适中，从业人员必须具备一定的创新能力和设计能力。高技术产品需要从业人员具有高超的研发能力和开放的创新思维、创新能力，对从业者要求最高。那些不断革新的产品，需要大量的研发经费投入，先进的技术基础设备，以及掌握先进技术的复合型、高素质专业人才形成合力方能得以完成，进而推动制造业的高质量发展。

进入新世纪，全球制造业正在经历转型升级的变革。《中国制造2025》适时发布，说明我国制造业的发展方向由低技术、低成本的资源型产业和中技术产业向技术复杂化、资金庞大化的高技术制造产业转变，制造业转型发展任务紧迫，在促进制造业转型大发展的背景下，"制造业"有了新的现实内涵。党的十九大报告提出，"要深化供给侧结构性改革。建设现代化经济体系，必须把发展经济的着力点放在实体经济上，把提高供给体系质量作为主攻方向，显著增强我国经济质量优势。加快建设制造强国，加快发展先进制造业，推动互联网、大数据、人工智能和实体经济深度融合，在中高端消

---

① 王春丽. 面向现代制造业的高等职业教育发展研究［D］. 天津：天津大学，2004：167.

费、创新引领、绿色低碳、共享经济、现代供应链、人力资本服务等领域培育新增长点、形成新动能",为制造业的高质量发展和制造强国战略目标的实现保驾护航。

一、弘扬工匠精神是推动制造业转型发展的内在诉求

改革开放以来,我国制造业迅猛发展,特别是2002年加入世贸组织以后,中国适应国际贸易规则空前加大改革开放力度,不断优化投融资和营商环境,吸引全球跨国巨头纷纷落户中国,促成中国迅速成为"世界工厂",中国制造行销全球,并建成了全世界规模最大、种类齐全、健全完整的制造业体系,成为我国经济社会发展的扛鼎之腕,同时也促进世界经济的快速发展。中国制造业产品产量规模扩大速度令世人震惊,2005年,我国煤炭总产量为236 500万吨,2015年我国煤炭总产量增长至375 000万吨,增长了158个百分点。2005年,我国粗钢总产量为34 936万吨,2015年我国煤炭总产量增长至80 383万吨,增长了2.30个百分点。改革开放使中国制造业驶入发展快车道,境外资本、设备、技术和管理等生产要素的流入,使中国产品产量日益增大,2009年成为全球第一大出口国,2010年制造业规模首次超过美国,此后有不少制造业产品产量常年占据世界第一的位置。中国的水泥产量从1985年开始一直位居世界第一,化肥和钢从1999年以来,产量一直位居世界第一,电视机的产量在1990年达到世界第一,汽车产量在2010年位居世界第一。而根据联合国工业发展组织资料,目前我国工业竞争力指数在全球总排名中第七位,制造业净出口居世界第一位。2018年,我国制造业的增加值约占全球制造业增加值的30%,高达4万亿美元,是美国制造业增加值的1.7倍。虽然我国制造业规模居世界之首,但我国制造业在生产效益、产品质量等方面与制造业发达国家相比还存在较大差距,我国制造业长期处于全球产业链的中低端,呈现大而不强的特点,不利于我国制造业的转型升级。

中国制造不仅需要实现数量扩张,而且要注重质量的提升,促进制造业的升级转型,使我国制造业跳出附加值较低的加工制造环节,转向高附加值、高利润、强核心竞争力的制造,不断向价值链的中高端攀升。"中国制造2025"重大发展战略的实施,为我国制造业结构调整和生产方式的转变提供了机遇。《中国制造2025》提出制造业要智能化转型,形成新的生产方式、组织形式、

运营模式和经济增长点。①制造业转型发展措施的落地将有利于形成新型生产组织方式，提高企业的生产效率，制造业逐渐走上数字化、信息化、智能化和生态化发展之路。中国经济已由高速增长阶段转向高质量发展阶段，而推动制造业高质量发展是经济高质量发展的重要依托，因此中国制造业需紧紧抓住当前的"时间窗口"，立足于"中国制造2025"发展战略，实现由大变强的转型跨越。2018年1月，国务院印发《关于加强质量认证体系建设促进全面质量管理的意见》指出，以推广质量管理先进标准和方法、开展质量管理体系升级行动、深化质量认证制度改革创新、营造行业发展良好环境等措施全面强化质量管理，推动广大企业和全社会加强全面质量管理，推动经济发展进入质量时代。2018年政府工作报告再次强调，"按照高质量发展的要求，统筹推进'五位一体'总体布局和协调推进'四个全面'战略布局，坚持创新引领发展，着力激发社会创造力，整体创新能力和效率显著提高，使我国科技创新由跟跑为主转向更多领域并跑、领跑"。坚持创新驱动制造业高质量发展，是应对发展环境变化、增强发展动力、把握发展主动权，更好引领新常态的根本之策。

低成本赶超战略下的劳动力密集型产业和粗放型的发展模式，虽然与要素禀赋结构相契合，但长期忽视工匠精神的内在价值，使我国面临高技术技能人才缺失的问题，阻碍制造业走向品质化、高端化和创新化。2018年3月26日，在国务院新闻办公室举行的发布会上人社部副部长汤涛介绍："全国就业人员有7.7亿，技术工人有1.65亿，其中高技能人才4700多万。技术工人占就业人员的比重大体上占到20%，高技能人才只占6%，这两个比例都是比较低的。"到2020年，中国各级别技术技能人才的需求将逐年增长，尤其是技工类人才，将会出现较大的人才缺口。②政府要解决这个问题，就要未雨绸缪，提前做好应对工作，依据制造业结构现状和特点，着手构建相应的弘扬工匠精神体系，有效提升技术技能型人才的自身素质，推动实现产业结构升级的实现。"工匠精神"属于精神范畴，是从业人员的价值取向和行为追求，是一定世界观、人生观影响下的职业思维、职业态度、职业素养和职业操守。③从新时代工匠精神

---

① 余东华，胡亚男，吕逸楠.新工业革命背景下"中国制造2025"的技术创新路径和产业选择研究[J].天津社会科学，2015，4（4）：98-107.
② 杜育红，张喆.新常态下的教育资源配置——2015年中国教育经济学学术年会综述[J].教育与经济，2015（5）：70-72.
③ 李进.工匠精神的当代价值及培育路径研究[J].中国职业技术教育，2016（27）：27-30.

内涵的结构组成来看,可以从专注、创新、精益求精等三个维度阐释其价值追求。工匠精神将精益生产、技术创新和坚守制造行业的价值追求内化于制造业演进过程中,衍生出产品质量意识和技术创新能力,是制造业高质量发展的内在基础。[1]技术技能人才具备专注的工作态度说明其热爱自己的本职工作,能够全情投入,自然就会降低产生残次品的概率,保障产品的优秀品质。技术技能人才在工作过程中始终保持精益求精的精神,根据产品的需求不断提升和改进自身的技术技能,不仅能够节约时间成本,而且能够使产品制造更加完美,向高端迈进。产品的更迭换代,创新精神不可或缺,创新是产品实现革命式进步的关键,而具有创新精神的技术技能人才是推动创新的重要力量。工匠精神不仅是提高劳动者的劳动技能、职业素养、实践能力和创新能力的重要方式,也是推动中国制造向"中国智造"转型的重要精神动力。

二、弘扬工匠精神是提升制造业国际化水平的必然选择

全球制造业发展格局悄然改变,国家分工正在经历洗牌式转型。进入21世纪以来,德国制造业迅猛发展,2014年制造业生产值占国内生产总值22.3%[2],比同年欧盟国家制造业均值高七个百分点。然而,德国发现在新一轮产业变革中,美国、英国、日本等发达国家以及作为新生代力量的中国"再工业化"势头迅猛[3],为应对全球制造业市场变化,2013年4月,德国发布了研究成果报告《关于实施"工业4.0"战略的建议》。报告确立了战略的基本框架,规划了德国制造业面向未来国际竞争的总体战略方案,提出德国制造业以智能制造技术为主攻方向,通过打造智能制造的新标准来巩固德国制造业在全球的领先地位。报告提出了德国制造业的远景目标是要始终保住德国制造业的领先地位,引领世界制造业的发展;在行动策略上,强调建立信息物理系统(简称"GPS"系统),这一系统包括环境感知、生产资料和生产设备的网络化控制、物流过程的数字化等子系统工程;在行动路径上,强调制造业深度融合物联网、嵌入式计算等技术,对制造产品的完整制造流程进行集成化和数字化管理,构筑一种更加安

---

[1] 马永伟.工匠精神与中国制造业高质量发展[J].东南学术,2019(6):147-154.
[2] Industry 4.0 Upgrading of Germanys Industrial Capabilities on the Horizon[R]. Germany: Deutsche Bank Research.2014:66.
[3] Zukunftsbild "Indutrie 4.0"[R]. Germany: Bundesministerium für Bildung and Forschung, 2013:178.

全、可靠、高效和智能的产品与服务生产模式。2008年，金融危机的爆发让美国清醒地认识到了实体经济的重要性，美国政府提出了"振兴制造业"的口号，要加快筹措使美国重返制造业强国地位的制造业发展战略。2011年6月，美国成立先进制造业联盟，发布了《确保美国在先进制造业的领先地位》，该报告提出了"再工业化"战略，概述了美国恢复制造业领先地位的战略计划和具体建议。报告提出了美国"再工业化"战略的核心要义主要集中在重振中低端传统制造业、支持高新技术研发、提升制造业企业出口竞争力、大力发展制造业中小型企业、注重产业人才培养、开发先进的信息技术生态系统六个方面。日本很早就认识到了核心技术的重要性，自1993年以来，制定了一系列制造业核心技术推广方法和中小型制造业企业核心技术改进方法，加大对制造业从业者掌握核心技术的培养培训力度，并制定出台了相应的政策和法案来加以保障。2015年，日本发布《制造白皮书》，提出了"重振制造业"计划[①]，对日本制造业的发展进行了全面剖析和规划，把科技创新放到了战略位置，并提出要重视对研发和技术技能人才的培养，为制造业向高端化转型提供战略性人才储备。

近年来，全球先进制造业快速发展。中国制造业在国际市场上面临着更大的挑战，一方面受到欧美国家重振制造业的压力和贸易战的风险，另一方面又受到发展中国家更低劳动力成本的市场竞争。在这种"双重压迫"的全球产业分工格局中，中国制造业必须做出相应的改变，提高自身质量，实现现有价值链上价值分配机制的改造和重置，提升国际分工地位。从发达国家"再工业化"的趋势上看，发达国家重振制造业是紧紧结合技术的变革，聚焦制造业的创新发展。技术的不断进步使科学发现到产业化的时间逐步缩短，所以在这种技术变革的浪潮下，中国制造业必须迎合时代要求，改变依靠投资拉动的发展方式。加大技术创新和产业发展的融合度，通过技术创新来推动制造业转型升级，以应对严峻的国际竞争形势。"中国制造2025"重大战略的提出是紧跟世界发展潮流的明智举措。《中国制造2025》提出，要实行更加积极的开放战略，拓展新的发展领域和范围，提升国际间制造业合作的深度和层次，在全球范围内合理布局重点产业，提高我国制造业企业的国际竞争力。为我国融入全球产业链，在全球产业链中占据重要地位提供了机遇。新型制造业不同于传统制造业，产业链是一个新型制造业企业的灵魂，从微观来讲，制造业企业在核心技术研发—产业设计—核心部件制造—零部件制造—组装—销售—售后产业

---

① 李廉水. 中国制造业发展研究报告（2015）[M]. 北京：北京大学出版社，2015：9-11.

链各个环节中①，都可参与到全球产业链，从而参与到国际分工当中，使企业在全球制造业发展中谋得自身角色，提升制造业的国际化水平。

如今，我国经济进入了"新常态"，GDP增长主动换挡减速，经济发展方式正从追求速度的粗放增长型向追求卓越质量和高效率的集约增长型转变，这就迫切需要制造业发展要从依靠原材料、劳动力密集的"要素驱动"转向技术密集的"创新驱动"。②《中国制造2025》的提出，适应了全球经济发展的潮流。面对建设制造业强国这一宏伟目标，对制造业的发展提出了全新的诉求，如何提高制造业发展的质量，促进中国制造业与世界接轨是首要思考的问题。作为工业化程度较高的发达国家已经在逐渐转变制造业发展模式，我国同样需要紧跟时代步伐。这就需要发扬工匠精神，使制造者能够恪守本心，坚持诚信经营，在保证质量的基础上不断锐意创新。工匠精神是制造业高质量发展的灵魂，弘扬工匠精神有助于提升中国品牌国际形象，提升制造业的国际化水平。品牌是企业走向世界的通行证，也是国家竞争力的重要体现，以及国家形象的亮丽名片。近年来，我国品牌建设取得长足进步，但在国际上真正叫得响的品牌还不多，这与我国作为世界第二大经济体、第一制造业大国的地位很不相称。提升品牌形象，要求把工匠精神融入设计、生产、经营的每一个环节，做到精雕细琢、追求完美，实现产品从"重量"到"重质"的提升。通过弘扬工匠精神，让每个劳动者恪尽职业操守，崇尚精益求精，进而培育众多大国工匠，不断提高产品质量，打造更多享誉世界的中国品牌，建设品牌强国。

三、弘扬工匠精神是实现制造强国战略目标的重要推力

党的十八大以来，以习近平同志为核心的党中央在统筹"两个大局"的基础上，围绕加快新型工业化道路、推动科技创新、狠抓以制造业为基础的实体经济等问题，提出"坚持走新型工业化道路""国家强大要靠实体经济""抓实体经济一定要抓好制造业""制造业是构筑未来发展战略优势的重要支撑"等一系列重要观点，形成了关于制造强国战略的重要论述。③"中国制造2025"这一概念在2014年末首次被提出。2015年，国务院常务会议部署加快推进实施

---

① 黄兆银，王峰. 全球竞争中的"中国制造"[M]. 武汉：武汉大学出版社，2006：298.
② "制造强国战略研究"综合组. 实现从制造大国到制造强国的跨越[J]. 中国工程科学，2015，17（7）：1-6.
③ 郑永安. 制造强国战略的理论根基[J]. 红旗文稿，2020（9）：24-26.

"中国制造2025"，审议通过了《中国制造2025》，随后，国务院正式印发了《中国制造2025》文件，推动我国由"制造大国"向"制造强国"转变，打造适应新时代发展的新型制造业。这是第一次从国家战略层面描绘建设制造强国的宏伟蓝图，是中国实施制造强国战略第一个十年的行动纲领，开启了建设制造强国的新征程，并将人才作为实现制造强国战略目标的制胜法宝。同年，党的十八届五中全会通过的《中共中央关于制定国民经济和社会发展第十三个五年规划的建议》明确指出，"加快建设制造强国，实施《中国制造2025》，引导制造业朝着分工细化、协作紧密方向发展，促进信息技术向市场、设计、生产等环节渗透，推动生产方式向柔性、智能、精细转变"。2016年5月20日，国务院印发《关于深化制造业与互联网融合发展的指导意见》，部署深化制造业与互联网融合发展。2017年，党的十九大报告再次强调，加快建设制造强国，加快发展先进制造业。2018年，政府工作报告同样指出，要加大制造强国建设力度，"实施重大短板装备专项工程，推进智能制造，发展工业互联网平台，强化产品质量监管，创建'中国制造2025'示范区"。总之，我国为实施制造强国战略出台了一系列相关政策，力争推动制造业走上高质量发展道路。

《中国制造2025》行动纲领提出坚持"创新驱动、质量为先、绿色发展、结构优化、人才为本"的基本方针，坚持"市场主导、政府引导，立足当前、着眼长远，整体推进、重点突破，自主发展、开放合作"的基本原则，力争用三个十年的努力，分"三步走"实现制造强国的战略目标。"第一阶段，到2025年，综合指数接近德国、日本实现工业化时的制造强国水平，基本实现工业化，中国制造业迈入制造强国行列，进入世界制造业强国第二方阵。第二阶段，到2035年，综合指数达到世界制造业强国第二方阵前列国家的水平，成为名副其实的制造强国。第三阶段，到2045年，乃至建国一百周年时，综合指数率略高于第二方阵国家的水平，进入世界制造业强国第一方阵，成为具有全球引领影响力的制造强国。"并将"人才为本"作为一项基本方针，实现以创新驱动、产业链中高端升级为核心，以智能化、生态化、资源配置均衡化、发展全局化等为基本特征的新一轮产业革命。与传统制造业发展模式相比，新型制造业更加注重科技创新、质量保障、生产高效和环境保护，也就是说，传统的生产结构和组织形式等要素已不再适应制造业转型升级的需要。

弘扬工匠精神有助于提高创新能力，加快制造强国战略目标的实现。为了实现第一个制造强国战略的十年目标，提高制造业从业人员的素质和能力成了问题的关键所在，习近平总书记等党和国家领导人在多个重要场合反复提及"工匠精神"，提出要大力弘扬工匠精神，让工匠精神深入人心。加快建设制造强国，加快发展先进制造业，关键在于提高创新能力，而工匠精神是助推创新的重要动力。工匠精神不是因循守旧、拘泥一格的"匠气"，而是在坚守中追求突破、实现创新。把工匠精神融入生产制造的每一个环节，敬畏职业，追求完美，才有可能实现突破创新。我们要通过弘扬工匠精神，培育劳动者追求完美、勇于创新的精神，为实施创新驱动发展战略，推动产业转型升级奠定坚实基础，实现加快建设制造强国，推动经济高质量发展。另外，建设制造强国不仅亟须更多高技能青年，更呼唤有工匠精神的高技能青年。科学地选择从业人才、使用人才和培养人才是提升制造业从业人员素质的"三部曲"。其中，培养人才是根本大计，需构建集研发、管理、生产等多向维度为一体的多层次多类别制造业人才培养体系。不仅要培养具有科学管理能力的复合型人才，还要培养一支具有高超的操作技术和技能、岗位转换能力以及独具匠心的高级技术技能型人才队伍，为制造业升级转型积累足够的人力资本。

第二节　我国制造业高质量发展背景下弘扬工匠精神的现实困境

近年来，我国制造业虽然取得的发展成就有目共睹，但我国制造业在生产效益、产品质量等方面与制造业发达国家相比还存在较大差距，呈现"大而不强"的局面，主要表现在以下三个方面：第一，自主创新能力弱，关键核心技术与高端装备对外依存度高。我国制造业产品的核心部件多依赖进口，这无疑就大大提高了产品的生产成本。据粗略统计，中国一年生产将近12亿部手机、3.5亿台计算机、1.3亿台彩色电视，数量都是世界第一，但嵌在其中的芯片才是最大的成本。日本东京大地震之后，中国小米手机创始人雷军冒着核辐射的危险，到日本去谈手机核心部件采购的事宜。[①]2013年中国进口的集成电路芯片金额高达2313亿美元，是我国第一大进口商品。深究其原因，由于我国产学研合作创新机制仍处在雏形阶段，科研成果转化率仅为10%左右。[②]第二，产业结构不合理，高端装备制造业和生产性服务业发展滞后。据统计，进入21世纪后的

---

① 中国青年报.制造业为主的国家，大学生找不到好工作是当然的？[EB/OL].(2008-04-18)[2008-04-18].http://www.edu.cn/zhong_guo_jiao_yu/gao_deng/gao_jiao_news/200804/t20080418_292182.shtml.
② 中国日报.找准我国制造业由大变强的着力点[EB/OL].(2015-08-14)[2015-08-14].http://caijing.chinadaily.com.cn/2015/08/14/content_21598118.htm.

十年间，我国高端制造业的销售总额为256亿美元，在整个装备制造业销售金额中占比不到10%。探其根本，发现我国高端制造业还存在着供需不平衡、基础配件供应不配套等一系列问题，导致我国高端制造业发展缓慢，我国制造业增加值直观地揭露了这一问题，2015年，我国制造业增加值为28569.8亿美元，居世界之首，但是中国制造业增加值率约为25%，远低于工业发达国家35%的平均值。第三，信息化水平不高，与工业化融合深度不够。一是不同制造行业信息化。与工业化融合水平差异显著。2010年6月，国家工信部对钢铁、化工、大型机械、汽车制造、纺织等七个重点制造行业的信息化与产业化的融合发展水平进行监测，监测报告显示，其中29.5%的企业还处于"两化融合"的初级阶段，37.7%的企业已经实现信息化局部覆盖，22.3%的企业处于集成初期阶段或正在向集成阶段过渡，仅仅只有0.6%的监测评估的企业已经达到深度创新的水平。[①]二是信息化与工业化融合统筹规划和组织保障制度有待于进一步完善，新一代信息技术与制造业融合发展过程中的技术、产品、安全、应用协同互动机制尚未建立，政府采购政策对国内新产品新服务发展支持不足。三是缺乏满足"两化融合"需求的高级复合型人才。工业化和信息化的深度融合，涉及网络技术、云计算、自动化控制、经营管理、产品设计等多项能力的集合，因此需要培养更多复合型人才进入新业态、新领域。但由于学校人才培养链与制造业产业链长期脱节，产学研联动合作培养机制有待完善，向制造业劳动市场输送了大量不合格的从业人员制约了"两化融合"的进程。

在"中国制造2025"战略实施背景下，制造业被赋予了新的时代内涵，呈现出战略定位全球化、发展理念可持续化、生产模式服务化和生产方式智能化的特点。但目前我国制造业存在自主创新能力弱、产业结构不合理、信息化水平不高等问题，阻碍了制造业的高质量发展。2019年，中央经济工作会议将"推动制造业高质量发展"放在了首位，认为当前打破制造业现存困境，必须要促进制造业的转型升级。实现制造业的高质量发展，技术、设备、人才必不可少，但更重要的是精神的引领。技术过程的求效思维与科学过程的求真思维既密切相关又独具特色。求效思维更注重对目的的把握，着眼于从现实到目标的综合分析，明确技术实施的前提，包括有利条件、制约因素、主观因素、客观因素、最佳结果、最佳途径、最坏可能、机会成本、人力因素、投入产出、

[①] 新华社.工信部：四重点工作推"两化"融合[EB/OL].（2010-06-17）[2010-06-19]. http://www.fabao365.com/news/97513.html.

阶段目标的分析等。[①]经过这一系列条件的分析加之工匠们忘我的努力，所提供的产品和服务必然是完美无瑕、不可挑剔的。但现实社会的结果却非如此，产品质量令人担忧。卢卡奇认为，人类文明始终存在两种张力：一种是以弘扬人的主体性为特征的人本主义；一种是可计算化、可定量的科学精神。科学精神与经济的结合在现代社会里，演变成了建立在被精细计算基础上的经济理性。[②]质量低劣产品产生的根源正是这种经济理性的非理性扩张，过去低成本赶超战略长期忽视工匠精神的价值，工匠精神的式微使我国制造业以较为粗放的形式进行生产，其质量难以得到有效提升。基于扎根理论的视角对央视《大国工匠》视频转录资料进行三级编码及分析，提取工匠的核心素养，构建以匠技、匠心、匠魂三大维度，为框架以精湛技艺、知行统一、精益求精、独具匠心、责任担当、德艺双馨六大核心素养为标准的理论模型。当前，由于社会观念的陈旧、创新环境的缺失、职业素养培育不足等问题的存在，导致技术技能人才的匠技、匠心、匠魂不能得到真正提升，难以推动制造业的高质量发展，促进国家经济的转型升级。

一、社会观念固化，"匠技"发展不足

社会观念就是人的意识的一种观念化、模式化。具体说来，它是自发产生的，没有经过理论的定性而形成的一定社会心理或观念体系，能够在一个特定民族、时代、阶级和社会群体中广为流传的精神状态，不仅表现为一定社会群体意志、愿望、情绪等，还表现为一定的风尚、习俗等因素，较之高度概括的意识形态，能够比较敏锐的反映社会现实，某种意义上可看成是一种时代精神、时代风尚。社会观念支配着人认识世界和改造世界。人们总是顺着社会观念的引导探索的事物，总是按照一定的价值需求去改造世界。制造业的高质量发展需要正确的核心价值观念引领，工匠精神必然应该得到重视和弘扬，但我国当前存在的"效率为先"的生产观、"学历至上"的价值观、"轻技能"的培养理念造成了工匠精神的传承不畅，使得制造业从业者的技术技能难以取得突破性进步。

（一）"效率为先"的生产观阻碍技术磨砺

追求利益最大化是经济理性的重要特征之一。改革开放30多年来，我国

[①] 陈凡，陈红兵，田鹏颖.技术与哲学研究（2010-2011卷）[M].沈阳：东北大学出版社，2014：57.

[②] 肖群忠，刘永春.工匠精神及其当代价值[J].湖南社会科学，2015（6）：6-10.

在保持经济快速增长的同时,产品和服务发展的品质却没有达到相应的水平。在我国制造业发展过程中,追求自利的经济理性,在市场监管制度缺位的条件下,一度呈现出非理性的无限扩张状态,人们在这个以经济理性为主流的社会里,从某种程度来说,似乎已经形成一种较为严重的效率至上、急功近利的社会风气。企业被这种急功近利的社会风气所影响,盲目追求周期短、投资少、见效快的运营模式,却忽视了产品的质量和企业的长期发展,生产者工匠精神缺失,质量意识淡薄,导致粗制滥造、假冒伪劣的商品充斥市场。制造业领域经济理性的非理性扩张,使企业现实的"快钱"利益超越了其对工匠精神的倡导和坚守。一方面,制造业企业在粗放式生产仍可获利的条件下,回避技术创新和品牌塑造存在风险和不确定性,通过降低生产成本和产品质量,实现企业利益最大化。另一方面,在实体经济利润率下降,又无法通过创新提高效益的前提下,大量制造业企业存在急功近利和浮躁的社会心理,在利益驱动下资本"脱实向虚",到资本市场追逐短期利润,致使制造业领域发展资金严重匮乏,进而在很大程度上弱化了制造业的知识和能力建设,阻断了制造业向更高层次发展的进路。代表人本主义的工匠精神,在与经济理性的博弈和冲突中逐渐失落,制造业从业者在企业"效率为先"的生产理念影响下,一心追赶工作进度,以数量为衡定自身能力的标准,无暇顾及自身技术技能的发展,甚至不在乎技术技能的进步,因而无法释放其对制造业高质量发展的驱动效应,在一定程度上影响了我国制造业转型升级的步伐。现在,我们亟须采取多样化措施限制经济理性的非理性扩张,弘扬和倡导工匠精神,推动我国制造业的高质量发展。

（二）"学历至上"的价值观阻碍技能传承

学历是人们在教育机构中接受科学、文化知识训练的学习经历,是展示个人能力的重要组成部分,是其学习能力的有力彰显,但学历并不能代表个人的整体能力和素质。多年来,我们一直呼吁对个人的评价,从重视人才的真实能力与素质出发,改变学历用人标准,建立新的人才评价与管理体系,但是,学历仍旧是"人才"最重要的"身份证",是十分关键的职业"敲门砖",无论自身的真实能力如何,首先必须拥有学历和各类证书,才可能谈得上是"人才"。部分用人单位在招聘职员时,用简单的学历和证书要求为选择标准,替代对人自身能力的考察,甚至还对学历进行分层,如此等等,学历成为笼罩在人才身上的光环。中国几千年发展历史中形成的重道轻器、学而优则仕、重视文化知识传授的传统思想的影响,使社会对技术技能学习产生歧视,认为其是末流选择,不能为取得更高学历提供有效途径,不能达成个人优质就业的愿望,是个人在学习过程中别无选择的情况下才被想起的学习类型,使得技术技能学习在整个知识学习体系中存在感偏低,极大地减小了其生存空间。而高质量制造业的建设必然需要高技能的支撑,只有大量高技能人才的有力推动才能实现制造强国的战略目标。面对制造业的升级转型,技能人才需求不仅在质量上有所提高,而且在规模上也不断扩大,需要更多的人从事技能学习,实现技能传递。但人们一旦选择技能学习,基本与高学历、高社会地位绝缘。"学历至上"的固有价值观,使一部分人群逃避接受技能学习,认为技能学习是学业失败者的专属。因此,即使在我国制造业建设中仍面临技术技能人才,尤其是技工人才招聘困难的情况下,自愿选择技能学习的人员依然较为稀少。

（三）"轻实践"的培养理念阻碍全面发展

人的全面发展学说是马克思哲学思想中的一个重要问题,马克思、恩格斯运用历史唯物主义的观点,并结合当时的现实需求,建立了完善的人的全面发展的理论体系。他们认为人具有上百种内在潜力,可以概括为智力和体力,而体力和智力的全面发展即为人的全面发展。[1]虽然职业教育在人才的技术技能培养方面肩负着应然的责任,但受工具主义与功利主义思想的影响,现阶段我国职业教育在实践层面的功能仍未得到凸显,其本身的"教育性"遭到忽视。在积极推动建立"双证书"制度、完善职业院校毕业生直接升学渠道的政策指导下,部分农村职业技术院校开设了升学班与技能班。升学班为提高升学率大量设置与高考直接相关的科目,压缩原有与技能训练相关的课程,使学校成为考试辅导基地。如渝东南地区Y县的职教中心中,其文化课、专业课和实践课的比例为1.7∶3.2∶1,文化课与实践课相加的占比未超过学校总课程设置的半数,且文化课的开设并不是为了丰富学生内在精神世界,主要强调的是与高考考试科目的接轨。[2]实践课被占用,技能的培养就无从谈起。技能班则更多偏向于专业理论知识学习,虽然学校会安排到企业实习实践,但其实际情况大多存在形式大于内容的问题。部分职业院校仅仅与一到两个企业签订合作培养协议,企业的属性限制了其岗位的多样性,并不能容纳一所职业院校所有专业的实习生,但即使专业不对口,也必须参与其中,学生的实习过程并不能提升其专业实践能力。另外,部分学校安排学生自行寻找实习单位,对实习过程不进行监

---

[1] 中国教育学会教育学研究会.学习马克思的教育思想:纪念马克思逝世一百周年文集[M].北京:人民教育出版社,1983:1.

[2] 李小娜.农村职业教育培养目标定位研究——基于渝东南民族地区的考察[D].重庆:西南大学,2014:13.

管，只收取加盖企业公章的实习证明。这种情况下，学生只需要拿到证明即可，就容易产生懈怠心理，实习实践的效果也会大打折扣。学生专业动手能力的欠缺，对未来从事制造业有不利影响，需要在以后的日子花费更长的时间提高自身技术技能理论的应用能力，也无法适应制造业高质量发展的时代诉求。

二、创新氛围欠缺，"匠心"唤醒困难

实现制造业高质量发展，离不开创新驱动。创新是制造业高质量发展的"牛鼻子"，也是我国工业经济提质增效的关键。推动制造业高质量发展，必须把创新摆在制造业发展全局的核心位置，不断提升供给体系的质量效益。在鼓励"大众创新，万众创业"的背景下，工匠精神被重新提及。技艺创新的主体主要是技术技能人才和大国工匠，工匠精神成为推动制造业创新的重要力量。在工业化、智能化的新时代，工匠精神不再仅仅只是用固有技术不断重复达到精益求精的程度，工匠精神的核心在于创新，烦琐复杂的工作是培育创新的土壤，追求完美是助推创新的动力。工匠精神不再是简单的重复和坚守，而是不断改进和创新。只有技术技能人才唤醒心中锐意创新的勇气，并将之付诸行动，制造业的高质量发展才能得以实现。我国虽然已经意识到创新在推动制造业发展方面的重要性，但整体创新氛围营造较为欠缺，使"匠心"中的创新品质难以受到刺激，重新换发生机。

（一）体制机制支持力度不够

1.政策体系不完备

政策可以说是利用工具实现目标的有机统一，政府执行则是选择工具的一种管理流程。[①]所谓"体系"指的就是某个范围内或同类的事物间按照一定的秩序和内部联系组合而成的整体。既然是体系，那么这些子政策之间也是相互联系的，形成内在的整体性。国家或政府规定的所有制造业扶持政策之间互相作用和以来而形成的具有引导、管理和调控产业发展和社会发展的有机结合，就是制造政策体系。目前，在制造业发展的实践中，政府会出台多个单项政策来扶持制造业发展，主要原因体现在：一是，单项政策在解决问题时常常是由某一个角度入手，而非全局入手；二是，所有政策都可以发挥正面或负面效应，

---

① 陈振明.政府工具研究与政府管理方式改进——论作为公共管理学新分支的政府工具研究的兴起、主题和意义[J].中国行政管理，2004（6）：43-48.

而这些问题的存在需要有新的配套政策来解决。为了解决上述问题，需要制造业政策间形成合力，全面、系统地指导、管理和调控制造业的发展。

中国经济已经到了从追求数量到提高质量的转折点，必须提高中国制造的质量，于是对于品质的极致追求的工匠精神在中国引起了广泛共鸣，提高质量和品质最终要靠创新，而创新则需要追求极致的工匠精神。一个国家的发展，最终还是将回到制造业身上来，而要发展制造业，提升全民的工匠精神就变得必不可少。虽然国家已经意识到发展高质量制造业的重要性，并颁布相应的政策推动制造业的转型升级，但作为建设高质量制造业精神引领和内在灵魂的工匠精神，尚未得到真正的重视，在制造业政策的制定中对工匠精神的提及不多，没有构建出完善的弘扬工匠精神制造业政策体系，进而影响制造行业中弘扬工匠精神氛围的形成，未彰显出工匠精神在制造业发展中的真正价值。要想在一切生产领域树立"工匠精神"，就必须首先以强力手段制止那些毫无道德约束和信用底线的非法牟利行为；强力制止目前依然大量存在的，手法不断翻新的制假造假活动。

2.企业激励机制缺乏

"工匠精神"不是停留在嘴上的口号，它要与各项工作相融合，不能单独存在，在企业员工各项生产、经营、服务中均有体现。信息时代，心浮气躁的气息充斥周边，有时过度追求短期速度、指标、效益，"短、平、快"带来的即时利益掩盖了基础不牢，管理僵化、创新乏力、内耗严重等问题，对企业形成巨大伤害。近年来，在东北的一些大型企业，虽然强调为人才搭台、铺路，但是人才外流、人才难留成为管理者不得不面对的尴尬局面，受职业发展、薪酬收入等因素影响，很多刚参加工作的高校毕业生纷纷离职，激励机制和办法每年都在出台，最终声势很大却往往收效甚微。技术创新是企业生存和发展的灵魂，是企业发展的永恒主题，企业自主创新能力的提升受到一系列内、外部因素的影响，有效的激励机制则是企业技术创新的力量源泉，让技术技能人员有持续、强烈的工作热情。目前，国内大部分企业科技创新能力仍然较弱，企业技术创新活动上还处于较低水平。技术创新的激励约束机制不完善，技术技能人员的内在创新潜力未被充分挖掘。但在一定条件下，企业的技术创新效率很大程度上取决于技术技能人员受激励的水平。目前，大多数企业尚未建立合理有效的创新激励机制，导致技术技能人员对创新的热情降低，使其缺乏创新的信心和勇气。

（二）人才培养模式有待改进

为深化职业教育教学改革，全面提高人才培养质量，2015年，教育部出台

《关于深化职业教育教学改革全面提高人才培养质量的若干意见》提出,把提高学生职业技能和培养职业精神高度融合。积极探索有效的培养方式和途径,形成常态化、长效化的职业精神培育机制,重视崇尚劳动、敬业守信、创新务实等精神的培养。职业教育作为弘扬职业精神和工匠精神的重要载体,必然需要不断改进人才培养模式,迎合时代发展需求。在制造业转型发展的今天,创新成为时代发展的旋律,而创新作为职业精神和工匠精神的重要组成,需要被职业教育重视,积极营造创新氛围,改变人才培养模式,使培育的技术技能人才具备创新能力和创新意识,推动制造业的高质量发展。但由于我国职业教育在体制机制上过多强调规范性和一致性,现在职业院校学生生源一直都是处于人才链末端,契合企业用人弹性需求的拔尖创新人才培养模式难以形成,造成了我国职业院校拔尖创新人才培养模式存在缺陷,严重制约了高职拔尖创新人才的选拔和培养。[①]主要原因是产教融合、校企合作人才培养模式没有得到充分开展,学生脱离真实工作环境,尚未体验到创新的乐趣。因此,我国职业教育体系中创新性和多元化人才培养模式需要不断调整和完善,才能适应新时代社会经济发展对职业教育培养拔尖创新人才的需求,推动制造业的创新发展。

三、职业素养不高,"匠魂"难以塑造

正如舒尔茨所说:"土地与人口本身不尽是导致落后的主要与绝对性影响因素,而劳动者的技术能力和人文素养水平的高低才是决定落后的关键点。"[②]职业素养是人类在社会活动中需要遵守的行为规范。个体行为的总合构成了自身的职业素养,职业素养是内涵,个体行为是外在表象。职业素养是技术技能人才从事相关工作的基础,是企业行业得到快速进步的重要法宝。工人强则制造业强,制造业强则国强。由"制造大国"迈向"制造强国",既需要工匠数量的突破,更需要工匠质量的提升。因此,在全社会形成尊重技术、崇尚敬业精神的社会风气,弘扬工匠精神、培养与高超专业技能相匹配的职业素养,才是塑造"匠魂"的根本任务。

---

① 王斌,李建荣,杨润贤.基于现代学徒制的高职拔尖创新人才培养路径构建[J].教育与职业,2019(21):102-107.
② 西奥多·W.舒尔茨.论人力资本投资[M].吴珠华,等,译.北京:北京经济学院出版社,1900:44.

（一）职业道德宣传工作不到位

自2016年至2019年，工匠精神四度写入政府工作报告。大力弘扬工匠精神，厚植工匠文化，培育"中国工匠"，有利于建设创新型国家，是建设质量强国和文化强国的需要，是实现中国梦的内在驱动力。中国传统文化崇尚含蓄，主张内敛，因此宣传工作一直处于若有若无的位置。虽然政府在政策中多次提及工匠精神，但工匠精神并未被人们真正内化，职业道德并未得到有效提升，究其原因在于宣传形式单一，缺少集中、系统、科学宣传的扎根场域。抽象的语言符号可以使人产生认知，但会使人的认知产生局限性，且不够深刻，因此，工匠精神需要将其从抽象的符号回归到物质的实体。在眼见、耳听、手触的综合体验下感悟职业道德，深刻理解其内涵和魅力。另外，企业作为弘扬工匠精神的重要主体，对职业道德的宣传存在不充分的现象。企业中并不缺乏职业道德高尚的"能人巧匠"，但企业却没有及时发现和挖掘，缺乏为其他员工树立榜样的意识。榜样的缺失使企业宣传职业道德的力度不足，在一定程度上弱化了企业的凝聚力，不利于形成向好向上的企业文化氛围。

（二）职业素养的培育土壤匮乏

大国工匠需要德技并重，以培养未来大国工匠为己任的职业教育不能只重视技能培养，忽视职业素养培育。在职业院校中大多存在过于重视教育的"职业性"，轻视对受教育者综合素质培养的现象。职业院校毕业生职业素养不能满足企业和社会用人单位岗位要求，主要原因可能不在于缺少相应的专业知识或专业能力，更多的欠缺可能在于综合职业素质。以河北省某县职教中心为例，该学校将机械加工专业的人才培养目标设为：面向各类机械制造企业培育熟练掌握机械原理，能够看懂较复杂的机械零件图纸，具有中等机械加工操作技能，可以从事产品加工制造、安装调试、运行维护、常规监测和售后服务等不同类型工作的技能型人才。将会计专业的人才培养目标设为：面向中小型企业和会计服务类机构，培养具有一定理论水平与较高实际操作技能，能够从事出纳、会计核算和财经相关服务工作的技能型人才。毕业后能够获取会计从业资格证书的学生可以胜任单位会计岗位工作，优秀毕业生可以初步达到中级会计师资格水平。同时，在职业教育开展的过程中，对学生职业素养的培养依然少见。可见其忽略了学生的全面发展，学生"一技之长"的训练成为学校教育工作的焦点，缺乏对学生人文素养、评判精神和精益求精的工匠精神等综合素质的塑造，不能充分体现制造强国战略背景下，制造业高质量发展对技术技能培育提出的既要"长知识"又要"增素质"的要求，在一定程度上限制了高质量制造业形成速度。

第三节　我国制造业高质量发展背景下弘扬工匠精神的实施策略

科学属于人类认识自然的过程，技术属于人类改造自然的过程，人类自诞生以来就离不开技术，制造业的高质量发展主要依靠于技术。当代社会，我们不再仅生活在由纯粹天然的自然物构成的世界里，也生活在一个由技术构建起来的人工世界里，为技术所包围。[①]随着技术社会化进程的不断深化，技能已愈来愈走出其狭小的劳动和生产过程，无论是专业知识还是专业技能，各个专业背后都隐藏着共通的精髓——工匠精神。[②]依天工而开物，观物象而抒臆，法自然以为师，毕纤毫而传神——工匠做事，有板有眼，一丝不苟，求效唯美。[③]而现实社会中，那些不忘初心、默默坚守、锲而不舍的大国工匠越来越少，那种推陈出新、精益求精、乐于奉献的工匠精神也很难形塑。当今中国面临着产业结构的调整和转型升级，面临着跨越中等收入陷阱的挑战，面临着由"中国制造"向"中国创造"的转变。在这一背景下，国家需要培养一支数量充裕、技术高超、素质优良的高技术技能工匠队伍，更需要培育一种将匠技、匠心和匠魂真正融为一体的工匠精神。

一、以更新社会观念为先导，强化"匠技"能力

习近平总书记在2014年就加快发展现代职业教育作出重要的批示，"要树立正确人才观，培育和践行社会主义核心价值观，着力提高人才培养质量，弘扬劳动光荣、技能宝贵、创造伟大的时代风尚，营造人人皆可成才、人人尽展其才的良好环境，努力培养数以亿计的高素质劳动者和技术技能人才"。这就需要社会和国家营造良好的市场环境，让引领潮流的产品不被侵权，让高品质产品有较好的市场前景，让追求卓越的企业有丰厚的市场回报，让辛勤付出的工匠得到公平的待遇。[④]因此，应以更新社会观念为先导，不断强化匠技能力，培育默默坚守、孜孜以求的工匠精神。

---

① 那日苏.科学技术哲学概论[M].北京：北京理工大学出版社，2006：115.
② 周如俊.职业教育更需要培养"工匠精神"[J].江苏教育，2016（20）：32-33.
③ 徐桂庭.以工匠精神引领时代　以工匠制度创造未来[J].中国职业技术教育，2016（16）：107-115.
④ 李进.工匠精神的当代价值及培育路径研究[J].中国职业技术教育，2016（27）：27-30.

（一）打破急功近利社会风气，重视产品质量

技术和人才是企业赖以生存和发展的生命力，企业要警惕被无限扩张的经济理性蒙蔽双眼，积极营造重要技术、珍视人才的氛围。企业应当充分利用拥有场地和设备的优势，与职业院校建立人才培养和人才输送的互利关系，让职校学生体悟企业文化的同时也为企业员工带来浓厚的文化气息。企业只有具备了不断更新的技术、精益求精的人才和诚实守信的运营模式，所提供的产品和服务才会臻于完美，也才能在社会中立于不败之地。在校园文化中融合企业文化，让企业文化的内容和价值内涵渗透在其中，伴随着校园文化一起融入学生的学习和生活环境中，从而达到文化育人的效果。构建以工匠精神为主题和平台的校园文化，应充分融入自身的职业特点，通过各类物质载体，将行业要素和职业要素融入其中，尤其要利用好校园内的重点景观，赋予物质景观以鲜明的文化内涵，以营造浓厚的工匠精神校园氛围，让学生在潜移默化中获得专业素质的提升，使学生在未来工作中自觉重视产品生产质量。

（二）转变社会固有观念，提高工匠社会地位

我国缺少高技术人才和工匠人才已是不争的事实，究其根本是因为缺少工匠人才生存的土壤和环境。因此，社会、政府和职业院校应形成互动共振的联合系统，携手提高工匠人才的社会地位。首先，社会应当树立工匠楷模，大力宣传他们的典型事例，倡导人们尊重工匠、学习工匠精神。树立先进劳模代表，让杰出技师事迹感召与吸引更多的技术工人勤奋工作，带动更多劳工成为工匠精神的积极践行者。技术工人是工匠精神的缔造者，也是工匠精神的第一执行者，因此，在技术工人群体中树立先进劳动模范代表，以荣誉激励与物质激励双重手段，激发其工作热情，提升工作效率，是弘扬与培育工匠精神的最有效手段。其次，政府作为主流价值观的引导者，亟须借鉴国际先进经验建立国家资历框架制度。国家资历框架就是建立在国家资历体系的基础上，反映一国政府教育意志和社会经济发展需要以法定形式确立的由能力分级标准、层级阶梯和类别结构等要素所构成的宏观资历系统。[1]国家资历框架制度的构建能够实现职业资格证书与学历学位的等值，克服学历至上的观念，真正保障技术技能人才获得应有的薪酬福利待遇和社会地位。[2]

---

[1] 沈宇，陶红.我国国家资历框架建设：内涵、价值、难点及路径[J].职业技术教育，2020，41（25）：6-11.

[2] 孟源北，陈小娟.工匠精神的内涵与协同培育机制构建[J].职教论坛，2016（27）：16-20.

（三）确立正确培养路线，培育适宜技术人才

工匠精神成为时代对人才的重点要求，这是对技能型人才提出的更高要求，也是制造业升级的需求；对于职业院校来说，这也是对人才的培养质量提出的高要求，高校也应转变培育人才的理念，从重人才数量转变为重人才质量，助力制造业升级。①大力发展职业教育对制造业转型升级能发挥重要作用，职业院校将学生培养为专业技能人才，但一个技工要真正适应制造业发展的需求，特别是制造业高质量发展的需求，还必须具备工匠精神。职业教育作为一种与人才培养、企业发展、国家繁荣密切相关的教育类型，自然应担负起培养工匠人才、培育工匠精神的重要责任。职业院校应转变以往重理论、轻实践的培养，重新审视大国工匠和工匠精神的价值意蕴，站在时代发展的高度看到工匠精神是一种民族精神、是一种社会期待，充分认识其在职业院校人才培养中的重要意义，确立与工匠精神培育相适应的人才观、发展观和质量观。②在学校教学中，要让学生充分认同所学专业，并对将从事的职业产生认同感，仅仅理论教学或课程教学是不足的，还需要很重要的一部分——实践教学，在相应的真实环境中能够充分感受这个的技能要求、素养要求，并在其中思考自身具备了哪些技能和素养，哪些技能和素养是欠缺的，为之后精神塑造奠定思想基础。同时，职业院校要加强顶层设计，找准办学目标，将工匠精神融入学校的办学思想、教学理念和制度设计中，注重学生实践操作能力的提升，使学生真正掌握一技之长。

二、以营造创新环境为保障，培育"匠心"气质

党的十八大以来，习近平总书记高度重视创新驱动发展，在不同场合发表重要讲话，强调创新始终是推动一个国家、一个民族向前发展的重要力量，是引领发展的第一动力，必须把创新摆在国家发展全局的核心位置。"大众创业、万众创新"是我国政府提出的重要施政理念和推动中国经济改革发展的重大举措，是具体落实国家创新驱动战略，建设创新型国家的中国表达和实现途径。③为了响应国家号召，给中国未来发展营造一个欣欣向荣、万众创新的环境，社会各界都应行动起来，积极转变陈旧思想，培育匠心气质，培育精益求

---

① 李梦卿，任寰.技能型人才"工匠精神"培养：诉求、价值与路径［J］.教育发展研究，2016，36（11）：66-71.
② 黄君录.高职院校加强"工匠精神"培育的思考［J］.教育探索，2016（8）：50-54.
③ 王京生.论工匠精神与民族复兴［N］.中国日报，2016-05-10.

精、不断创新的工匠精神。

（一）完善政策体系，倡导创新精神

国家制造业确实需要及时扭转当下社会墨守成规的发展势头，倡导创新精神。当前，世界制造业格局的不断变革和我国经济结构难以转型的现实表明，面对危机一定要审时度势，推动社会创新发展。工匠们在不断实践的过程中可能随时迸发出创新的火花，企业应鼓励和嘉奖工匠们的创新思维，引导他们积极思考，大胆革新。政府和社会力量也应积极参与，完善法律法规，完善制度保障建设并通过政策有效激励工匠精神的培育。首先，需出台明确提升工人待遇的政策。对工匠的激励不能停留在精神呼吁方面，要有明确的政策规定，为其提供实际的物质基础，提高技术工人的薪酬待遇，让其获得与付出成正比的经济回报，为其解决后顾之忧，在满足基本需求的前提下更好地投入技术工作中，更好地实现自我价值，服务社会。[①]如2018年中共中央办公厅、国务院办公厅印发的《关于提高技术工人待遇的意见》便完善了技术工人的培养、评价、使用、激励及保障措施，能够有效地实现多劳者多得、技高者多得，有利于增强技术工人的获得感、自豪感、荣誉感，有利于激发技术工人的工作积极性、主动性、创造性，为学生的工匠精神培育提供良好的制度保障及政策激励，让学生们学的放心，教师们教的安心。另外，要完善产权制度。产权制度不够完善和经济理性过度是造成我国技能人才工匠精神不足的重要成因。发达国家的经验表明，产权制度深刻影响和制约着技能人才工匠精神的形成，当产权清晰、流转顺畅、权责分明以及劳动者权益得到充分保障时，才能最大限度地激发劳动者的积极性和创造性，劳动者才会在产品的生产和制造中大力投入自己的时间、精力和智慧。因此必须完善产权制度，使法律制度成为培育技能人才工匠精神的制度保障，鼓励技术迁移和技术创新，抛弃思维定式，努力扭转当前因循守旧、墨守成规的发展势头。

（二）创新职业教育人才培养模式

职业院校应努力寻找新的制度模式，寻求外界合作，让"工匠精神"深深扎根于职业教育。首先，通过深度产教融合让职业教育与企业行业全面合作。将技能型人才工匠精神的培养过程融入真实的生产和工作化环境中，不仅是培养学生技术技能、有效实现职业院校人才培养目标和企业需求对接的重要途

---

① 匡瑛.智能化背景下"工匠精神"的时代意涵与培育路径[J].教育发展研究，2018，38（1）：39-45.

径,也是通过实践育人培养技能型人才工匠精神的重要平台,同时更是实现教学过程与生产过程零距离对接从而提高技能型人才培养质量的突破点。[1]职业院校在与企业的充分合作下,为学生构建真实的教学和实践的情境,让学生能够充分接触工作环境。学生在真实的情境中学习,能够充分了解技能和素养的要求,并知道该如何更好地掌握技能和素养,从而可以更好更有效地掌握技能,提升素养。学生在真实的工作情境中学习,能更好地理解所学的知识技能之间的联系,由此更能理解学习的意义和价值,从而主动学习,更有效地习得知识和技能。[2]

其次,实施现代学徒制,将职业院校与企业紧密联系起来。以校企双方共同制定的培养方案为依据,以提高就业质量为导向,以深化校企合作为平台,以实训基地与工作现场为情境,以理实一体化课程为载体的现代学徒制能在健全组织、有效制度与充足资金的保障下,通过教师和师傅的言传身教,全方位提高学生的职业技能与人文素养。[3]在情境中与师傅进行交流和互动,不仅习得显性知识,而且能同时获得默会技能和素养,达到以工匠精神衡量的技能水平和精神内涵。学校构建工作与学习实践场,在真实工作环境中学生能够充分的感受师傅和企业员工的工作方式、工作内容、工作技能、工作态度等,在群体的影响下,让学生充分了解所学专业和职业,使学生对其产生学习的热情,逐渐建立对所学专业和职业的认同感。为培育工匠精神构筑重要的情感基础和精神内涵。因此,职业院校应通过深度产教融合、现代学徒制等多种人才培养模式,紧紧抓住和企业、社会沟通的纽带,推动学生更好地感受并传承工匠精神。

三、以升华职业素养为目的,重塑"匠魂"意识

优秀工匠们在制作器物的过程中,全心投入,注重心灵体验,将其视作一审美志趣的物质载体,进而融入自身的理性哲思,在超越狭隘的功利性后达到

---

[1] 李梦卿,任寰.技能型人才"工匠精神"培养:诉求、价值与路径[J].教育发展研究,2016,36(11):66-71.
[2] 关晶.职业教育现代学徒制的比较与借鉴[M].长沙:湖南师范大学出版社,2016:207.
[3] 李宏昌,王娟,王珂佳.现代学徒制视域下培育品牌技能人才的实践探索——以贵州轻工职业技术学院食品生物技术专业(白酒方向)为例[J].武汉商学院学报,2015,29(3):71-76.

对"器物"创造力和生命力的追求。[①]因此,重塑匠魂意识,提升人们的职业道德和职业素养,培育人们爱岗敬业、乐于奉献的"工匠精神"至关重要。

(一)增强宣传力度,内化工匠精神

政府作为价值观最有力的宣传者和引导者,应充分发挥其在大众职业态度、职业素养方面的影响力,使工匠精神被充分内化。第一,倡导社会媒体对敬业乐业、坚韧不拔的工匠精神进行宣传,可以制作一系列的纪录片或公益广告,让人们在无形之中习得这种勤勤恳恳的职业精神,培养工作的乐趣。借助传媒平台,利用传统及新型媒体等多种传媒手段,增加工匠精神在社会中的曝光率,制作宣传标语、广告、电视节目等,使工匠精神通过更直观与更感性的传播方式被人民大众所认同与接收。例如,从2015年开始,央视新闻推出的大型纪录片《大国工匠》,讲述了为长征火箭焊接发动机的国家高级技师高凤林等八位不同岗位的劳动者,以他们平凡而又伟大的事迹,向人民大众弘扬了匠心筑梦的工匠品质。再例如浙江卫视推出《寻找民间手艺人》的真人秀栏目,以明星效应作为宣传工匠精神的手段,获得了较为显著的宣传效果。第二,国家应站在更高的发展视角,建立博物馆以可视化的形式保留和传播工匠文化,深化个人对工匠精神的认可和尊重。首先,可以建立大国工匠数字博物馆。当前,密集出台的弘扬工匠精神政策为大国工匠博物馆的数字化提供了政策保障,日新月异的现代科技手段为大国工匠博物馆的数字化提供了技术保障,国内外成功实践为大国工匠博物馆的数字化提供了借鉴。建立工匠数字博物馆,运用虚拟现实技术、三维图形图像技术、计算机网络技术、立体显示系统、互动娱乐技术、特种视效技术,将已录制的大国工匠口述史、央视的《大国工匠》系列纪录片、大国工匠年度人物颁奖典礼等相关资料以三维立体的方式完整呈现于网络。参观者也不必拘泥于开馆、闭馆时间的限制,随时随地进入网站进行参观,只需要有网络,还可实时与之互动。从而引领工匠博物馆进入公众可参与交互式的新时代,引发观众浓厚的兴趣,满足不同层次人群的需求,以达到弘扬工匠精神的目的。其次,实体工匠博物馆是一种对有形资源和无形资源进行整体保护的重要形式。新中国成立70多年的发展历史积淀了大量的工匠器物,为工匠博物馆的建设提供物质支撑。工匠博物馆建设时可以征集工匠成长的每一阶段所使用过的各种器物,如工作时使用过的工具、工装、记录工作的照片、同意公开的日记、参与编撰的著作、铸造的产品等有形器物,同

[①] 黄君录."工匠精神"的现代性转换[J].中国职业技术教育,2016(28):93-96.

时，也要向全社会公开征集匠人世家家传的器物，可以是原物，也可以是复制品。此外，工匠生活和工作中的先进事迹是工匠精神的原形载体。追寻新中国成立以来我国在各行各业涌现出的工匠及他们的先进事迹，可以是自述的、他述的，也可以是报道，这些资料将是弘扬工匠精神重要的题材。将大国工匠的成就、大国工匠们的成长历程以实物和图片的形式直观展现，对每件实物或图片藏品进行配以文字介绍。通过对大国工匠成果的展示和介绍，让参观者直观感受到大国工匠超人的智慧、精益求精的精神以及为国家做出的贡献，从而加强其对技术人才的尊重，提升技术人才的社会重视程度。

企业作为技术技能人才的工作场所，应当更加注重对工匠精神的宣传，凝聚员工，形成合力，共同推动企业取得进步。工匠精神脱胎于工匠，但归根结底产生于人，人是工匠精神的载体，同时也是企业运行的核心。第一，需营造重视工匠精神的企业文化。企业文化是企业在经营活动中形成的经营理念、经营目的、经营方针、价值观念、经营行为、社会责任、经营性向等总和，是企业个性化的根本体现，是企业生存、竞争和发展的灵魂。概括而言，企业文化具有目标导向功能、整合协调功能、规范约束功能和激励辐射功能。它是企业上下一致信奉和遵从的价值观和无形规则，能够引导和约束企业成员的行为方式。把工匠精神和企业文化相互结合，建立以质求生、精益求精的企业文化，这将推动企业员工坚守在自己岗位工作，激励员工在工作中找到主体性，恪尽职守尽职尽责地完成本职工作，促使自我不断成长和完善，同时又能将企业员工凝聚在一起形成合力，增强企业的核心竞争力。企业文化不只是员工层面的认同和遵守，管理者更应该以身作则，做好领头者。孔子曰：其身正，不令而行。管理者遵从企业文化，企业文化则必然会影响员工的工作态度和准则。如果企业的领导者首先能做到对产品精雕细琢、严抓质量、精益求精，就会为整个组织奠定工匠精神的基调。企业管理者应当积极组织同工匠精神宣传有关的活动，比如新员工入行的拜师仪式、技能比赛等活动，对企业内部进行工匠精神的广泛宣传。此外，企业还可以运用相关激励手段，通过对工匠精神的价值激励，调动员工积极性。企业通过把自身文化建设与工匠精神相结合，把工匠精神融入企业文化建设中，形成企业员工共同尊崇的信仰和价值观，指导员工和企业共同发展。第二，优化人力资源管理。企业层面落实工匠精神的基础是组织内每一成员对工匠精神的落实。而在企业管理中，做好人力资源工作对于提高员工工作积极性，提升企业效率具有重要作用。因此，企业应当从人力资源方面下手，把工匠精神融入人力资源管理工作中，培养、激励、留住好工匠。此举不仅可以优化组织结构，还可以促进工匠精神在组织成员中弘扬和发展。在人力资源管理中必须要将人才放在第一位，必须强化人作为推动社会发展主体的意识，对组织内员工进行定期培训，提高员工技艺，并进行工匠精神宣讲，让员工以精益求精的态度对待工作，塑造以质求生的价值观。对技能的培训可以补齐技术短板提升技术工人的技艺，促进优秀工匠的培养。对于工匠精神的培植则可以帮助员工更好地理解和践行工匠精神，有助于企业塑造和落实精益求精以质求生的企业文化。

（二）更新办学思路，提升职业素养

职业院校要转变办学思路，升华职校学生的职业素养，注重对学生进行职业道德教育，培养学生的工匠精神。这是企业创新发展的需要，是适应经济结构调整的需要，是院校本身治理与改革的重要内容，更是职业院校学生个人获得职业成功的重要保障。[1]因此，为了学生未来的专业操守和职业追求，职业院校理应摒弃"重技能、轻素养"的办学思路，不断破解职业道德培养的难题。

1.工匠精神融入思政教学

立德树人属于思想政治教育范畴的内容，也是工匠精神培育的目标。在课程的设计上，以工匠精神为核心构建思想政治教育课程体系，在此基础上设计各类特色通识课程。设计工匠精神读本，作为思想政治课程学习教材，通过讲授和引导使学生理解掌握工匠精神的内涵和价值，让工匠精神逐渐成为学生的一种自觉意识。职业院校还应注重更新学生的思想观念，纠正他们一些偏离社会主义价值观的思想。通过思想政治教育课程，使学生抛弃旧观念，接受新思想，明确信念，确立人生理想，养成爱岗敬业、精益求精、勇于创新、诚实守信的优良品质。此外，鉴于"学而优则仕"的传统观念，学校应加大职业观教育力度，强调职业平等理念，以消除学生的传统旧观念，为培育工匠精神创造思想条件。[2]

2.工匠精神融入专业课程教学

一是将工匠精神融入专业课程当中展开教学。专业课程要突出两个特点，一个是专业特点，另一个是职业特点。工匠精神的培育离不开工匠精神课程的设置，要培育工匠精神必须有一定的基本理论知识配套实践教学，这就需要教育部门统筹，尽快完善工匠精神培育的专业课程体系，组织专家、学生、技能

---

[1] 张祺午.我们为什么需要工匠精神——制造强国战略背景下的技术技能人才培养问题分析[J].职业技术教育，2016，37（30）：11-14.

[2] 张旭刚.高职院校培育工匠精神的价值、困囿与掘进[J].教育与职业，2017（21）：65-72.

大师参与，共同制定工匠精神培育的理论课程、教学大纲等。二是，各个职业院校要组织优势师资队伍，结合当前创新创业教育的需要，制订出适合本校特点的工匠精神培育的教学课程计划。教师充分掌握本专业的特点与基本的职业素养，以提升学生实际工作能力为目标，对教学内容进行再设计，依据知识的类型，构建起一个科学合理的知识体系，并将工匠精神巧妙地融入教学的各环节，使得教学内容始终体现工匠精神，并以职业道德教育为核心创设职业问题情境，以提升学生的职业素养。[①]三是，专业教学和实训绝不只是简单地做出有形的产品，更要注重职业精神的培育。通过分析专业和职业特点，将其作为教学内容和目标的一部分。同时，为了确保这部分的教学成效，还要制定严格的考核制度，以提升教师和学生对于职业素养的重视度，最终实现学生树立爱岗敬业信念的教学目标。最后，在专业教育中，要依据专业特点进行教学设计，在其中融入工匠精神，通过日常教学活动，帮助学生正确认识工匠精神的价值和意义，使其树立自觉提升职业素养的意识。

---

① 张光熙.职业院校学生学习能力评价理论分析［J］.教育与职业，2013（26）：56-58.

第七章　工匠精神的文化认同和实践路径

随着社会的快速发展变迁，尤其是伴随着产业转型升级，我国产品和服务总量大幅增长，而质量却难以做到精益求精。加之现代企业"机器换人"步伐愈来愈快，工匠逐渐被人们所遗忘。而我们不可或缺的产品质量和企业追求的效益却主要是由千千万万的工匠创造的，如果工匠们失去了满足感和获得感，企业的生存发展不会长久，经济发展不会健康。因而，实现工匠的文化认同，让工匠们获得幸福感、存在感，才能更好地发挥工匠劳动积极性，促进工匠精神的传播与弘扬。"弘扬劳模精神和工匠精神，营造劳动光荣的社会风尚和精益求精的敬业风气"已成为党中央对新时代下我国工匠们发出的重要号召。工匠队伍作为中国制造的推动主体，不仅是人力资本提升过程的核心要素，而且在实现制造强国目标过程中扮演着极为重要的角色。而这就需要营造全社会尊重工匠的良好社会氛围，实现对工匠的文化认同。因此，培养一批技术精湛、能够适应中国制造业转型发展的中、高端工匠显得尤为关键，然而当下我国工匠的发展状况令人担忧，对社会的健康可持续发展提出了巨大挑战。

一方面，我国技术技能型人才有效供给严重不足，很难满足社会产业发展的需要。另一方面，职业教育吸引力不足，表现在社会地位不高、发展后劲不足、教育质量亟待提高等方面。如在招生方面，学生不愿报考职业院校；在就业方面，企业用人者对普通高校毕业生较为青睐。同时，工匠的劳动价值与社会贡献没有被社会大众所认可。因此，要切实提高工匠的社会地位，就要实现全社会对工匠的文化认同，为工匠精神的发扬厚植文化土壤。

文化认同是人类对于文化的倾向性共识与认可，支配着人类行为的思维准则和价值取向，属于精神文化的范畴。大多数学者更倾向将文化认同分为认知、情感与行为倾向三个维度，并强调文化认同要反映到个体行为中去才能成为实现真正意义上的文化认同。基于此，所谓工匠的文化认同是指社会各行各业人士对工匠（职业学校中培养的技术技能型人才）的认知情况、乐于从事工匠职业的行为意愿以及对工匠及他们所处的职业环境所持有的情感态度等三方面的认同。

第一节　工匠的文化认同及其价值意蕴

曾经被誉为工匠之国的中国，行行都有能工巧匠。进入现代社会后，在一些企业中随着老一代工匠退出历史舞台，后继乏力的人才断档期就出现了。高等教育扩张，虽提高了人才培养的速度，却也终结了匠心文化下的师徒关系与传承模式，终结了工匠学徒人品和心性，阻碍了工匠精神在当代社会的发扬与传播。追求效率的时代精神使得学校教育也遵守技术理性，沿用了无所不能的技术化逻辑，从而陷入了对工具理性的沉醉。技术化的思维方式与态度对教育的影响就是统一化、简约化、工具化与二元化，具体表现在无意识的个体培养过程、具有控制性的课程分化、单一的教育目标达成。而在职业教育这一类型上，我们要意识到，当下职业教育培养的个体虽然有了一定的技术技能，但个体逐渐失去了灵魂与思想。在今天，愈加需要技术创新的时代，工具化需要被扭转。中国制造的出路在于精造，精造的出路在于职业教育。美国技术哲学家戈菲曾说过："一个真正的工匠不仅仅是那种灵巧地操作工具的人，还是懂得唤醒沉睡在材料形式中的人。"总之，教育需要回归到尊重每一个个体，尊重常识，将人的品性培养放在第一位，以技能选人才，以德艺双馨看人才，塑造高精尖工艺立足的制造强国形象。

一、文化认同及其发展

在人类历史发展的长河中，学者们对文化的认知不断发展变化，虽然大多数文化学家、人类学家、社会学家对文化问题十分重视，但由于文化本身的复杂性和学者们对文化内涵的不断更新，未能得出关于文化内涵的统一结论。西方学界较为认同的观点是文化与文明内涵相对等同，即它们都是人类所有创造物的总和。马克思和恩格斯认为文化是由社会生产方式决定的精神产物。有学者认为文化是生活中数不清的各个方面，所有人都诞生于某种复杂的文化之中，这种原文化将对个体的生活习惯和行为方式产生巨大影响。德国人类学家蓝德曼认为文化是人的第二自然，是人类的第二天性，"每一个人都必须首先进入这个文化，必须学习并吸收文化"①。衣俊卿认为"文化是历史地凝结成的稳定的生存方式，其核心是人自觉不自觉地建构起来的人之形象"②。文化是人类在自然界中生产实践的成果，是人类本质的自我证明。同时，人总是生活在特定的文化中，受特定文化的制约，文化有着不可抗拒性。文化的给定性和自我超越性的矛盾冲突，是推动文化发展的原动力。此外，文化还具有自在性和创新性，这些特性使人类文化得到一次次的更新与发展。

文化认同很早就进入了研究者的视野当中。从研究现状来看，我国的文化认同研究涉及文化学、教育学、社会学、传播学、历史学等多学科领域，尤其是一些学术著作较为具有代表性，大体上主要有以下几方面研究。

第一，文化认同基本问题研究。这部分研究大多是以一些学术著作为主，学者们较系统地论述了文化认同的基本相关问题。郑晓云的《文化认同论》主要对文化认同的基本理念、内涵、功能，文化认同与文化发展的关系，以及文化认同对于人类存在、发展的意义等学术基本要素做了详细阐述。③雍琳认为文化认同包括认知、情感及行为等三部分。④詹小美立足全球化时代的文化焦虑、文化认同危机和文化交流、文化融合的宏观背景，围绕民族文化认同的基本问题，运用历史分析法，从哲学角度对民族文化的起源、本质、层次、条件和机制等根本问题进行了深入的论述。⑤此外，姜华对韦伯关于德国文化问题研究的反思，探讨了文化自觉、文化认同与现代性、西方文化普遍性的内在逻辑。⑥赵海峰基于意识形态多元化视角，分析了马克思主义中国化的未来走向。⑦欧阳康论述了文化认同与文化选择在当代中国的演变过程，分析了文化选择的多元与困惑，以及文化认同的必要和紧迫。⑧曾楠通过对中国传统小农社会、新中国成

---

① 蓝德曼.哲学人类学[M].北京：工人出版社，1988：223.
② 衣俊卿.文化哲学十五讲[M].北京：北京大学出版社，2015：13.
③ 郑晓云.文化认同论[M].北京：中国社会科学出版社，1992：4.
④ 雍琳，万明钢.影响藏族大学生藏、汉文化认同的因素研究[J].心理与行为研究，2003（3）：181-185.
⑤ 詹小美.民族文化认同论[M].北京：人民出版社，2014：12.
⑥ 姜华.全球语境下文化自觉与文化认同的哲学思考——韦伯关于德国文化问题研究的启示[J].求是学刊，2012，39（2）：32-36.
⑦ 海峰.意识形态领导权和文化认同：关于马克思主义中国化的思考[J].马克思主义与现实，2012（5）：183-189.
⑧ 欧阳康.多元化进程中的文化认同与文化选择[J].华中科技大学学报（社会科学版），2011，25（6）：1-7.

立后30年和改革开放时期的文化认同特质的分析，回应了当下中国社会的文化认同危机。① 苏振芳梳理了文化认同在思想政治教育中存在的问题，并指出文化认同在教育过程中发挥作用应遵循的原则。② 游淙祺透过沙特的《存在与虚无》对犹太人问题的看法，反思了文化的族群认同问题。③ 李武装讨论了民族文化认同具有的实践理性特点和与现代性之间的联系，并在此基础上对后殖民语境下的民族文化认同建构指明了方向。④ 佐斌等人认为文化认同是人们对于文化的倾向性共识与认可，包括文化形式认同、文化规范认同、文化价值认同三个层次，同时指出当代中国人的文化认同表现为群际分化与多元化、中国传统文化认同回升、社会主义核心价值观认同强化、现代性色彩及全球化意识相伴随，并且提出了当代中国人文化认同健康发展的可行路径。⑤

第二，从认同主体角度出发探讨文化认同的研究。针对这一主题的研究主要以学术期刊为代表，涉及主体类型多样，具体到青年、大学生、少数民族、农民工等群体，从而进行特定的研究。詹小美在《民族文化认同论》中运用定性与定量相结合的混合研究方法、比较与借鉴并用，从理论与实践、时间与空间多维度讨论了民族文化认同的价值、层次、机制和条件等，并据此总结了民族文化认同的未来远景与提升路径。⑥ 陆玉林从事实性和建构性两个角度探讨了当代青年文化认同的多重维度。⑦ 杨建义分析了大学生文化认同的特有机制，进而探析了其内在因素，并提出了外在调适路径。⑧ 张雁军等人基于实证调查，分析了藏族大学生的文化认同态度模式。⑨ 叶飞分析了教育知识分子应通过理性文

---

① 曾楠.历史与逻辑：当代文化认同的中国阐释［J］.学术探索，2011（3）：123-128.
② 苏振芳.论文化认同在思想政治教育中的作用［J］.思想政治教育研究，2011，27（5）：20-24.
③ 游淙祺.身体、不良信念与文化认同的基本态度：从沙特谈起［J］.现代哲学，2011（1）：53-60.
④ 李武装.文化现代化视域下的"民族文化认同"辨识［J］.深圳大学学报（人文社会科学版），2011，28（1）：25-31.
⑤ 佐斌，温芳芳.当代中国人的文化认同［J］.中国科学院院刊，2017，32（2）：175-187.
⑥ 詹小美.民族文化认同论［M］.北京：人民出版社，2014：15.
⑦ 陆玉林.当代中国青年的文化认同问题［J］.当代青年研究，2012（5）：1-5.
⑧ 杨建义.大学生文化认同机制探究［J］.思想理论教育，2012（13）：45-50.
⑨ 张雁军，马海林.西藏藏族大学生文化认同态度模式研究［J］.青年研究，2012（6）：43-52，93.

化批判形成文化认同,从而实现对优秀传统文化的传承。①陈占江在对农民工认同危机进行分析的基础上构建了调试路径。②于华珍基于多元文化背景下探讨了当代中国青年的民族认同感,在此基础上提出必须不断强化民族认同意识,探寻实现当代青年民族认同的有效途径,促使当代中国青年肩负起中华民族复兴的伟大历史使命。③樊超基于马斯洛的自我实现理论,从社会角度对自我实现与文化认同的关系做了深刻解读,认为自我实现者作为独特个人的各种表现的基础上,存在对社会文化认同上的适应不良和内在抵制,以及由此所要面对的现实矛盾,同时分析了自我实现者在缓和现实矛盾上所采取的态度。④这些研究普遍表明危机是认同问题出现的前提,这对我们探讨工匠精神文化认同危机有一定的借鉴意义。

第三,从国家统一与区域整合角度探讨文化认同的研究。针对这一主题的研究主要侧重于强调文化认同对于国家统一于区域融合的重要性,并在此基础上采取相应的措施。张海洋在《中国的多元文化与中国人的认同》一书中运用人类学及相关方法,揭示了地理和经济与经济要素在民族文化认同中的作用。⑤王霞通过对边疆文化安全面临的挑战进行论述,主张从强化中华文化认同角度巩固文化安全。⑥雷勇分析了跨界民族文化认同的形成与影响,强调国家应采取对策帮助跨界民族。⑦郭小川分析了欧洲历史文化与文化认同之间的联系,指出要排除各种极端民族主义倾向。⑧郑晓云论述了澳门回归后在文化认同问题上呈现新的特点和问题,强调应强化以中华文化为核心的主体性文化认同。⑨这些研究很大程度上丰富了文化认同的形成机制和过程,对本研究提供了丰富的认识角度。

---

① 叶飞.教育知识分子的文化批判与文化认同[J].教育理论与实践,2012,32(28):8-12.
② 陈占江.新生代农民工的文化认同及重塑[J].理论研究,2011(4):41-43.
③ 于华珍.论多元文化背景下当代青年的民族认同[J].山东省青年管理干部学院学报,2010(1):26-28.
④ 樊超.自我实现与文化认同——马斯洛自我实现理论的社会分析[J].理论界,2008(2):110-111.
⑤ 张海洋.中国的多元文化与中国人的认同[M].北京:民族出版社,2006:5.
⑥ 王霞.民族地区中华文化认同与边疆文化安全[J].黑龙江民族丛刊,2012(5):46-51.
⑦ 雷勇.论跨界民族的文化认同及其现代建构[J].世界民族,2011(2):9-14.
⑧ 郭小川.欧洲文化认同的建构[J].黑龙江社会科学,2011(2):32-34.
⑨ 郑晓云.澳门回归后的文化认同变化与整合[J].中南民族大学学报(人文社会科学版),2010,30(2):18-29.

第四，多学科角度探讨文化认同的研究。还有很多学者关于文化认同的研究是基于某一学科出发，如文化学、教育学、社会学、传播学、历史学等探讨某一具体而微的现象或问题。费孝通在《乡土中国》《中国文化的重建》《生育制度》等书中对民族认同、文化认同及其相互关系进行了深刻论述，对文化认同问题研究都很有指导意义。杨宜音等人在社会心态系列研究中对生活方式、价值观念、社会认知、社会行为倾向进行了实证调查，为主流文化认同的传承与变迁提供了一个认识窗口。① 还有一些学者的研究同样很有现实意义，如操奇以文化主体为焦点，通过分析主体在生产实践、交往活动、解释行为和历史生成过程中与文化间的互动联系，阐释了文化主体对文化发展的独特作用。② 王成兵则从哲学和人类学视角出发，对当代文化认同危机进行了相关探索。③

国外关于文化认同研究主要包括自我认同与社会认同两方面，成果多为著作。查尔斯·泰勒对现代认同进行了追问，围绕自我感与道德视界、认同与善之间的复杂关联，揭示了相互冲突的道德观及其暗含的认同背后的内在紧张。④ 塞缪尔·亨廷顿通过分析美国国民特性面临的内外部挑战，据此呼吁国家和社会应重视文化建设和国民特性的维持。⑤ 亚伯拉罕·马斯洛通过对人的需要的层次进行分析，阐释了人性的复杂和人类精神追求的心理机制。⑥ 豪格等人以群际关系和群体认同为中心，分析了意识形态、群体凝聚力、社会表现、集体行为、从众和语言、沟通等因素在社会认同过程中的影响和作用。哈维兰的文化人类学研究则又提供了一个视角，他系统论述了人类在持续性生存压力下语言、自我意识的认同、生存模式、经济体制、婚姻和亲属制度等文化要素的影响和功能。⑦ 曼纽尔·卡斯特对信息化社会和全球化两大趋势进行了新透视，

---

① 王俊秀，杨宜音. 中国社会心态研究报告（2012—2013）[M]. 北京：社会科学文献出版社，2013：18.
② 操奇. 主体视界中的文化发展论[D]. 武汉：武汉理工大学，2011：19.
③ 王成兵. 当代认同危机的人学探索[D]. 北京：北京师范大学，2003：38.
④ 查尔斯·泰勒. 自我的根源[M]. 韩震，王成兵，乔春霞，等，译. 北京：译林出版社，2012：103.
⑤ 塞缪尔·亨廷顿. 谁是美国人——美国国民特性面临的挑战[M]. 程克雄，译. 北京：新华出版社，2010：101.
⑥ 亚伯拉罕·马斯洛. 动机与人格[M]. 许金声，等，译. 北京：中国人民大学出版社，2013：45.
⑦ 威廉·A. 哈维兰. 文化人类学[M]. 瞿铁鹏，张钰，译. 上海：上海社会科学院出版社，2006：78.

据此深刻解释了网络社会与集体认同之间发生的斗争及表现形式。①国外学者对文化认同的研究与中国相比还是有较大差异的。国外学者对文化认同研究注重以问题为导向，运用多学科、交叉学科进行研究，运用多种研究方法进行分析与讨论，又涉及跨民族、跨区域的研究，可以说大大丰富了文化认同理论的发展，这些研究对于工匠精神的文化认同都有一定的启发意义。

综上，对工匠的研究和文化认同相关问题的研究都取得了一些成绩。关于工匠的研究，不同时期对于工匠的理解是不一样的，在古代时期，工匠的概念多倾向于手工艺人；在现代社会，工匠的概念则特指从事现代制造业等技术工人。在培育现代工匠问题上，不同学者针对不同行业、专业也给出了自己的建议与对策。而对于文化认同的研究是极为丰富的。首先，对文化认同的概念有了一个较为清晰的认识。我国学者结合国外典型著作给出了自己对文化认同的理解并结合多主体、多角度探究诸多问题。其次，研究方法愈加多元化。主要集中于理论研究、测量法与实验法。测量法主要体现在问卷和量表，最常见的量表多使用国外标准化量表；实验法广受心理学家的推崇，但在文化认同研究中运用较少。更值得注意的是，目前学界对工匠的研究几乎没有涉猎文化认同视角下相关问题的研究。在本质上，工匠的文化认同就是工匠文化的精神文化问题，它指向工匠精神的"外化"与"内化"这两个较为复杂的心理结构的文化认同过程。这也是本章的切入点。

二、工匠精神发展的兴衰

"工匠"一词经过中华两千年的历史发展，在不同时期有着不同的含义。目前，学术界关于"工匠"的基本定义问题，存在着简单化和模糊化的倾向，缺少专门的讨论。《考工典》引王昭禹语曰："兴事造业之谓工。"②经过演变，"工"由"曲尺"发展为工人和工业的意思。《辞海》"工部"说："工，匠也。凡执艺事成器物以利用者，皆谓之工。"古代文献也经常将"工"称为"百工"。《考工典》曰："工，百工也，考察也。以其精巧工于制器，故谓之工。"③可以看出，中国古代工匠的含义是指拥有特殊技艺，从事制作活动的手工业劳动者。古英语中以"art"为词源派生的artsman、artificer、

---

① 曼纽尔·卡斯特.认同的力量[M].曹荣湘，译.北京：社会科学文献出版社，2006：16.
② 广陵书社.中国历代考工典一[M].南京：江苏古籍出版社，2003：3.
③ 广陵书社.中国历代考工典一[M].南京：江苏古籍出版社，2003：42.

artisan与以"craft"为词源产生的craftsman都有同样的含义,都意指工匠。在古代,无论中西方,工匠均指从事手工技艺活动的群体。[①]现代工匠主要包括技术转型和角色转换两部分新的内容。技术转型是指工匠技术在知识形态和物质形态上的转变。其一知识科技含量增高,其二是技术生成、操作方式发生转变。角色转换是指个体身份、地位和职业角色的转变。[②]对于本研究而言,工匠是指主要从事制造业等相关行业,有特定的技术技能的工匠型人才,通常在生产服务第一线进行实际操作。

(一)我国工匠精神的源流

"工匠"这一名词伴随着中华民族不断壮大,伴随着中华儿女的历代成长,深深烙印在中华大地上辛勤劳作着的人们的内心深处。正是工匠的历史传承强大了中国的历史文明长河,让中华文明生生不息。

1.我国传统的工匠精神渊源

传统手工业是工匠的最初原型。原始社会的手工运作运用石器与木器的配合打磨进行钻木取火,运用骨器、木器、石器打造狩猎工具与饮水工具。随着社会的进步,夏商周作为手工业开始时期,出现手工业培养,官府负责管控百工在手工业作坊中的劳作,工师需要对其劳作的成果进行培训与评比,即"论百工,审时事,辩功苦,上完利,监壹五乡……工师之事也"。古代"士农工商"四民之谓中的"工"即指"匠人",可见工匠在古代社会中具有一定社会地位并受各方文者敬佩。明清时期,圆明园、故宫等辉煌建筑更是让世界各地的人们对当时中国的建筑技艺钦佩不已。科技不断发展,人与人之间开始以小群体自居,手工业与农业渐渐成为两个不同职业,工匠成为可以用某种手工劳作技艺为生的人群,涉及行业面广,社会地位不如从前,人们对工匠的重视程度逐渐降低。我国传统手工业文化需要历史传承以推动时代进步,从夏商周时期开始,主要以"百工"进行传统手工业的传承,工师在不同时期布置给工匠一定份额的工作任务,百工对工匠判断其手艺精湛程度,对其手工业技艺进行考核,并确立相应的生产标准规范来约束工匠生产过程。春秋时期,手工业开始利用奖惩机制来提高学徒对工匠技艺的投入程度。《礼记·月令第六》记载,工师需"物勒工名,以考其诚,功有不当,必行其罪,以穷其情"。唐代的学徒制度较为成熟了,是由少府监和将作监对传统手工业匠人的学习与训

---

① 高长江,杜连森.现代化改造:职校生工匠精神培育的主要着力点——基于英格尔斯的人格框架理论[J].中国职业技术教育,2017(30):22-26,59.
② 余同元.传统工匠及其现代转型界说[J].史林,2005(4):57-66,124.

练进行相应的管理与约束。《新唐书·百官三》载道:"细镂之工,教以四年;车路乐器之工,三年;平漫刀槊之工,二年,矢镞竹漆屈柳之工半焉;冠冕弁帻之工,九月。教作者传家技,四季以令丞试之,岁终以监试之,皆物勒工名。"宋代的学徒制是发展的黄金时代,工匠学徒在学习手工业技艺过程中能够参考阅读相应的手工艺操作法则,对传统手工业生产过程有着更为确切的技艺准则,并有相应的军器监进行监督与管制。《宋史·职官志》载道:"庀其工徒,察其程课、作止劳逸及寒暑早晚之节,视将作匠法,物勒工名,以法式察其良窳。"明清时期的行会负责对学徒的培训与管控,以班为单位,制定三年学徒期,通过三年学习的最终专业技艺与道德伦理考核便能顺利升层。总而言之,古代手工业技艺传承过程中,就已确立了专业技艺的考核与个人道德评价标准,做工与为人同时进行培养与考评。不同时代的工匠精神反映了不同时代工匠发展特点,正是因为追求工匠精神才使我国古代有着如此多的辉煌壮举。原始社会时期,原始人类用手边最原初的材料做工,如石器、骨器、木器等,为谋生打造出追捕猎物的工具,盛装食物的器皿,以及缝补皮衣的骨针等,制造者们从构思器皿形状到器皿的打磨都体现着手工劳作的完美工序追求。春秋战国时期,工匠精神不再仅仅局限于对完整工艺的追求,而是要求工匠同时具备技艺与个人道德。"《诗经·卫风·淇奥》早就用'如切如磋,如琢如磨'的佳句来表彰工匠在对骨器、象牙、玉石进行切料、糙锉、细刻、磨光时所表现出来的认真制作、一丝不苟的精神。"[①]这个时期民间出现诸多成功匠人,中国古代的四大发明无疑是工匠精神最成功的体现,每位工匠时刻贯穿着工匠精神,才将社会推向进步。这份工匠精神的时代传承,将师徒制发展至高潮。现代社会,仍然有师徒制的传承传统,但缺乏中国古代时期尽善尽美,传承严谨的精神,当务之急是要将创新型社会现状与传统工匠精神结合。

2.百年工匠精神的民间体现

我国近百年工匠精神的传承,尤其体现在我国传统手工业技术的精湛发挥。民间对传统手工业技艺的百年坚持,既完美诠释了传统工匠精神的核心,又是现代工匠技艺需领悟的精神,在民间体现得尤为突出。老工匠珠宝坊的百年工匠精神。老工匠珠宝坊从1833年传承至今的一间珠宝坊。"老工匠"刚起步时,做着清白生意,赢得福州当地一致青睐,在两次鸦片战争与"文化大革命"的重大历史劫难中凭借着对珠宝工艺的精致追求,以及各方官员的珠宝样

---

① 徐少锦.中国传统工匠伦理初探[J].审计与经济研究,2001(4):14-17.

式需求，不仅屹立不倒，口碑更是广为流传。时代进步的过程中，"老工匠"的匠人结合自身留洋管理知识，刻苦学习珠宝设计工艺，结合官民、少妇的需求，不断创新产品设计，做出符合时代文化与潮流的精美珠宝。如今已有百年历史的"老工匠"仍然灌输给后人百年技艺的传承文化历史，"老工匠"已被列为非物质文化遗产，传统手工艺的精美绝伦，每一雕琢步骤打造的完美工艺精神正是现代社会需要的工匠精神。老工匠珠宝坊的百年工匠精神，一是设计的珠宝款式能够根据社会当时需求而创新，不被时代淘汰，反而紧跟时代潮流；二是刘大海用毕生守护"老工匠"优质品牌的忠心，把"老工匠"的优良传统技艺传承给后代人才，不让这种珍贵的品牌文化中断、消失，这是他这辈子所实现的个人价值与社会价值的统一。麦秆作画手艺历经百年，湖北仙桃有一家麦秆作画的工作室，至今已传承至第七代。传承人邓小军，为了麦秆画的理想，在外打工近十年积累资本，最后回到家乡作麦秆画为职业，传承了家里人的手工艺衣钵。麦秆画需要麦秆经过熏、蒸、漂、刮、推、烫，以及剪、刻、编、绘等多道工序。①一幅画甚至有十几层，画的每个步骤都需要严谨的考量，一旦出半点差错就要推倒重来，如此完美手工艺的麦秆画将工匠精神发挥得淋漓尽致。麦秆作画百年手艺中的工匠精神，一是体现着工匠需要的思维逻辑性；二是技艺上的严谨专注。百年老店"六必居"，杨银喜作为国家非物质文化遗产的传承人，将六必居酱菜工艺保留至今。即使六必居已有部分酱菜采用机器产业线制作，杨银喜却仍然采取纯手工制作酱菜，保留几百年不变的传承味道，严格按照每一步应有工序进行："先把新鲜蔬菜用盐腌渍便于保存，然后将咸菜进行脱盐减少盐分，避免在后续酱制的过程中重复吸盐。脱盐后的咸菜需要根据需要切丝、切块、切条，而后装进20厘米长的小布袋之中，最后，将这些布袋子放入六必居特制的甜面酱或者黄豆酱中浸泡。"②其中制作工艺与酱料调制是纯原料制作，是现代大多数酱菜无法企及的关键点，打耙、倒缸如此的体力活更是保留酱菜原味的重中之重，不论冬夏，绝不忽略此步骤。正是杨银喜坚持最初传承口味，再结合现代人口味变化，才能让"六必居"经久不衰。百年老店"六必居"所体现的工匠精神，一是传承了历史工艺的优良精髓，让经典永存；二是酱菜调制过程中，不惧严寒酷暑，仍然精益求精完成每一个步骤的精神。

---

① 张明蕾."仙桃工匠"邓小军："点麦成金"，传承百年手艺[J].工友.2016（6）：32-33.
② 寻找身边的工匠——专访百年老店"六必居"非遗传承人杨银喜[J].南方企业家，2016（1）：124-126.

(二)我国传统工匠精神的失落原因

我国传统工匠精神与新时代需求有一定的转化冲突,传统工匠精神较难以一种创新型变革的方式满足现代社会应用需求。第一,全球化经济时代,西方发达国家将工业推入4.0新阶段,为更好地满足社会中每个人的需求,"互联网+"时代的创新型技术不断涌现,如3D打印技术,工业链的自动运转等高新技术在制造业中大面积覆盖,原初的工匠手作劳动大多由机械运作替代,人们开始忽略工匠精神的必要性,"短、平、快"的大机器运作特点越来越突出。第二,人文精神的失落。社会发展离不开社会主体的推动,人们对自我认知与自我未来发展的解读影响了社会未来发展趋势。我国深厚的传统文化根基造就了我国独有的人文精神,这是中华民族得以发展壮大的魂。工匠精神是我国人文精神的表现,古代科学家发明制造精神极具现代人们学习与传承。然而,在当今社会转型期,一方面,人们片面追求经济发展,带着一部分功利思想发展我国制造业经济,忽视了传统手工业精神中追求完美极致的核心理念,我国现代制造业文化渐渐远离我国传统人文精神,形成价值观迷失;另一方面,国人受到外来文化影响,人们向海外代购的趋势越来越强烈,而本国制造业尤其快消制造业,逐渐跟不上国内消费者的需求。工匠精神在消费观念转型期间,忽视了创造精神,没有根据当今社会消费者消费需求发扬创新思维。

工匠文化逐渐消沉的今天,贯穿始终的工匠精神渐渐被遗忘,工匠做工过程中缺乏先进的思想保障,自身职业技能素质下降让各行各业的工作不再精益求精、注重完美,甚至止步于自身创新培育。因此,分析工匠精神重塑的当代困境十分必要。

1.社会发展与工匠传统文化之间有隔膜

人类文明进步史伴随着精神文化的发展,人类通过实践活动改造了社会发展进程,也创造了社会精神文化。现代社会中提倡的工匠精神文化既源于人类日常生活,也反作用于人类社会发展进程,对人类社会实践活动有着积极作用。"政治、法、哲学、宗教、文学、艺术等等的发展是以经济发展为基础的。但是,它们又都互相作用并对经济基础发生作用。"[①]工匠精神文化的作用是为当今社会发展提供思想保障、精神支持与智力支持。劳动力在遇到各项困难问题时,缺乏工匠精神的动力支持与自身潜能激发,遇到技术棘手问题常常

---

① 中共中央马克思、恩格斯、列宁、斯大林著作编译局.马克思恩格斯选集:第4卷[M].北京:人民出版社,1995:732.

退缩逃避，丧失刻苦钻研精神，离追求完美相差甚远。习近平主席提道："提高国家文化软实力，关系我国在世界文化格局中的定位，关系我国国际地位和国际影响力，关系'两个一百年'奋斗目标和中华民族伟大复兴中国梦的实现。"①我国经济、政治、文化、社会的推进，皆离不开文化软实力的振兴。工匠精神是我国文化根基，现代社会未将工匠精神视为我国传统文化先进核心力，阻碍我国社会进步与发展的历程。传统工匠精神文化在现代社会被忽视，工匠精神文化缺乏创新，甚至会影响我国综合国力的发展，阻碍我国文化软实力的国际竞争力提升。

2.工匠文化的传承与创新受阻

工匠文化的传承方式是多样的，基本的方式有两种：一是自发的文化传承……二是自觉的文化继承。②工匠精神传承体系的缺失有着浓厚的历史背景。第一，在历史长河中，工匠的技艺大多用来谋生，不受当时国家法律法规保护，工匠的诞生随机、自发而隐秘，这就造成了本来就很稀缺的工匠，继承和发展异常艰难。中国古代工匠技艺传承是以技能传授和实践操作为主的教育，不管是手工作坊里的子继父业或是手工业行会里的师徒相授，古代工匠间技艺的传承方式多是通过口传心授的方式完成。③这种工匠文化的传承体系比较脆弱，是通过习惯传统与规范传承工匠技艺，传承体系单一。第二，我国传统将工匠技艺看作工匠私人所有，不属于财产等有形资产，除了皇家权贵们奖赏与受封的工匠拥有专属保护，民间工匠只能在广大消费者口碑中发展和延续，这种内忧外患让传承体制更加不堪重负。皇族权贵即使没有沿用，通常也不会让工匠技艺轻易流落民间。工匠文化的传承与发展是长期困扰我国的一个难题，工匠精神的发扬与创新需要将历史传承体系中的优良部分汲取，结合现代社会发展现状，进行工匠精神创新发展。但现代社会中，工匠技艺的传承与发展仍然传统而保守。第一，工匠通常是社会劳动人群中的佼佼者，受到同业同行尊重和敬仰的同时，也受到同业同行在内的其他人群的嫉妒、排斥、模仿和假冒。第二，多方面的原因形成了工匠对传统工匠技艺的保密，形成了诸如传男不传女、传长不传幼等家规家法，这是传承的唯一体制，随时都会中断，十分脆弱。工匠传承会因家中没有男孩或男孩没有传承工匠精神的天赋和毅力等原

---

① 中共中央宣传部.习近平总书记系列重要讲话读本［M］.北京：学习出版社，2014：102.
② 马克思主义理论研究和建设工程重点教材编写组.马克思主义哲学［M］.北京：高等教育出版社，2012：147.
③ 刘红芳."工匠"源与流的理论阐析［J］.北京市工会干部学院学报，2016，31（3）：4-12.

因而从此切断。民间工匠可能会因消费人群的需求改变,而工匠技艺不作任何创新改变逐渐失去市场。传统工匠技艺若没有及时转型或迁移,工匠亦将不复存在。工匠精神的传承如此艰难,是因为工匠传承将历史传统一成不变地放在现代社会中,而没有学会结合实际市场需求进行改变与创新。

3.工匠价值凝聚力未得到有效发挥

"价值观是人们心中深层的信念、信仰、理想系统,构成人的世界观、人生观的重要内容,在人的活动中发挥着价值导向、激发激励和价值标准尺度的作用。"[①]现代工匠的认识和准备不仅是技术上的不足,更是精神与价值上的严重缺失,全民对工匠意识尚未凝聚。一方面,我国正处于社会转型时期,社会生活方式呈现多样化形态,社会各界劳动力对工作岗位竞争激烈,劳动力不再对某一领域的专业岗位专一付出,而是随着就业形式的多变改变自身能力。人们对某一工作领域的钻研价值追求渐渐变淡。对职业的"敬"即指人对自身所从事工作的尊崇,所谓"敬业"指的是对自身工作的敬畏之心,需要时刻明白自身对所从事职业的敬意,满怀投入的完成自身工作,秉持严苛的工作态度,养成符合匠人精神的职业理念与信仰。劳动力不断适应多变岗位需求,无法专心钻研某一工作问题,工作日渐力不从心,易产生怠慢与得过且过的情绪,工作成了一种不得不去做的谋生任务,不会上升到自身价值追求,更不可能上升到实现社会价值追求的高度。另一方面,我国难以形成独有的工匠价值情怀。德、日、瑞士等国的精益求精工匠精神举世闻名,全球各地消费者为倾慕的商品纷纷去往当地,这是西方国家百年工匠精神养成的结果。随着时间流逝,这种深厚的文化养成氛围不断根植于人们心中。中国的百年老店并未被社会各界所推崇,社会各界对大多数中国百年老店知之甚少,随着时间流逝,只能在人们心中被淡化,一些传统手工艺技术只能在某个巷子角落以家族性传承的方式存在。工匠精神被时代忽视,难以凝聚成社会热崇的价值意识。

4.生产力发展不平衡

生产力进步助推社会发展,生产力落后则阻碍社会发展。伴随着后工业时代的来临,大机器的生产技术普遍而先进,替代了大多数传统人力做工,而不能完成自身转型的传统手工业工匠们与企业们因为失去的消费者的需要,逐

---

① 万光侠.培育践行社会主义核心价值观的人本向度[J].山东师范大学学报(人文社会科学版),2013(1):39-45.

渐在市场中没落；随着市场化程度不断提高，人们的生产生活节奏不断加快，离工匠精神也就越来越远。市场化的片面追求会降低商品劳动质量，价格比同类商品低许多，这就意味着生产厂家利润率的下降，生产厂家为了获取高额利润，会千方百计提升生产工业化，并多方寻找价格低廉的原材料替代品。低价低质商品与假冒伪劣商品就这样大量流入市场。毛泽东提出："中国一切政党的政策及其实践在中国人民中所表现的作用的好坏，大小，归根到底，看它对于中国人民的生产力的发展是否有帮助及其帮助之大小，看它是束缚生产力的，还是解放生产力的。"[①]生产力不断发展，科技不断进步，先进生产力的发展需要工匠精神对科技不断卓越的追求，对产品要求的苛刻，需要工匠精神对生产力形成精神旗帜的引导。而不是将产品生产的速度和生产成本放在第一位，每个生产者只需机械化完成手中现阶段速度生产便可。落后生产力既不能进一步实现产业升级与产品变革，更不能在国际舞台中发展中国制造，加强科技产品创新力度。产品制造商们没有作为商品生产者肩负的社会责任感，更没有因提供更好的社会服务而产生的自豪感，只觉得自己是机器的一部分，自然无法掌握和创造技巧让产品成为完美的工艺品。这种现状很难实现制造业大国向制造业强国的转变。

三、工匠的文化认同的现实价值

"认同"最初是个体心理学的概念，后来被用于人类学、社会学、政治学及社会心理学等学科。[②]工匠的文化认同，是指工匠这一主体对其自身职业文化的认同。不过也有学者认为是一种价值选择，是一种内在凝聚力；另有学者认为，工匠文化认同是身份构成的来源，是个体文化归属感的体现，个体的思想、信仰、行为方式无一不是出某一文化的缩影。但是，工匠的文化认同不自觉地受到强制作用，随着工匠的思维成熟，对多元文化的理解认知加深，工匠会重新进行价值判断与选择。若说原生文化强制个体的文化选择，主要用血缘发展等社会关系制约个体做出文化选择，那么随着思维的成熟，个体进行文化选择依靠价值观是否统一，思维方式是否同频发展，则不仅仅局限于血脉传承。

---

① 毛泽东.毛泽东选集：第3卷[M].北京：人民出版社，1991：1079.
② 吴莹.文化、群体与认同：社会心理学的视角[M].北京：社会科学文献出版社，2016：6.

首先,工匠的文化认同是厚植工匠精神的支撑点。在每一种文化中,最核心、最稳定且把文化塑造成一种特定的文化模式的部分往往是文化的精神方面。精神文化是存在于人的意识之中,人类文化的一切要素都会反映到人的精神世界中,个体行为则会受价值观、伦理道德的约束。[①]而工匠精神作为一种精神文化,是工匠文化认同中最核心、最稳定的部分,所蕴含的敬业、专注、精益求精、一丝不苟等特性也必然是为社会大众所认同才能够存在与发展。有工匠才可能孕育出工匠精神,有认同才能让工匠精神在全社会根植。[②]这就要求全社会建立起支撑工匠的社会文化体系,激发工匠积极做出社会贡献,从制造大国走向制造强国。厚植工匠精神,培育工匠气质,前提是建立文化认同,加快消除脑体分工差别,真正提升工匠的物质待遇和社会地位。精益求精是工匠精神的核心体现,精益求精需要心无旁骛,心无旁骛需要定心稳性,而定心稳性需要安居乐业,使每一位工匠都无后顾之忧,充分将精力集中到产品的研发和制造上,最终得到社会的真正认可和由衷的尊重,工匠队伍才会逐步壮大并实现可持续发展。因此,只有全社会认识到和肯定工匠的工作价值与劳动贡献,工匠精神才能站稳脚跟。

其次,工匠的文化认同是促进工匠自身价值提升的有力抓手。从根本上讲,文化是通过各种各样的符号体现出来的,例如人类所使用的器具用品、行为方式甚至是思想观念都是一种符号。作为符号的创造者和运用者——人,正是以符号、意图和表征物建立与外界的关系,通过传达、交流、沟通以求得理解、接纳,最终达成认同。也就是说,尽管文化认同能够从支配性的制度中产生,但只有在社会行动者将之内在化,同时围绕这种内在化过程构建其意义并将其付诸行动的时候,才能够产生真正意义上的文化认同。[③]可见,文化与社会间关系的联结点还是在人,对自身价值的提升是实现文化认同的关键一步。因此,无论在理论层面还是实践逻辑下,工匠的价值提升都离不开认同的支持。只有实现对工匠的文化认同,激励工匠自身职业素质的提升以及对技术的不断追求才能体现工匠的个人价值与社会价值。

再次,工匠的文化认同是提升职业教育吸引力的重要路径。职业教育吸引力是不同社会主体参与、认可、接受职业教育的意愿程度,是对职业教育的

[①] 郑晓云.文化认同论[M].北京:中国社会科学出版社,1992:37.
[②] 栗洪武,赵艳.论大国工匠精神[J].陕西师范大学学报(哲学社会科学版),2017,46(1):158-162.
[③] 赵菁,张胜利,廖健太.论文化认同的实质与核心[J].兰州学刊,2013(6):184-189.

认可度。其中，学生、家长对职业教育的认可程度和选择意愿是职业教育的吸引力的集中体现，也是衡量职业教育吸引力的试金石。作为培养工匠的主要阵地，职业教育的吸引力自然与工匠文化认同有着紧密联系，职业教育吸引力的不足深刻影响着工匠文化认同的实现。我国职业教育吸引力不强的原因主要是由于传统职业观念和知识观念形成的文化惯性。①提升职业教育吸引力，就是要在全社会树立劳动光荣的意识，使每个工匠能够体面地进行劳动。当全社会树立起劳动光荣的价值观念时，劳动才能得到尊重，才能消除劳动歧视，尊重工匠的劳动，认识工匠的劳动价值，赞扬工匠的社会贡献。比如，在日本，职业院校毕业生有"专门士"的称号以提高他们的社会地位，更在进一步深造与应聘国家公务员等方面给职业院校学生以同等待遇。可见，工匠的地位与文化认同关乎着职业教育吸引力。工匠社会地位的提高能够为接受职业教育者创造平等的社会身份，为工匠赢得与白领平等的社会地位创造可能。

最后，工匠的文化认同是提升企业竞争力的内在动力。当工匠的社会价值与劳动贡献得到企业认可，得到整个行业组织的认可，工匠就会将个人命运与企业紧紧拴在一起，对企业产生情感依赖和责任意识，这是企业文化认同的基本规律。与此同时，员工的个人情感也有其所属，还会与其他同事建立起情感联系，使得员工产生强烈的归属感与安全感。②从而为员工创造最适宜的发展条件，使员工产生稳定的归属感与成就感，为企业实现总体目标凝聚最大的动力。在德国，员工在一家企业服役20年以上是很常见的事，甚至有些员工终身都不换东家。究其原因，德国有着独特的员工关怀文化，如对于一些年龄大的工人更是贴心，从厂房设置到医疗护理一条龙服务以及舍得对员工的未来进行投资，给员工不断学习的机会。③可见，德国对员工的尊重与关心保证着工人的吃穿住行等方方面面，使得员工能全心全意服务企业，促进企业的长远发展。日本员工尽心竭力为企业工作的最大的秘诀就在于员工"被信任"。每一位员工都被作为"人"而得到信任和尊重，人性化的企业用人观使得日本员工不仅拥有强烈的获得感，而且促使他们尽心尽力为所在企业服务。因而，实现工匠文化认同对企业而言就是为现代企业造就出高技艺的优秀工匠，培养不断寻求

---

① 石伟平，唐智彬.增强职业教育吸引力：问题与对策［J］.教育发展研究，2009，29（Z1）：20-24.
② 薛凯元.企业员工文化认同度提升研究［D］.中国海洋大学，2013：13.
③ 搜狐网.福布斯2020全球最佳雇主榜发布：德国2家企业名列TOP10［EB/OL］.（2020-12-03）［2023-07-06］.http：//www.sohu.com/a/435975024_100058054.

进步、积极向上的劳动者，在企业内部形成尊重劳动者的风气，让工匠精神渗透到每个工匠心中、每个企业内部，以产品质量衡量企业质量，为企业发展提供内生动力。

第二节　工匠的文化认同现状分析

要了解工匠的文化认同现状，就需要采取一定的方法与手段。恰当的研究方法能够为现状的揭示带来事半功倍的效果，同时使用一定的手段更好地呈现研究结果能够为整个研究提供强有力的支持。本章内容使用问卷调查法，并辅以SPSS统计软件，运用量化分析科学、客观地呈现了工匠的文化认同现状。

一、工匠的文化认同调查问卷的编制与实施

基于文化认同理论，研究确定了工匠的文化认同的三个维度（认知、情感、行为倾向），并结合国外学者布里克森（Brickson）提出的教师职业认同的三因素说，其中包括个人因素、集体因素和相互因素，分别对应社会认知、集体情感和行为选择等内容，由此初步设计并完成了现状调查问卷——《工匠的文化认同现状调查问卷（社会问卷）》和《工匠的文化认同现状调查问卷（学生问卷）》。

（一）调查问卷的编制

社会调查问卷主要包括被调查者的基本信息和社会大众对工匠的文化认同基本内容两个部分构成。

第一部分为被调查者的基本信息，如性别、年龄、家庭住址、职业、毕业院校、收入以及父母亲的文化程度等。

第二部分为主要内容，结合文化认同理论与经验思考，将问卷分为对工匠群体的认知情况、对工匠及他们所处的职业环境所持有的情感态度和从事工匠职业的行为意愿等三个维度。调查问卷力求从以上三个维度来剖析社会大众对工匠的文化认同现状与问题，同时对认同现状进行相关分析，从而进行提升社会对工匠的文化认同的对策研究，为提升工匠的文化认同提供参考性建议。同时，选项采取了五级量表法来考察社会大众对工匠的文化认同程度，即完全不符合、不太符合、不确定、比较符合、完全符合五个选项。除去基本信息，该问卷共19题。具体题目分布见表7-1。

表7-1 社会问卷结构领域及所涉及题目

维度	题项	项数
对工匠的认知情况	1—9	9
对工匠及所处职业环境的情感态度	10—12	3
从事工匠职业的行为意愿	13—19	7

学生问卷主要由两部分构成。

第一部分为职业院校学生的基本信息、如性别、年龄、家庭住址、年级、专业、父母亲文化程度等。

第二部分从学生视角探知对工匠的文化认同程度，相对应的学生问卷也包括对工匠群体的认知情况、对工匠及他们所处的职业环境所持有的情感态度和从事工匠职业的行为意愿三个维度。选项同样采取了五级量表法来考察职业院校的学生对工匠的文化认同程度。除去基本信息，该问卷共25题。具体题目分布见表7-2。

表7-2 学生问卷结构领域及所涉及题目

维度	题项	项数
对工匠的认知情况	1—7	7
对工匠及所处职业环境的情感态度	8—18	11
从事工匠职业的行为意愿	19—25	7

（二）问卷的信度分析

信度（Reliability）即可靠性，用于研究定量数据（尤其是态度量表题）的回答可靠准确性。在李克特态度量表法中常用的信度检验方法为Cronbach's α系数及折半信度（Split-half Reliability）。α系数优于折半法，因为任何长度的测验有很多方法计算折半信度，会产生不同的估计值。在探索性研究中，信度，即α系数只要达到0.70就可接受，介于0.70—0.98均属高信度，而低于0.35则为低信度，必须予以拒绝。[①]

效度（Validity）就是有效性，指能够正确测量的特质程度。统计学上，研究者们通常会"将项目分析之后的题项做因素分析以求得量表的建构效度。"效度可以从取样适当性数值（Kaiser-Meyer-Olkin measure of sampling adequacy，KMO）的大小来判别，测量结果KMO值在0.9以上表明极其适合作因素分析；0.8以上表明适合作因素分析；0.7以上表明尚可作因素分析；0.6以

---

① 吴明隆.SPSS统计应用实务——问卷分析与应用统计[M].北京：科学出版社，2003：107.

上表明勉强可以进行因素分析；0.5以上表明不适合进行因素分析；0.5以下表明非常不适合进行因素分析。[①]

（三）问卷发放

问卷调查分为四个阶段进行：

第一阶段为预测阶段（2018年7月1日—2018年7月30日），将初步形成的社会问卷和学生问卷发放给目标人群，收集样本进行信效度检验并完善问卷。

第二阶段为发放阶段（2018年9月1日—2018年10月29日），采用简单随机抽样的办法，通过问卷星软件，给不同年龄段、职业、地区学历的社会人群和不同职业院校的学生发放问卷。在这一过程中，为扩大调查对象的数量，通过微信群、QQ群等途径转发电子问卷。

第三阶段为问卷回收与整理阶段（2018年10月30日—2018年11月5日），将所收集问卷进行筛选，剔除无效问卷，并对相关数据进行统一整理与编码。

第四阶段为问卷分析阶段（2018年11月5日—2018年12月5日），对社会问卷与学生问卷分别进行软件分析，并分析数据与撰写结论。

（四）问卷回收

《工匠的文化认同现状调查问卷（社会问卷）》共发放416份，回收416份，有效问卷413份，回收率100%，有效率99.3%。

《工匠的文化认同现状调查问卷（学生问卷）》共发放280份，回收280份，有效问卷276份，回收率100%，有效率98.6%。

（五）数据处理

将收集的问卷数据进行编码后录入SPSS 23.0软件，进行描述统计、独立样本t检验、单因子方差分析和多变量回归分析等。

二、工匠的文化认同社会现状调查结果

（一）工匠的文化认同社会现状差异分析

在问卷调查中，为探讨两个及三个以上自变量在因变量平均数间是否有显著性差异时通常采用独立样本t检验（适用于自变量为二分间断变量，即两个群体类别，因变量为连续变量）和方差分析（适用于三个及三个以上自变量，因

[①] 吴明隆.SPSS统计应用实务——问卷分析与应用统计［M］.北京：科学出版社，2003：64.

变量为连续变量）。①方差分析中，若整体检验F值达到显著（P<0.05），则表示至少有两个组别平均数间差异达到显著水平，而具体是哪两个配对组平均数间达到显著水平，则需要进行事后比较（a posteriori comparisons）。②

1.工匠的文化认同（社会问卷）各维度描述统计

从表7-3可以看出，在满分为5分标准下，工匠的文化认同现状总体得分一般，均值为3.37，处于中等水平。在三个维度中，得分由高到低依次为：对工匠的认知情况、从事工匠职业的行为意愿、工匠及所处职业环境的情感态度。

表7-3 工匠的文化认同（社会问卷）各维度得分情况

	平均值	个案数	标准差
对工匠的认知情况	3.802	413	0.460
对工匠及所处职业环境的情感态度	3.065	413	0.638
从事工匠职业的行为意愿	3.241	413	0.625

2.不同性别的人对工匠的文化认同的差异比较

从表7-4可知，在乐于从事工匠职业的行为意愿这一维度上，男女存在显著性差异（$t=3.263$，$P=0.001$）。同时，在对工匠的认知情况和对工匠及所处职业环境的情感态度这两个维度上，男女之间不存在显著性差异。

表7-4 不同性别对工匠的文化认同（社会问卷）各维度的差异检验

		个数	平均值	显著性	t	标准差
对工匠的认知情况	男	189	3.8054	0.062	0.161	0.48738
	女	224	3.7981			0.43267
对工匠及所处职业环境的情感态度	男	189	3.0635	0.089	−0.031	0.05005
	女	224	3.0655			0.03961
从事工匠职业的行为意愿	男	189	3.3492	0.001	3.263	0.04940
	女	224	3.1500			0.03752

3.不同年龄的人对工匠的文化认同的差异比较

表7-5、表7-6显示，不同年龄的人在对工匠的文化认同上存在显著性差异，主要体现在对工匠及所处职业环境的情感态度（$F=3.044$，$P=0.029$）和从事工匠职业的行为意愿（$F=5.973$，$P=0.001$）两个维度上存在显著性差异。另外，从不同年龄段在各个维度中的平均值得分情况看，20岁以下的人群在对工匠的

---

① 吴明隆.SPSS统计应用实务——问卷分析与应用统计［M］.北京：科学出版社，2003：329.
② 吴明隆.SPSS统计应用实务——问卷分析与应用统计［M］.北京：科学出版社，2003：329.

认知情况和对工匠及所处职业环境的情感态度两个维度中得分最高,说明这一群体从认知与态度两方面对工匠的文化认同程度较高。

表7-5 不同年龄对工匠的文化认同(社会问卷)各维度的描述统计

检验变量	年龄	个数	平均数	标准差
对工匠的认知情况	20岁以下	27	3.8230	0.57178
	20—30岁	212	3.7442	0.46128
	30—50岁	140	3.8778	0.46194
	50岁以上	34	3.8268	0.45797
对工匠及所处职业环境的情感态度	20岁以下	27	3.1728	0.79189
	20—30岁	212	2.9733	0.61901
	30—50岁	140	3.1643	0.64410
	50岁以上	34	3.1373	0.51976
从事工匠职业的行为意愿	20岁以下	27	3.1704	0.76802
	20—30岁	212	3.1406	0.61978
	30—50岁	140	3.4186	0.58415
	50岁以上	34	3.1941	0.56458

表7-6 不同年龄对工匠的文化认同(社会问卷)各维度的差异检验

		平方和	自由度	均方	F	显著性
对工匠的认知情况	组间	1.544	3	0.515	2.480	0.061
	组内	84.866	409	0.207	—	—
	总计	86.410	412	—	—	—
对工匠及所处职业环境的情感态度	组间	3.655	3	1.218	3.044	0.029
	组内	163.734	409	0.400	—	—
	总计	167.389	412	—	—	—
从事工匠职业的行为意愿	组间	6.762	3	2.254	5.973	0.001
	组内	154.338	409	0.377	—	—
	总计	161.100	412	—	—	—

由表7-7可以看出,对不同年龄段人群进行LSD事后多重比较,可以看出在对工匠及所处职业环境的情感态度和从事工匠职业的行为意愿两个维度中,30—50岁之间的群体明显优于20—30岁之间的群体。

表7-7 不同年龄对工匠及所处职业环境的情感态度、从事工匠职业的行为意愿的差异检验

LSD事后多重比较		
对工匠及所处职业环境的情感态度	20—30岁＜30—50岁	P=0.030
从事工匠职业的行为意愿	20—30岁＜30—50岁	P=0.000

4.家庭住址对工匠的文化认同的差异比较

由表7-8、表7-9得出，家庭住址对工匠的文化认同上不存在显著性差异。另外，从不同家庭住址在各个维度中平均值得分情况看，居住于农村的人群在三个维度中得分最高，接下来依次为城镇（县、乡）人口和城市人口，说明农村人口对工匠的文化认同度略高于城镇（县、乡）人口和城市人口。

表7-8 家庭住址对工匠的文化认同（社会问卷）各维度的描述统计

检验变量	家庭住址	个数	平均数	标准差
对工匠的认知情况	农村	159	3.7386	0.47192
	城镇（县、乡）	100	3.8456	0.44245
	城市	154	3.8377	0.44880
对工匠及所处职业环境的情感态度	农村	159	2.9958	0.63754
	城镇（县、乡）	100	3.1400	0.65680
	城市	154	3.0866	0.61234
从事工匠职业的行为意愿	农村	159	3.2088	0.62373
	城镇（县、乡）	100	3.3080	0.60731
	城市	154	3.2312	0.63909

表7-9 家庭住址对工匠的文化认同（社会问卷）各维度的差异检验

检验变量		平方和	自由度	均方	F	显著性
对工匠的认知情况	组间	1.024	2	0.512	2.458	0.087
	组内	85.387	410	0.208	—	—
	总计	86.410	412	—	—	—
对工匠及所处职业环境的情感态度	组间	1.395	2	0.698	1.723	0.180
	组内	163.734	410	0.405	—	—
	总计	167.389	412	—	—	—
从事工匠职业的行为意愿	组间	0.629	2	0.314	0.803	0.449
	组内	160.472	410	0.391	—	—
	总计	161.100	412	—	—	—

5.不同职业对工匠的文化认同上的差异比较

不同职业对工匠的文化认同存在显著性差异，主要体现在对从事工匠职业的行为意愿（$F=13.037$，$P=0.000$）这一维度上存在显著性差异。另外，从不同职业在各个维度中平均值得分情况看，技术工人在三个维度中得分最高，接下来依次为其他职业人群和还未就业的人群，说明技术工人对工匠的文化认同度略高于其他职业人群（见表7-10、表7-11）。

表7-10 不同职业对工匠的文化认同（社会问卷）各维度的描述统计

检验变量	部门职位	个数	平均数	标准差
对工匠的认知情况	技术工人	75	3.8533	0.52820
	其他职业	216	3.8199	0.46183
	还未就业	122	3.7386	0.39791

续表

检验变量	部门职位	个数	平均数	标准差
对工匠及所处职业环境的情感态度	技术工人	75	3.1333	0.71869
	其他职业	216	3.0694	0.61322
	还未就业	122	3.0137	0.62750
从事工匠职业的行为意愿	技术工人	75	3.4987	0.67413
	其他职业	216	3.2611	0.59671
	还未就业	122	3.0475	0.58412

表7-11 不同职业对工匠的文化认同（社会问卷）各维度的差异检验

		平方和	自由度	均方	F	显著性
对工匠的认知情况	组间	0.750	2	0.375	10.794	0.168
	组内	85.661	410	0.209	—	—
	总计	86.410	412	—	—	—
对工匠及所处职业环境的情感态度	组间	0.676	2	0.388	0.831	0.436
	组内	166.713	410	0.407	—	—
	总计	167.389	412	—	—	—
从事工匠职业的行为意愿	组间	9.633	2	4.816	13.037	0.000
	组内	151.467	410	0.369	—	—
	总计	161.100	412	—	—	—

表7-12对不同职业人群进行LSD事后多重比较，可以看出在从事工匠职业的行为意愿这一维度中，技术工人明显优于其他职业人群，其他职业人群明显优于还未就业人群。同时，技术工人与还未就业的人群在从事工匠职业的行为意愿上存在及显著性差异。

表7-12 不同职业对从事工匠职业的行为意愿的差异检验

	LSD事后多重比较	
从事工匠职业的行为意愿	其他职业＜技术工人	$P=0.010$
	还未就业＜其他职业	$P=0.006$
	技术工人＜还未就业	$P=0.000$

6.不同学历对工匠的文化认同上的差异比较

根据表7-13、表7-14中相关信息，不同学历人群对工匠的文化认同存在显著性差异，主要体现在对工匠及所处职业环境的情感态度（$F=2.809$，$P=0.025$）和从事工匠职业的行为意愿（$F=5.329$，$P=0.000$）两个维度上存在显著性差异。

表7-13 不同学历对工匠的文化认同（社会问卷）各维度的描述统计

检验变量	学历	个数	平均数	标准差
对工匠的认知情况	高中及以下	111	3.8519	0.46934
	专科院校	59	3.8230	0.53729
	本科院校	222	3.7848	0.40809
	职业院校	16	3.6736	0.57873
	没有上过学	5	3.5778	0.82552

续表

检验变量	学历	个数	平均数	标准差
对工匠及所处职业环境的情感态度	高中及以下	111	3.2312	0.64791
	专科院校	59	3.0508	0.70524
	本科院校	222	2.9880	0.57766
	职业院校	16	3.0000	0.78881
	没有上过学	5	3.1333	1.09545
从事工匠职业的行为意愿	高中及以下	111	3.4234	0.64821
	专科院校	59	3.3119	0.67290
	本科院校	222	3.1189	0.55527
	职业院校	16	3.3000	0.80000
	没有上过学	5	3.6000	0.84853

表7-14 不同学历对工匠的文化认同（社会问卷）各维度的差异检验

		平方和	自由度	均方	F	显著性
对工匠的认知情况	组间	0.833	4	0.221	1.053	0.380
	组内	85.528	408	0.210	—	—
	总计	86.410	412	—	—	—
对工匠及所处职业环境的情感态度	组间	4.487	3	1.122	2.809	0.025
	组内	162.903	408	0.399	—	—
	总计	167.389	412	—	—	—
从事工匠职业的行为意愿	组间	7.999	4	2.000	5.329	0.000
	组内	153.101	408	0.375	—	—
	总计	161.100	412	—	—	—

表7-15对不同学历人群进行LSD事后多重比较，可以看出在对工匠及所处职业环境的情感态度这一维度上，本科学历人群明显优于高中以下学历人群，在从事工匠职业的行为意愿这一维度上，高中以下学历人群明显优于专科学历人群。

表7-15 不同学历对工匠及所处职业环境的情感态度、从事工匠职业的行为意愿的差异检验

LSD事后多重比较		
对工匠及所处职业环境的情感态度	高中以下＜本科	$P=0.009$
从事工匠职业的行为意愿	高中以下＜专科	$P=0.000$

7.不同收入对工匠的文化认同上的差异比较

从表7-16、表7-17中数据得知，不同收入人群对工匠的文化认同不存在显著性差异。另外，从不同收入人群在各个维度中平均值得分情况看，收入位于6000—7500元的人群平均值得分最高，说明这部分人群对工匠的文化认同度略高于其他收入人群。

表7-16 不同收入对工匠的文化认同（社会问卷）各维度的描述统计

检验变量	学历	个数	平均数	标准差
对工匠的认知情况	3000元以下	186	3.7664	0.45813
	3000—4500元	93	3.8184	0.44135
	4500—6000元	83	3.8675	0.52187
	6000—7500元	23	3.8214	0.37599
	7500元以上	28	3.8015	0.45797
对工匠及所处职业环境的情感态度	3000元以下	186	3.0448	0.62078
	3000—4500元	93	3.0394	0.68604
	4500—6000元	83	2.1647	0.66743
	6000—7500元	23	3.0725	0.61919
	7500元以上	28	2.9762	0.49631
从事工匠职业的行为意愿	3000元以下	186	3.1871	0.64821
	3000—4500元	93	3.2925	0.67290
	4500—6000元	83	3.3229	0.55527
	6000—7500元	23	3.3739	0.80000
	7500元以上	28	3.0786	0.84853

表7-17 不同学历对工匠的文化认同（社会问卷）各维度的差异检验

		平方和	自由度	均方	F	显著性
对工匠的认知情况	组间	0.680	4	0.170	0.810	0.520
	组内	85.730	408	0.210	—	—
	总计	86.410	412	—	—	—
对工匠及所处职业环境的情感态度	组间	1.183	4	0.296	0.726	0.575
	组内	166.206	408	0.407	—	—
	总计	167.389	412	—	—	—
从事工匠职业的行为意愿	组间	2.488	4	0.622	1.600	0.173
	组内	158.612	408	0.389	—	—
	总计	161.100	412	—	—	—

8.母亲文化程度对工匠的文化认同上的差异比较

通过表7-18、表7-19可以看出，母亲文化程度的不同对工匠的文化认同不存在显著性差异。另外，从母亲文化程度在各个维度上的平均值得分情况看，母亲文化程度在研究生以上的人在三个维度中得分最高，说明母亲文化程度在研究生以上水平的人对工匠的文化认同度略高于母亲文化程度是大学本科/专科、初中、高中、小学以及下的人。

表7-18 母亲文化程度对工匠的文化认同（社会问卷）各维度的描述统计

检验变量	文化程度	个数	平均数	标准差
对工匠的认知情况	研究生以上	11	3.8687	0.77431
	大学本科/专科	47	3.7423	0.56233
	中专及技校	26	3.6880	0.45868
	高中	52	3.7863	0.39290
	初中	124	3.8459	0.40267
	小学及以下	153	3.8015	0.45874

续表

检验变量	文化程度	个数	平均数	标准差
工匠及所处职业环境的情感态度	研究生以上	11	3.4545	1.26730
	大学本科/专科	47	3.0567	0.61510
	中专及技校	26	2.9103	0.62934
	高中	52	3.0449	0.65356
	初中	124	3.1263	0.58062
	小学及以下	153	3.0218	0.61615
从事工匠职业的行为意愿	研究生以上	11	3.4182	1.24082
	大学本科/专科	47	3.2149	0.64974
	中专及技校	26	3.2077	0.59459
	高中	52	3.1231	0.56286
	初中	124	3.3161	0.62272
	小学及以下	153	3.2523	0.62532

表7-19 母亲文化程度对工匠的文化认同（社会问卷）各维度的差异检验

		平方和	自由度	均方	F	显著性
对工匠的认知情况	组间	0.806	5	0.161	0.766	0.575
	组内	85.605	407	0.210	—	—
	总计	86.410	412	—	—	—
对工匠及所处职业环境的情感态度	组间	1.183	5	0.614	1.520	0.182
	组内	164.321	407	0.404	—	—
	总计	167.389	412	—	—	—
从事工匠职业的行为意愿	组间	2.564	5	0.513	1.317	0.256
	组内	158.536	407	0.390	—	—
	总计	161.100	412	—	—	—

9.父亲文化程度对工匠的文化认同上的差异比较

表7-20、表7-21显示，父亲文化程度的不同对工匠的文化认同存在显著性差异，主要体现在对工匠及所处职业环境的情感态度（$F=4.422$，$P=0.001$）这一维度上存在显著性差异。另外，从父亲文化程度在各个维度上的平均值得分情况看，父亲是研究生以上文化程度的人得分最高，说明父亲文化程度在研究生以上水平的人对工匠的文化认同度略高于父亲文化程度是大学本科/专科、初中、高中、小学以及下的人。

表7-20 父亲文化程度对工匠的文化认同（社会问卷）各维度的描述统计

检验变量	学历	个数	平均数	标准差
对工匠的认知情况	研究生以上	5	4.3111	0.94412
	大学本科/专科	53	3.8113	0.44369
	中专及技校	30	3.7741	0.48694
	高中	86	3.7623	0.50993
	初中	146	3.8326	0.40311
	小学及以下	93	3.7646	0.44651

续表

检验变量	学历	个数	平均数	标准差
对工匠及所处职业环境的情感态度	研究生以上	5	3.1333	1.23828
	大学本科/专科	53	2.9560	0.70722
	中专及技校	30	3.1667	0.66523
	高中	86	2.9729	0.52943
	初中	146	3.1416	0.64068
	小学及以下	93	3.0000	0.57525
从事工匠职业的行为意愿	研究生以上	5	3.9600	1.45190
	大学本科/专科	53	3.1660	0.62479
	中专及技校	30	3.2067	0.58365
	高中	86	3.2047	0.57801
	初中	146	3.2452	0.62180
	小学及以下	93	3.2839	0.61526

表7-21 父亲文化程度对工匠的文化认同（社会问卷）各维度的差异检验

		平方和	自由度	均方	F	显著性
对工匠的认知情况	组间	1.726	5	0.345	1.659	0.143
	组内	84.685	407	0.208	—	—
	总计	86.410	412	—	—	—
对工匠及所处职业环境的情感态度	组间	8.625	5	1.725	4.422	0.001
	组内	158.764	407	0.390	—	—
	总计	167.389	412	—	—	—
从事工匠职业的行为意愿	组间	3.205	5	0.641	1.652	0.145
	组内	157.895	407	0.388	—	—
	总计	161.100	412	—	—	—

表7-22对父亲文化程度进行LSD事后多重比较，可以看出在对工匠及所处职业环境的情感态度这一维度上，父亲文化程度在研究生水平的人明显优于父亲文化程度在大学本科/专科、中专/技校、高中、初中/小学及以下水平的人。

表7-22 父亲文化程度对工匠及所处职业环境的情感态度的差异检验

	LSD事后多重比较		
对工匠及所处职业环境的情感态度	大学本科/专科<研究生以上	$P=0.001$	
	中专/技校<研究生以上	$P=0.018$	
	高中<研究生以上	$P=0.001$	
	初中<研究生以上	$P=0.007$	
	小学及以下<研究生以上	$P=0.001$	

由上述分析可以得出，不同年龄、职业、学历以及父亲文化程度之间在对工匠的文化认同上存在显著性差异。其中，在对工匠及所处职业环境的情感态度和从事工匠职业的行为意愿两个维度中，30—50岁之间的群体明显优于20—30岁之间的群体；在从事工匠职业的行为意愿这一维度上，技术工人的行为意愿高于其他职业人群，其他职业人群的意愿高于未就业人群；在对工匠及所处

职业环境的情感态度和从事工匠职业的行为意愿两个维度中,本科学历与专科学历人群的情感态度与行为意愿高于高中以下学历人群;在对工匠及所处职业环境的情感态度这一纬度上,父亲文化水平在研究生水平以上的人明显高于父亲文化程度在大学本科/专科、中专/技校、高中、初中/小学及以下水平的人。

(二)工匠的文化认同社会现状回归分析

为探讨对工匠的认知情况和对工匠及所处职业环境的情感态度是否对从事工匠职业的行为意愿有影响,采用解释性回归分析方法。回归分析的主要目的在于描述、解释或预测。

1.工匠的文化认同(社会问卷)回归相关性分析

从表7-23可以看出,两个预测变量间均呈显著正相关($P<0.01$),皮尔逊相关系数均介于0.4—0.75之间,表示两个预测变量与效标变量均呈现中度相关。如对工匠的认知情况与对工匠及所处职业环境的情感态度两个自变量间的相关为0.525,表示这两个预测变量之间可能有共线性问题。

表7-23 工匠的文化认同(社会问卷)回归相关性

		从事工匠职业的行为意愿	对工匠的认知情况	对工匠及所处职业环境的情感态度
皮尔逊相关性	从事工匠职业的行为意愿	1.000	0.541	0.569
	对工匠的认知情况	0.541	1.000	0.525
	对工匠及所处职业环境的情感态度	0.569	0.525	1.000
显著性(单尾)	从事工匠职业的行为意愿	—	0.000	0.000
	对工匠的认知情况	0.000	—	0.000
	对工匠及所处职业环境的情感态度	0.000	0.000	—

2.工匠的文化认同(社会问卷)回归模型摘要分析

在表7-24中,两个预测变量与从事工匠职业的行为意愿的多元相关系数为0.802,决定系数R^2为0.413,调整过后的R^2为0.460,回归模型误差均方和(MSE)的估计标准误为0.484,表示两个预测变量共可解释"从事工匠职业的行为意愿"效标变量41.3%的变异量。

表7-24 工匠的文化认同(社会问卷)回归模型摘要

模型	R	R^2	调整后R^2	标准估算的误差
1	0.802	0.413	0.460	0.484

3.工匠的文化认同(社会问卷)回归方差分析

差异量显著性检验的F值为139.480(如表7-25所示),显著性检验的P值为0.000,小于0.05的显著水平,表示回归模型整体解释变异量达到显著水平。另外,当回归模型的整体性统计检验F值达到显著,表示回归方程式中至少有一个回归系数不等于0,即至少有一个预测变量达到显著性水平。至于哪些是回归系数达到显著,则通过下面的系数摘要表中得知。[1]

表7-25 工匠的文化认同(社会问卷)回归方差分析

模型		平方和	自由度	均方	F	显著性
1	回归	65.229	2	32.615	139.480	0.000(b)
	残差	95.871	410	0.234	—	—
	总计	161.100	412	—	—	—

a.因变量:从事工匠职业的行为意愿。
b.预测变量:(常量),对工匠的认知情况,对工匠及所处职业环境的情感态度。

4.工匠的文化认同(社会问卷)回归系数分析

由表7-26中模型系数的概率值可以得出,常数项系数差异不显著($P=0.106$),而"对工匠的认知情况"和"对工匠及所处职业环境的情感态度"系数差异显著($P=0.000$),因此该模型分别为:$y=0.456x$,$y=0.387x$。

由构建起的函数模型来看,对工匠的认知情况和对工匠及所处职业环境的情感态度会对从事工匠职业的行为意愿产生一定程度的影响。具体来说,差异量显著性检验的F值为139.480,显著性检验的P值为0.000,小于0.05的显著水平,表示回归模型整体解释变异量达到显著水平。且在回归模型分析中,由于"对工匠的认知情况"对应函数模型系数(0.456)大于"对工匠及所处职业环境的情感态度"对应模型系数(0.387),因而"对工匠的认知情况"函数模型中因变量随自变量的影响程度更大一些,因而前者比后者影响程度更深一些,即对工匠的认知情况对从事工匠职业的行为意愿产生的影响略高于对工匠及所处职业环境的情感态度对从事工匠职业的行为意愿产生的影响。

表7-26 工匠的文化认同(社会问卷)系数摘要

模型		未标准化系数		标准化系数	t	显著性	相关性		
		B	标准误	Beta			零阶	偏	部分
1	常量	0.324	0.200	—	1.622	0.106	—	—	—
	对工匠的认知情况	0.456	0.061	0.334	7.456	0.000	0.541	0.346	0.284
	对工匠及所处职业环境的情感态度	0.387	0.044	0.394	8.805	0.000	0.569	0.399	0.335

三、职业院校学生视域下工匠的文化认同现状调查

(一)职业院校学生视域下工匠的文化认同现状差异分析

1.工匠的文化认同(学生问卷)各维度描述统计

由表7-27可以看出,在满分为5分标准下,工匠的文化认同现状总体得分一

---

[1] 吴明隆.SPSS统计应用实务——问卷分析与应用统计[M].北京:科学出版社,2003:388.

般，均值为3.62，处于中等水平。在三个维度中，得分由高到低依次为：对工匠的认知情况、从事工匠职业的行为意愿、对工匠及所处职业环境的情感态度。

表7-27　工匠的文化认同（学生问卷）各维度得分情况

	平均值	个案数	标准差
对工匠的认知情况	3.710	277	0.557
对工匠及所处职业环境的情感态度	3.517	277	0.569
从事工匠职业的行为意愿	3.641	277	0.650

2.不同性别的人对工匠的文化认同的差异比较

如表7-28中数据所示，在对工匠及所处职业环境的情感态度这一维度上，男女之间存在显著性差异（$t=3.121$，$P=0.015$）。同从不同性别平均值得分情况来看，男生平均值得分略高于女生，说明对男生对工匠的文化认同程度略高于女生。

表7-28　不同性别对工匠的文化认同（学生问卷）各维度的差异检验

		个数	平均值	显著性	t	标准差
对工匠的认知情况	男	100	3.8457	0.239	3.091	0.57955
	女	177	3.6336			0.53055
对工匠及所处职业环境的情感态度	男	100	3.6573	0.015	3.121	0.63575
	女	177	3.4386			0.51250
从事工匠职业的行为意愿	男	100	3.8243	0.354	3.618	0.64397
	女	177	3.5367			0.63052

3.家庭住址对工匠的文化认同的差异比较

从表7-29、表7-30可以看出，家庭住址在对工匠的文化认同上不存在显著性差异。另外，从不同家庭住址在各个维度中平均值得分情况看，居住于农村的学生在对工匠及所处职业环境的情感态度和从事工匠职业的行为意愿两个维度上得分最高，说明农村学生对工匠的文化认同度略高于城市人口和城镇人口。

表7-29　家庭住址对工匠的文化认同（学生问卷）各维度的描述统计

检验变量	家庭住址	个数	平均数	标准差
对工匠的认知情况	农村	207	3.6984	0.55081
	城镇（县、乡）	42	3.7245	0.56828
	城市	28	3.7755	0.60162
对工匠及所处职业环境的情感态度	农村	207	3.5231	0.56398
	城镇（县、乡）	42	3.5087	0.58747
	城市	28	3.4903	0.56881
从事工匠职业的行为意愿	农村	207	3.6715	0.63650
	城镇（县、乡）	42	3.5442	0.73064
	城市	28	3.5561	0.61395

表7-30 家庭住址对工匠的文化认同（学生问卷）各维度的差异检验

		平方和	自由度	均方	F	显著性
对工匠的认知情况	组间	0.157	2	0.078	0.251	0.778
	组内	85.512	274	0.312	—	—
	总计	85.669	276	—	—	—
对工匠及所处职业环境的情感态度	组间	0.030	2	0.015	0.047	0.954
	组内	89.266	274	0.326	—	—
	总计	89.297	276	—	—	—
从事工匠职业的行为意愿	组间	0.788	2	0.394	0.934	0.394
	组内	115.522	274	0.422	—	—
	总计	116.310	276	—	—	—

4.不同年级对工匠的文化认同的差异比较

在表7-31、表7-32中，不同年级的学生在对工匠的文化认同上存在显著性差异，具体指不同年级在对工匠及所处职业环境的情感态度上存在显著性差异（$F=2.945$，$P=0.013$）。同时，从不同年级在各维度平均值得分来看，中职一年级学生对工匠的文化认同略高于中职二年级学生和中职三年级学生对工匠的文化认同，高职一年级学生对工匠的文化认同略高于高职二年级学生和高职三年级学生对工匠的文化认同，说明中职一年级学生和高职一年级学生对工匠及所处职业环境的情感态度上认同程度略高一些。

表7-31 不同年级对工匠的文化认同（学生问卷）各维度的描述统计

检验变量	年级	个数	平均数	标准差
对工匠的认知情况	中职一年级	62	3.7512	0.69358
	中职二年级	56	3.6250	0.58145
	中职三年级	5	3.5429	0.43331
	高职一年级	20	3.8000	0.43331
	高职二年级	83	3.7522	0.49340
	高职三年级	51	3.6667	0.49789
对工匠及所处职业环境的情感态度	中职一年级	62	3.7199	0.60979
	中职二年级	56	3.3653	0.65084
	中职三年级	5	3.2182	0.55148
	高职一年级	20	3.6045	0.40363
	高职二年级	83	3.4743	0.52914
	高职三年级	51	3.5045	0.47840
从事工匠职业的行为意愿	中职一年级	62	3.7719	0.74947
	中职二年级	56	3.4745	0.66176
	中职三年级	5	3.7714	0.54022
	高职一年级	20	3.8929	0.54816
	高职二年级	83	3.5680	0.64003
	高职三年级	51	3.6695	0.51069

表7-32 不同年级对工匠的文化认同（学生问卷）各维度的差异检验

		平方和	自由度	均方	F	显著性
对工匠的认知情况	组间	1.055	5	0.211	0.675	0.642
	组内	84.614	271	0.312	—	—
	总计	85.669	276	—	—	—
对工匠及所处职业环境的情感态度	组间	4.602	5	0.920	2.945	0.013
	组内	84.695	271	0.313	—	—
	总计	89.297	276	—	—	—
从事工匠职业的行为意愿	组间	4.452	5	0.890	2.157	0.059
	组内	111.857	271	0.413	—	—
	总计	116.310	276	—	—	—

表7-33对不同年级学生进行LSD事后多重比较，可以看出在对工匠及所处职业环境的情感态度这一维度上，中职一年级学生与中职二年级学生存在及显著性差异（$P=0.009$）。同时，中职一年级学生在对工匠及所处职业环境的情感态度上的认同感要优于中职二年级学生。

表7-33 不同年级对工匠及所处职业环境的情感态度的差异检验

LSD事后多重比较		
对工匠及所处职业环境的情感态度	中职二年级＜中职一年级	$P=0.009$

5.母亲文化程度对工匠的文化认同的差异比较

据表7-34、表7-35数据所得，母亲文化程度对工匠的文化认同上存在显著性差异，主要包括在对工匠的认知情况（$F=3.007$，$P=0.012$）和对工匠及所处职业环境的情感态度（$F=2.398$，$P=0.038$）两个维度上存在显著性差异。

表7-34 母亲文化程度对工匠的文化认同（学生问卷）各维度的描述统计

检验变量	母亲文化程度	个数	平均数	标准差
对工匠的认知情况	研究生以上	2	4.7143	0.40406
	大学本科/专科	21	3.8707	0.48635
	中专及技校	16	3.4018	0.50093
	高中	37	3.6100	0.64387
	初中	127	3.7267	0.56402
	小学及以下	74	3.7259	0.48962
对工匠及所处职业环境的情感态度	研究生以上	2	4.6818	0.44998
	大学本科/专科	21	3.3274	0.50253
	中专及技校	16	3.4205	0.35579
	高中	37	3.4939	0.57876
	初中	127	3.5283	0.60981
	小学及以下	74	3.5553	0.51614
从事工匠职业的行为意愿	研究生以上	2	3.9286	1.51523
	大学本科/专科	21	3.5306	0.73003
	中专及技校	16	3.6429	0.53452
	高中	37	3.5251	0.55945
	初中	127	3.6164	0.70921
	小学及以下	74	3.7625	0.55317

表7-35　母亲文化程度对工匠的文化认同（学生问卷）各维度的差异检验

		平方和	自由度	均方	F	显著性
对工匠的认知情况	组间	4.503	5	0.901	3.007	0.012
	组内	81.165	271	0.300	—	—
	总计	85.669	276	—	—	—
对工匠及所处职业环境的情感态度	组间	3.784	5	0.757	2.398	0.038
	组内	85.513	271	0.316	—	—
	总计	89.297	276	—	—	—
从事工匠职业的行为意愿	组间	2.088	5	0.418	0.991	0.424
	组内	114.221	271	0.421	—	—
	总计	116.310	276	—	—	—

表7-36对母亲文化程度进行LSD事后多重比较，可以看出在对工匠的认知情况这一维度上，母亲文化程度在研究生以上水平与文化程度在大学本科/专科水平之间存在显著性差异（$P=0.019$），母亲文化程度在研究生以上水平优于文化程度在大学本科/专科水平。在对工匠及所处的职业环境的情感态度这一维度上，母亲文化程度在研究生以上水平与文化程度在大学本科/专科（$P=0.015$）、中专及技校（$P=0.035$）、高中（$P=0.044$）、初中（$P=0.048$）水平都存在显著性差异，且母亲文化程度在研究生以上水平整体优于母亲文化程度在大学本科/专科、高中、初中、小学及以下文化程度水平。

表7-36　母亲文化程度对工匠的认知情况、工匠及所处职业环境的情感态度的差异检验

	LSD事后多重比较	
对工匠的认知情况	大学本科/专科＜研究生以上	$P=0.019$
对工匠及所处职业环境的情感态度	大学本科/专科＜研究生以上	$P=0.015$
	中专及技校＜研究生以上	$P=0.035$
	高中＜研究生以上	$P=0.044$
	初中＜研究生以上	$P=0.048$

6.父亲文化程度对工匠的文化认同的差异比较

从表7-37、表7-38可以看出，父亲文化程度在对工匠的文化认同上存在显著性差异，具体体现在父亲文化程度对从事工匠职业的行为意愿上存在显著性差异（$F=3.398$，$P=0.049$）。

表7-37　父亲文化程度对工匠的文化认同（学生问卷）各维度的描述统计

检验变量	父亲文化程度	个数	平均数	标准差
对工匠的认知情况	研究生以上	1	5.0000	—
	大学本科/专科	16	3.8661	0.61825
	中专及技校	7	3.5306	0.40165
	高中	62	3.6728	0.57457
	初中	135	3.6720	0.55193
	小学及以下	56	3.7985	0.52243

续表

检验变量	父亲文化程度	个数	平均数	标准差
对工匠及所处职业环境的情感态度	研究生以上	1	5.0000	—
	大学本科/专科	16	3.4773	0.65681
	中专及技校	7	3.6883	0.51388
	高中	62	3.4120	0.51681
	初中	135	3.5205	0.59150
	小学及以下	56	3.5909	0.51601
从事工匠职业的行为意愿	研究生以上	1	5.0000	—
	大学本科/专科	21	3.6339	0.71897
	中专及技校	16	3.8980	0.73639
	高中	37	3.4539	0.53422
	初中	127	3.6190	0.65952
	小学及以下	74	3.8444	0.64309

备注：由于至少有一个组的个案数不足两个，因此不会执行事后检验。

表7-38　父亲文化程度对工匠的文化认同（学生问卷）各维度的差异检验

		平方和	自由度	均方	F	显著性
对工匠的认知情况	组间	2.999	5	0.600	1.966	0.084
	组内	82.670	271	0.305	—	—
	总计	85.669	276	—	—	—
对工匠及所处职业环境的情感态度	组间	3.421	5	0.684	2.159	0.059
	组内	85.876	271	0.317	—	—
	总计	89.297	276	—	—	—
从事工匠职业的行为意愿	组间	6.861	5	1.372	3.398	0.051
	组内	109.448	271	0.404	—	—
	总计	116.310	276	—	—	—

从学生问卷的情况分析得出，不同性别、年级、父亲文化程度在对工匠的文化认同上存在显著性差异。其中，在对工匠及所处职业环境的情感态度维度上，中职一年级学生略高于中职二年级和中职三年级的学生，高职一年级学生略高于高职二年级高职的三年级学生，说明中职一年级学生和高职一年级学生对工匠的文化认同程度略高一些；对工匠的认知情况维度上，父亲文化程度在研究生以上水平优于文化程度是大学本科/专科水平；对工匠及所职业环境的情感态度维度上，父亲文化程度在研究生以上水平与文化程度是大学本科/专科、中专及技校、高中、初中水平之间都存在显著性差异，且父亲文化程度在研究生以上水平整体优于父亲文化程度在大学本科/专科、高中、初中、小学及以下文化程度水平。

（二）职业院校学生视域下工匠的文化认同现状回归分析

为探讨职业院校学生对工匠的认知情况和对工匠及所处职业环境的情感态度是否对从事工匠职业的行为意愿有影响，这里同样采用解释性回归分析方法。

1.工匠的文化认同（学生问卷）回归相关性分析

两个预测变量间均呈显著正相关（$P<0.01$），皮尔逊相关系数均介于0.4—0.75之间，表示两个预测变量与效标变量均呈现中度相关（见表7-39）。如对工匠的认知情况与对工匠及所处职业环境的情感态度两个自变量间的相关为0.583，表示这两个预测变量之间可能有共线性问题。

表7-39　工匠的文化认同（学生问卷）回归相关性

		从事工匠职业的行为意愿	对工匠的认知情况	对工匠及所处职业环境的情感态度
皮尔逊相关性	从事工匠职业的行为意愿	1.000	0.590	0.691
	对工匠的认知情况	0.590	1.000	0.583
	对工匠及所处职业环境的情感态度	0.691	0.583	1.000
显著性（单尾）	从事工匠职业的行为意愿	—	0.000	0.000
	对工匠的认知情况	0.000	—	0.000
	对工匠及所处职业环境的情感态度	0.000	0.000	—

2.工匠的文化认同（学生问卷）回归模型摘要分析

由表7-40数据可知，两个预测变量与从事工匠职业的行为意愿的多元相关系数为0.729，决定系数（R^2）为0.531，调整过后的R^2为0.528，回归模型误差均方和（MSE）的估计标准误为0.446，表示两个预测变量共可解释"从事工匠职业的行为意愿"效标变量53.1%的变异量。

表7-40　工匠的文化认同（学生问卷）回归模型摘要

模型	R	R^2	调整后R^2	标准估算的误差
1	0.729	0.531	0.528	0.44615

3.工匠的文化认同（学生问卷）回归方差分析

从表7-41可以看出，变异量显著性检验的F值为155.157，显著性检验的P值为0.000，小于0.05的显著水平，表示回归模型整体解释变异量达到显著水平。

表7-41　工匠的文化认同（学生问卷）回归方差分析

模型		平方和	自由度	均方	F	显著性
1	回归	61.769	2	30.885	155.157	0.000(b)
	残差	54.541	274	0.199	—	—
	总计	161.310	276	—	—	—

a. 因变量：从事工匠职业的行为意愿。
b. 预测变量：（常量），对工匠的认知情况，对工匠及所处职业环境的情感态度。

4.工匠的文化认同（学生问卷）回归系数分析

据表7-42所示，模型系数的概率值可以得出，常数项系数差异不显著

（$P=0.124$），而"对工匠的认知情况"和"对工匠及所处职业环境的情感态度"系数差异显著（$P=0.000$），因此该模型分别为：$y=0.330x$，$y=0.601x$。

表7-42 工匠的文化认同（学生问卷）系数摘要

模型		未标准化系数		标准化系数	t	显著性	相关性		
		B	标准误	Beta			零阶	偏	部分
1	常量	0.303	0.196	—	1.545	0.124	—	—	—
	对工匠的认知情况	0.330	0.059	0.283	5.562	0.000	0.590	0.319	0.230
	对工匠及所处职业环境的情感态度	0.601	0.058	0.5267	10.340	0.000	0.691	0.530	0.428

由构建起的函数模型来看，职业院校学生对工匠的认知情况和对工匠及所处职业环境的情感态度会对从事工匠职业的行为意愿产生一定程度的影响。具体来说，变异量显著性检验的F值为155.157，显著性检验的P值为0.000，小于0.05的显著水平，表示回归模型整体解释变异量达到显著水平。同时，"对工匠及所处职业环境的情感态度"这一函数模型中因变量随自变量的影响程度更大一些，因而后者比前者影响程度更深一些，即对从事工匠职业的行为意愿产生的影响略高于对工匠的认知情况对从事工匠职业的行为意愿产生的影响。

（三）结论

通过数据呈现，从差异性分析来看，不同年龄、职业、学历以及父亲文化程度的社会人士在对工匠的文化认同上存在显著性差异。如在对工匠及所处职业环境的情感态度和从事工匠职业的行为意愿两个维度中，30—50岁之间的群体明显优于20—30岁之间的群体；从学生问卷的情况分析得出，不同性别、年级、母亲文化程度的职业院校学生在对工匠的文化认同上存在显著性差异。如对中职一年级学生和高职一年级学生对工匠的文化认同程度略高一些。由回归分析模型来看，无论是社会问卷还是学生问卷对工匠的认知情况和对工匠及所处职业环境的情感态度会对从事工匠职业的行为意愿产生一定程度的影响，这也正切合文化认同理论的核心思想，即个体的认知与情感对个体行为会产生一定程度的影响。

第三节 工匠的文化认同问题及原因分析

多元文化是多种文化的集合，强调同一时空内多种文化模式共存状态。传统文化作为民族对外展示的精神载体，承担着传承本民族理想目标、价值取向任务，民众对传统文化的认同和践行就是对本民族的高度认同。文化本没有优劣之分,更无贵贱之差。只是由于文化处于一个动态的发展过程,有的文化发展较快,有的文化发展较为缓慢,但所有文化形态都是人类文化史的组成部分。但如今世界文化话语权掌握在西方发达资本主义国家手里,所以中国民众面对外来多元文化,简单认为西方发达资本主义文化乃高等文化,而中国传统文化则是劣等文化,因此产生文化自卑现象。在自卑情绪之下的民众对本民族文化失去信心,产生抵触情绪。文化自卑的发酵导致民众对个体认同度降低,并且急切想要寻求新的身份认同,以此摆脱落后文化的身份标签。历史上的新文化运动就是激进的文化运动,对中国传统文化的全盘否定,转而对西方文化全盘推崇,最终并没有完成身份转换和新的认同构建。由此可以看出,民族身份认同和文化自卑的内在逻辑一致,都是民众对自身所处民族环境的不自信,对身处民族文化的不认同。个体是原生文化模式规定性和强制性的产物,对自身不认同,意味着对传统的原生文化失去认同,在多元文化的充斥中,中国优秀传统文化失去其民族认同的作用。通过对工匠的文化认同现状的描述,可以看到社会大众对于工匠的文化认同还有待提高,而造成此种局面的原因也是多种因素共同作用形成的。围绕宏观层面、中观层面和微观层面,基于社会学、文化学、经济学等视角探求造成社会大众对工匠的文化认同不高的诸多原因,以期为解决和实现工匠的文化认同问题提供解决路径。

一、影响社会公平和可持续发展实现的社会宏观层面

(一)产业升级发展方式遮蔽了工匠的劳动价值

目前,我国产业升级步伐不断加快,对技术工人的需求量也愈加增大。但近年来,广东、浙江等沿海发达地区纷纷出台政策鼓励企业用机器代替人力。这一举措实际上改变了资本和劳动的相对价格,从而使得资本相对于劳动变得更便宜了。于是,企业用资本代替劳动,表面上似乎产业出现了转型与升级,但这样的产业升级并不是因为工匠的知识、能力和综合素质提高了,实质上只是生产方式更倾向于资本密集型发展道路导致的。

首先,从经济发展路径来看,正常的经济逐步出现产业升级,其关键在于劳动技能的提高和由此带来的劳动成本上升。在经济发展的早期阶段,劳动价格便宜,产业多为劳动密集型,工匠大多从事一些性质简单且重复的工作。当老百姓富裕了,不甘于挣体力活赚来的钱,就会投资于教育与技能的提升,让自己变得更加聪明能干,进而使个体的工资水平进一步上涨。企业面对工资上涨的趋势,使用资本–劳动比率更高的生产技术,生产出比原来更高端、质量更

好的产品，国家也在国际分工链条中逐渐往上爬升。①

其次，从产业结构来看，资本密集化产业的过度发展一定程度上导致我国工业化的速度远快于服务业。而反映在收入分配上，则是劳动收入占国民收入之比下降。同时，企业面对生产成本的上升，用资本替代劳动，劳动工资虽然有所提升，但却没有生活成本上升的速度快，员工的收入待遇还是远不能满足生活以及更高层次的需要。

由于我国目前的产业升级发展方式不当，给工匠群体的生存问题带来了诸多影响。我国劳动密集型产业仍然占据主要市场，工匠多从事一些简单、重复的工作，其所学技能在现代化机器工厂中无用武之地，从而一定程度上造成工匠群体工资水平较低。由此可见，以劳动密集型为主导的产业发展模式遮蔽了工匠的知识技能彰显，进一步降低了工匠的劳动价值，个体价值难以在企业实现，社会大众认为工匠群体的社会贡献度低，收入不可观，更不会考虑去从事工匠这一行业。

（二）传统思想观念的主导固化了对工匠的身份认知

中国几千年的历史发展过程形成了重道轻器、重德轻艺、重人伦轻自然、重知识轻技能的思维趋向，这些传统思想观念不仅影响到人们的价值观和择业观，也影响着社会大众对工匠的文化认同，调查结果显示有24.28%的社会大众不乐意从事工匠职业，原因是白领情结观念的深层影响，可见传统思想观念对大众择业观的影响很深。

首先，从古代主流文化思想来看，儒家文化几千年一直引领着我国的主流文化导向，直到今天，儒家文化对于职业教育、工匠的地位提升仍存在较深的负面影响。针对士阶层而言，他们的人生理想"非沦落为农人、匠材与商贾"，而是在"学而优则仕"和"仕而优则学"的思想指导下，争做君子，正所谓"君子不器"。诚然，"术"的进步是社会生产力发展的基础，但无论是以手工业发家的匠人还是富甲一方的商人，依然很难得到"儒士"阶层的认同。即使到宋元明清时期，有很多实学家，例如胡瑗、颜元、陈仁锡等人的倡导与实践，但工匠的培养依然局限于民间小作坊，社会影响力极其有限。总之，"重道轻器"的文化传统使得广大工匠一直没有得到其应有的社会地位，在今天同样如此。再加之官本位文化根深蒂固地存在于民众的思想中，近年来

---

① 陆铭.大国大城：当代中国的统一、发展与平衡［M］.上海：上海人民出版社，2016：123-129.

的"公务员热"就是这种思想的突出体现。人们对依靠一门技术谋生,成为一名工匠则避而远之。这种认识,导致了当代家长和学生忽视了职业教育培养经世致用的实用人才、科技人才、生产劳动者这一目标,认为只有普通教育才能使人晋升。在官本位思想的影响下,将普通教育视为通向社会上层理想工作岗位的必由之路,学习成绩好的学生尤其如此。只有在成绩实在不能进入普通高中或普通高等院校的情况下,家长和学生才不得不选择职业院校。这严重地影响了职业院校生源的质量,也影响着工匠队伍的数量与质量。

其次,从古代经济发展层面来看,手工业者被称为"工""工民""百工""伎作""工匠"等。在夏商周时期,由于长期实行"处工就官府"和"工商食官"制度[①],工匠统一由官府管理。工匠不仅要无条件地为上层统治阶级服务,而且所从事的工种也不能变更,更不能有所创造,否则要被追究处罚。[②]同时,官府对于手工业、商业的发展采取压制的手段,工匠地位也不高。《敦煌掇琐》记载:"工匠莫学巧,巧即他人使,身是自来奴,妻亦官人婢;夫婿暂时无,曳将仍被耻,来时道与钱,作了擘眼你。"可以看出,这些工匠的身份甚至比平民还要卑微。[③]当今社会,这种等级思想仍然影响着中国人对职业分工的认识,依旧本能地认为不同的职业是不同的社会地位的象征,形成了对各种职业天然的看法(包括歧视),影响了工匠文化的孕育与发扬。例如,尤其在服务业中,被服务者对服务者缺少职业尊重,社会上仍有部分人认为某些职业低人一等,这种固有的观念给我国工匠文化的衍生与弘扬增添了很多困难。事实上,职业的分化是社会分工的需要,但等级思想为这种分工无形中烙上了身份地位的痕迹,从而对人们的职业价值取向产生了负面的影响,对工匠精神的弘扬与传播有非常不利的影响。

总之,受中国传统文化思想观念的影响,在众多的教育类型、职业种类面前,人们往往容易被误导,造成盲目跟风的现象。相比于医生、律师等职业,从事工匠职业很难使人摆脱体力劳动而走上管理者和领导者的道路。同时,科学哲学思维的主导地位一定程度上使得社会大众对技术的了解还停留在浅显的认知层面上,认为技术只是人类为了满足自身的需求和愿望,在利用和改造自

---

① 李治安,孙立群.中华文化通志·制度文化典:社会阶层制度志[M].上海:上海人民出版社,1999:367.
② 张岱年.中国文史百科:上[M].杭州:浙江人民出版社,1998:391.
③ 韩秋黎.影响技能型人才成长的文化因素初探——中国传统文化观念与职业教育[J].河北大学成人教育学院学报,2007,9(3):30-32.

然的过程中，积累起来的知识、经验、技巧和手段，是最基本的生活知识与方法，工匠所从事的职业就是一些日常生活积累起来的知识经验等，具有可替代性，科学研究才是高级的，才是应该追求的职业方向。因此，对科学的崇尚、技术的鄙薄和技术哲学的实践缺位在一定程度上也影响了社会大众对工匠的职业理解与技术认知。

（三）客观阶层与主观建构加剧了工匠的身份差异

我国学者陆学艺以组织资源、经济资源、文化资源这三种资源的占有状况作为划分社会阶层的标准，把中国的社会阶层分为十个阶层。其主要影响因素是收入、职业和受教育程度。工匠群体属于专业技术人员阶层、产业工人阶层和农业劳动者阶层。其中，目前工匠大多属于后两个阶层，处在社会阶层中的中下层。同时，本研究数据得出对工匠的文化认同现状总体得分一般，均值为3.37，处于中等水平可见，社会大众对工匠的社会认同感处于中下水平。

首先，当个体认为自己所在群体比其他群体好，并在寻求积极的社会认同和自尊中体会到了团体间差异，从而容易引起群体间的偏见和冲突。[①]例如高阶层与低阶层之间就存在态度冲突。高阶层者往往会认为低阶层者懒惰、不独立自主、喜欢不劳而获，而低阶层往往对高阶层者抱有霸道、没有同情心、财大气粗等负面印象，影响着不同职业群体间认同的重要因素。同样，例如医生、律师等高声望职业群体对自己所属的群体有更多积极情感，对工匠群体则会产生一定的群体偏见。调查数据也表明：47.84%的被调查者认为工匠的社会地位一般，18.03%的被调查者认为工匠的社会地位比较低。

其次，价值判断带来的主观社会阶层建构是群体间偏见产生的主要原因。自我范畴化（self-categorizetion）与社会刻板印象是解释工匠的文化认同现状的有力因素之一。社会认同路径通过引入自我范畴化而将刻板印象与群体归属（group belongs）或者社会认同联系起来。当我们对其他人进行分类时，我们相当于将他们放入了不同的格子，此时我们会夸大刻板化的相似性（stereotypic similarities）。当我们对自身分类时，也是如此。自我范畴化也会让"行为"和"认知"成为刻板的和符合规范的，从而将对待社会群体的方式合理化或者合法化，更将社会群体之间的差异增强或使其明晰化。[②]社会大众对工匠的形象

---

① 胡荣，沈珊.客观事实与主观分化：中国中产阶级的主观阶层认同分析[J].东南学术，2018（5）：138-145.

② 迈克尔·A.豪格，多米尼克·阿布拉姆斯.社会认同过程[M].高明华，译.北京：中国人民大学出版社，2013：74-78.

定义多停留于工资待遇低、工作环境差等最典型的印象，从而对他们的认识与情感甚至行为意愿也成为理所当然。明恩溥第一个提出，"面子"是支配中国人日常生活的一个重要原则。他在《中国人的特性》一书中提道："'面子'这个词并非仅指人脸部上的那薄薄之一层，而是一个有着复杂含义的综合名词。"[①]鲁迅对明恩溥的看法很重视，并在他的基础上进一步解释了中国人的"脸面观"，"它象是很有好几种的，每一种身份，就是一种面子，也就是所谓的脸"。[②]从鲁迅的解释中我们看到"面子"的多样性。当然，这种"面子"给人们带来不同价值判断根源同样要深受儒家文化的影响。对"礼"的倡导和尊崇是儒家文化能够稳定社会的思想精髓。在一个以礼治国的环境中，每一个人都必须在"礼"赋予的角色范围内活动，一旦超出这个范围，势必会受到嘲讽或惩罚，就是所谓的"丢脸"。因此，可以说，中国人的"面子"是"礼"的延续。这种"重脸面""好面子"的文化心理，时常影响着大众对事物的选择和认可。通过高考进入高等学府学习，等同于金榜题名，是为家族争光的大好机会。获得高校文凭，相当于获得找到一份满意工作的通行证，这些对于"讲脸面""爱脸面""挣脸面"的中国人无疑是一个巨大的诱惑。而从职业技术院校出来的学生未来要承担"体力劳力"的角色，这一社会分工无法享受社会提供的优越权力和地位，与社会大众追逐身份优势的价值取向相冲突，自然受到社会大众的排斥。

归根结底，在客观阶层的存在与主观建构的双重作用下，工匠的社会地位与声望难以得以改观，因此必须关照当今中国人的主观建构层面以及影响中国社会阶级等级地位的一些特殊因素，如教育制度、户籍制度等。

二、影响治理结构和运行效率提升的组织中观层面

（一）户籍制度下的社会保障阻碍了工匠的社会融入

如前所述，工匠群体大多从职业院校毕业，职业院校的生源中农村生源占大多数，且当前工匠们大多为第二产业和第三产业服务，城市则成为工匠群体就业的主要阵地。但由于二元分割的户籍制度与社会保障使得工匠们的生存环境遭到挑战，进一步影响了其应有的社会地位，阻碍了社会大众对工匠的文化

---

① 明恩溥.中国人的特性［M］.匡雁鹏，译.北京：光明日报出版社，1998：8.
② 鲁迅.鲁迅全集：第六卷［M］.上海：学林出版社，1973：128.

认同的实现。69.75%的被调查者认为由于工匠行业收入较低、社会保障不全，导致很多人不愿从事工匠职业，可见制度因素对于实现工匠的文化认同造成了一定程度的阻碍。

首先，我国的户籍制度通过使其他社会群体对工匠群体身份的固化认同建构着工匠群体的身份认同。我国目前现行的户籍制度是一种城乡二元分割的户籍制度。同时国家还确立了一系列与之相应的制度以作补充，例如凭户口申请就业的就业制度，凭户口取得社会福利保障制度，等等。尤其是一些福利依然是城市居民所独享的，如退休养老、医疗保障、失业救济制度等。政府依据户籍、居住、职业将人划分为各种类别，形成差序的身份群体，比如在公共住房这一稀缺资源的分配上就明显地较为排斥底层群体。[1]同时，城市居民已习惯了独享一些权利，在面对即将进入城市和他们同样享受特殊福利的工匠群体时，排斥心态较为普遍。作为利益既得者的他们，在认知上已习惯了工匠群体以前的身份。身份理论认为，身份的确立和认同，是他者定义的结果。[2]城市居民已然将工匠群体列为他们之外的群体。可见，二元分割的户籍制度下，其他优势职业群体已习惯且固化了对工匠群体的身份认知。

其次，不同户籍身份的人教育回报也存在着差距。在受教育水平程度一致时，有城市户籍的人获得的收入更高。[3]在城市内部，与有户籍人口相比，非户籍人口幸福感低，对于政府、社会公众和社区居民的信任度更低。而且，没有户籍的人口会形成聚居。他们对社区居住条件、安全感、信任、健康及子女成长环境方面评价明显更低。[4]可想而知，户籍制度长此以往执行下去，将使得工匠及其下一代的成长环境与教育条件更差，造成贫困代际传递，并会加剧因身份而形成的社会裂痕。

虽然很多工匠都是通过自身的努力工作来承担子女教育、医疗、住房等费用，尽力摆脱户籍制度的诸多限制，但户籍制度的工匠生存境况的负面影响并没有好转，因而户籍制度的改革对工匠社会地位的提升必然有着重要作用。

---

[1] 谢永祥.身份治理与农民工城市居住权——以上海为例[J].西北人口，2018，39（2）：74-80.
[2] 查尔斯·泰勒.自我的根源：现代认同的形成[M].韩震，王成兵，乔春霞，等，译.南京：译林出版社，2001：50.
[3] 陆铭.大国大城：当代中国的统一、发展与平衡[M].上海：上海人民出版社，2016：253.
[4] 陈钊，陆铭，陈静敏.户籍与居住区分割：城市公共管理的新挑战[J].复旦大学学报（社会科学版），2012（5）：77-86.

（二）教育制度的不合理加深了对职业教育地位的鄙薄

布劳-邓肯模型指出：在工业化和现代化社会，自致性因素是影响社会流动的关键所在，而教育对个人职业地位的影响越来越大。教育制度的合理构建更是维护社会稳定乃至新的社会形态出现的重要因素。在对职业院校学生的调查表明，28.21%的学生就读职业院校都是由于高考（中考）分数不理想，将就读职业学校作为不得已的选择。可见，现行教育制度严重影响着社会工匠的文化认同。

首先，从古代教育制度来看，一方面，科举考试倡导"学而优则仕"的官员选拔制度逐步形成了"唯有读书高"的价值导向。科举制度下的职业具有等级性。取得不同功名的人意味着将来会有不同的物质待遇及社会地位。名落孙山者便失去了高官厚禄的机会。[①]可见，科举制深深地影响着古代职业的价值取向。另一方面，古代艺徒制作为一种教育模式，极具实践性、职业性，历史上很多能工巧匠都应该归功于艺徒制的培养。但其强调"传内不传外""传男不传女"，导致开放性不足，工匠行业只能被业内人士所了解，其他职业群体对其了解有限，从而阻碍了对工匠群体的认知与了解。

其次，从今天的教育制度看，高考制度等配套相关政策还存在诸多不合理因素使得社会大众不太乐意从事工匠职业。一方面，工匠群体就业之前大多就读于职业院校。而与普通高等教育相比，高考分批录取对职业院校生源影响很大。在各地高考录取的批次当中，高职院校都被排在最后一个批次，必须等到所有的本科院校都录取结束，才能轮到高职院校进行选择，因而职业院校生源大多是中下阶层子女，高职院校名义上占据了我国高等教育的"半壁江山"，却在被动无奈地接纳高考分流剩下的学生。这种情况最直接的负面影响是，不仅让社会形成对职业教育是"末流"教育的刻板印象，还增加了工匠的就业难度以及社会声望和待遇等。调查数据也显示，53%的被调查者对从事工匠职业的行为意愿程度不高。

综上所述，目前现行的教育制度加之历史遗留下来的教育观念深深地影响到政治、经济及文化的各个方面，"合法"地通过教育创造着社会身份的不平等。如此一来，不仅职业教育的社会地位难以改变，而且更加固化了社会大众对工匠的身份认知。

---

① 赵翠. 科举制度与知识分子职业选择的变化[J]. 徐州师范大学学报（哲学社会科学版），2008（2）：134-137.

（三）家庭背景的影响限制了个体的职业选择

家庭背景，例如父母的职业、社会地位、收入水平、受教育水平、家庭户籍所在地等，学生在择业时受其影响较大。[①]家庭背景环境对社会大众择业观的影响，主要体现在两个方面：一是家庭文化背景，二是家庭物质背景。[②]

首先，在教育的起点上，父母的社会阶层越高，家庭资源就会越丰富，这些资源又深刻地影响着基础教育的质量，从而影响着子女受教育的情况。父母的社会地位越高，社会关系网络越发达，利用这些资源为其子女求学和就业服务的能力越强，从而其子女可以择校，择班，择业。[③]数据显示，70%以上的城镇户口家长会介入学生的就业，利用家庭关系网络为孩子寻找更多的机会和更高质量的就业，农村户口家庭由于缺少相应的资源而没有介入到其中。由此城镇户口的毕业生就业质量明显高于农村户口的毕业生。[④]这逐步使得就业演变成畸形的父辈社会资源的"求职"，加剧了人们对职业与职业之间不同的区分度和认同度。

其次，在个体择业的过程中，对于一些优势群体来说，父母会尽家庭资源所能给自己的儿女找一份体面的工作，而对于一些中下层群体来说，父母虽无能为力，但也会希望为子女寻求一份轻松的、体面的脑力工作，对于工匠职业尽可能避而远之。可见，社会大众自愿且乐意从事工匠职业的行为意愿是较低的。

总而言之，不同的家庭背景和不同的教养方式影响着子女的职业追求和人生价值追求，尤其是上层社会可以通过更好的社会资源为子女谋求所谓的体面工作。

三、影响生活质量和幸福指数提高的个体微观层面

（一）个体特征差异及生活经历影响着工匠的自我认同

自我认同是在个体的反思活动中必须被惯例性地创造和维系的某种东西，

[①] 王丽.高职院校体验式职业生涯规划课程教学的理论与实践[J].教育探索，2012（9）：59-60.

[②] 李生京.高职院校职业生涯规划教育的体制改革和机制创新[J].现代教育科学（高教研究），2013（6）：146-150.

[③] 文东茅.家庭背景对我国高等教育机会及毕业生就业的影响[J].北京大学教育评论，2005（3）：58-63.

[④] 赵鹤玲.社会分层视角下大学生就业基本公共服务均等化探究——以黄石高校为例[J].湖北师范学院学报（哲学社会科学版），2015，35（2）：146-149.

是个人依据其个人经历所形成的，作为反思性理解的自我。①也就是说，主体的意识特征和生活经历决定了人们对新身份的认同程度。

首先，工匠的性别、年龄、文化程度、职业资格等级、收入等因素影响着工匠的自我认同。马继迁等人基于2006年全国城乡居民生活综合研究项目的调查指出中年工匠对自己社会经济地位的判断要低于青年技术工人和老年技术工人。这是由于中年工匠承担着供养家庭、抚养子女和赡养老人等多方面的压力，他们要为三代人的学习和生活做贡献，经济支出更大。这也从侧面说明工匠整体收入水平较低。另外，技术工人的收入水平越高，越可能对自己的社会地位做出较高判断。②可见，工匠群体之间存在的差异性也影响着工匠的自我认同。

其次，尽管大多工匠已经在城镇居住、生活和工作，表面上与城市居民没有太大的差别，但却始终摆脱不了身份合法化、城市排斥与歧视。这样的生活方式让他们难以确定自己在城市中的生活意义，他们比城市居民更焦虑，更痛苦，更压抑，由此形成的自我认同是对城市的疏离与对立，对自身阶层的认同更低。③

总之，工匠的个体特征差异及生活经历与所在工作地点所处的城市环境中的人们大为不同，迎接他们的不仅仅是来自社会的眼光，更有难以融入城市的不适应感与焦虑感，这也进一步影响着工匠对自我认同感的提升。

（二）个体的能力高低体现着不同的社会流动方向

在个体认同过程中，每一种文化对于依存于其中的人们都有种种要求与成长的标准。这些标准与要求最终目的仍然是要求个人完全地融入变化之中。其中就包括个体能够较好地掌握生产劳动技能。人们在进入青年期之后，就要从事不同的职业，掌握不同的劳动技能。从事职业与掌握技能具有一定的强制性，它首先要求人们能够完全地接受既有的传统经验，因为职业与劳动技能在不同的社会中与其文化是密不可分的，它们亦是文化的再现。④首先，就工匠群体而言，20世纪80年代之前，我国企业的市场化程度较低，跨企业合作化程

---

① 安东尼·吉登斯.现代性与自我认同：现代晚期的自我与社会[M].赵旭东，方文，译.北京：生活·读书·新知三联书店，1998：33.
② 马继迁，刘俊杰.技术工人个体特征与阶层认同——基于2006CGSS的实证分析[J].河北科技师范学院学报（社会科学版），2011，10（4）：20-25.
③ 秦海霞.从社会认同到自我认同——农民工主体意识变化研究[J].党政干部学刊，2009（11）：62-64.
④ 郑晓云.文化认同论[M].北京：中国社会科学出版社，1992：88-90.

度也较低,一家企业几乎要生产一种产品所需要的全部零部件。因而工匠的劳动成果和贡献的社会价值更容易被大家所看到、所重视。但近年来,由于外部环境急剧变化,尤其是社会环境转型日趋加剧,社会分工愈加细密、职业种类越加丰富,企业的社会化程度也进一步加深。许多企业的零部件生产都通过采取外包形式获得。相应的,大量依赖零部件外包的企业的主功能是研发,是装配,是开拓市场。[①]由此一来,一方面,工匠劳动所创造的价值在企业所创造的价值中所占的比重越来越低;另一方面,工匠的操作技能和综合素质远远不能满足现代化生产的要求。其中,自身技术能力,尤其是胜任力的不足不仅会影响社会大众对工匠的认同,而且影响着工匠的个体认同。

其次,知识的彰显为赢得社会流动提供了平台。开放型的社会结构中,教育对社会流动起着更重要和显著的作用,教育程度和专业技能类型等级越高,受教育者在获得职业获得、职业地位乃至经济地位、权力等方面获得优势也越大。而且工匠自身能力的高低也决定了其对社会的劳动价值、在企业中的位置与各方面待遇的高低。目前,大多数工匠的自身技术水平和综合素质还达不到现在企业的标准要求,这无疑影响着工匠的自我认同与文化认同。

正因为劳动有了更为具体的分工,通过职业人们获得了对本国文化、自身的认同。从这个意义上讲,劳动技能与职业是个人认同过程的一条重要途径。因而,工匠群体的劳动技能对于其自我认同也有着非常重要的影响。

(三)个体的主观获得感影响了工匠幸福感的提升

"获得感"是在物质、精神、文化方面基于一定"获得"而产生的主观心理感受。获得感的多少与阶层认同有着密切的关系。[②]以往研究指出,阶层认同意识会受到社会变迁及个人生活机遇相对变化的影响。当人们利益受损或处于个人境遇低谷期时,更可能认为自己处于一个较低的社会阶层,从而产生较低的阶层认同。[③]

首先,从工匠自身来说,从事工匠行业自身获益较少,生活改善程度较少,大多认为自身不太可能通过努力获得更高的社会或经济地位,一定程度上将自己归为较低的社会阶层,这意味着他们的主观获得感较低,对自己的阶层

---

① 李洪君,张小莉.知识谱系与技工短缺——知识社会学解析[J].青年研究,2006(1):1-7.
② 辛秀芹.民众获得感"钝化"的成因分析——以马斯洛需求层次理论为视角[J].中共青岛市委党校 青岛行政学院学报,2016(4):56-59.
③ 蔡思斯.社会经济地位、主观获得感与阶层认同——基于全国六省市调查数据的实证分析[J].中共福建省委党校学报,2018(3):96-104.

地位认同偏低。因而，改革获益程度、生活改善程度和自致成功性评价的获得感都对影响着自我认同的实现。

其次，从外部环境因素来看，主要表现在收入分配制度上的不完善，工匠群体自身与其他职业群体之间收入差距较大。例如工匠与律师、医生等职业收入差距较大；另外，与自身权利、机会密切相关的社会不公正现象时有发生，例如工人权益经常被侵害的事件层出不穷，不同职业群体之间、人与人之间缺乏应有的尊重和理解，等等。多种因素共同作用使得工匠群体的获得感难以提升。

总之，随着社会经济快速发展，人民生活水平总体上有了很大提高，但大多工匠的生活水平还处在较低层次，社会保障覆盖不健全，获得感与实际获得之间的落差仍然较大，消极的预期和获得的利益较少使得工匠群体的自我认同和社会认同偏低。

第四节　工匠的文化认同实现路径

工匠人才是"中国品质"提升的关键，是培养高素质技术技能人才的基础。工匠人才发展的兴衰影响着我国产业经济发展的质量与速度，而工匠的文化认同好坏是工匠人才发展的决定性因素。提升工匠文化认同能够直接激发与释放工匠人才个体的价值，进而为实现工匠人才队伍价值创造了更大的可能性。一方面，工匠人才待遇的提升能够保障已有人才队伍的稳定发展。当今时代，网络在社会生活中的作用凸显、经济全球化的迈进、科学技术的加速度发展，使人类走向一个全新的环境。技术的进步和创新为人类发展提供了更方便快捷高效的生活，但是也给人类带来了生理和心理的压力，从而产生了浮躁和焦虑心理。工匠人才所代表的精益求精、追求极致的工匠精神受到广大民众的质疑，匠人手艺被视为"落后与低效"而面临淘汰与灭绝，许多工匠人才逐渐退出历史发展的舞台，这给工匠人才队伍的发展带来了极大的挑战。提高工匠人才待遇，从外部予以强大的支撑与保护，能够在很大程度上维持现有工匠人才队伍的稳定发展，促进匠人手艺得以传承。另一方面，工匠人才待遇的有效提升能够吸引更多个体从事技术技能工作，培育更多的工匠人才，进而实现工匠人才队伍的发展壮大。自古以来，我国就有"万贯家财不如一技傍身"的说法，这充分体现了文化观念中个体对技术技能的重视。现阶段，科学技术日新月异，传统的手工技艺已经发生了翻天覆地的变化，但是产业经济的发展依然离不开技术技能的支撑是不会发生实质性的变化的。工匠人才是高技术技能的代表、是技术技能从业者的典范,大力提高其待遇,既是对传统文化观念的深化,也能进一步促进更多家庭和青年个体选择从事技术技能劳动,进而扩大工匠人才队伍。此外,工匠的文化认同的实现能够有效激励更多优秀的专业人才投身到制造业产业发展建设中来,从根本上改善工匠人才队伍的发展质量。

然而,没有具体的行动,所有的意愿和思维都是一句空话。个人需要从自己的行动上去塑造自己,从具体的劳动中获得组织和社会的认可,组织需要通过衡量每个人的劳动成果来评价个人对组织的贡献,确立其在组织中的地位,社会更是要建立起用设计成果来衡量个人价值的机制,而不是通过个人的阶层和位置来分配劳动成果。[①]本研究就从个人层面、组织层面以及社会层面三方面提供可参考的措施以期实现工匠的文化认同。

一、以体现工匠价值为先导促进工匠的个体认同实现

合理的文化认同以人格发展与完善作为价值内核,以能力提高与创新为手段,以个体认同与社会认同相互塑造实现人格完善。[②]首先,文化认同的价值诉求是实现人的自由和人格的完善与发展;其次,能力的提高与创新是人格完善的集中体现;最后,文化认同的最终形成取决于个体认同与社会认同的共同作用。它既存在于个人血液之中,又具有社会性。[③]因此,实现对工匠的文化认同关键一步就是要提升工匠的能力与体现工匠的自身价值,提升自我认同感。

(一)了解工匠职业生涯需求以鼓励其参与企业管理决策

利益需求认同为价值观念认同提供了现实基础。而需求是人最本质、最原始的规定,是人一切活动的先导性因素。[④]因而,关注与满足工匠职业发展需求,调动工匠参与企业管理决策是促进工匠的个体认同实现的首要做法。

首先,以汽车行业为例,我国有中国汽车工业协会、中国乘用车联席会等组织,但这些组织的职责更多的是为政府决策提供咨询,为企业出谋划策,很少关注工人阶层的利益,更谈不上为汽车行业技术工人提供健全的社会化在职

---

① 刘辉. 认同理论 [M]. 北京:知识产权出版社,2017:142.
② 邓治文. 人格本位论 // 佐斌. 社会心理学的发展与创新:全国社会心理学 2002 年学术会议论文选集 [C]. 武汉:华中师范大学出版社,2003:61-66.
③ 王成兵. 当代认同危机的人学解读 [M]. 北京:中国社会科学出版社,2004:169.
④ 王颖. 从利益需求认同到价值观念认同 [J]. 思想政治工作研究,2002(5):28-29.

培训。但在美国,却有多个社会组织参与汽车工人的再培训。美国汽车工人联合会(UAW)在教育培训方面做得非常出色,这些组织与公司雇主一起发展了很多合作培训项目,并在2009年的底特律大危机中发挥了重要作用。诸如美国汽车工程师协会除了提供职业培训外,甚至会与大学互相承认学分,联合培养汽车高级人才。借鉴美国工会的做法,我们应了解工匠培训现状、工匠的兴趣与职业愿望,将工匠的职业生涯发展需求融入培训方案的制定当中,保证培训内容与工匠实际需求及兴趣相融合,调动工匠们的学习积极性,提升自身技术能力。

其次,发挥工匠主体地位,参与企业管理与决策。日本丰田公司的创始人丰田佐吉既是一位杰出的实业家,更是一名工匠、发明家。更为人们津津乐道的是他发明的"精益管理模式",这种模式另辟蹊径,从零库存和准时生产切入,为丰田公司带来巨大的经济收益,并成功赶超美国汽车企业,并使得这一管理哲学在世界范围内经久不衰。[①]让优秀工匠成为企业生产团队的核心,改变工匠传统角色,发挥工匠的引导和部署能力,同时又不脱离生产线,让工匠的实践经验为企业的产品拓展、生产转移、制造外包等决策提供有益的建议。

再次,工匠人才的长成与发展是需要一定的发展时间与空间,这不仅需要个体内在强大的动力,也需要外在的激励机制予以推动。因此,一是建立工匠人才工资长效增长机制。鼓励企业建立基于岗位价值、能力素质、业绩贡献的薪酬分配制度,强化薪酬收入分配的技能价值激励导向;鼓励企业对工匠人才实行技术创新成果入股、岗位分红、年金制度等激励方式,建立拴心留人的长效机制。二是完善工匠人才评选表彰制度。建立工匠人才评选表彰制度,定期评选表彰优秀工匠人才并积极向国家推荐,对各类竞赛获奖、评选表彰的优秀技能人才给予重奖;增加工匠人才参评国务院政府特殊津贴等国家级奖项的推荐名额,支持工匠人才参加创新成果评选、展示和创业创新等活动,对于个人取得的、有一定价值的工艺创新和科技发明等,给予表彰奖励,对于个人绝技绝活、先进操作方法,可以其姓名进行命名。三是完善工匠人才成长制度。推进工匠人才工作室建设,搭建技能革新和技艺传承平台,及时总结推广创新成果、绝技绝招、具有特色的生产操作法,并给予相应的经费支持;建立工匠人才带头人制度,充分发挥工匠人才在解决技术难题、实施精品工程项目和带徒传技等方面的引领示范作用;多渠道组织工匠人才参与国内外大型工业展、发

---

① 吴欣宁.让更多工匠型管理者走进企业决策层[N].南方日报,2016-03-16.

明展等交流研讨活动，遴选业绩突出的工匠人才赴国（境）外参加技艺技能研修培训、同行交流及国际技能竞赛；充分发挥职业技能竞赛的引领作用，实现奖金全覆盖，鼓励工匠人才在技能竞赛中实现成果创新，对优秀成果纳入科技创新成果体系进行表彰和推广应用，转化收益按比例分成和贡献分配。

（二）重视工匠技术技能的提升以增强工匠职业自信

当前，我国现有高级技术工人的操作技能和综合素质还远不能达到现代制造业和服务业的相关要求，自身能力的不足不仅会影响社会大众对工匠的认同，也影响着工匠的个体认同。社会认知理论的绩效模型尤为强调能力，个体的成就与才能是对个体自我效能和结果期望的反馈，从而影响个体绩效目标和水平。伦特认为稍稍夸大自我效能有利于进一步利用和发展技能。[1]

首先，要提升工匠职业自信。职业院校、企业等组织可以邀请企业优秀工匠、优秀职业院校毕业生、优秀校友等做讲座报告，开设有关弘扬工匠精神的课程，向员工与学生渗透优秀工匠的精神品质。例如宁波职业技术学院的"成功大学"课程的开设就是极其典型的做法。2015年12月8日，宁波职业技术学院海天学院"成功大学"第一讲开课，学院齐书记向同学们推荐《致加西亚的信》一书，告诫同学们能从中明白每一件事都值得去做，工作本身没有贵贱之分，但对工作的态度却有高低，能够全心全意、尽职尽责将平凡的工作做到极致，这就是成功。同时，强调大学生需要对忠诚的概念有清晰的认知，自觉自律，爱岗敬业。

其次，工匠自身高超的技能是体现自我价值最好的方式。在学习与工作中，工匠应努力提高自己的学习能力、思维能力、执行能力、服务能力、创新能力与合作能力等。国际知名技能大师凯文·卡尔平和马克·安德鲁·皮特曾谈道："高度专业的能力、精益求精的态度和传承创新的思维，是一名优秀工匠应当具备的三种关键要素。"尤其是在当今国际制造业不断转型升级、步入智能制造的大时代，现代工匠首先要具备与之相应的专业能力，需要不断学习，提升自身的综合素质。如此一来，才能更好地获得能力的提升，彰显自身劳动价值与社会贡献。

再次，受多种因素限制，工匠人才在劳动力市场竞争中处于弱势地位，所获得的福利待遇一般、专业发展通道受限。因此，我们需要进一步完善人才培养体系，从根本上增强工匠人才的市场竞争力才能确保其待遇得到有效的提

---

[1] 张永.基于自我认同的职业认同研究取向[J].外国教育研究，2010，37（4）：43-47.

升。一是发挥职业院校的培养作用,为工匠人才的持续发展夯实基础。以产业发展为导向,深化产教融合,突出工匠人才培养特色,调整专业结构和培训层次,创新多元化培养模式,推进职业教育特色发展;以市场需求为导向,落实校企合作,通过开展校企联合招生、校企合作培训、共建实习实训基地、订单式培养和教师进企业、技能大师进校园等方式,增强个体的技术技能水平;以技能竞赛为导向,支持院校建立以赛代训的人才培养模式,对接世界技能大赛技术规范,建设世界技能大赛研究中心,推动职业教育、企业生产对接国际标准,提升人才培养质量。二是激发企业培养的主体作用,为工匠人才提供良好的成长环境。积极推行企业新型学徒制培训培养模式,鼓励大中型企业每年选拔一定数量的技术工人参加新型学徒培训,并给予相应的培训补贴;大力推进全员岗位练兵活动,按业务流程细化岗位能力标准和操作规范,抓实基本功训练,全面提升技术技能劳动者的综合素质、操作技能和应变处置能力;企业结合社会发展新趋势,组织开展跨工种技能培训,鼓励员工结合自身业务和兴趣特长跨工种取证,打造"精一岗、通二岗、会三岗"多面手人才,增强其解决的复杂问题的能力。三是畅通人才发展通道,为工匠人才拓宽发展空间。健全岗位(职位)管理系统,形成统一规范、体现板块和企业特点的岗位(职位)通道体系以及相配套的人才选拔体系;完善工匠人才成长通道,建立健全"岗位(职位)+能力"的技能人才发展体系,按照技术技能人才队伍的职业(工种)和岗位性质,完善技能职位序列,加快拔尖技能人才选拔聘任,形成正常晋升的动态运行机制,使工匠人才晋升有通道,发展有方向;打破职业技能等级和专业技术职务之间界限,建立技能人才与专业技术人员岗位晋级贯通机制;打通正规教育与非正规教育沟通的渠道,建立与完善学分银行,为工匠人才继续接受正规学历教育、提升自身学历层次搭建桥梁。

(三)加强工匠维权意识以维护自身利益

提高工匠维权意识,维护自身利益,有助于工匠地位的保障。2012年,李伟杰是郑州铁路局机务段的一名火车司机,其长期加班导致精神恍惚过程中摔倒致脊髓损伤,其所在单位一不申报工伤二不支付相关待遇,且在工资方面李伟杰的劳动得不到体现,遂于2012年3月6日向洛阳市劳动仲裁委员会递交申请,要求单位依法支付上班以来的超时工资及补偿金共计92万多元。2012年5月14日,洛阳市劳动仲裁委开庭审理此案。2012年6月20日,洛阳市劳动仲裁委裁决除停工留薪期变更工作岗位无效外,其他仲裁请求均因证据不足被驳回。李伟杰不服该裁决,已于2013年7月3号诉至郑州市二七区人民法院。可以看到,工人权利得不到维护,自身利益诉求得不到解决,对于社会大众从事工匠职业的意愿和企业的长远发展都是极为不利的。

首先,企业要切实遵守《劳动法》等相关法律法规,特别要把工匠作为工会的重点维护对象,保障工匠的就业权、休息休假权、劳动报酬权、劳动保护权、社会保险权、职业培训权等。同时,加大对工匠的法律援助,例如在企业内部设立法律援助咨询机构,通过培训让工匠了解劳动权益,熟知自己究竟有哪些劳动权益会经常性受到侵害,相关工作人员还可以结合工匠劳动权益受侵害的法律案例加深工匠对相关法律知识的熟知度。

其次,开展工资集体协商制度。例如韩城矿业自2011年开始,每年都会召开一次工资集体协商会议,行政方代表与职工方代表共同讨论确定职工工资增幅,最终形成协议,从而保证了职工工资增长水平与企业的经济发展速度及经济效益基本同步。截至2017年,韩城矿业公司在岗职工人均工资收入同比增长15%。因此,通过开展工资集体协商制度,通过协商不断提高技术贡献率和技术要素参与分配的比重,从而提高工匠的工资水平和福利待遇,让工匠充分展示自己的技艺与才华。

二、以关注工匠利益为核心促进工匠组织认同提升

个体对群体的认同是群体行为的基础。低度认同者在决策和行动中主要考虑的是个体利益的计算。[①]利益包含金钱、权势、情感、荣誉、名气、地位、领土、主权等,而与工匠职业利益关系最大的包括报酬、荣誉、地位、主权等。但目前,我国技术工人甚至高级技工仍位于较低的社会位置,福利待遇较低、工作环境较差。在德国,技工工资高于全国平均工资,技术工人待遇良好,是人们乐于从事工匠行业并终身致力于自身所从事行业的必要条件,也使得技术工人在德国受到相当程度的尊重。因此,提高工匠的薪酬待遇,改善工匠的工作环境是提升工匠文化认同的重要步骤。

(一)改革户籍制度以保证工匠队伍的稳定性

认同的解构以及它所蕴含的认同重构(reconstruction of social identity)是泰弗尔社会认同论最具独创性的概念之一。认同重构意味着行动者对其身上的某种群体资格不再有认同感。他寻求放弃或者脱离这种群体资格,并致力于追求

---

① 齐刚,周恩毅.基于利益与认同的城市新型社区居民参与研究[J].重庆与世界,2011,28(21):30-32,45.

新的群体资格，即认同重构。①在社会转型过程中出现并生活在农民和城市居民二元人口结构中的一部分工匠，他们从乡村走进城市，从熟人社会迈入陌生人社会，从农业文明迈入工业文明，生活场域发生了较大变化。为了消解这样的二重困境，必须依靠外在制度保障工匠的生活。也就是说，改革现有户籍制度才能保障工匠队伍稳定性，从而安心为企业与社会服务。

首先，可以将工匠的宅基地使用权实现跨区域流动。目前，大量的非城市户籍工匠群体在家乡的宅基地出现了空置，这些宅基地对应着一定面积的建设用地指标。将家乡的宅基地复耕成农业用地，将宅基地对应面积的建设用地使用权带到工匠工作所在地，保障农民的居住权。由此一来，可以大幅度降低工匠的生活成本支出，提高他们的获得感、幸福感。

其次，向定居在城市的工匠群体发放居民户口证。2010年8月1日，重庆市开始向农民发放居民户口证。通过适度放宽主城区、放开区县城、乡镇落户条件，户籍制度改革正式进入了实施阶段。②通过让工匠获得和城市人相同待遇的户籍制度改革，促进工匠地位的实质性提升，同时引导合理的城市化进程。

（二）完善教育制度以提升职业教育吸引力

教育是主流文化认同的重要机制，其对主流文化认同的形成、发展、自觉和深化具有极为重要和深远的影响，人们通过接受教育而形成对文化的理解与认同。③而作为培育千千万万工匠的职业教育在实现工匠的文化认同中担任着不可或缺的角色。提高职业教育吸引力就是要增强社会大众对职业教育的认可度，乐于让自己的子女接受职业教育，从事工匠职业。而关键在于自我提升是促进职业教育又好又快发展的必由之路。

首先，改革和完善职业院校招生制度。一方面改革现有中考政策，逐步建立初中毕业生根据自身特长合理选择和分流的机制，另一方面可考虑单独制定职业院校高考政策，完善中等职业学校毕业生直接升学制度。④例如，荷兰职业教育体系通过制定新的职业教育制度政策，学生在职业教育选择上有完整的分

---

① 方文.学科制度和社会认同[J].中国农业大学学报（社会科学版），2008，25（2）：185-188.
② 孙文凯，白重恩，谢沛初.户籍制度改革对中国农村劳动力流动的影响[J].经济研究，2011，46（1）：28-41.
③ 薛焱.当代中国主流文化认同研究[M].北京：社会科学文献出版社，2016：71.
④ 祁占勇，王君妍.职业教育校企合作的制度性困境及其法律建构[J].陕西师范大学学报（哲学社会科学版），2016，45（6）：136-143.

流和培养模式,学生学位由应用科学大学提供,可授予学士学位,也可提供硕士学位。

其次,在基础教育中融入工匠精神教育。例如在综合实践活动课程中培养学生的动手操作能力,参与一项产品的设计、制作与优化的全过程;在语文等科目中,增加一些新时代大国工匠的元素,让学生认识到工匠的能力与品质对于社会发展的重要性等。

再次,职业院校应根据当地经济社会发展,规划当地重点工程和重点产业,推动产教融合开展,保证校企合作质量,以带动当地经济社会发展为共同目标,提高职业院校优势资源对地方经济社会发展的贡献度,从而提高当地民众对职业院校的认同度。

最后,运用多种手段和形式深入宣传职业教育的价值,如动员中小学生观摩全国、各省市举办的职业院校技能大赛,将工匠精神融入基础教育的全过程,例如在综合劳动课程中多向学生展现一些优秀工匠的典型事例,有条件的学校可以组织学生参观工匠博物馆,树立技术工人伟大的意识;建立工匠社会荣誉体系,通过制定相关条例实施办法,褒奖通过接受职业教育而为社会作出贡献的工匠。

与此同时,应注重发挥人才评价的风向标作用,对工匠人才的突出贡献做出客观、有效的评价,进而提高社会对工匠人才的认可度与尊重程度。一是实行企业工匠人才自主评价。在政府相关部门指导下,由行业、规模以上企业牵头开发评价标准和评价规范体系,建立以行业、企业为主体,以职业标准和岗位规范为依据,以匠技、匠心、匠魂为重点的职业技能等级评价标准化体系和组织实施体系。[①]凡经评价合格者,由企业认定其技能等级并落实待遇;实施自主评价的企业,其开展职工培训所发生的培训、鉴定等费用可按要求在职工教育经费中列支,并对开展职工培训所发生的费用按职业培训补贴有关规定给予补贴;对自主评价规范、落实相关津贴待遇的企业,其认定的工匠人才可以参加省、市级评选。二是改进工匠人才评价方式。健全职业技能多元化评价方式,加快建立以职业能力为基础、以工作业绩为导向、注重职业道德和职业知识水平、企业(行业)自主评价与社会认可相结合的技能人才评价体系;鼓励企业(行业)自主设置评价标准组织考核鉴定,突出对执行操作规程、解决生

---

① 祁占勇,任雪园.扎根理论视域下工匠核心素养的理论模型与实践逻辑[J].教育研究,2018,39(3):70-76.

产问题、完成工作任务能力的考核，加大工匠人才创新能力、现场解决能力和业绩贡献的评价比重，按规定晋升相应等级国家职业资格[①]；突破身份、学历、资历限制，在工匠人才选拔中突出对实际能力和工作业绩的考量，对企业生产一线掌握高超技能、业绩突出的年轻技能人才可破格评选；适应人才国际化趋势，根据国家要求，逐步引进社会急需职业（工种）国际职业资格证书，并实现与国内相关职业资格证书互认。三是推进各类人才融通发展。推进企业实行统一的人力资源管理制度，打通国家职业资格等级或职业技能等级与专业技术职务之间界限，实现有效衔接，倡导不唯学历资历、重实绩重贡献的工匠人才评价标准；进一步明确企业聘任的具备高级工、技师、高级技师的工匠人才福利待遇原则上与本单位助理工程师、工程师、高级工程师同等。

（三）关注工匠利益诉求以提升工匠的归属感

共存意识是一种群体意识，它的存在最终需要共同利益予以维系，利益联结可以促成组织认同的达成。[②]同样的，企业与工匠的利益也是紧密相连的，企业的繁荣昌盛能够给工匠提供更好的待遇，而企业走向衰败，工匠们就有可能面临减工资或失业的危机。因而，通过培养员工的主人翁意识，让员工有与企业共存亡的决心，建立共同的利益关系链。

首先，企业应该适当地对工匠适时进行技能培训。一方面，企业投入一部分金钱用于员工技能培训，使员工用科学的方法缩短工作时间，减少投入成本，增大效益。另一方面，从长远来看，能够为企业带来更多的利润，促进企业更快更好地发展。日本秋山木工公司在培育工匠时会要求工匠写日志，详细记载每天工作的感悟与反思；该日志被师傅、管理者看后，会定期提交给培育对象的父母；父母阅读日志后，会连同日志寄回信给培育对象。通过双方的交流，培训对象往往会继续坚定地面对并克服学习过程中的困难。

其次，企业应建立一套完善公正的奖惩考核制度，最大限度调动员工的积极性。对于那些认真守纪或者为企业带来额外的、正当的利润的员工，要给予其适当的奖励，比如涨工资，发奖金等等，呼吁其他员工向其学习，调动其他员工的积极性。

最后，企业要建立能上能下、平等竞争的用人机制。高技能工匠是整个企业人才队伍的关键。当工匠的职业水准达到某一更高岗位的水准，就可以通过

---

① 台州市人民政府.高水平建设工匠人才队伍行动计划（2018—2020）[EB/OL].(2018-06-04)[2020-09-20].http://www.zjtz.gov.cn/art/2018/6/4/art_1229189766_1563985.html.
② 王希恩.民族认同与民族意识[J].民族研究，1995（6）：17-21，92.

公开、公正的通过竞争获得这一岗位，不仅使得工匠的利益得到满足，而且可以激发工匠有意识提升自己的技术技能水平，进而形成企业员工源源不断创造财富的动力，形成他们对企业的归属感和依赖感。

三、以营造社会氛围为桥梁促进工匠的社会认同达成

社会认同过程中群体身份的彰显，可以使组织成员能够从自我认同与社会认同纠结的困惑中摆脱出来，并通过激活机制唤醒与组织情境相匹配的群体归属意识。当个体进入成年期，初级社会化基本完成，并且个体在后续社会生活中仍会不断找寻新的参照群体，接受新的事物。[①]因此，营造尊重工匠的社会氛围，提升职业教育吸引力是实现社会大众对工匠文化认同的重要举措。

（一）改善工匠待遇尤其是薪酬待遇以提升工匠劳动积极性

利益是一切行为的基础，观念与制度是利益实现的保障。从组织内部来说，制度认同与利益一致就是促使一致行动的基础。[②]随着社会的深化发展，劳动分工越来越细，对人才需要更多样、层次更丰富[③]，具有过硬本领、高超技艺与负责态度的工匠人才是我国制造业产业发展最需要的人力资源，也是目前我国最稀缺的人才。在思想观念上接纳和重视工匠人才是确保其待遇提升的前提。为此，我们要形成"爱才、惜才、重才"的观念，从提高工匠人才经济待遇、政治待遇与社会地位等多个方面，增强对工匠人才的关注与重视。一方面是确保工匠人才获得与其劳动付出相匹配的经济待遇。试行工匠人才年薪制，科学合理地设置年资起薪点和工资级差，注重向高危领域工匠实行待遇倾斜；设立专项基金用以发放工匠人才带徒津贴、岗位津贴等，参照高级管理人员标准落实；对工匠人才实行技术创新成果入股、岗位分红等激励方式，促进其工资收入长期稳定增长。另一方面是确保工匠人才的政治权益得以落实。将工匠人才纳入党委联系专家范围，及时协调解决实际困难和问题；定期举办工匠人才研修班，提高政治理论水平；积极推荐工匠人才作为党代表、人大代表、政协委员等人选，注重在发展党员、树立典型、评选树优中重点向工匠人才倾

---

① 颜冰，郑克岭.行政组织伦理氛围：基于社会认同理论的视角［J］.南京农业大学学报（社会科学版），2010，10（1）：83-90.
② 陈平.观念、制度与利益：集体行动的发生基础研究［D］.北京：中共中央党校，2016：111.
③ 龚云.习近平人才思想的精髓——论"人人皆可成才、人人尽展其才"思想［J］.人民论坛，2019（3）：35-37.

斜；选配一定数量的工匠人才到群团组织和职业院校（技工院校）中挂职、兼职；鼓励企业单位吸纳工匠人才参与其擅长领域的经营管理，具备条件的企业也可成立专门组织集聚该领域工匠人才参与到企业管理中来。还有就是确保工匠人才享有一定的社会地位和声誉。充分利用信息媒介宣传工匠人才先进事迹，推广绝招绝技，树立宣传典型，强化社会认知；开辟工匠人才绿色通道，设立服务专线，全程提供政策咨询、待遇落实等公共服务；将工匠人才纳入高层次人才范畴，为其提供与高层次人才同等的尊重与待遇；广泛宣传工匠人才劳动成果和价值，大力开展工匠人才表彰活动，引导社会各界创作更多反映工匠人才时代风貌的优秀文艺作品，营造尊重技能、尊重劳动、尊重创造的社会氛围，使工匠人才获得更多职业荣誉感，不断提高其社会地位和声誉。

当前，最为关键的是注重提高工匠人才的薪资待遇，具体来说要做到以下三点：

首先，要完善职工奖励激励机制。对德艺双馨的优秀职工要进行一定的物质奖励，实现企业与员工的"双赢"。如南京的加热电厂对于企业优秀职工的待遇方面的做法就值得借鉴。该企业每三年进行一次评选，被评为"家·佳工匠"的职工将给予一次性奖励绩效100点，三年内其薪酬比照所在单位副主任待遇发放。其中，首年在副主任标准岗级基础上下浮动一岗执行；以后年度中可根据其业绩情况，由主管厂领导提出按本单位副主任标准岗级奖励的建议，报备工会、人力资源部后执行。被评为工匠的普通一线工人，也许一辈子当不了副主任，但正因为他拥有精湛的技艺就可以享受副主任的待遇，这是企业对工匠的认可与褒奖。

其次，改善工匠工作环境，关注工匠身心健康。在硬环境方面，尤其对一些从事重工业的一线工人在灰尘和烟雾净化、废气抽排、降低辐射、工作场所分割和保护装备等方面要加大投入与监管力度，让工匠舒心地、放心地工作，提高生产效率。在软环境方面，摒弃"差不多就行"的不良思维与职业习惯，各级管理人员必须带头尊重与践行工匠精神。

最后，提高工匠薪资待遇，落实五险一金等保障待遇。"想要马儿跑，要给马儿草"，通过提高工匠群体的薪资，使工匠在学习和工作时仔细钻研，工作中心无旁骛，兢兢业业地坚守工作岗位，为企业和社会创造更大的价值，让工匠能够才尽其用，技有所得，劳有所获。

（二）调整产业发展方式以展现工匠职业风采

文化环境与经济发展有内在的联系，文化环境所孕育出的人文精神是区域经济发展模式形成的精神支撑。① 引导工匠在城市集聚并转变为城市人口，以发挥城市经济的规模效应，是促进经济结构调整、转变经济发展方式的需要，对于加快中国城市化进程和建设社会主义和谐社会具有重要意义。② 在不正常的产业发展方式路径中，劳动者的知识、能力和综合素质在资本密集型企业中居于次要地位，工匠的职业知识与技能得不到更好的发挥与体现，影响社会大众对工匠劳动价值的认识与理解。因而，我国今后的产业发展方式应转向大力发展知识密集型企业，将企业的发展定位于人才，定位于工匠的知识与能力的展现，才能从质上让社会大众了解工匠的劳动，承认他们做出的社会贡献。

首先，弱化地方政府保护行为。地方政府保护行为短期内可能会为企业发展提供庇护，但长期来看会阻碍企业按照市场化规则的运行，不利于知识密集型服务业的长久发展。因此，地方政府在产业发展过程中应注重充当引导者与服务者的角色，减少行政干预，将注意力更多地集中在制度建设、环境治理以及完善市场机制上，保障知识密集型服务业的健康。③

其次，引导产业发展向资本密集型和知识密集型产业转型。随着新产业、新技术、新业态、新模式不断涌现，有赖于核心技术、产品研发、售后服务与网络销售等新要求与新岗位不断出现，我们要抓住时代契机，及时升级传统产业，积累丰富的技术、人才和资金，让工匠的能力能够有用武之地，在产业升级和转型中彰显工匠的劳动风采。

最后，扩大工匠在企业员工中的比例。针对知识密集型企业的未来发展，应该逐步扩大工匠在员工中的比例，并提供进修、集中学习、定期研讨等各种学习机会为工匠们提供了解市场、提高自身能力、展现自身知识技能的机会与平台④，致力于提高工匠的综合素质，为企业提供优质人力资本支持。

（三）汲取优秀工匠文化以营造尊重工匠的良好社会氛围

文化认同构建的关键是新因素的注入与异文化的传播。不同文化的传播不

---

① 姜长宝. 文化认同对区域经济发展的影响及强化策略 [J]. 商业时代，2008（23）：95-96，112.
② 廖全明. 发展困惑、文化认同与心理重构——论农民工的城市融入问题 [J]. 重庆大学学报（社会科学版），2014，20（1）：141-145.
③ 霍鹏，魏修建，尚珂. 中国知识密集型服务业集聚现状及其影响因素的研究——基于省级层面的视角 [J]. 经济问题探索，2018（7）：123-129.
④ 李梁. 知识密集型制造业的企业人力资本对可持续发展能力影响的实证研究 [D]. 兰州财经大学，2018：38.

仅仅给人们既有的文化认同中注入了新的因素,也同样能诱使人们调整既有的文化认同。

首先,要广泛宣传工匠的劳动成果和创造的社会价值。可以通过组织形式多样的宣传活动,展示优秀技术工人风采,鼓励各地区各部门大力开展技术工人表彰活动。例如通过《大国工匠》系列专题片的深度宣传,引导社会各界创作更多反映技术工人时代风貌的优秀文艺作品,营造劳动光荣的社会文化氛围。[1]

其次,传播国外优秀传统工匠文化。日本古代匠人虔诚的"神业观念"成为古代工匠精神进一步强化的外在动力。自己的工作不仅仅是赖以为生的手段,更是对祖先感恩的一种形式,即"神赐之业""以业奉神"。而日本的匠人文化其本质在于敬业和认真。[2]更重要的是,日本把这些匠人奉为"国宝",设立保护制度以保证这些珍贵手艺能够得以保全并发扬光大。[3]而德国人民受新教"天职观"教义伦理的影响,包括鼓励世人用虔诚的心将世俗劳动视为神圣并做好之;不计较工作形式与分工,重视合作;安心本职工作,以职业精神回报之,为形塑工匠精神,提升工匠的社会认同起到了促进作用。[4]因此,通过宣传国外优秀工匠文化,为我国特色工匠文化注入新的因素,通过新的文化因素影响,逐渐改变社会大众的传统观念。

最后,吸收与弘扬传统工匠文化的合理内核。一直以来,民间拜师收徒之风极盛,形成了严格的师承制度。从选徒、拜师、传艺到出师,各行业都有一套规矩,并创造出辉煌的技术成就。传统工艺是中国优秀传统文化的组成部分,而且传统工艺体现了中华民族的工匠文化和工匠精神,一代又一代能工巧匠为中华文明做出了重大贡献,通过弘扬传统工匠文化和工匠精神,追求专注敬业、精益求精,有助于社会增强对工匠的文化认同。

---

[1] 中共中央办公厅,国务院办公厅.关于提高技术工人待遇的意见[EB/OL].(2018-3-28)[2019-09-29].http://www.xinhuanet.com/politics/2018-03/22/c_1122577533.html.
[2] 刘晓峰.日本的面孔[M].北京:中央编译出版社,2007:25.
[3] 朱琴,刘培峰.日本工匠精神的产生及其历史演变[J].云南社会科学,2018(3):90-96,186.
[4] 李云飞.德国工匠精神的历史溯源与形成机制[J].中国职业技术教育,2017(27):33-39.

第八章　工匠精神弘扬的传播机制与体制创新

将"中国制造"推向全世界，需要的是能够"支撑中国制造、中国创造的高技能人才"，需要的是一支能够"精心打磨每一个零部件，生产优质产品"的"技术工人队伍"，这就要将以专业、精益、专注、创新、追求极致等理念与情怀为具体内容的工匠精神传播到各个领域、各个阶层、各个人群中。作为高素质技术技能型人才重要来源的职业院校，工匠精神在校园中有组织、有计划地进行传播和传承，对提升学生个人职业精神，推进我国从"制造大国"向"制造强国"迈进，完成"中国制造2025"战略目标，以及实现中华民族伟大复兴都具有广泛的社会意义与重要的时代价值。

第一节　工匠精神传播机制构建的价值与意义

现代社会的工匠精神不仅延续了传统表征，也新发了非工匠职业的现代表征，它的现代复兴和在职业院校进行传播是当代中国制造业发展的必然趋势，我国经济能不能实现经济结构转型，工匠精神下创造型人才的培育至关重要。

一、打造工匠精神是适应中国经济新常态发展的战略需要

《中国制造2025》提出，中国将通过十年努力，从制造大国跃升为制造强国，形成经济增长新动力。从"中国制造"向"中国智造"这一步的跨越，需要一大批拥有具体的专业知识、精湛的技术技能、卓越的技术创新能力的高素质劳动者，为其提供高质量的产品和服务，以适应经济新常态下产品升级与企业转型。因此，现阶段为了打造技能强国，我们国家非常重视对于敬业、专注、创新、精益求精的工匠精神的培育和弘扬。

《国务院关于加快发展现代职业教育的决定》与《教育部关于深化职业教育教学改革全面提高人才培养质量的若干意见》均指出，要注重现代职业教育的内涵式发展，把职业技能和职业精神的培养相融合，造就服务于经济社会发展和生产服务一线的高素质劳动者和技术技能型人才。要达到上述目标，职业院校必须将专业水平高、技术精湛、创新能力强、掌握现代服务理念与服务技术的高技能人才作为重要的发展理念。而工匠精神正强调关注产品细节、追求完美与极致、热爱本职工作、耐心做好每一件事，与经济新常态下现代职业教育的人才培养理念契合，因此面向职业院校学生进行的工匠精神传播是时势所需。[1]

二、弘扬工匠精神是职业观念转变和职业信仰确立的现实需要

社会职业观念与价值取向对学生职业选择具有重要的影响。工匠精神熔铸于工匠的产品中，表现在作品的创意设计上，凝结在工匠生活的一点一滴当中。以工匠的产品、创意设计和生活为传播载体在职业院校建立传播机制弘扬工匠精神，能使工匠精神更加形象化、贴近民众生活，使学生乃至社会中更广泛的群众重新认识、认可技术技能型职业。

具体说来，一方面，在科学技术快速发展、产业结构升级转型的时代背景下，需要明确体力劳动与脑力劳动之间并非对立关系，无论何种职业都是融合体力与脑力的双重劳动。面向职业院校学生弘扬工匠精神，有利于学生明晰劳心者与劳力者平等的社会地位，把握各个职业存在的现实价值，树立正确的职业价值观。同时，建立广泛的职业平等观念对进一步调节各职业间劳动和薪酬，使之趋于合理化具有现实意义。[2]

另一方面，工匠精神不仅体现在工艺"巨匠"身上，更是一种去精英化的普遍职业道德和岗位的要求，集中展现了平民化的职业理念。现如今大家所关注的工匠精神的典范一般从工艺大师着手，殊不知，能成为"大师"者，必然经历长期的风雨洗礼、岁月打磨方能成为行业中的佼佼者。在职业院校中弘扬工匠精神，以那些在普通岗位上经过岁月打磨成为职业精英为典型，着重宣传其成为"模范"的过程，使学生认可拥有工匠精神是技术技能从业者通往岗位

---

[1] 张彩娟，张棉好.职校生职业技能学习中工匠精神的培育——基于隐性知识学习视角[J].职教通讯，2017（10）：73-77.
[2] 查国硕.工匠精神的现代价值意蕴[J].职教论坛，2016（7）：72-75.

精英的桥梁,对从业者确立其职业信仰与信念具有积极的意义。

三、夯实工匠精神是学生职业持续发展与自我实现的客观需要

人才是21世纪企业创新发展最重要的生产要素,企业之间的竞争不仅仅是资本和技术的竞争,而且实质上是人才培养和创新驱动的竞争。在中国经济不断发展、世界制造业竞争日益加剧的过程中,人力资本成为企业发展最重要的推动因素,是现实的生产力。

从中国制造业发展的实际情况来看,现代企业想要发展壮大具有良好职业素养的职工队伍,不能再寄托于进城务工的农民工身上,职业院校是培育技术技能型人才专业技能及职业理念的主要阵地,是素质精良的企业职工队伍的主要来源。细致的工作态度、严谨的职业规范、优秀的职业道德、求真务实的职业理想均可以在职业院校学习的过程中得以传承与培育,进而推动学生职业生涯的可持续发展,促使学生成长为"国之大器"的新时代的中国工匠。

同时,通过在职业院校传播工匠精神,能够使得个体在与职业岗位结合的过程中更加充分地体验到专业理论、技术技能、职业信仰等在自我身上凝聚而最终物化为精雕细琢的产品,从而获取极致的心理感受、良好的从业体验与职业荣誉,并在进入职业领域后最终以服务企业、回报社会的形式实现个体的自我价值。[①]

第二节 工匠精神传播机制构建面临的现实困境

发端于传统手工生产、凝聚于个体劳动、体现在商品与服务中的工匠精神,近两年虽然在政治导向、社会舆论和学术研究方面得到了关注,却尚未在职业院校人才培养中成为规范,甚至被忽略了,更未在职业院校中形成现实的、切实有效的传播机制。而机制的有效构建受到来自文化内涵的遮蔽、传播平台和方式与客观需要不符、校企未形成合力来营造传播氛围等方面的挑战。

---

① 黄君录.高职院校加强"工匠精神"培育的思考[J].教育探索,2016(8):50-54.

一、工匠精神文化内涵的遮蔽

中国工匠文化深厚悠久,在中国传统文化被大力弘扬的今天,工匠精神的文化内涵受到了"传统认知"与"现代失落"的双重挑战。

(一)传统文化歧视造成工匠精神缺失

中国的传统人文活动中所需要的价值规范几乎为儒家思想所覆盖,人们普遍受"万般皆下品,唯有读书高"等观念的影响。更有"劳心者治人,劳力者治于人"这种根深蒂固的认知深刻影响着当今社会。

即使在科学技术日益发达的今天,家长和学生依然对技术技能型职业抱有偏见。通过接受职业教育成为生产一线工人往往成为人们的"无奈选择"。在这种文化歧视下,即使进入职业院校成为一线工人者,也少有人专注于扎根一线、钻研技术、提升技艺。[1]而广泛的工匠精神传播需要各行各业一线技术技能型人才普遍参与,方能使职业院校意识到传播工匠精神的重要意义、掌握传播工匠精神的具体内容、提振传播工匠精神的信念决心、全面达成传播工匠精神的共识。

(二)现代文化引起工匠精神的现实失落

从历史的角度看,在中华民族的发展历程中,工匠精神从来不曾缺席,从世界范围来看,中国的工匠精神也不曾逊色于任何国家。然而当今社会工匠精神却逐渐失落,这可以从现代社会中"劳动价值"和"多元文化的影响"两方面进行反思。

一方面,现代技术的革新使得人类从繁重的体力劳动中得以解放,但是为人类谋福祉、促进人与自然和谐共生的技术却也在逐渐走向它的反面:在人类需求不断增长中,技术被强行注入社会有机体以激发社会发展的不竭动力,并有进一步发展成为支配人类社会主要外部力量的趋势。工具理性霸权的负面效应被放大,人类的劳动价值泯灭并丧失了其作为主体身份从事创新实践活动的自由,人们逐渐陷入了物化的泥淖,人类的主体意识逐渐弱化,自我修缮、自我提升、自我实现的工匠精神更是无从谈起。

另一方面,现代社会造就了多元文化价值观,却在一定程度上降低了优秀传统文化持续和深度发展的可能性,由此形成了工匠精神的现代失落。表现为

---

[1] 汤艳,季爱琴.高等职业教育中工匠精神的培育[J].南通大学学报(社会科学版),2017,33(1):142-148.

工匠在社会价值分配中仍处于弱势地位、工匠的社会地位与社会贡献不对等、职业上升渠道狭窄等问题，而技术技能型人才培养体系的建设不完善、职业技术教育与工匠精神培育融合程度不高，更降低了工匠精神文化内涵增殖的可能性，致使人才红利难以获得有效释放。①

二、平台建设和方式选择不适应工匠精神传播的客观需要

建设主流媒体、新媒体、理论宣讲等多样化传播平台，建立多角度、多形式、多渠道的传播方式能够充分扩大工匠精神传播效能和影响力。②但是，在当代中国，主要的宣传平台均不能很好地适应职业院校工匠精神传播的客观需要。

（一）主流媒体宣传导致工匠精神内容价值和情感的背离

传统的主流媒体主要指影响力大、起主导作用、能够代表或左右舆论的省级以上媒体。然而媒体市场化、新型媒介的兴起以及技术本身的广泛应用，使得商业媒体往往能够获得更大的舆论影响力，使得传统"主流媒体"的影响力不断受到所谓"非主流媒体"的挑战；同时，传统媒体自身的媒体技术属性也在遭遇严峻的生存危机，以报纸为首的传统媒体正遭遇新媒体的蚕食。开展工匠精神传播事关技术技能型人才的形象塑造，是不同职业间互融互通的交流前提。科技日新月异得到突破的今天，主旋律和严肃题材的新媒体信息是国家主流意识形态教育的重要方式，在提升社会的工匠精神认同感方面起到重要作用。但是从现实来看，传统主流媒体虽然努力发掘工匠代表人物，然而主旋律类型的视频类和文学类资源因其机械呆板的宣传模式以及官方化和学术化的语言在学生群体中的选择率并不理想，年轻人的成长经验与主流意识形态的象征秩序之间出现了明显的裂缝，这使得工匠方面的宣传片内容与职业院校学生之间产生了距离感。

（二）新媒体稀释了工匠精神的传播效果

新媒体对工匠精神传播效果的稀释：一是表现在多元思潮对工匠精神传播的冲击上。新媒体环境为多元思潮提供了传播的土壤，大大冲击、弱化了工匠精神的传播。二是表现在新媒体环境下，呈现碎片化、海量化的特点，职业

---

① 黄君录."工匠精神"的现代性转换[J].中国职业技术教育，2016（28）：93-96.
② 李鸥漫.马克思主义大众化传播机制的构建[J].沈阳师范大学学报（社会科学版），2017，41（1）：45-48.

院校学生是富于个性的群体，他们对信息的选择往往基于个体需求、兴趣爱好、群体交流需要等，这使得工匠精神的传播和学生个体之间产生了"话语隔阂"。三是表现在新媒体的娱乐性对于工匠精神传播存在一定的干扰性。四是表现在新媒体工匠精神传播注意力的分散上。新媒体工具信息量呈现海量化特点，工匠精神这一单独类型的信息很难引起学生群体的高度注意。此外，工匠精神的信息形态和传播形态与职业院校学生群体的接受心理不匹配，导致了工匠精神在吸引学生群体注意力方面效果较普通民众更差，加深了对工匠精神传播效果的稀释程度。①

（三）理论宣讲窄化工匠精神的传播途径

目前，职业院校工匠精神的传播方式以理论宣讲的形式为主，未利用好互联网平台，集中于校内的宣讲往往流于形式，形成了内容反复演说的形式主义。虽然宣讲的平台很多，例如微博、抖音等手机第三方应用工具，但是能将这些工具应用起来的校园宣讲少之又少。②单一的理论宣讲传播形式导致工匠精神在学生群体间丧失了关注度，致使学生更加不愿意深度发掘工匠精神对其持续发展的重要性。

三、各主体在营造工匠精神传播氛围中的合力缺失

工匠精神的传播是一个动态复杂的过程，在这个过程中，需要理论研究者的理论贡献、职业院校的校园文化、企业的资源供给互为支撑、形成良性互动，然而当前三方面各自为政，尚未建立良好的互动关系。

（一）工匠精神传播机制理论研究不足

近年来，社会中关于职业院校工匠精神的讨论热度持续增加。检索知网，截至2018年7月15日，搜索关键词为"职业院校"+"工匠精神"，得到相关文献共计812篇，其中2017年和2018年发表文章总数为644篇。利用关键词共现网络对644篇文献进行分析，排在前九位的关键词分别是高职院校（166次）、人才培养（159次）、工匠（119次）、职业教育（107次）、中国制造（100次）、校园文化（92次）、制造强国（65次）、立德树人（54次）、精神培养

---

① 张平.新媒体环境下主流意识形态传播的"堕距化"问题分析及对高校思政工作的启示[J].中国多媒体与网络教学学报（中旬刊），2020（7）：187-189.
② 陈莹莹.高校学生理论宣讲社团的思想政治教育功能研究[D].上海：上海师范大学，2020：28-31.

（46次），表明近两年职业院校工匠精神的相关研究主要围绕在高职院校中通过校园文化建设、精神培育等途径进行人才培养，培育中国制造发展需要的工匠，从而实现立德树人和制造强国目标等主要内容展开。从相关研究的数量和主题可知，职业院校建设工匠精神培育体系的理论和应用研究都有一定的成就，但缺乏代表性的研究成果。且遗憾的是，从教育传播学角度进行的工匠精神的研究不多，相关研究成果主要集中在对工匠精神的教育传播途径、传播者、传播内容等方面的探索，即学者们提到的工匠精神融入思想政治课程与创新创业实践教学、职业院校中的师资建设、职业院校工匠精神价值内涵等，但是关于工匠精神在职业院校中的传播原则、传播模式、传播媒介、受众分析等方面的研究较为匮乏，系统的理论和应用研究很少。由此可知，工匠精神传播尚需学术界的进一步助力。

（二）校企在工匠精神传播中难以形成协力

职业院校工匠精神传播工作具有一定的专业性和针对性，需要以特定岗位需求为导向，以技术技能和职业道德"双馨"的职业院校教师为主导，方能实现专业、精益、专注、创新、追求极致等理念真正深入人心。但事实上，工匠精神传播的主力人员以职业院校的管理人员和部分高素质的教师为主，虽然职业院校在开展工匠精神传播工作中积极吸纳广大教师参与其中，但普通职业院校教师对工匠精神内涵的理解与重视程度和在工匠精神育人方面投入的时间与精力明显不足。而学生在企业实习中，企业对工匠精神的传播多停留在口号层面，而其优秀职工对工匠精神的传播参与热情不高。学校与企业在工匠精神传播氛围的创建中难以形成合力，严重影响学生工匠精神的最终培育。

第三节 工匠精神传播体制机制的创新

一、工匠精神传播体制机制创新的理论支撑

寻求理论支撑是构建职业院校工匠精神传播机制的根基和生长点。在大众传媒的环境下，职业院校工匠精神传播机制的构建探索必须立足于传播学相关理论。本部分将从传播学中的拉斯维尔"5W"模式、拉扎斯菲尔德"两级传播"理论以及麦克卢汉"媒介即讯息"理论来为职业院校工匠精神传播机制的构建提供理论依据。

（一）基于拉斯维尔"5W模式"的工匠精神传播机制要素归纳

"5W"模式由四大传播学奠基人之一的哈德·拉斯维尔（Harold Lasswell）于1948年提出。拉斯维尔认为："描述传播行为的一个方便方法，就是回答五个问题，即谁（who），说什么（say what），通过什么渠道（by what channel），对谁说（to whom），产生什么效果（with what effect）。"该模式简洁明了地揭示了传播过程的五大要素：传播者、传播内容、传播渠道、传播对象和传播效果。五大要素被拉斯维尔具体表述为："谁"即传播者，在传播过程中承担着信息的收集、加工和传递的责任。传播者既可以是单个的人，也可以是集体或专门的机构。"说什么"是由众多符号组成的信息组合，这些符号既可以是语言符号，也可以是非语言符号。"通过什么渠道"是信息传递所经过的中介或借助的载体，"移动互联网时代传播的五大媒体依次为纸媒、无线广播、电视、互联网和微博微信等通讯工具"[1]。"对谁"指传播对象，即信息的接受者。"效果"是检验传播活动是否成功的重要尺度，指传播对象接收到信息之后发生的各种反应。[2]

五大要素能够很好地阐释传播过程中各个主体之间的关系，但却忽略了人类社会传播的双向和互动性质。查尔斯·埃杰顿·奥斯古德（Charles Egerton Osgood）和威尔伯·施拉姆（Wilbur Lang Schramm）在"5W"模式的基础上提出了双向循环和互动模式，弥补了这一缺点。[3]奥斯古德和施拉姆在拉斯维尔构建的直线式的传播机制的基础上，引进了反馈机制，他们取消了传播者和传播对象的概念，将传播双方都作为传播过程的主体，这就意味着信息的授受处于一种互动的、循环往复的过程之中。在这个系统中，反馈还对传播系统及其全过程构成一种自我调节和控制，从而使整个传播系统处于良性循环的可控状态。

职业院校工匠精神传播涉及诸多复杂的要素，为了更好地分析各个要素之间的关系、构建整体协调的传播机制，本研究基于"5W"模式将职业院校工匠精神传播机制的结构以五大基本要素的形式加以呈现：职业院校工匠精神传播的信息源即为古今中外工匠的产品、创意设计和生活等工匠精神信息载体，传播者（学校教师及企业师傅），传播渠道（传统媒体、新媒体等），传播对象（学生或徒弟），传播效果（学生的认知、情感、态度和行为方面的表现）。五大要素在整个工匠精神传播机制中相互作用、紧密联系，共同支撑传播的整

---

[1] 刘雪琳.浅谈移动互联网时代新闻传播的方式变革[J].速读，2016（7）：94.
[2] 陈力丹.传播学的基本概念与传播模式[J].东南传播，2015（3）：50-53.
[3] 郭庆光.传播学教程：第2版[M].中国人民大学出版社，2011：50-51.

体协调发展。教师和师傅在传播过程中扮演"把关人"角色,根据学生情况采集筛选信息、安排信息传播方式、决定传播的渠道并根据传播效果形成循环上升的后续传播;学生对信息有选择地理解、记忆、吸收并反馈给教师和师傅;工匠精神信息的采集筛选、教师和师傅的传播水平、学生接受信息的态度和行为、不同传播渠道的使用等都会影响到最终的传播效果。[1]因此,在职业院校工匠精神传播机制的构建中,必须处理好五大要素之间的关系。

(二)基于拉扎斯菲尔德"两级传播"理论的学校师生角色分析

"两级传播"理论是指意见(信息源)经由大众媒介到达意见领袖,再由意见领袖将信息传播到普通民众的过程。该理论于1940年由美国社会学家保罗·拉扎斯菲尔德(Paul Lazarsfeld)提出。他在美国总统大选,调查媒介对选民投票意向的影响时发现,政治信息的传递并非是按照"媒介—受众"这种模式进行的,而是按照"媒介—意见领袖—受众"这种"两级传播"的模式进行的。根据这项调查,拉扎斯菲尔德等人提出了"两级传播"的观点,认为大众传播只有通过意见领袖等中介因素才能发挥独特效果,开创了有限效果论的传统。[2]"两级传播"理论使人们开始承认受众的主体性、主观能动性、反馈及选择性,意识到了受众对传播效果的重大影响,这为我们提供了一种方法论上的启示。

意见领袖作为"两级传播"理论中的核心,通常由影响力大、责任感强、知识面广、信源广的人担任。[3]在职业院校工匠精神传播机制构建中,学校教师及企业师傅就是这样一类人,他们责任感强、具有专业权威性、知识面广、比学生获得信息的渠道多,是影响工匠精神传播的重要因素。但如施拉姆所说:"有些人也影响信息的流动,他们与人分享自己在某一课题上的专业知识、技能或信念,也可能因能言善辩而产生影响。事实上,所有人大概都在影响信息的流动,只是时机、方式、领域、角色不同而已。"[4]因此在工匠精神传播过程中,教师和师傅要扮演好意见领袖的角色,严格把控所要传授给学生的工匠精

---

[1] 丹尼斯·麦奎尔,斯文·温德尔.大众传播模式论[M].祝建华,武伟,译.上海:上海译文出版社,1997:24-28.
[2] 周庆山.传播学概论[M].北京大学出版社,2004:9.
[3] 伊莱休·卡茨,保罗·F.拉扎斯菲尔德.人际影响——个人在大众传播中的作用[M].张宁,译.北京:中国人民大学出版社,2016:30-32.
[4] 威尔伯·施拉姆,威廉·波特.传播学概论:第2版[M].何道宽,译.北京:中国人民大学出版社,2010:114.

神信息,更好地引导学生积极主动地将工匠精神内化于心、外化于行。同时不能忽视学生对于工匠精神传播的反馈以及主动选择性,必须重视学生在传播过程中的主体作用。

(三)基于麦克卢汉"媒介即讯息"理论的工匠精神传播媒介选择

"媒介即讯息"理论是加拿大学者马歇尔·麦克卢汉(Marshall McLuhan)对传播媒介在人类社会发展中的地位和作用的一种高度概括。"所谓媒介即是讯息只不过是说:任何媒介(即人的任何延伸)对个人和社会的任何影响都是由于新的尺度产生的,我们的任何一种延伸(或曰任何一种新技术)都要在我们的事务中引进一种新的尺度。"[1]麦克卢汉特别强调媒介本身的作用。他认为媒介本身才是真正有意义的讯息,媒介并不是消极的、静态的,而是积极的、能动的,对信息内容有着重大的影响,对社会来说,真正有意义、有价值的"讯息"不是各个时代的媒体所传播的内容,而是这个时代所使用的传播工具的性质、它所开创的可能性以及带来的社会变革。

"任何一种新的发明和技术都是新的媒介,都是人的肢体或中枢神经系统的延伸,都将反过来影响人的生活、思维和历史进程。"[2]在科技日新月异的今天,网络媒体的影响对象已不仅仅局限于它的受众、传播内容等,而是开始对整个社会产生了巨大乃至根本性的改变。人人都是出版家,人人都是传播者,"媒介即讯息"理论逐步显出其深刻性。因此在构建职业院校工匠精神传播机制过程中,要把握当下媒介发展的特点,搭建新兴媒体平台传播工匠精神,加快促进新兴媒体和传统媒体的融合,借助媒介传播的优势使工匠精神深入学生心里。

二、工匠精神培育六大机制解读

"机制"一词是系统论的观点,指系统内各子系统、各要素之间相互作用、相互联系、相互制约形成的一种内在的、本质的工作方式。建立在传播学理论基础上的职业院校工匠精神教育传播机制不是简单的要素罗列,而是由各个要素整体协同达到最佳传播效果的动态系统。本研究在传播学理论的基础上

---

[1] 马歇尔·麦克卢汉.理解媒介——论人的延伸[M].何道宽,译.南京:译林出版社,2011:33.
[2] 马歇尔·麦克卢汉.理解媒介——论人的延伸[M].何道宽,译.南京:译林出版社,2011:79.

探索构建了顶层设计与推进、工匠精神符号化、传受双主体互动、教育活动、媒介融合、传播效果评价与反馈等六大机制联动的职业院校工匠精神传播整体机制。（见图8-1）

在政府、学校等管理主体的整体规划下进行的职业院校工匠精神传播，其传播起点——信源即为工匠精神信息，教师团队对信息采集筛选、符号化、形式优化，形成适合纳入职业院校教育教学体系的符号化了的工匠精神信息。这些信息只有在传受双方的交流互动中方能传播，作为教育过程中最活跃的要素，职业院校的教师和师傅（传播者）与学生和徒弟（受者）均为信息传播的主体。在师生双方交流互动的主要场所中，学校和企业管理者需要对教育教学活动和实习实训活动有目的、有组织地进行规划。而由于教育教学活动和实习实训的时间、场景限制，教师必须使用适当的媒介，以提升传播的有效性。作为传播后的信息回流过程，传播效果评价与及时反馈是促使传播机制螺旋式上升和更具循环性的重要环节。

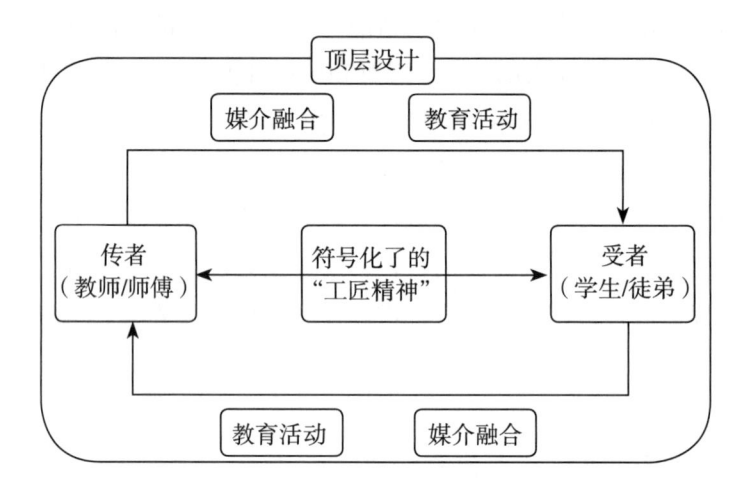

图8-1　六大机制联动互补的职业院校工匠精神传播机制图

（一）顶层设计与推进机制

职业院校工匠精神传播是一个系统性工程，必须运用系统论的方法，统揽全局，从顶层管理与设计角度出发为其有效传播寻求路径。在对未来趋势前瞻性预判的基础上，分析机制内部各要素之间的整体关联性，形成顶层目标与核心理念，才能在理念一致、结构统一、功能协调的机制下为产业发展培养所需要的高技能人才。

1.加强职业教育顶层设计和切实提高技术工人待遇

职业院校工匠精神的传播受到各种因素的影响，建立顶层设计与推进机制是促进工匠精神传播的重要外围动力。

一方面，加强职业教育顶层设计，需要制定并落实一系列提升技术技能型人才的社会地位与待遇的相关政策。我国自2014年起接连颁布了《国务院关于加快发展现代职业教育的决定》《关于深化产教融合的若干意见》《职业学校校企合作促进办法》等重要政策文件，明确了职业教育在国家经济社会发展和技术技能型人才供给中的地位和责任。下一步应进一步明确职业院校在传承工匠精神方面的目标、任务和具体举措，出台关于工匠精神传承方面的政策意见，促使学校和企业在弘扬工匠精神中形成合力，解决工匠精神在职业院校中传播的瓶颈问题，积极推动工匠精神融入职业院校校园文化建设。

另一方面，技术技能型人才的社会地位与待遇的提升是工匠精神有效传播最有说服力的证据之一。切实保障普通劳动者能够获得与劳动投入匹配的收入，提升他们的社会地位和工资报酬；营造普通劳动者能够充分享受平等对待与尊重的社会氛围，宣传技术技能型人才能够通过自食其力过上体面生活，能够为职业院校工匠精神的传播注入不竭动力，使学生在尚美、求新、求精、卓越、专业、专注等理念与情怀培育中体验到自豪感，激发学生学习掌握专业技能的热情，支撑其积极寻求通往职业岗位的适合路径。

2.构建职业院校人才培养体系，提高工匠精神校园传播成效

职业院校进行工匠精神的传播，需要在人才培养实践中加以体现，其人才培养的理念与体系设计直接影响工匠精神校园传播的成效。

一方面，职业院校的育人理念需要以工匠精神的时代发展特色为导向，将专业、精益、专注、创新、追求极致等理念融入职业院校育人理念中。同时各地域、各类型职业院校需要结合自身专业设置、课程体系、学生素质、教师水平、校园文化等对工匠精神的内涵与载体适当加以选取与解读。

另一方面，工匠精神传播需要融合在校企合作人才培养管理制度中加以推进。校企合作人才培养管理制度包括校企合作共同定位人才培养规格、共同选定人才培养模式、共同建立人才培养制度、共同参与人才培养评价等具体内容。[1]科学合理的管理制度是人才培养体系建设与教育教学有序开展的前提。针对年龄在15—21岁的职业院校学生，需要将一丝不苟、耐心、坚守等精神理念融入到学生的学习、生活、未来规划、理想信念中，让学生养成工匠式的学习

---

[1] 董刚，杨理连.高职教育内涵式发展的要素分析及其对策探讨［J］.中国职业技术教育，2010（23）：12-14.

生活习惯。

（二）构建工匠精神传播的师生师徒双主体互动机制

面对当前复杂的传播环境和受众特点，工匠精神的传播不能用传统的、单一的直线传播模式，而要建立主体双向互动的传播机制。在现代信息社会中，学习者追求的是有意义的学习，它具有建构的、交流的、阐释的和反思的特点，学习者有必要直接参与信息的生产和传播过程，成为信息的发送者。职业院校工匠精神的传播机制构建中，必须根据职业院校师生特点建立起师生师徒双主体互动机制。

1.搭建校企合作平台，创新工匠精神传播方式

面向职业院校学生传播工匠精神单靠学校教学是远远不够的，必须让学生在企业的工作环境中习得一门技术、习得不同于学校的为人处世之道、习得作为一名员工应该具备的素质、习得一种职业信仰。学生在企业顶岗实习的过程中，在师傅的带领下进行实际操作，感受专业、精益、专注、创新、追求极致等工匠精神内涵对其企业实习工作的指导意义和实际效用，真正将工匠精神内化于心。可以说校企合作是传播工匠精神的一条必经之道。因此，职业院校工匠精神的传播，首先需要搭建校企深度合作平台，为师生师徒传播工匠精神提供场所。本研究拟从理论教学平台、实训平台、师资队伍建设平台等三个方面搭建校企合作平台。

第一，搭建校企合作理论教学平台。一方面，校企共同开发工匠精神专业理论课程体系。课程的设计要围绕生产一线的真实产品或技术课题开展，鼓励校企共建特色专业课程，将工匠精神内涵解读、国家制造强国战略分析、员工职业精神培训等纳入课程内容体系。另一方面，校企联合开发专业教材作为传播载体。将实训教材列入重点，由具备"双师"能力的教师与企业的专业人才共同完成，充分考虑职业院校学生的身心发展特点与企业对人才的技术技能需要，以技能型的操作为主，辅以基础理论知识。

第二，搭建校企合作实习实训平台。一方面是校内实训平台建设。校内实训平台是职业院校教师进行实践教学的主要场所，也是对学生传播工匠精神的重要阵地，通过与企业合作将工厂、车间等"搬"入学院，建设仿真实训中心，使工匠精神能够近在学生身边。另一方面是校外实训平台建设。仿真的校内实训平台不能完全取代学生在企业实习，校外实训基地真实的工作场景可以弥补校内实训基地的不足，使学生切身感受打磨每一个零部件必须付出的耐心、细心、专心，以此培养学生的敬业精神和吃苦耐劳的精神，将工匠精神内化于心。

第三，搭建校企合作师资队伍建设平台。教师是职业院校传播工匠精神的主力军，教师在教学过程中所体现的敬业精神和合作态度会直接影响学生。通过企业中的一师一企一岗位方式，学校教师参与到企业新产品开发项目中，在实践中提升自身对职业素养的认识，从而以身作则、言传身教地传播工匠精神。另外，职业院校引进工作经验丰富、具备扎实的技能和良好的职业素养的企业师傅兼职授课教师，以自身的工作经历为素材为学生做讲座；与学校教师共同编写教材（工匠精神读本），丰富学生对职业岗位的认知，打好在职业院校中传播工匠精神的基础。[①]

2.传播者受众双主体互动，基于平台共传工匠精神

随着媒介融合时代的到来，信息的传播已经从传统的直线型模式转向双向循环模式甚至是多向循环模式。传播者和受众融合的趋势进一步加强，每个个体既是传播者，又是受者。受众并不像早期"魔弹论"中所认为只能接受媒介所灌输的内容。他们"是传播效果的'显示器'，是职业传播者够格的评价者"[②]。他们不是毫无保留地接受媒介传播的信息，而会根据自身不同的教育背景、以往的经验、文化素养、需要、心境与态度等选择接收、理解、接受、记忆一些信息，忽略、忽视一些信息。在对受众特点认识的基础上，结合罗密佐斯基双向传播模式构建师生师徒双主体互动机制。这一机制把信源（教师和企业师傅）和信宿（学生或徒弟）都当作传播的主体，双方在编码、译码、解释和传递、接收信息时，是相互作用、相互影响的。在这个机制中，学生不再是被动地反应信息，而是积极地对所接收到的信息做出反应。

在传播工匠精神过程中，传播者（教师和企业师傅）将工匠精神转化成受者（学生或徒弟）可理解的信息符号，通过校企合作平台传播给受者（学生或徒弟），受者（学生或徒弟）在接收、解释工匠精神信息的同时，将反馈信息转化为传播者（教师和企业师傅）可接收的信息符号，通过校企合作平台向传播者（教师和企业师傅）反馈信息，这样受者（学生或徒弟）又成为信息的发送者，传播者（教师和企业师傅）在接收到反馈信息后，通过自身的所学及实践经验解释信息意义，与预定的工匠精神传播目标进行比较，发现传播过程中的不足，调整工匠精神传播，进行再次传播。在这个过程中，传播者和受者都是传播的主体。

---

① 孔德忠，王志方.校企合作模式下学生"工匠精神"培养的路径探析[J].成人教育，2017，37（11）：73-75.
② 邵培仁.传播学导论[M].杭州：浙江大学出版社，1997：12-13.

（三）构建工匠精神符号化机制

传播的过程是信息双向流通的过程，人与人之间无论何种形式的交流都需要借助于符号。[1]完整的符号体系是人类社会所独有的。[2]信息本身是不能传递的，必须以符号作为载体方能在传播的受众双方之间进行流动。在师生交流的过程中，教育信息传播符号作为教育信息的象征物，单独存在于教师与学生之间，承载着交流双方向对方发出的教育信息，工匠精神可以作为一种观念信息进入学校。然而信息本身是不能传递的，选定工匠精神作为"教育信息"后，要达到工匠精神在师生之间的传播目的，必须将工匠精神转化为"教育信息传播符号"，才能完成师生之间的工匠精神信息交流。为使工匠精神信息顺利转化为易于学生吸收的"教育信息传播符号"，需要建立工匠精神信息的采集筛选、符号化及形式化的流程与机制。[3]

1.工匠精神的采集筛选

采集筛选工匠精神作为教育信息是教师进行教育传播的基础环节，高质量的采集筛选关乎教育传播整体目的的最终实现。教师对于工匠精神的采集与筛选，必须基于中国工匠精神的产生和发展过程以及当今社会需求方能够进行。

在中华文化发展的历史进程中，传统手工艺是那些能够"审曲面势，以饬五材，以辨民器"的能工巧匠们结合生产经验得到的创造性发明，专注的精雕细琢与精湛的手工技艺是工匠的必备素养。工业化时期，需要的是关注产品结构功能、了解工业材料、掌握机器工艺的设计者。移动互联网时代，现代高科技产品的大量需求呼唤独具匠心的产品研发者和生产设计者。而当前职业院校学生普遍缺乏严谨认真的职业素养、追求卓越的极致信念、精益求精的耐心细心。工匠精神的具体内涵从古至今一脉相承，与生产生活实际密切联系并不断发展，教师在采集信息的过程中，需要注重信息的情境性，以行业模范在具体工作情境中的行为表现为案例素材，以系列纪录片《大国工匠》等具有典型意义的视频、音频材料为补充材料，便于学生获取工匠精神的文化渊源信息、认同工匠精神的文化内核、利于学生将工匠精神转换为解决实际问题的能力。

在采集信息之后，教师需要进一步结合学生的认知水平、认知风格、认知

---

[1] 李思屈，刘研.论传播符号学的学理逻辑与精神逻辑[J].新闻与传播研究，2013，20（8）：29-37.

[2] 周振军.教育信息传播系统结构与要素的分析及应用[D].石家庄：河北师范大学，2005：14-18.

[3] 王佳.高中化学教师符号化、形式优化编码策略的研究[D].扬州：扬州大学，2010：20-23.

结构，教师自身因素，学校教育教学目标，教育外部条件（经济条件、技术条件、多媒体设备条件等）等诸多因素进行信息筛选，使工匠精神真正成为对学校教育有用的教育信息。

2.工匠精神的教育信息符号化

工匠精神信息经过采集和筛选后，以信息形式存在的工匠精神本身不能传递，必须将它转化为承载信息的符号，以符号为载体进行传播。[①]教师需要将工匠精神信息编入适合学生接收的符号形式中，以便学生能够通过各种感官获取相关信息。在学校教育传播系统中，工匠精神信息的符号化手段主要有语言符号化和非语言符号化两种。[②]

一方面，人类社会特有的语言符号系统，是人与人之间文化传播和思维活动的有效工具，包括口头语言和文字语言。表现为追求卓越、严谨细致的敬业精神，求真务实、知行统一的实践精神，执着坚定、勇于探索的创新创业精神的工匠精神价值内涵，以其一整套符合工业4.0"智能制造"时代特点所需的职业素质语言符号进入院校，是学校师生探索职业岗位世界的必备钥匙。但其语言符号形式只承载了部分精神内涵信息，这就需要教师不断提高自身认知能力水平和综合素质，在深入理解工匠精神内涵的基础上，通过自然语言与学生进行交流，促使工匠精神价值内涵转化为师生之间的日常用语，深入师生日常的生活中。

另一方面，"传播不是全部通过言词进行的"[③]。工匠精神信息除语言符号外都是通过非语言符号传播的。非语言符号包括动作符号、目视符号、音响符号和图像符号等一切由人类和环境所表现的符号，对人们之间交流信息、表达情感具有独特作用。表现为目光、表情、手势、体态等教师非语言符号相对语言符号更为一目了然，增加信息传播的时效性和有效性。教师需要充分认识、内化工匠精神内涵，在日常交往中以学生能够感知的目光、表情、手势和体态潜移默化地传递敬业、实践、创新等工匠精神隐含的文化真谛，以潜意识的影响力加强工匠精神在职业院校师生之间的隐性传播力。[④]

---

① 南国农，李运林主编.教育传播学［M］.北京：高等教育出版社，2005：46-48.
② 约翰·费斯克.传播研究导论：过程与符号：第2版［M］.许静，译.北京：北京大学出版社，2008：44-45.
③ 李彬.传播学引论［M］.北京：高等教育出版社，2013：32-35.
④ 武文颖，原茜，方明豪.教师非语言符号运用的教育传播效果研究［J］.大连理工大学学报（社会科学版），2014，35（1）：105-110.

3.工匠精神的教育信息形式优化

工匠精神在职业院校中的传播目的，是深入培养爱岗敬业、追求极致、动手实践能力高超、理论知识扎实的高技能人才。在选择和筛选了工匠精神信息内容并将其转化为教育信息符号后，需要进一步对工匠精神信息的形式加以优化，减少干扰信息，以提高工匠精神的传播效果。为保障师生对工匠精神具体内涵的充分理解与内化，需要适当控制一定时间内传递的信息量。这就需要学校管理层结合本校师生素质，对工匠精神内涵划分层次类型，"适当地将大量内容分成信息块，一块一块地传递"[1]。同时，在师生交流传播的过程中会存在有用信息和无用信息，无用信息的传播会浪费师生的时间和精力，降低有用信息的传递效率。[2]因此，职业院校的精神文化建设需要紧紧围绕专业、精益、专注、创新、追求极致等文化内涵，强化有用的工匠精神内容在校园文化建设中的比重，而减少与之无关的视听觉干扰信息。

（四）建立工匠精神教育活动机制

将工匠精神的专业、精益、专注、创新的理念与情怀纳入职业院校人才素质培养计划，并贯穿于师生课堂教学与日常交流的全过程中，需要学校以立德树人为中心，在全方位、全过程、各层次的教育教学过程中进行工匠精神的交流传播。

1.榜样教育引导学生向工匠看齐

榜样身上凝练着精雕细琢、追求卓越、不断创新等理念与情怀，具体展现着现代科学技术发展要求的职业素养和核心精神，榜样教育能够以最直观的形式推动精益求精、追求卓越、坚守本分、努力钻研等理念深入人心。在榜样教育中，一是要传播中国历史中的"大国工匠"，以历史人物形象唤起师生对工匠精神渊源的认同感。二是要宣传当代社会中的先进人物，集中展示高端科技发展背景下独具匠心的生产设计者、产品研发者与创新创业者对传统工匠精神的现代演绎。三是要深入细致地挖掘真实的榜样人物及其榜样事迹，让榜样为自己"代言"，让事实"发声"。四是宣传本校中的创新创业人才、精益求精的事例等，形成优秀师生奖励机制，以身边的真人真事引导师生在精神力的提升中有章可循、有规可依。

---

[1] 孙绍荣.教育信息理论[M].上海：上海教育出版社，2000：33-35.
[2] 南国农.信息化教育概论[M].北京：高等教育出版社，2004：28-31.

2. 专业教育支撑工匠精神培育

专业教育是培育学生工匠精神的主要途径。一方面，将专业、精益、专注、创新等理念与情怀融入通识课程、专业基础课程、专业实践课程、创新创业课程等课程体系设计中，帮助学生掌握扎实的专业知识基础和实际的专业应用技能，提升人才培养质量。另一方面，在专业教学内容体系中纳入行业企业对人才职业技能、职业素养、职业道德等具体需求，即将行业企业人才评价标准和职业资格认证标准与专业教学内容及评价体系相结合，促使学生形成对行业企业需求的具体认知，引导学生形成相应的职业素养和职业精神。①

3. 实践教育搭建工匠精神培育平台

学生知识与技能的掌握，尤其是对技艺的认知、对技能技巧中蕴含智慧的符号化和形式化的过程，主要是通过自身思维、行为和实践获得的。实习实训是学生能够真正内化工匠精神内涵、顺利进入就业岗位、形成身份转换认同感的重要环节，也是其将校园中获得的工匠精神理论内涵输出实际行动的过程。②学生在实践教育过程中进行积极主动地运用理论知识，也会产生对工匠精神的认识、自我解读与内化。

4. 创新创业教育融合工匠精神价值理念

在"双创"教育背景下，培育与弘扬工匠精神需要全员参与、统筹规划、协调推进。创新创业教育不仅是一种技能的传授，更是一种理念意识和思维方式的培育。学校通过创新创业教育向学生传播工匠精神的具体精神内涵，需要与企业合作，有效解决创新创业资源供给及平台搭建，争取形成政、校、企联动的产教融合创新创业实训平台，合作建立应用技术研发中心、协同创新中心、创新创业基地等③，真正将工匠精神的价值理念融合在学生参与社会创业和技术创新的过程中，激发学生创新创业活力与创造力。

（五）构建工匠精神传播的媒介融合机制

媒介融合是指在传播技术的发展和推动下，完成不同传播渠道融合、媒介形态的内容融合和媒介终端融合的过程。当下社会正逐步进入媒介融合的时

---

① 潘懋元. 应用型本科院校人才培养的理论与实践研究[M]. 厦门：厦门大学出版社，2011：54-55.

② 李进. 工匠精神的当代价值及培育路径研究[J]. 中国职业技术教育，2016（27）：27-30.

③ 张旭刚. 高职"双创人才"培养与"工匠精神"培育的关联耦合探究[J]. 职业技术教育，2017，38（13）：28-33.

代，工匠精神在职业院校的传播应当牢牢把握时代机遇，搭建新兴媒体工匠精神传播新平台，促进传统媒体与新兴媒体的融合，传播内容应遵循生动有趣、贴近生活的原则。①

1.有效整合新媒体资源，搭建工匠精神传播新平台

随着新兴媒体的崛起，学生与微信、微博、QQ等新媒体的契合度越来越高，职业院校要重视校园新媒体平台建设，着力打造优秀新媒体品牌，并充分结合各类新媒体特性，发挥优势，进一步优化整合，实现无缝衔接，以高质量的网络化内容和优良的媒介使用体验，打造贴近大学生、随时随处存在的校园新媒体平台矩阵，抢占网络传播工匠精神的主阵地。可以通过创建学校工匠精神传播的官方微信、微博等平台，以学生身边各个领域、各个阶层、各个人群追求完美与极致、热爱本职工作等事件为主要内容，用生动活泼的互联网语言、原创内容面向学生的移动端进行推送，营造工匠精神在校园传播的氛围，增强学生对工匠精神的认同感。同时，根据各种新媒体的不同特点，打造协调共进的校园新媒体平台，在平台内，对网站、微信、微博等校园主要官方新媒体进行统一管理，做到步调一致、互为支撑，实现对学生工匠精神传播的全方位多层次覆盖。

2.促进新旧媒体融合，充分发挥新旧媒体各自优势

媒介融合时代，传统媒体与新兴媒体互相影响。虽然新媒体已经成为当前工匠精神传播的主要通道，但传统媒体仍然具有传递内容比较可信、分布网络相对成熟、接收对象数量较多等优势，今后仍然是工匠精神传播的重要载体。因此，传统媒体和新兴媒体密切融合才能建构出取长补短、互相促进的工匠精神传播新格局，确保工匠精神传播效果的最优化。应大力整合、协调黑板报、宣传横幅等传统校园宣传形式，营造出抬头可见、如影随形的工匠精神传播氛围。应利用小品、舞台剧等的艺术表达形式，将工匠精神的内涵融入到校园文化活动中，以丰富多彩的艺术形式表达、彰显、宣传工匠精神。

3.创新传播内容，提升学生对工匠精神的接受度

传播内容是传播活动的中心，传播效果取决于传播内容为受者能够真正接受的程度，而传播内容本身的说服力和可接受性越强，越容易被受者接受。工匠精神要取得较佳的传播效果，必须优化传播内容，增强内容的信度和说服

---

① 施爱灵.媒介融合背景下学习与传播优秀传统文化的激励机制研究[D].哈尔滨：哈尔滨工业大学，2012：32-36.

力。一方面,工匠精神传播内容应遵循生动有趣原则。媒介融合时代,传受双方是平等的,教师要善于使用学生喜欢的"网言网语""微言微语"传递正能量的工匠精神信息,以增强工匠精神对学生的渗透力和影响力。另一方面,工匠精神传播内容应遵循贴近生活原则。用学生身边的故事、人物活动作为典范来传播工匠精神,发挥其正向激励作用,引导、吸引、鼓励更多的学生从日常生活和学习实践中领悟工匠精神的时代内涵,使他们感其事,明其理,践其行,从中得到教育,经受熏陶,触动心灵,升华精神。[①]

(六)构建工匠精神的传播效果评价及反馈机制

效果是受者对于信息刺激的反应,是检验传播目的实现程度的标志,也是传播者及时控制、调整下一次传播活动的依据。职业院校工匠精神的传播主要对象是学生群体,传播效果体现在学生对工匠精神的认知水平和运用能力的改变、情感态度价值观的变化等方面。传播效果评价的结果是受者回传给传播者的信息,即反馈,这些信息有利于传播者调整与修正传播方式、内容,从而满足学生需求。因此,建立工匠精神的传播效果评价及反馈机制,需要建立合理的工匠精神传播效果评价标准,对学生在接收到工匠精神传播后,其认知水平和运用能力的改变、情感态度价值观的变化等方面进行衡量,同时需要建立完善的意见反馈机制,使学生的诉求拥有顺畅的反映渠道。

1.建立合理的工匠精神传播效果评价标准

只有对工匠精神传播效果评价标准有一个准确的认识,才能对学生在认知水平和运用能力的改变、情感态度价值观的变化等方面进行科学准确的评价,因此要建立合理的工匠精神传播效果评价标准。

一方面,要坚持动静结合、动态为主的评价标准。工匠精神的传播效果具有延时性的特点,所产生的效果与其实施的过程并不具有同步性,学生在接收到教师及师傅传播的工匠精神之后要经过一段时间的思考、选择、判断,才能做出反应。[②]因而,工匠精神传播效果的评价应该动态性地进行,以动态评价为主,使工匠精神传播处于发展的过程中。但在进行动态评价的同时,我们也不能忽视静态评价。唯物辩证法认为,任何事物稳定都是相对的,而变化是绝对的。工匠精神传播效果的评价也要遵循此规律,因此在进行工匠精神传播效果评价时,不仅要了解学生的现实表现,也要了解学生的历史发展,这样才能展

[①] 曹燕宁.融合媒介,建立高校社会主义核心价值教育体系[J].常州信息职业技术学院院报,2015,14(5):16-18.
[②] 周庆山.传播学概论[M].北京:北京大学出版社,2004:12-13.

开横向和纵向的比较。这种以纵向和横向、动态和静态结合的评价手段才是全面的、科学的评价标准。

另一方面坚持显隐性结合、隐性评价为主的评价标准。由于学生对工匠精神的理解、内化直至形成符合工匠精神追求专业、精益、专注、创新、追求极致等理念与情怀的行为习惯和行为模式，需要一个过程，导致工匠精神的传播效果需要较长的时间才能得以体现。有时从表面上看，工匠精神的传播效果似乎不见成效，实则潜移默化，一旦发挥出来就能产生巨大的能量。因此在对工匠精神的传播效果进行评价时，对其潜在的效果要给予充分的考虑，要坚持以隐性评估为主。但工匠精神的传播，不仅是为了帮助学生认识、了解工匠精神，最重要的是引导学生将其外化于行，最终体现在学生的日常行为中。因此，在坚持隐性评价的同时，应该重视显性评估，力求做到目标与效果的统一。

2.建立完善的工匠精神传播反馈机制

基于传播效果评价之上的反馈机制是提升传播有效性的重要影响因素。反馈机制的建立，有利于教师和师傅根据评价结果调整自己的传播内容和方法，满足学生职业发展需求，适应社会经济对人才的需要。根据传播学中反馈过程的先后顺序及职业院校师生特点，本研究从前置反馈、中程反馈、后继反馈三个环节构建职业院校工匠精神传播反馈机制。[1]

第一，建立前置反馈环节。前置反馈就是在开展传播活动之前，传播者根据受者的情况调整传播内容和方式的一种反馈方式。大众传媒环境下，职业院校学生是被深度包围的一个群体，称为"媒介化群体"，他们善于从大众传媒中获取新鲜的、活泼的和实用的东西，但因自身媒介素养不高，对信息缺乏一定的识别能力，需要教师及企业师傅进行适当的引导。在引导的过程中，教师及企业师傅要准确把握学生的接受心理，在工匠精神信息发出准备中，根据学生的信息接受喜好和习惯对信息进行选择、编码、译码和释码。

第二，建立中程反馈环节。中程反馈就是指在传播活动过程中，对传播环境、传播过程、受众以及传播中随时遇到的其他有可能影响传播效果的变量因素进行实时监控，动态地解决传播过程中出现的问题。最合理的中程反馈是建立在传播者和受者之间的直接反馈。中程反馈需要借助大众传播媒介，尤其是新媒体的参与才能更好地实现。教师和师傅可以与学生建立共同的QQ群、班级

---

[1] 吕亚琳.思想政治教育大众传播反馈机制建设初探［D］.北京：北京交通大学，2007：23-24.

群等新信息反馈的途径，构建多元、迅捷的反馈系统。

第三，建立后继反馈环节。后继反馈主要是指传播活动结束后，对传播效果进行数据化分析，寻找下次传播的最佳方案。在大数据时代，几乎所有的行为都可以被数据化。在职业院校工匠精神传播情境下，学校和企业可以依靠大数据对工匠精神在学生群体中的接受情况进行数据挖掘，分析出最受学生欢迎的传播媒介和传播信息内容，调整和优化工匠精神传播的方案，以便更好地进行后续传播。

2016年工匠精神重回大众视野后，在职业院校构建工匠精神传播机制，培育一支能够"支撑中国制造、中国创造的高技能人才"队伍，成为"中国制造"向"中国质造""中国创造"转变的着力点。然而当前行之有效的工匠精神传播方法尚未形成，职业院校日常工作中没有明显的工匠精神传播。随着科技的发展对工匠精神传播现实诉求的日益显现，有必要进一步深入研究在职业院校具体教育教学过程当中如何传播以达到更好的效果，构建传播效果的评价指标体系，形成传播过程的反馈机制。同时，工匠精神不应仅限于在职业院校中进行传播，而要建立面向行业企业的工匠精神传播机制、面向家庭教育的工匠精神传播机制、面向社会大众的工匠精神传播机制等，形成更广泛意义上的各个机制联动互补，建立工匠精神覆盖式的传播机制，促使工匠精神真正为社会大众熟知、力行。

参 考 文 献

[1] Abbott A. Professional Ethics [J]. American Journal of Sociology,1983,88（5）.

[2] RISCHL A. The Anglo-German Productivity Puzzle,1895—1935：A Restatement and a Possible Resolution [EB/OL]. Econ Papers,（2008-03-05）[2020-09-02]. http：//eprints. lse. ac. uk/22309/1/1WP108Ritschl. pdf.

[3] BURNS C R. The Ethical Basis of Economic Freedom [J]. Jama the Journal of the American Medical Association1977,237（4）.

[4] BYBEE R W. What Is STEM Education? [J]. Science,2010,329（5995）.

[5] FREEMAN F. Technology Policy, and Economic Performance：Lessons From Japan [M]. R&D Management, 1989.

[6] DOLL W E. Developing Competence [M]. New York：Routledge,2012.

[7] Dual Enrollment Programs and Courses for High School Students at Postsecondary Institutions：2010-11 [R]. Washington D. C.：U. S. Department of Education,2013.

[8] Federal Ministry for Economic Affairs and Energy（BMWi）. Germany's dual vocational training system [EB/OL]. https：//www. make-it-in-germany. com/en/study-training/training/vocational/system/.

[9] FOEGE A. The Tinkerers：The Amateurs,DIYers,and Inventors,Who Make America Great [M]. NewYork：Basic Books,2013.

[10] FUGATE M, KINICKI A J, ASHFORTH B E. Employability：A Psychosocial Construct, Its Dimensions, and Applications [J]. Journal of Vocational Behavior,2004,65（1）.

[11] BOLSOVER and HOWARD. Computational Propaganda and Political Big Data：Moving Toward a More Critical Research Agenda [J]. Big Data,2017.

[12] GLASER B, STRAUSS A. The Discovery of Grounded Theory：Strategies for

Qualitative Research［M］. Chicago：Aldine Press, 1967.

［13］GLEASON B. Occupy Wall Street：Exploring Informal Learning About a Social Movement on Twitter［J］. American Behavioral entist, 2013,57（7）.

［14］BECKER G S. The Adam Smith Address：Education, Labor Force Quality, and the Economy［J］. Business Economics, 1992（1）.

［15］HOLLAND J L, GOTTFREDSON D C, & POWER P G. Some Diagnostic Scales for Research in Decision Making and Personality：Identity, Information, and Barriers［J］. Journal of Personality and Social Psychology, 1980,39（6）.

［16］HOLLAND J L, JOHNSTON J A, & ASAMA N F. The Vocational Identity Scale：A Diagnostic and Treatment Tool［J］. Journal of Career Assessment,1993,1（1）.

［17］HUANG Y. How Can China Inspire A Craftsman's Spirit?［J］. Beijing Review,2016（15）.

［18］CORBIN J M, STRAUSS A L. Basics of qualitative research：Grounded theory procedures and techniques［M］. Newbury Park：Sage, 1990.

［19］KORT F D. Human Rights Education in Social Studies in the Netherlands：A Case Study Textbook Analysis［J］. Prospects,2017,47（1-2）.

［20］WATSON L. Improving the Experience of TAFE Award-Holders in Higher Education［J］. International Journal of Training Research, 2008（6）.

［21］TABART M A, TABARI M A. Links Between Bloom's Taxonomy and Gardener's Multiple Intelligences：The Issue of Textbook Analysis.［J］. Advances in Language & Literary Studies,2015,6（1）.

［22］PILZ M. Initial Vocational Training from a Company Perspective：a Comparison of British and German In-House Training Cultures［J］. Vocations and Learning, 2009, 2（1）.

［23］MEIJERS F. The Development of a Career Identity［J］. International Journal for the Advancement of Counselling,1998,20（3）.

［24］MELGOSA J. Development and Validation of the Occupational Identity Scale ［J］. Journal of Adolescence,1987,10（4）.

［25］MERCEA D. Digital Prefigurative Participation：The Entwinement of Online Communication and Offline Participation in Protest Events［J］. New Media & Society,2017,14（1）.

［26］MC GHEE M. Philosophy, Religion and the Spiritual Life［M］. Cambridge：

Cambridge University Press,1992.

［27］MURTHY D. Towards a Sociological Understanding of Social Media：Theorizing Twitter［J］. Sociology, 2012, 46（6）.

［28］BUSCH P A, RICHARDS D, & CNG'DAMPNEY. Visual Mapping of Articulable Tacit Knowledge［R］. Australia Symposium on Information Visualisation, 2007.

［29］POLANYI M. The Tacit Dimension［M］. London：Routledge & Kegan Paul,1966.

［30］AOYAMA R. Global journeymen：Re-inventing Japanese Craftsman Spirit in Hong Kong［J］. Asian Anthropology, 2015（3）.

［31］CORBELLINI S, HOOGVLIET M. Artisans and Religious Reading in Late Medieval Italy and Northern France（ca. 1400-ca. 1520）［J］. Journal of Medieval and Early Modern Studies, 2013（3）.

［32］WOOLEY S C, HOWARD. Automation,Algorithms,and Politics,Political Communication,Computational Propaganda,and Autonnonous Agents-Introduction［J］. International Joyrnal of Communication, 2016（10）.

［33］SCHIZAS D, PAPATHEODOROU E, STAMOU G. Transforming "Ecosystem" from a Scientific Concept into a Teachable Topic：Philosophy and History of Ecology Informs Science Textbook Analysis［J］. Research in Science Education, 2017.

［34］TURIMAN P ,OMAR J, DAUD A M ,et al. Fostering the 21st,Century Skills Through Scientific Literacy and Science Process Skills［J］. Procedia-Social and Behavioral Sciences, 2012, 59（1）.

［35］WIJAYANTI D,WINSLOW C. Mathematical Practice in Textbooks Analysis：Praxeological Reference Models,the Case of Proportion.［J］. REDIMAT - Journal of Research in Mathematics Education,2017,6（3）.

［36］LIU Y, LYU D. A Comparison of Vocational Education in China and Japan［J］. International Journal of Science,2016,10（3）.

［37］JEON YUN-HEE. The Application of Grounded Theory and Symbolic Interactionism［J］. Scandinavian Journal of Caring Science, 2004（18）.

［38］D. A. 库伯. 体验学习——让体验成为学习和发展的源泉［M］. 王灿明，朱水萍，等，译. 上海：华东师范大学出版社，2008.

［39］E. 弗洛姆. 健全的社会［M］. 孙恺祥，译. 贵阳：贵州人民出版社，1994.

［40］安东尼·吉登斯.现代性与自我认同：现代晚期的自我与社会［M］.北京：生活·读书·新知三联书店，1998.

［41］柏拉图.理想国［M］.郭斌和，张竹明译.北京：商务印书馆，1986.

［42］毕淑芝、王义高.当代外国教育思想研究［M］.北京：人民教育出版社，2000.

［43］宾恩林，徐国庆.市场化视野下现代学徒制的"现代性"内涵分析［J］.现代教育管理，2016（6）.

［44］财经网.为什么说1个美国人创造的财富顶13个中国人创造的？［EB/OL］.（2017-03-10）［2021-02-14］.https：//m.sohu.com/a/128501448_160818/.

［45］蔡思斯.社会经济地位、主观获得感与阶层认同——基于全国六省市调查数据的实证分析［J］.中共福建省委党校学报，2018（3）.

［46］操奇.主体视界中的文化发展论［D］.武汉：武汉理工大学，2011.

［47］曹峰.理解工匠精神需要把握好三个层次［N］.中山日报，2016-08-08（2）.

［48］曹舒璇，吴嘉华.论军人保险与国民经济稳定增长［J］.南京政治学院学报，2001（2）.

［49］曹顺妮.工匠精神：开启中国精造时代［M］.北京：机械工业出版社，2017.

［50］曹燕宁.融合媒介，建立高校社会主义核心价值教育体系［J］.常州信息职业技术学院院报，2015（5）.

［51］曾广波.马克思的人力资本思想及其当代价值研究［D］.长沙：湖南大学，2016.

［52］曾楠.历史与逻辑：当代文化认同的中国阐释［J］.学术探索，2011（3）.

［53］曾燕丽.以劳动教育为载体培育"工匠精神"［J］.福建基础教育研究，2016（12）.

［54］茶文琼，徐国庆.小班化教学：现代职业教育内涵建设的基本保障［J］.教育探索，2017（4）.

［55］查德·桑内特.匠人［M］.李继宏译.上海：上海译文出版社，2015.

［56］查尔斯·泰勒.自我的根源［M］韩震，王成兵，乔春霞，等，译.北京：译林出版社，2012.

［57］查国硕.工匠精神的现代价值意蕴［J］.职教论坛，2016（7）.

［58］常青，韩喜平.立德树人系统化落实的协同机制构建——基于12所高校调

查数据的分析［J］.教育研究，2019（1）.

［59］陈凡，陈红兵，田鹏颖.技术与哲学研究：2010—2011卷［M］.沈阳：东北大学出版社，2014.

［60］陈健.从日本的"职人精神"看日本的家电制造业兴衰及对职业教育的启示［J］.才智，2017（5）.

［61］陈江洪.图书馆科学文化传播引论［J］.图书情报知识，2008（3）.

［62］陈力丹.传播学的基本概念与传播模式［J］.东南传播，2015（3）.

［63］陈培瑞.关于小学如何使用"部编本"语文教材的几个问题［J］.现代教育，2018（3）.

［64］陈鹏，薛寒."中国制造2025"与职业教育人才培养的新使命［J］.西南大学学报（社会科学版），2018，44（1）.

［65］陈鹏，薛寒.《职业教育法》20年：成就、问题及展望［J］.陕西师范大学学报（哲学社会科学版），2016，45（6）.

［66］陈鹏.工匠精神融入基础教育路径探寻［N］.中国教育报，2018-09-18（9）.

［67］陈平.观念、制度与利益：集体行动的发生基础研究［D］.北京：中共中央党校，2016.

［68］陈琪.高职教育培育工匠精神的路径探析［J］.中国高校科技，2018（5）.

［69］陈霞.德国"双元制"课程模式［J］.职业技术教育，2000（19）.

［70］陈向明.扎根理论的思路和方法［J］.教育研究与实验，1999（4）.

［71］陈欣馨，于忠海.部编初中语文教材选文的情感渗透及教学策略［J］.教学与管理，2018（19）.

［72］陈莹莹.高校学生理论宣讲社团的思想政治教育功能研究［D］.上海：上海师范大学，2020.

［73］陈勇.我国高等职业教育创业人才培养模式研究［D］.青岛：中国海洋大学，2012.

［74］陈占江.新生代农民工的文化认同及重塑［J］.理论研究，2011（4）.

［75］陈钊，陆铭，陈静敏.户籍与居住区分割：城市公共管理的新挑战［J］.复旦学报（社会科学版），2012（5）.

［76］陈振明.政府工具研究与政府管理方式改进——论作为公共管理学新分支的政府工具研究的兴起、主题和意义［J］.中国行政管理，2004（6）.

［77］成海涛."工匠精神"的缺失与高职院校的使命［J］.职教论坛，2016（22）.

［78］程宜康.技术文化——技术应用型人才培养的文化育人论［J］.职教论

坛，2016（24）.

［79］崔发周.职校招生难，也要找找自身原因［J］.甘肃教育，2017（15）.

［80］戴仁卿.应用技术型高校大学生"工匠精神"培育的困境与突围［J］.黑龙江生态工程职业学院学报，2017，30（5）.

［81］丹尼斯·麦奎尔，斯文·温德尔.大众传播模式论［M］.祝建华，武伟，译.上海：上海译文出版社，1997.

［82］但汉国.教育综合改革背景下普通高中"4+3"人才培养模式研究［D］.重庆：西南大学，2017.

［83］党华."工匠精神"的审美观照和境界生成［J］.中华文化论坛，2016（9）.

［84］邓成.当代职业教育如何塑造"工匠精神"［J］.当代职业教育，2014（10）.

［85］邓宏宝，李娜，顾剑锋.产业工人工匠精神的时代内涵与培育方略——基于31个省或市级评选文件的分析［J］.职教论坛，2020，36（10）.

［86］邓宏宝.培育工匠精神，职业院校何为？［N］.中国教育报，2019-01-29（004）.

［87］邓涛，陈婧."德国制造"职业精神之历史文化溯源［J］.西北工业大学学报（社会科学版），2017，37（2）.

［88］邓小平.邓小平文选：第2卷［M］.北京：人民出版社，1994.

［89］邓治文.论文化认同的机制与取向［J］.长沙理工大学学报（社会科学版），2005（2）.

［90］丁娜.联邦德国中小学的家政课、劳作课、研讨课［J］.语文教学通讯，1989（Z1）.

［91］董刚，杨理连.高职教育内涵式发展的要素分析及其对策探讨［J］.中国职业技术教育，2010（23）.

［92］董英辉，童秀英，陈小宝.高职院校文化软实力建设探究［J］.职教通讯，2015（19）.

［93］杜连森.转向背后：对德日两国"工匠精神"的文化审视及借鉴［J］.中国职业技术教育，2016（21）.

［94］杜启平，熊霞.高等职业教育实施现代学徒制的瓶颈与对策［J］.高教探索，2015（3）.

［95］杜维明.一个匠人的天命［J］.资源再生，2016（2）.

［96］杜育红，张喆.新常态下的教育资源配置——2015年中国教育经济学学术年会综述［J］.教育与经济，2015（5）.

［97］法邦网.工信部：四重点工作推"两化"融合［EB/OL］.（2010-06-

17）［2010-06-19］.http：//www.fabao365.com/news/97513.html.

［98］樊超.自我实现与文化认同——马斯洛自我实现理论的社会分析［J］.理论界，2008（2）.

［99］方明.默会知识面面观［D］.南京：南京师范大学，2002.

［100］方文.学科制度和社会认同［J］.中国农业大学学报（社会科学版），2008（2）.

［101］傅建明.我国小学语文教科书价值取向研究［D］.上海：华东师范大学，2002.

［102］傅建明.校本课程开发中的教师与校长［M］.广州：广东教育出版社，2003.

［103］高路.文艺创作中"工匠精神"的历史传承与当代培育［J］.中华文化论坛，2017（5）.

［104］高伟.论"核心素养"的证成方式［J］.教育研究，2017（7）.

［105］高长江，杜连森.现代化改造：职校生工匠精神培育的主要着力点——基于英格尔斯的人格框架理论［J］.中国职业技术教育，2017（30）.

［106］龚云.习近平人才思想的精髓——论"人人皆可成才、人人尽展其才"思想［J］.人民论坛，2019（3）.

［107］顾婷婷，杨德才.马克思人力资本理论刍议［J］.当代经济研究，2014（8）.

［108］关晶.职业教育现代学徒制的比较与借鉴［M］.长沙：湖南师范大学出版社，2016.

［109］关娜.马克思劳动力价值理论在当代中国的新境遇［M］.济南：山东大学出版社，2015.

［110］关桐.美利坚民族精神传播路径及其对我国的启示［J］.大连大学学报，2016（4）.

［111］关育兵.工匠精神要从培养劳动习惯做起［J］.中国职工教育，2016（4）.

［112］管仲.管子［M］.北京：燕山出版社，2009.

［113］广陵书社.中国历代考工典：第1册［M］.南京：江苏古籍出版社，2003.

［114］郭广军.《职业教育法》修订的对策与建议［J］.教育与职业，2015（9）.

［115］郭庆光.传播学教程：第2版［M］.北京：中国人民大学出版社，2011.

［116］郭小川.欧洲文化认同的建构［J］.黑龙江社会科学，2011（2）.

［117］海峰.意识形态领导权和文化认同：关于马克思主义中国化的思考［J］.马克思主义与现实，2012（5）.

［118］韩秋黎.影响技能型人才成长的文化因素初探——中国传统文化观念与

职业教育［J］.河北大学成人教育学院学报，2007（3）.

［119］韩天学.缄默知识理论视域下现代学徒制企业师傅的角色定位［J］.高教探索，2016（4）.

［120］郝文武.当代人文精神的特征和形成方式［J］.教育研究，2006（10）.

［121］何国华，安然.孔子学院跨文化传播影响力研究——基于阴阳视角的解读［J］.华南理工大学学报（社会科学版），2018，20（1）.

［122］何舰.论"工匠精神"与技能型产业工人队伍建设［J］.青海社会科学，2020（1）.

［123］何伟，李丽.新常态下职业教育中"工匠精神"培育研究［J］.职业技术教育，2017，38（4）.

［124］和震.职业教育政策研究［M］.北京：高等教育出版社，2012.

［125］侯长林.技术创新文化：高职院校核心竞争力培植的生态基础［J］.中国高等教育，2012（12）.

［126］胡白云.陶行知教育思想中的批判精神及其启示——兼谈学生批判精神的培养［J］.教育探索，2011（12）.

［127］胡建雄.试论当代中国"工匠精神"及其培育路径［J］.辽宁省交通高等专科学校学报，2016，18（2）.

［128］胡荣，沈珊.客观事实与主观分化：中国中产阶层的主观阶层认同分析［J］.东南学术，2018（5）.

［129］胡兴鹏.论如何提高企业员工教育培训的质量［J］.辽宁省交通高等专科学校学报，2020，22（2）.

［130］黄春梅，张明轩.马克思的劳动力与人力资本关系［J］.现代经济信息，2016（21）.

［131］黄金.以人文教育涵养工匠精神［N］.人民日报，2016-12-07（5）.

［132］黄君录."工匠精神"的现代性转换［J］.中国职业技术教育，2016（28）.

［133］黄君录.高职院校加强"工匠精神"培育的思考［J］.教育探索，2016（8）.

［134］黄蕾.论我国劳动者人权的法律保障［J］.南昌大学学报（人文社会科学版），2008（2）.

［135］黄兆银，王峰.全球竞争中的"中国制造"［M］.武汉：武汉大学出版社，2006.

［136］霍鹏，魏修建，尚珂.中国知识密集型服务业集聚现状及其影响因素的研究——基于省级层面的视角［J］.经济问题探索，2018（7）.

［137］姬颖超.高职院校学生职业精神培养探析［D］.河北师范大学，2012.

［138］贾林青.有效适用《中华人民共和国军人保险法》的法律思考［J］.保险研究，2012（6）.

［139］江丽华.农民工的转型与政府的政策选择——基于城乡一体化背景的考察［M］.北京：中国社会科学出版社，2014.

［140］姜大源.当代德国职业教育主流教学思想研究——理论、实践与创新［M］.北京：清华大学出版社，2007.

［141］姜华.全球语境下文化自觉与文化认同的哲学思考——韦伯关于德国文化问题研究的启示［J］.求是学刊，2012，39（2）.

［142］姜纪垒.立德树人：中国传统文化自觉的视角［J］.当代教育与文化，2019（1）.

［143］姜愉珅.劳动者工资权益的法律保障与监督［J］.法制博览，2014，（11）.

［144］姜长宝.文化认同对区域经济发展的影响及强化策略［J］.商业时代，2008（23）.

［145］蒋道平.关于科学精神内涵的多维解析——基于文化差异和历史线索视角［J］.科普研究，2017，12（3）.

［146］蒋一之.皮亚杰的道德发展理论及其教育意义［J］.外国教育研究，1997（4）.

［147］教育部.《制造业人才发展规划指南》有关情况介绍［EB/OL］.（2017-02-14）［2021-02-14］.http：//www.moe.gov.cn/jyb_xwfb/xw_fbh/moe_2069/xwfbh_2017n/xwfb_170214/170214_sfcl/201702/t20170214_296156.html.

［148］教育部.义务教育语文课程标准：2011年版［EB/OL］.（2012-02-06）［2012-02-18］.http：//old.pep.com.cn/xiaoyu/jiaoshi/tbjx/kbjd/kb2011/201202/t20120206_1099043.htm.

［149］教育部教师工作司组.中学教师专业标准解读［M］.北京：北京师范大学出版社，2012.

［150］靳彤.统编本初中语文综合性学习的编写体例及教学建议［J］.语文建设，2017（28）.

［151］凯西·卡麦兹.建构扎根理论：质性研究实践指南［M］.边国英，译.重庆：重庆大学出版社，2009.

［152］阚雷.锻造工匠精神需要制度保障［N］.上海证券报，2016-05-04（12）.

［153］康继红.高中语文自主探究式阅读教学实验与策略研究［D］.西安：西北师范大学，2007.

[154] 柯森.基础教育课程标准及其实施研究：一种基于问题的比较分析［M］.上海：上海教育出版社，2012.

[155] 孔宝根.高职院校培育"工匠精神"的实践途径［J］.宁波大学学报：教育科学版，2016（3）.

[156] 孔德忠，王志方.校企合作模式下学生"工匠精神"培养的路径探析［J］.成人教育，2017（11）.

[157] 匡瑛.智能化背景下"工匠精神"的时代意涵与培育路径［J］.教育发展研究，2018，38（1）.

[158] 蓝德曼.哲学人类学［M］.北京：工人出版社，1988.

[159] 蓝洁，高峰.经济先发地区现代学徒制试点的师徒关系调查与分析［J］.教育与职业，2018（20）.

[160] 雷勇.论跨界民族的文化认同及其现代建构［J］.世界民族，2011（2）.

[161] 李彬.传播学引论［M］.北京：高等教育出版社，2013.

[162] 李超，张驰，朴哲松.对我国运动员社会保障的研究［J］.北京体育大学学报，2007（S1）.

[163] 李超凤.职业学校工匠型人才有效供给研究［D］.长沙：湖南师范大学，2017.

[164] 李成，邓建辉，黎永建，等.基于现代教育技术的"校企双主体"实践教学管理模式构建［J］.山西青年，2016（8）.

[165] 李德显，韩凤仪.小学五年级语文教科书人物形象的比较分析——以人教版和苏教版教科书为例［J］.教育理论与实践，2008（20）.

[166] 李富.典型发达国家和发展中国家高职教育对经济发展贡献的比较——基于"工匠精神"视阈［J］.湖北工业职业技术学院学报，2017，30（6）.

[167] 李工真.德意志道路：现代化进程研究［M］.武汉：武汉大学出版社，2005.

[168] 李宏昌，王娟，王珂佳.现代学徒制视域下培育品牌技能人才的实践探索——以贵州轻工职业技术学院食品生物技术专业（白酒方向）为例［J］.武汉商学院学报，2015，29（3）.

[169] 李宏昌.供给侧改革背景下培育与弘扬"工匠精神"问题研究［J］.职教论坛，2016（16）.

[170] 李宏伟，别应龙.工匠精神的历史传承与当代培育［J］.自然辩证法研究，2015（8）.

[171] 李洪君，张小莉.知识谱系与技工短缺——知识社会学解析［J］.青年

研究，2006（1）.

［172］李慧萍，甄真.中国传统哲学思想对"工匠精神"培育的影响探析［J］.职业技术教育，2019（32）.

［173］李慧萍.技术技能人才工匠精神培育研究——理论内涵、逻辑框架与实践路径［J］.中国职业技术教育，2019（13）.

［174］李进."工匠精神"的当代价值及培育路径研究［J］.中国职业技术教育，2016（27）.

［175］李井奎，朱林可，李钧.劳动保护与经济效率的权衡——基于实地调研与文献证据的《劳动合同法》研究［J］.东岳论丛，2017，38（7）.

［176］李俊.为什么当下中国缺少工匠精神——基于社会史视角的分析［J］.江苏教育，2017（4）.

［177］李丽莉.改革开放以来我国科技人才政策演进研究［D］.长春：东北师范大学，2014.

［178］李廉水.中国制造业发展研究报告2015［M］.北京：北京大学出版社，2015.

［179］李梁.知识密集型制造业的企业人力资本对可持续发展能力影响的实证研究［D］.兰州：兰州财经大学，2018.

［180］李玲.从社会保障视角解决失地农民问题［J］.管理观察，2011（1）.

［181］李梦卿，任寰.技能型人才"工匠精神"培养：诉求、价值与路径［J］.教育发展研究，2016，36（11）.

［182］李鸥漫.马克思主义大众化传播机制的构建［J］.沈阳师范大学学报（社会科学版），2017.

［183］李倩.美术手工课教学的问题及对策研究［J］.价值工程，2013，32（7）.

［184］李琼.职业教育课程开发模式综述［J］.职业技术教育，2009（22）.

［185］李生京.高职院校职业生涯规划教育的体制改革和机制创新［J］.现代教育科学（高教研究），2013（6）.

［186］李淑玲，陈功.将"工匠精神"融入技能人才培养［J］.人民论坛，2019（30）.

［187］李树培.综合实践活动课程评价从何处入手？［J］.中小学管理，2017（12）.

［188］李思屈，刘研.论传播符号学的学理逻辑与精神逻辑［J］.新闻与传播研究，2013（8）.

［189］李文潮，刘则渊.德国技术哲学研究［M］.北京：科学出版社，2005.

[190] 李武装.文化现代化视域下的"民族文化认同"辨识[J].深圳大学学报（人文社会科学版），2011，28（1）.

[191] 李小鲁."工匠精神"是职业教育的灵魂[J].中国农村教育，2017（Z1）.

[192] 李小鲁.对工匠精神庸俗化和表浅化理解的批判及正读[J].当代职业教育，2016（5）.

[193] 李小娜.农村职业教育培养目标定位研究——基于渝东南民族地区的考察[D].重庆：西南大学，2014.

[194] 李秀凤.论非全日制劳动者劳动报酬权的法律保障——以小时最低工资标准为中心[J].济南大学学报（社会科学版），2013，23（3）.

[195] 李延平.生命本体观照下的教育[J].教育研究，2006（3）.

[196] 李延平.职业教育公平问题研究[M].北京：教育科学出版社，2009.

[197] 李冶安，孙立群.中华文化通志·制度文化典：社会阶层制度志[M].上海：上海人民出版社，1999.

[198] 李艺，钟柏昌.谈"核心素养"[J].教育研究，2015，.

[199] 李玉民，颜志勇.机电类专业创客型工匠培养的研究与实践[J].南方企业家，2018（3）.

[200] 李玉珠.教育现代化视野下的现代学徒制研究[J].职教论坛，2014（16）.

[201] 李云飞.德国工匠精神的历史溯源与形成机制[J].中国职业技术教育，2017（27）.

[202] 栗洪武，赵艳.论大国工匠精神[J].陕西师范大学学报（哲学社会科学版），2017（1）.

[203] 梁捍东，牟文谦.高校立德树人根本任务的实现机制[J].河北大学学报（哲学社会科学版），2019（1）.

[204] 梁美英.高职院校通识教育有效性提升策略[J].高教发展与评估，2017，33（3）.

[205] 廖芳，王敏.立德树人视域下高职院校人才培养模式探索[J].教育与职业，2020（6）.

[206] 廖全明.发展困惑、文化认同与心理重构——论农民工的城市融入问题[J].重庆大学学报（社会科学版），2014，20（1）.

[207] 廖志诚.论社会主义核心价值观文化认同机制的建构逻辑[J].探索，2015（2）.

[208] 林崇德.构建中国化的学生发展核心素养[J].北京师范大学学报（社会科学版），2017（1）.

［209］林克松.职业院校培育学生工匠精神的机制与路径——"烙印理论"的视角［J］.河北师范大学学报（教育科学版），2018，20（3）.

［210］林晓.澳门中学生非智力因素发展的研究［D］.天津：天津师范大学，2001.

［211］霖志彪.要"工匠精神"，更要"工匠文化"［N］.新华日报，2016-07-08（15）.

［212］刘春."工匠精神"培育与高职院校的教育追求［J］.职教通讯，2016（32）.

［213］刘道兴.技术精神、求效思维与人类价值体系的四维结构［J］.中州学刊，2009（6）.

［214］刘冠军，任洲鸿.价值创造视域中科技劳动与生产劳动的融合及其理论意义——一种马克思主义经济哲学的考察［J］.烟台大学学报（哲学社会科学版），2010，23（2）.

［215］刘红芳，徐岩."工匠"源与流的理论阐析［J］.北京市工会干部学院学报，2016，31（3）.

［216］刘辉.认同理论［M］.北京：知识产权出版社，2017.

［217］刘婧.整合与贯通：区域推进综合实践活动课程初探［J］.中小学管理，2017（8）.

［218］刘淑云，祁占勇.德国职业教育制度的发展历程、基本特征及启示［J］.当代职业教育，2017（6）.

［219］刘维娥.高校校园文化论［M］.北京：中国书籍出版社，2016.

［220］刘文.通识教育研究三十年：热点聚焦与前沿探讨［J］.教育评论，2018（1）.

［221］刘文韬.论高职学生"工匠精神"的培养［J］.成都航空职业技术学院学报，2016（3）.

［222］刘晓.技皮·术骨·匠心——漫谈"工匠精神"与职业教育［J］.江苏教育，2015（44）.

［223］刘晓峰.日本的面孔［M］.北京：中央编译出版社，2007.

［224］刘晓玲，庄西真.软硬兼施：匠心助推高技能人才培育［J］.中国职业技术教育，2016（21）.

［225］刘雪琳.浅谈移动互联网时代新闻传播的方式变革［J］.速读旬刊，2016（7）.

［226］刘勇求，成永涛."工匠精神"的价值意蕴研究［J］.湖北工业职业技术学院学报，2017，30（4）.

［227］刘志彪.构建支撑工匠精神的文化［J］.中国国情国力，2016（6）.

［228］刘仲林.古道今梦中华精神第一探索 新认识［M］.郑州：大象出版社，1999.

［229］隆国强.新开放时代的中国制造［J］.新商务周刊，2015，12（12）.

［230］卢建平，杨燕萍.基于整体性治理的职业院校培育工匠精神的思考——以江西为例［J］.职教论坛，2018（2）.

［231］鲁迅.鲁迅全集：第六卷［M］.上海：学林出版社，1973.

［232］陆铭.大国大城：当代中国的统一、发展与平衡［M］.上海：上海人民出版社，2016.

［233］陆青，张驰，杜长亮.微时代我国体育文化传播的模式创新研究［J］.南京体育学院学报（社会科学版），2016，30（6）.

［234］陆玉林.当代中国青年的文化认同问题［J］.当代青年研究，2012（5）.

［235］栾福志.多元化文化背景下职业院校校园文化建设发展路径——评《学校文化建构与践行》［J］.中国高校科技，2018（12）.

［236］栾亚丽.马克思主义人的全面发展理论与人的现代化素质培养［D］.大连：辽宁师范大学，2004.

［237］罗桂城."中国制造2025"视域下职业教育的问题反思与变革路径［J］.教育与职业，2017（9）.

［238］罗俊，刘永泉.工匠精神指引下高职院校"课中厂"课堂教学模式的探索——以《外贸跟单实务》课程为例［J］.职教论坛，2017（20）.

［239］罗哲.高校教师弹性福利制度思考［J］.经济体制改革，2014（5）.

［240］吕守军，代政，徐海霞.论新时代大力弘扬劳模精神和工匠精神［J］.中州学刊，2018（5）.

［241］吕亚琳.思想政治教育大众传播反馈机制建设初探［D］.北京：北京交通大学，2007.

［242］马继迁，刘俊杰.技术工人个体特征与阶层认同——基于2006CGSS的实证分析［J］.河北科技师范学院学报（社会科学版），2011，10（4）.

［243］马君.加强通识教育培养职业院校学生可持续发展能力［J］.职教论坛，2017（29）.

［244］马克思.资本论：第1卷［M］.北京：人民出版社，1972.

［245］马克思·韦伯.新教伦理与资本主义精神［M］彭强，译.西安：陕西师范大学出版社，2002.

［246］马克思主义哲学［M］.北京：高等教育出版社，2012.

［247］马歇尔·麦克卢汉.理解媒介——论人的延伸［M］.何道宽译.南京：译林出版社，2011.

［248］马永伟.工匠精神与中国制造业高质量发展［J］.东南学术，2019（6）.

［249］马媛.产业工人工匠精神的影响因素分析和对策研究［J］.中国集体经济，2021（2）.

［250］迈克尔·A.豪格，多米尼克·阿布拉姆斯.社会认同过程［M］.高明华，译.北京：中国人民大学出版社，2013.

［251］迈克尔·波兰尼.个人知识：朝向后批判哲学［M］徐陶译.上海：人民出版社，2017.

［252］曼纽尔·卡斯特.认同的力量［M］.曹荣湘，译.北京：社会科学文献出版社，2006.

［253］毛泽东.毛泽东选集：第3卷［M］.北京：人民出版社，1991.

［254］梅洪.论高职学生"工匠精神"的培育［J］.职教论坛，2016（25）.

［255］孟春伟.新时代工匠精神融入职业教育的意义和培育途径［J］.教育现代化，2018，5（36）.

［256］孟凡华.弘扬工匠精神　打造技能强国——2016年全国职业教育活动周综述［J］.职业技术教育，2016（15）.

［257］孟源北，陈小娟."工匠精神"的内涵与协同培育机制构建［J］.职教论坛，2016（27）.

［258］米靖，赵庆龙.经济转型期高技能人才培养政策分析［J］.中国职业技术教育，2015（3）.

［259］米靖.中国职业教育史研究［M］.上海：上海教育出版社，2009.

［260］闵卫国，傅淳.教育心理学［M］.云南：云南人民出版社，2004.

［261］明恩溥.中国人的特性［M］.匡雁鹏，译.北京：光明日报出版社，1998.

［262］莫勇波.公共政策学［M］.上海：格致出版社，2012.

［263］那日苏.科学技术哲学概论［M］.北京：北京理工大学出版社，2006.

［264］南国农，李运林，祝智庭.信息化教育概论［M］.北京：高等教育出版社，2004.

［265］南国农，李运林.教育传播学［M］.北京：高等教育出版社，2005.

［266］尼古拉·尼葛洛庞蒂.数字化生存［M］胡泳，范海燕，译.海口：海南出版，1996.

［267］倪文锦，何文胜.祖国大陆与香港、台湾地区语文教育初探［M］.北京：高等教育出版社，2001.

［268］欧璐莎，吕立杰．以课堂教学优化为指向的教师学习［J］．中国教育学刊，2012（2）．

［269］欧阳登科．借鉴：国外"工匠精神"的培育成功经验及启示［J］．智库时代，2017（10）．

［270］欧阳恩剑．现代职业教育体系下我国高职人才培养目标定位的理性思考与现实选择［J］．职业技术教育，2015（19）．

［271］欧阳康．多元化进程中的文化认同与文化选择［J］．华中科技大学学报（社会科学版），2011，25（6）．

［272］潘懋元．应用型本科院校人才培养的理论与实践研究［M］．厦门：厦门大学出版社，2011．

［273］潘墨涛．政府治理现代化背景下的"匠人精神"塑造［J］．理论探索，2015（6）．

［274］潘天波．工匠精神的社会学批判：存在与遮蔽［J］．民族艺术，2016（5）．

［275］潘姿曲，祁占勇．改革开放四十年职业院校治理结构沿革、特点与展望［J］．教育与职业，2018（13）．

［276］彭楚钧．"互联网+"时代高职工匠人才培养探析［J］．人才资源开发，2017（18）．

［277］澎湃网．人社部：提高技术工人待遇是加强健全人才激励机制的重要方面［EB/OL］．（2018-01-26）［2020-02-14］．https：//www.thepaper.cn/newsDetail_forward_1970429．

［278］皮亚杰．儿童的心理发展［M］．傅统先，译．济南：山东教育出版社，1982．

［279］浦绍勇．我国地方政府公信力建设：问题与对策分析［D］．昆明：云南大学，2011．

［280］戚万学．论公共精神的培育［J］．教育研究，2017，38（11）．

［281］齐刚，周恩毅．基于利益与认同的城市新型社区居民参与研究［J］．重庆与世界，2011，28（21）．

［282］齐再前．基于博弈论高等职业教育校企合作长效机制研究［M］．北京：科学出版社，2016．

［283］祁占勇，任雪园．扎根理论视域下工匠核心素养的理论模型与实践逻辑［J］．教育研究，2018（3）．

［284］祁占勇，王佳昕，安莹莹．我国职业教育政策的变迁逻辑与未来走向［J］．华东师范大学学报（教育科学版），2018，36（1）．

［285］祁占勇，王佳昕．日本职业教育制度的发展演变及其基本特征［J］．河

北师范大学学报（教育科学版），2018，20（1）．

［286］祁占勇，王君妍．职业教育校企合作的制度性困境及其法律建构［J］．陕西师范大学学报（哲学社会科学版），2016（6）．

［287］祁占勇．职业教育政策研究［M］．北京：教育科学出版，2018．

［288］乔纳森·弗里德曼．文化认同与全球性过程［M］．郭建如，译．北京：商务印书馆，2003．

［289］乔瑞金．马克思技术哲学纲要［M］．北京：人民出版社，2002．

［290］乔治·萨顿．希腊黄金时代的古代科学［M］．鲁旭东，译．郑州：大象出版社，2010．

［291］秦海霞．从社会认同到自我认同——农民工主体意识变化研究［J］．党政干部学刊，2009（11）．

［292］秦育林，江卫红．弘扬鲁班文化锻造工匠精神——武汉市新洲区辛冲二中小班化校本教材开发的实践［J］．考试周刊，2017（A2）．

［293］青木，李珍．德国"工匠精神"怎么学"慢工细活"不浮躁［J］．决策探索，2016（3）．

［294］邱建忠，金璐．基于"技能大师工作室"的精英工匠培养模式研究［J］．职业，2016（27）．

［295］瞿振元．高等教育内涵式发展的实现途径［J］．中国高等教育，2013（2）．

［296］让更多工匠型管理者走进企业决策层［N］．南方日报，2016-03-16．

［297］人民网．习近平同全国劳动模范代表座谈侧记：共话中国梦［EB/OL］．（2013-05-02）［2018-10-24］．http：//politics.people.com.cn/n/2013/0502/c70731-21341783.html．

［298］人民网．习近平同全国劳动模范代表座谈时强调充分发挥工人阶级主力军作用依靠诚实劳动开创美好未来［EB/OL］．（2013-04-29）［2019-09-06］．http://politics.people.com.cn/n/2013/0429/c1024-21323275.html

［299］人民网．习近平在江苏徐州市考察时强调"深入学习贯彻党的十九大精神，紧扣新时代要求推动改革发展"［EB/OL］．（2017-12-14）［2019-11-28］．http：//cpc.people.com.cn/n1/2017/1214/c64094-29705356.html．

［300］任虹静．高中语文课堂渗透人文精神教育的理论与实践研究［D］．哈尔滨：哈尔滨师范大学，2017．

［301］任寰．职业教育技能型人才"工匠精神"培养研究［D］．武汉：湖北工业大学，2017．

[302] 任静.班杜拉社会学习理论视域下大学生德育认同研究[D].南京:南京师范大学,2015.

[303] 任鹏,李毅.劳模精神的生成逻辑:基于实践、理论和文化的视角[J].党政干部学刊,2018(7).

[304] 任雪园,祁占勇.技术哲学视野下"工匠精神"的本质特性及其培育策略[J].职业技术教育,2017(4).

[305] 任洲鸿,刘冠军.从"雇佣劳动"到"劳动力资本"——西方人力资本理论的一种马克思主义经济学解读[J].马克思主义研究,2008(8).

[306] 塞缪尔·亨廷顿.谁是美国人——美国国民特性面临的挑战[M].程克雄,译.北京:新华出版社,2010.

[307] 邵培仁,沈珺.构建基于新世界主义的媒介尺度与传播张力[J].现代传播(中国传媒大学学报),2017,39(10).

[308] 邵培仁.传播学导论[M].杭州:浙江大学出版社,1997.

[309] 申仁洪.学习习惯:概念、构成与生成[J].重庆师范大学学报(哲学社会科学版),2007(2).

[310] 沈澄英,张庆堂.基于国外现代学徒制经验的校企互嵌式人才培养模式研究[J].职教论坛,2017(29).

[311] 沈剑光,叶盛楠,张建君.多元治理下校企合作激励机制构建研究[J].教育研究,2017(10).

[312] 沈宇,陶红.我国国家资历框架建设:内涵、价值、难点及路径[J].职业技术教育,2020,41(25).

[313] 盛国荣.杜威实用主义技术哲学思想之要义[J].哈尔滨工业大学学报(社会科学版),2009(2).

[314] 施爱灵.媒介融合背景下学习与传播优秀传统文化的激励机制研究[D].哈尔滨:哈尔滨工业大学,2012.

[315] 施杨.社会转型与工人生活轨迹变迁[M]北京:中国社会科学出版社,2017.

[316] 石伟平,唐智彬.增强职业教育吸引力:问题与对策[J].教育发展研究,2009,29(Z1).

[317] 石瑜,李文英.日本中小学自立教育透视——基于家政课的分析[J].日本问题研究,2011,25(2).

[318] 石雨欣.法治教育融入中小学课程的探究[D].重庆:西南大学,2017.

[319] 石中英.缄默知识与教学改革[J].北京师范大学学报(人文社会科学

版），2001（3）.

［320］史安斌，杨云康.后真相时代政治传播的理论重建和路径重构［J］.国际新闻界，2017，39（9）.

［321］史洁.语文教材文学类文本研究［D］.济南：山东师范大学，2013.

［322］舒尔茨.论人力资本投资［M］.北京：北京经济学院出版社，1900.

［323］司马光.资治通鉴：第1卷［M］.北京：中华书局，1956.

［324］宋磊.专家技能的养成研究［D］.上海：华东师范大学，2009.

［325］宋伟.社会主义核心价值观融入高校校园文化建设研究［D］.郑州：郑州大学，2016.

［326］宋玉军.中国劳动就业制度改革与发展［M］.合肥：合肥工业大学出版社，2012.

［327］苏军."工匠精神"与教育自觉［J］.上海教育，2016（10）.

［328］苏泉月.关注语文教材编排的连续性，合理选择教学内容［J］.课程教学研究，2013（11）.

［329］苏振芳.论文化认同在思想政治教育中的作用［J］.思想政治教育研究，2011，27（5）.

［330］孙慧玲.语文教材编制模式多样化思考［J］.河北师范大学学报（教育科学版），2007，9（4）.

［331］孙绵涛，邓纯考.错位与复归——当代中国教育政策价值分析［J］.教育理论与实践，2002（10）.

［332］孙庆珠.高校校园文化概论［M］.济南：山东大学出版社，2008.

［333］孙绍荣.教育信息理论［M］.上海：上海教育出版社，2000.

［334］孙文凯，白重恩，谢沛初.户籍制度改革对中国农村劳动力流动的影响［J］.经济研究，2011，46（1）.

［335］覃甫政.被派遣劳动者社会保险权保障：必要性及法律规制［J］.西南政法大学学报，2014，16（4）.

［336］汤艳，季爱琴.高等职业教育中工匠精神的培育［J］.南通大学学报（社会科学版），2017，33（1）.

［337］唐方成.培育工匠精神对我国企业发展的重要性［J］.中国电力企业管理，2017（6）.

［338］唐金权."中国制造"背景下的高职院校学生"工匠精神"培养［J］.继续教育研究，2018（1）.

［339］唐卫海，杨孟萍.简评班杜拉的社会学习理论［J］.天津师大学报（社

会科学版），1996（5）.

［340］童卫军，王志梅，叶志远.高职院校设计类专业"设计工匠"人才培养的理念创新与实践［J］.职业技术教育，2016，37（17）.

［341］脱脱.宋史［M］.上海：中华书局，1977.

［342］万光侠.培育践行社会主义核心价值观的人本向度［J］.山东师范大学学报，2013（1）.

［343］汪立极，罗国生.校企双制人才培养模式及评价体系［M］.广州：暨南大学出版社，2016.

［344］汪应洛，刘子晗.中国从制造大国迈向制造强国的战略思考［J］.西安交通大学学报（社会科学版），2013（6）.

［345］汪中求.中国需要工业精神［M］.北京：机械工业出版社，2012.

［346］王斌，李建荣，杨润贤.基于现代学徒制的高职拔尖创新人才培养路径构建［J］.教育与职业，2019（21）.

［347］王成兵.当代认同危机的人学解读［M］.北京：中国社会科学出版社，2004.

［348］王春丽.面向现代制造业的高等职业教育发展研究［D］.天津：天津大学，2004.

［349］王聪聪.初中语文教材研究［D］.石河子：石河子大学，2015.

［350］王国均.接受美学对语文教学的新阐释［J］.中学语文教学，2000（12）.

［351］王国领，吴戈.试论工匠精神在现代中国的构建［J］.中州学刊，2016（10）.

［352］王慧慧，于莎."工匠精神"：我国技能型人才培育的行动纲要［J］.河北大学成人教育学院学报，2016，18（3）.

［353］王继承.中国企业劳动制度30年改革与变迁的经验启示［J］.重庆工学院学报（社会科学版），2009，23（5）.

［354］王继平.职业教育国家教学标准体系建设有关情况［J］.中国职业技术教育，2017（25）.

［355］王佳.高中化学教师符号化、形式优化编码策略的研究［D］.扬州：扬州大学，2010.

［356］王京生.论工匠精神与民族复兴［N］.中国日报，2016-05-10.

［357］王婧.隐性教育视域下高职院校校园文化建设的困境与突破［J］.教育与职业，2018（19）.

［358］王俊秀，杨宜音.中国社会心态研究报告：2012—2013［M］.北京：社会科学文献出版社，2013.

[359] 王丽."互联网+"时代"一带一路"文化传播模式探析[J].理论月刊,2017(10).

[360] 王丽.高职院校体验式职业生涯规划课程教学的理论与实践[J].教育探索,2012(9).

[361] 王丽.职业院校学生职业生涯规划教育个案研究[D].西安:陕西师范大学,2013.

[362] 王丽媛.高职教育中培养学生"工匠精神"的必要性与可行性研究[J].职教论坛,2014(22).

[363] 王前."道""技"之间——中国文化背景的技术哲学[M].北京:人民出版社,2009.

[364] 王寿斌.工匠精神的理性认知与培育传承[J].江苏建筑职业技术学院学报,2016(2).

[365] 王蜀苏."大学语文"的人文精神教育功能[J].西南民族学院学报(哲学社会科学版),2002(9).

[366] 王帅.默会知识理论及其教育意蕴[J].高等函授学报(哲学社会科学版),2006(2).

[367] 王婷.农村初中综合实践活动课程实施现状研究[D].长沙:湖南师范大学,2009.

[368] 王微.学生科学观察能力培养的点滴体会[J].小学教学研究,2006(3).

[369] 王伟,黄玉赟.缄默知识理论对高职加强工匠精神培育的思考[J].南宁职业技术学院学报,2017(5).

[370] 王文明.从《道德经》中寻找企业基业长青之路[J].企业文明,2012(10).

[371] 王希恩.民族认同与民族意识[J].民族研究,1995(6).

[372] 王霞.民族地区中华文化认同与边疆文化安全[J].黑龙江民族丛刊,2012(5).

[373] 王筱宁,李忠.企业员工技能培养的实践逻辑——对日本松下电器公司的个案分析[J].职业技术教育,2020,41(21).

[374] 王新宇."中国制造"视域下培养高职学生"工匠精神"探析[J].职业教育研究,2016(2).

[375] 王艳双.库伯的经验学习理论述评[J].经营管理者,2010(6).

[376] 王轶喆.马克思主义人力资本思想的理论基础及现实意蕴[J].唐山师范学院学报.2007,29(1).

[377] 王颖.从利益需求认同到价值观念认同[J].思想政治工作研究,2002(5).

[378] 王玉芳. 打造小班化教育特色　促进高职院校持续发展——以浙江旅游职业学院千岛湖校区为例［J］. 青海师范大学民族师范学院学报，2018，29（1）.

[379] 王曰芬. 文献计量法与内容分析法的综合研究［D］. 南京：南京理工大学，2007.

[380] 威尔伯·施拉姆，威廉·波特. 传播学概论：第2版［M］. 何道宽，译. 北京：中国人民大学出版社，2010.

[381] 威廉·A. 哈维兰. 文化人类学［M］. 瞿铁鹏，张钰，译. 上海：上海社会科学院出版社，2006.

[382] 卫洪清. 中学生科学观察能力的表现［J］. 学科教育，2000（2）.

[383] 魏际刚，赵昌文. 促进中国制造业质量提升的对策建议［J］. 发展研究，2018（1）.

[384] 温儒敏. 语文教学中常见的五种偏向［J］. 课程·教材·教法，2011，31（1）.

[385] 文东茅. 家庭背景对我国高等教育机会及毕业生就业的影响［J］. 北京大学教育评论，2005（3）.

[386] 吴刚. 工作场所中基于项目行动学习的理论模型研究［D］. 上海：华东师范大学，2013.

[387] 吴建设. 高职教育推行现代学徒制亟待解决的五大难题［J］. 高等教育研究，2014，35（7）.

[388] 吴明隆. SPSS统计应用实务［M］. 北京：科学出版社，2003.

[389] 吴明隆. 问卷统计分析实务：SPSS操作与应用［M］. 重庆：重庆大学出版社，2010.

[390] 吴婷. 高职教师"工匠精神"的培育策略［J］. 职教通讯，2017（23）.

[391] 吴新星. 澳大利亚学徒制改革研究［J］. 国家教育行政学院学报，2018（4）.

[392] 吴一鸣. 我国高等职业教育政策演进、动力与调适（1996–2015年）［J］. 教育发展研究，2015（19）.

[393] 吴莹. 文化、群体与认同：社会心理学的视角［M］. 北京：社会科学文献出版社，2016.

[394] 吴忠民，韩克庆，等. 中国社会政策的演进及问题［M］. 济南：山东人民出版社，2009.

[395] 武松，潘发明. SPSS统计分析大全［M］. 北京：清华大学出版社，2014.

[396] 武文颖，原茜，方明豪.教师非语言符号运用的教育传播效果研究［J］.大连理工大学学报（社会科学版），2014（1）.

[397] 习近平.决胜全面建成小康社会夺取新时代中国特色社会主义伟大胜利——在中国共产党第十九次全国代表大会上的报告［J］.中国人力资源社会保障，2017（11）.

[398] 习近平.谈治国理政［M］.北京：外文出版社，2014.

[399] 席卫权.现代教学中"工匠精神"的挖掘与培养——以美术课程为例［J］.中国教育学刊，2017（8）.

[400] 夏美霞.我国装备制造业的现状和发展方向［J］.机械制造，2004（2）.

[401] 萧鸣政.人才评价机制问题探析［J］.北京大学学报（哲学社会科学版），2009，46（3）.

[402] 肖加平.科学导向与定向培养：论普职融通课程体系的设计［J］.当代教育科学，2014（24）.

[403] 肖群忠，刘永春.工匠精神及其当代价值［J］.湖南社会科学，2015（6）.

[404] 谢一风.高职高专国家精品课程建设比较分析与对策建议［J］.中国高教研究，2008（9）.

[405] 谢英时.企业工匠精神培育的价值基础及实现路径研究［D］.长春：吉林大学，2018.

[406] 谢永祥.身份治理与农民工城市居住权——以上海为例［J］.西北人口，2018，39（2）.

[407] 辛秀芹.民众获得感"钝化"的成因分析——以马斯洛需求层次理论为视角［J］.中共青岛市委党校.青岛行政学院学报，2016（4）.

[408] 新华网.习近平：在同各界优秀青年代表座谈时的讲话［EB/OL］.（2013-05-04）［2019-12-08］.http://www.xinhuanet.com//politics/2013-05/04/c_115639203.htm.

[409] 新华网.习近平：在知识分子、劳动模范、青年代表座谈会上的讲话［EB/OL］.（2016-04-30）［2019-12-10］.http://www.xinhuanet.com/politics/2016-04/30/c_1118776008.htm.

[410] 邢伟荣.班杜拉社会学习理论德育价值新探［J］.政治理论研究，2007（7）.

[411] 徐桂庭.以工匠精神引领时代 以工匠制度创造未来［J］.中国职业技术教育，2016（16）.

[412] 徐国庆.为什么要发展现代学徒制［J］.职教论坛，2015（33）.

[413] 徐国庆.职业教育原理［M］.上海：上海教育出版社，2007.

[414] 徐国庆.智能化时代职业教育人才培养模式的根本转型［J］.教育研究，2016（3）.

[415] 徐红军.关于构建我国军人社会保险体系的战略性研究［J］.价格月刊，1999（7）.

[416] 徐杰.在教学中培养学生观察能力增强学生观察效果［J］.教育导刊，2007（2）.

[417] 徐强.试析我国劳动合同制度的现状、缺陷及完善［J］.中国培训，2017（16）.

[418] 徐少锦.中国传统工匠伦理初探［J］.审计与经济研究，2001（4）.

[419] 徐伟.工匠精神引领下的高职教育教学研究［J］.浙江交通职业技术学院学报，2016（2）.

[420] 徐燕.我国职业技能鉴定的发展历史及现状［J］.职业技术教育，2007，28（19）.

[421] 许瑞.初中语文教材匠人形象教学研究［D］.北京：中央民族大学，2017.

[422] 许习白.地域特色也是语文综合性学习的着力点［J］.教学与管理，2015（5）.

[423] 许宪国."职业带"与经验学习理论对高职教育的影响［J］.学理论，2015（8）.

[424] 薛栋.论中国古代工匠精神的价值意蕴［J］.职教论坛，2013（34）.

[425] 薛寒."中国制造2025"背景下职业教育人才培养变革研究［D］.西安：陕西师范大学，2018.

[426] 薛梅青.高校教师社会保障制度研究［D］.上海：华东师范大学，2010.

[427] 薛清元.企业员工文化认同度提升研究［D］.青岛：中国海洋大学，2013.

[428] 薛焱.当代中国主流文化认同研究［M］.北京：社会科学文献出版社，2016.

[429] 寻找身边的工匠——专访百年老店"六必居"非遗传承人杨银喜［J］.南方企业家，2016（1）.

[430] 亚伯拉罕·马斯洛.动机与人格［M］.许金声，程朝翔，译.北京：中国人民大学出版社，2013.

[431] 亚里士多德.尼各马可伦理学［M］.廖申白，译.北京：商务印书馆，2003.

[432] 亚力克·福奇.工匠精神——缔造伟大传奇的重要力量［M］.陈劲，译.杭州：浙江人民出版社，2014.

[433] 闫广芬，张磊.工匠精神的教育向度及其培育路径［J］.高校教育管理，2017（6）.

[434] 严权.试论高等职业教育人才评价观［J］.教育与职业，2010（8）.

[435] 颜冰，郑克岭.行政组织伦理氛围：基于社会认同理论的视角［J］.南京农业大学学报（社会科学版），2010，10（1）.

[436] 央视网.胡锦涛：在2010年全国劳动模范和先进工作者表彰大会上的讲话［EB/OL］.（2010-04-27）［2019-08-16］.http：//news.cntv.cn/china/20100427/106094_3.shtml

[437] 杨红荃，苏维.基于现代学徒制的当代"工匠精神"培育研究［J］.职教论坛，2016（16）.

[438] 杨建.供给侧改革视野下高职院校"工匠精神"培育困境及对策分析［J］.高等职业教育（天津职业大学学报），2017，26（1）.

[439] 杨建义.大学生文化认同机制探究［J］.思想理论教育，2012（13）.

[440] 杨来科.马克思的人力资本理论［J］.广东财经大学学报，1996（2）.

[441] 杨乐.浅论高中语文教学的人文精神渗透问题［D］.西安：陕西师范大学，2013.

[442] 杨丽.现代课程改革的重要任务——科学精神的培养［J］.教育理论与实践，2009（8）.

[443] 杨梦.现行部编版初中语文教材研究［D］.南京：南京师范大学，2018.

[444] 杨思斌.社会救助权的法律定位及其实现［J］.社会科学辑刊，2008（1）.

[445] 杨向格.我国职工教育政策变迁及其价值取向研究［D］.上海：华东师范大学，2011.

[446] 杨学锋，王吉华，刘安平.缄默知识理论视野下的实践教学与课堂教学［J］.现代教育科学，2010（1）.

[447] 杨志成.核心素养的本质追问与实践探析［J］.教育研究，2017（7）.

[448] 姚先国.德国人的工匠精神是怎么样炼成的［J］.人民论坛，2016（6）.

[449] 叶桉，刘琳.略论红色文化与职业院校当代工匠精神的培育［J］.职教论坛，2015（34）.

[450] 叶飞.教育知识分子的文化批判与文化认同［J］.教育理论与实践，2012，32（28）.

[451] 叶蕾.小学综合实践活动课程资源开发的意义与途径［J］.现代教育科学，2011（4）.

[452] 叶美兰，陈桂香."工匠精神"的当代价值意蕴及其实现路径的选择［J］.高教探索，2016（10）.

[453] 叶旭春.患者参与患者安全的感知及理论框架的扎根理论研究［D］.上

海：上海第二军医大学，2011.

［454］伊莱休·卡茨，保罗·F.拉扎斯菲尔德.人际影响——个人在大众传播中的作用［M］.张宁，译.北京：中国人民大学出版社，2016.

［455］衣俊卿.文化哲学十五讲［M］.北京：北京大学出版社，2015.

［456］殷堰工.柏林劳技教学考察报告——中德合作苏州劳技师资培训中心赴德专业考察团［J］.苏州教育学院学报，1996（4）.

［457］尹秋花.高职院校工匠精神培育的现实困境与实践路径［J］.教育与职业，2019（6）.

［458］雍琳，万明钢.影响藏族大学生藏、汉文化认同的因素研究［J］.心理与行为研究，2003（3）.

［459］游淙祺.身体、不良信念与文化认同的基本态度：从沙特谈起［J］.现代哲学，2011（1）.

［460］游津孟.经营管理全集之22：松下人才活用法［M］.台北：名人出版社，1984.

［461］于华珍.论多元文化背景下当代青年的民族认同［J］.山东省青年管理干部学院学报，2010（1）.

［462］余东华，胡亚男，吕逸楠.新工业革命背景下"中国制造2025"的技术创新路径和产业选择研究［J］.天津社会科学，2015（4）.

［463］余同元.传统工匠及其现代转型界说［J］.史林，2005（4）.

［464］余同元.中国传统工匠现代转型问题研究［D］.上海：复旦大学，2005.

［465］俞跃.德国"工匠精神"培育及借鉴［J］.中国高校科技，2017（9）.

［466］袁琳.新媒体时代工匠精神的经济社会效益［J］.人民论坛：中旬刊，2016（26）.

［467］约翰·费斯克.传播研究导论：过程与符号：第2版［M］.许静，译.北京：北京大学出版社，2008.

［468］詹小美.民族文化认同论［M］.北京：人民出版社，2014.

［469］张彩娟，张棉好.职校生职业技能学习中工匠精神的培育——基于隐性知识学习视角［J］.职教通讯，2017（10）.

［470］张弛.技术技能人才职业能力形成机理分析——兼论职业能力对职业发展的作用域［J］.职业技术教育，2015（13）.

［471］张岱年.中国文史百科：上［M］.杭州：浙江人民出版社，1998.

［472］张朵朵，刘兵.当代少数民族手工艺技术变迁中的文化选择分析——以贵州苗族刺绣为例［J］.科学与会，2013，3（4）.

［473］张芳，张净言.现代学徒制学生工匠精神素养提升研究——以我国茶文化为切入点［J］.福建茶叶，2018，40（10）.

［474］张光照.职业院校学生学习能力评价理论分析［J］.教育与职业，2013（26）.

［475］张海洋.中国的多元文化与中国人的认同［M］.北京：民族出版社，2006.

［476］张姮.老年慢性病人健康赋权理论框架的构建［D］.上海：第二军医大学，2012.

［477］张洪春，沈平.高职院校内涵式发展的机制与模式研究［J］.湖北职业技术学院学报，2015，18（1）.

［478］张建伟.知识的建构［J］.教育理论与实践，1999（7）.

［479］张恺聆，鲁小丽.工匠精神对当代教师教育的启示［J］.苏州市职业大学学报，2016，27（4）.

［480］张镧.湖北省高新技术产业政策研究（1978—2012）：政策文本分析视角［D］.武汉：华中科技大学，2014.

［481］张龙，张澜.从"行业技艺"到"群体记忆"——论纪实影像对工匠精神的传播与认同建构［J］.中国电视，2017（10）.

［482］张明蕾."仙桃工匠"邓小军："点麦成金"，传承百年手艺［J］.工友，2016（6）.

［483］张娜.DeSeCo项目关于核心素养的研究及启示［J］.教育科学研究，2013（10）.

［484］张平.新媒体环境下主流意识形态传播的"堕距化"问题分析及对高校思政工作的启示［J］.中国多媒体与网络教学学报，2020（7）.

［485］张祺午.我们为什么需要工匠精神——制造强国战略背景下的技术技能人才培养问题分析［J］.职业技术教育，2016，37（30）.

［486］张善柱.工会培养工匠精神的路径研究［J］.中国劳动关系学院学报，2017，31（4）.

［487］张释元，谢翌，邱霞燕.学校文化建设：从"器物本位"到"意义本位"［J］.教育发展研究，2015，35（6）.

［488］张晓燕.新时代工匠精神的内涵及培育路径［J］.经营与管理，2019（12）.

［489］张旭刚.高职"双创人才"培养与"工匠精神"培育的关联耦合探究［J］.职业技术教育，2017，38（13）.

［490］张旭刚.高职院校培育工匠精神的价值、困囿与掘进［J］.教育与职业，2017（21）.

［491］张学鹏，周美云.改革开放40年教材建设的回顾、成就与问题［J］.教

学与管理，2018（33）．

[492] 张雁军，马海林．西藏藏族大学生文化认同态度模式研究［J］．青年研究，2012（6）．

[493] 张颖，沈杰．工匠在中国古代建筑工程管理历史中的地位［J］．华中建筑，2006（11）．

[494] 张永．基于自我认同的职业认同研究取向［J］．外国教育研究，2010，37（4）．

[495] 张正江．做事求真　做人求善　人生求美——真善美教育论纲［J］．教育理论与实践，2005（19）．

[496] 张志元．我国制造业高质量发展的基本逻辑与现实路径［J］．理论探索，2020（2）．

[497] 赵伯雄．我国工人技术等级考核（职业技能鉴定）制度的沿革与发展对策［J］．中国培训，1995（5）．

[498] 赵翠．科举制度与知识分子职业选择的变化［J］．徐州师范大学学报（哲学社会科学版），2008（2）．

[499] 赵鹤玲．社会分层视角下大学生就业基本公共服务均等化探究——以黄石高校为例［J］．湖北师范学院学报（哲学社会科学版），2015，35（2）．

[500] 赵菁，张胜利，廖健太．论文化认同的实质与核心［J］．兰州学刊，2013（6）．

[501] 赵蒙成．从全人教育视角看普职融合课程的价值定位与实现路径［J］．教育与职业，2018（23）．

[502] 赵娜．农村小学教师工资福利现状、问题与对策研究［D］．长春：东北师范大学，2014．

[503] 赵士德，汪远旺．文化生态视角下民族传统手工技艺传承与保护［J］．贵州民族研究，2013，34（6）．

[504] 赵文榜．黄道婆对手工棉纺织生产发展的贡献［J］．中国纺织大学学报，1992（5）．

[505] 赵洋．日本制造的文化基因［J］．中国报道，2015（4）．

[506] 赵永湘，张冬梅．传播学视域下中国文化"走出去"译介模式探索——以《浮生六记》英译为例［J］．湖南工业大学学报（社会科学版），2017（3）．

[507] 赵志群，陈俊兰．我国职业教育学徒制——历史、现状与展望［J］．中国职业技术教育，2013（18）．

［508］赵忠璇，詹晶晶.从马克思人力资本理论谈教育对经济发展的作用［J］.贵阳学院学报（社会科学版），2013，8（3）.

［509］郑桂华.从我国语文课程的百年演进逻辑看语文核心素养的价值期待［J］.全球教育展望，2018，47（9）.

［510］郑娟新.基于技术文化视角的现代职业教育体系构建［J］.职教论坛，2014（15）.

［511］郑可.高中语文综合实践活动教学策略探究［D］.武汉：华中师范大学，2007.

［512］郑晓云.澳门回归后的文化认同变化与整合［J］.中南民族大学学报（人文社会科学版），2010，30（2）.

［513］郑晓云.文化认同论［M］.北京：中国社会科学出版社，1992.

［514］郑永安.制造强国战略的理论根基［J］.红旗文稿，2020（9）.

［515］郑玉清.现代学徒制下工匠精神的培育研究［J］.职业教育研究，2017（5）.

［516］郑玉清.现代职业教育的理性选择：职业技能与职业精神的高度融合［J］.职教论坛，2015（5）.

［517］郑玥.日本中小学职业生涯教育及其启示［J］.河南科技学院学报，2010（10）.

［518］郅广武.学生发展核心素养中的责任担当意识探析［J］.中国教育学刊，2017（S1）.

［519］致公党安徽省委会课题组.当前推行现代学徒制的问题及建议［J］.教育与职业，2018（14）.

［520］"制造了强国战略研究"综合组.实现从制造大国到制造强国的跨越［J］.中国工程科学，2015，17（7）.

［521］中共中央办公厅，国务院办公厅.关于提高技术工人待遇的意见［EB/OL］.（2018-03-28）［2019-09-29］.http：//www.xinhuanet.com/politics/2018-03/22/c_1122577533.html.

［522］中共中央马克思、恩格斯、列宁、斯大林著作编译局.马克思恩格斯文集：第3卷［M］.北京：人民出版社，2009.

［523］中共中央马克思、恩格斯、列宁、斯大林著作编译局.马克思恩格斯选集：第4卷［M］.北京：人民出版社，1995.

［524］中共中央文献编辑委员会.毛泽东著作选读［M］.北京：人民出版社，1986.

［525］中共中央文献研究室.江泽民论有中国特色社会主义（专题摘编）

［M］.北京：中央文献出版社，2002.

［526］中共中央宣传部.习近平总书记系列重要讲话读本［M］.北京：学习出版社，2014.

［527］中国共产党新闻.论"工匠精神"［EB/OL］.（2017-05-25）［2017-05-25］.http：//theory.people.com.cn/n1/2017/0525/c143843-29299459.html.

［528］中国共产党新闻网.习近平：在庆祝"五一"国际劳动节暨表彰全国劳动模范和先进工作者大会上的讲话［EB/OL］.（2015-04-28）［2019-08-18］.http：//cpc.people.com.cn/n/2015/0429/c64094-26921006.html

［529］中国国家统计局官网.主要工业产品产量［EB/OL］.（2005-02-03）［2005-02-03］.http：//data.stats.gov.cn/files/lastestpub/ginj/2016/html/1206-0.jpg.

［530］中国教育学会教育学研究会编.学习马克思的教育精神 纪念马克思逝世一百周年文集［M］.北京：人民教育出版社，1983.

［531］中国青年报.制造业为主国家大学生找不到好工作是当然？［EB/OL］.（2008-04-18）［2008-04-18］.http：//www.edu.cn/zhong_guo_jiao_yu/gao_deng/gao_jiao_news/200804/t20080418_292182.shtml.

［532］中国日报.我国制造业由大变强的着力点［EB/OL］.（2015-08-14）［2015-08-14］.http：//caijing.chinadaily.com.cn/2015/08/14/content_21598118.htm.

［533］中国政府网.国家中长期教育改革和发展规划纲要：2010—2020年［EB/OL］.（2010-07-29）［2018-11-05］.http：//www.gov.cn/jrzg/2010-07/29/content_1667143.htm.

［534］中华人民共和国教育部.基础教育课程改革纲要（试行）［N］.中国教育报，2001-07-27.

［535］中华人民共和国教育部.义务教育语文课程标准［M］.北京：北京师范大学出版社，2011.

［536］中华人民共和国人力资源和社会保障部.国家高技能人才振兴计划实施方案［EB/OL］.（2013-03-13）［2018-11-01］.http：//JnJd.mca.gov.cn/article/zyJd/zcwJ/201303/20130300428248.shtml.

［537］仲晓密，钱涛.高职教育与工匠及工匠精神之养成［J］.辽宁高职学报，2017，19（3）.

［538］周杰.地方应用型高校校园文化建设研究［D］.淮北：淮北师范大学，2018.

［539］周晶.制度文化视域下大学治理能力现代化研究［D］.长沙：湖南大

学，2018.

［540］周庆山.传播学概论［M］.北京：北京大学出版社，2004.

［541］周如俊.职业教育更需要培养"工匠精神"［J］.江苏教育，2016（20）.

［542］周衍安.职业能力发展和职业成长研究［J］.职教论坛，2016（10）.

［543］周振军.教育信息传播系统结构与要素的分析及应用［D］.石家庄：河北师范大学，2005.

［544］朱丽叶·M.科宾，安塞尔姆·L.施特劳斯.质性研究的基础：形成扎根理论的程序与方法［M］.重庆：重庆大学出版社，2015.

［545］朱亮.应用型高校：塑造人文精神和工匠精神相结合的大学文化［J］.高等工程教育研究，2016（6）.

［546］朱琴，刘培峰.日本工匠精神的产生及其历史演变［J］.云南社会科学，2018（3）.

［547］庄西真.多维视角下的工匠精神：内涵剖析与解读［J］.中国高教研究，2017（5）.

［548］佐斌，温芳芳.当代中国人的文化认同［J］.中国科学院院刊，2017，32（2）.